装表接电

主　编　张举中　李二强　刘援琼

電子工業出版社
Publishing House of Electronics Industry
北京 · BEIJING

内 容 简 介

本书紧扣职业技能培训大纲，充分体现了模块技能培训的基本模式。本书密切结合生产实际，突出实际操作技能，力求体现实用性、优选性，吸收新知识，结合新工艺，符合现代电力工业的生产要求。书中主要内容包括常用电工工具和电工仪表、线路连接、进户线的安装、电能计量装置的基本知识、电能计量装置的实训、电能计量装置错误接线分析判断、单相电能计量装置安装、绝缘线穿瓷套管进户及电表箱安装、三相四线有功/无功电能表与TA联合接线、三相四线智能电表与TA联合接线和智能电表与集中器的安装。

本书可作为1+X装表接电初级考试的培训教材，也可作为相关专业技术人员入门学习的参考用书。

图书在版编目（CIP）数据

装表接电 / 张举中, 李二强, 刘援琼主编. -- 北京 :
电子工业出版社, 2024. 10. -- ISBN 978-7-121-49222
-8

Ⅰ. TM05

中国国家版本馆 CIP 数据核字第 20249RX767 号

责任编辑：扈　婕
印　　刷：中国电影出版社印刷厂
装　　订：中国电影出版社印刷厂
出版发行：电子工业出版社
　　　　　北京市海淀区万寿路173信箱　邮编：100036
开　　本：787×1092　1/16　印张：20.25　字数：492千字
版　　次：2024年10月第1版
印　　次：2024年10月第1次印刷
定　　价：58.00元

凡所购买电子工业出版社图书有缺损问题，请向购买书店调换。若书店售缺，请与本社发行部联系，联系及邮购电话：（010）88254888，88258888。

质量投诉请发邮件至 zlts@phei.com.cn，盗版侵权举报请发邮件至 dbqq@phei.com.cn。

本书咨询联系方式：qiyuqin@phei.com.cn。

前　言

职业教育1+X证书制度是专业与岗位对接、知识与技能的融合，是职业教育类型特色的重要体现，也是职业院校学生“术业有专攻”的比较优势所在。从系统论角度看，1+X证书制度的逻辑起点涉及三个维度，即复合型技术技能人才的市场需求、求学者可持续发展的个体诉求和学校培养培训作用发挥的功能要求。

为满足职业教育1+X装表接电发展的需要，加快技能人才的培养需求，依据培养技术应用型专门人才的要求的自身特点，我们组织有关教师编写了本书。本书在编写过程中注重职业教育的特点，简化了理论体系，以实用、必需、够用为原则，力求使所讲内容尽可能与现场实际相结合。本书可作为1+X装表接电初级考试的培训教材，也可作为相关专业技术人员入门学习的参考用书。

本书由青海省重工业职业技术学校组织编写。由张举中、李二强、刘援琼任主编。具体编写分工如下：张继学编写任务一至任务三，李二强编写任务四至任务九，刘援琼编写任务十至任务十六，张举中编写任务十七至任务二十六。全书由李二强负责统稿工作。在本书的编写过程中，吸收和借鉴了同类教材和书籍的精华，在此对各位原作者表示衷心的感谢。

由于编者水平有限，书中可能存在错误和不妥之处，恳请有关专家和广大读者提出宝贵意见，以便再版时修改。

目　　录

任务一　导线与接线桩、端子排的连接

一、实训目标

（1）认识各种接线桩、端子。

（2）学会常见导线与接线桩、端子排的连接方法。

二、实训内容

常见导线与接线桩、端子排的连接。

三、实训仪器、工具

针孔接线桩、平压式接线桩、冷压端子、压线钳、线鼻子、液压钳、导线若干。

四、相关知识

（一）对导线连接的基本要求

（1）连接牢固可靠。

（2）接头电阻小。

（3）机械强度高。

（4）耐腐蚀、耐氧化。

（5）电气绝缘性能好。

导线连接是电工作业的一项基本工序，也是一项十分重要的工序。导线连接的质量直接关系到整个线路能否安全可靠地长期运行。

（二）接线端子排的连接方式

1. 螺钉连接

螺钉连接是采用螺钉式接线端子排的连接方式，要注意允许连接导线的最大、最小截面和不同规格螺钉允许的最大拧紧力矩。

2. 焊接

焊接常见的是锡焊。锡焊连接重要的是焊锡料与被焊接表面之间应形成金属的连续性。因此对冷压端子来说，重要的是可焊性。接线圆环端子焊接端常见的镀层是锡合金、银合金。簧片式接触常见的焊接端有焊片式、冲眼焊片式和缺口焊片式；针孔式接触对常见的焊接端有钻孔圆弧缺口式。

3. 压接

压接是为使金属在规定的限度内压缩和位移并将导线连接到接触对上的一种技术。压接时须采用专用压接钳或自动、半自动压接机。应根据冷压端头导线截面，正确选用接触对的导线筒。要注意压接连接是永久性连接，只能使用一次。

4. 绕接

绕接是将导线直接缠绕在带棱角的接触件绕接柱上。绕接的工具包括绕枪和固定式绕接机。

5. 刺破连接

刺破连接又称绝缘位移连接，具有可靠性高、成本低、使用方便等特点，已广泛应用于各种印制板用的接线端子、冷压端头、圆环端子中。它适用于带状电缆的连接。连接时不需要剥去电缆的绝缘层，依靠接线端子的“U”字形接触簧片的尖端刺入绝缘层中，使电缆的导体滑进接触簧片的槽中并被夹持住，从而使电缆导体和接线端子簧片之间形成紧密的电气连接性。它仅需简单的工具，但必须选用规定线规的电缆。

（三）常见的四种端子

1. 五金端子(需要专用的压力钳)	圆环系列 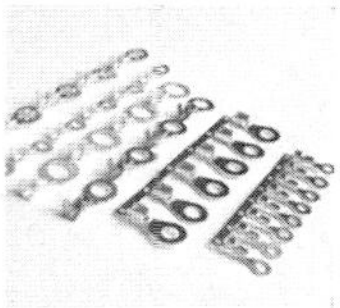	插簧系列 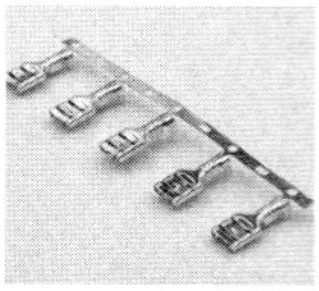	旗形系列 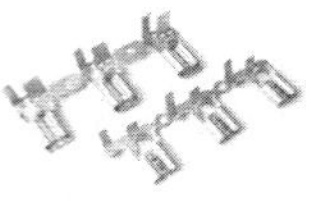	叉形系列 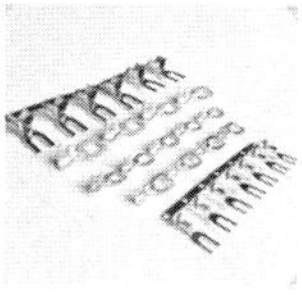	子弹头/管形系列 
2. PCB接线端子(仅需螺丝刀)	欧式 	栅栏式 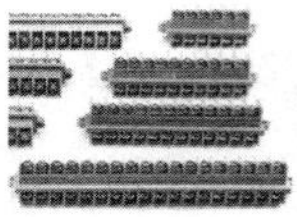	弹簧式 	轨道式 	穿墙式 
3. 冷压端子	冷压端子又称绝缘端子。电子连接器、空中接头都属于冷压端子				需要专用的压力钳
4. 接线柱端子	接线柱螺帽分为六角、梅花两种类型，一般镀镍或银				专供与音箱线、实验台等输入、输出连接的接线端子

五、实训的内容和要点

具体的实训内容和实训要点见下表。

任务名称：导线与接线桩、端子排的连接　　　　　　　　　　　　　　编号：

项目名称	实训内容	实训要点、示意图	
1．准备工作	（1）安全性	接线时最好佩戴手套，防止受伤，必要时应设监护人	
	（2）测试物要求	端子完好，连接导线绝缘良好	
2．单股芯线与针孔接线桩的连接	（1）连接要求	连接时，最好按要求的长度将线头折成双股并排插入针孔，使压接螺钉顶紧在双股芯线的中间。如果线头较粗，则双股芯线插不进针孔，也可将单股芯线直接插入，但芯线在插入针孔前，应朝着针孔上方稍微弯曲，以免压紧螺钉稍有松动使线头脱出	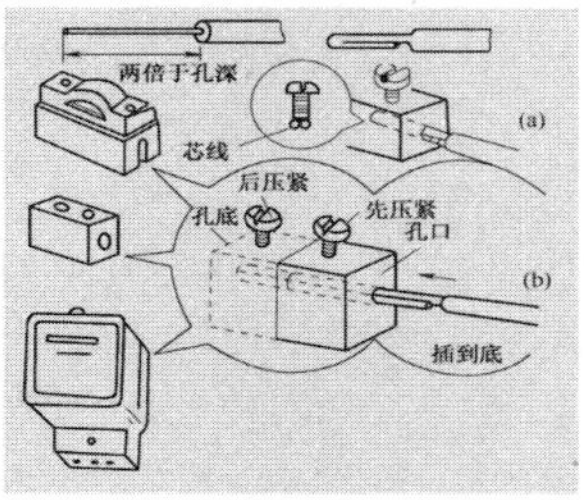
	（2）用单项电能表的接线桩来演示	① 剥线3cm。	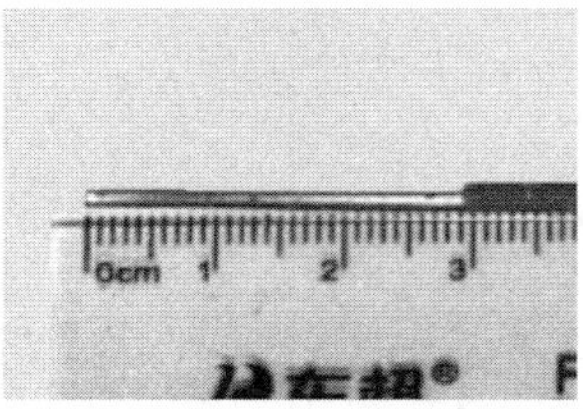
		② 弯曲	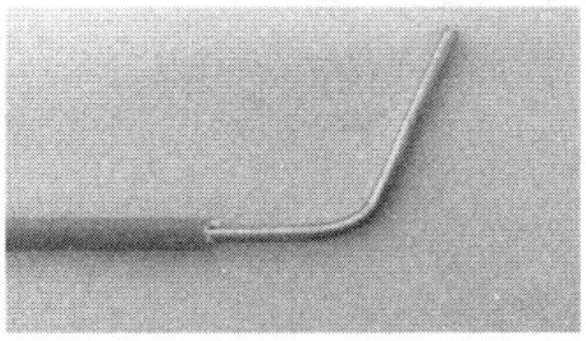
		③ 折回	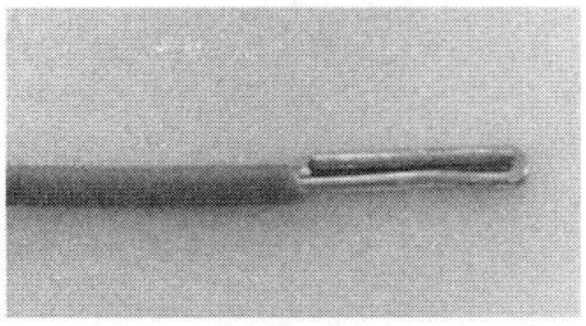
		④ 插入端子排上	
		⑤ 紧螺丝	

（续表）

项目名称	实训内容	实训要点、示意图	
		⑥ 效果图	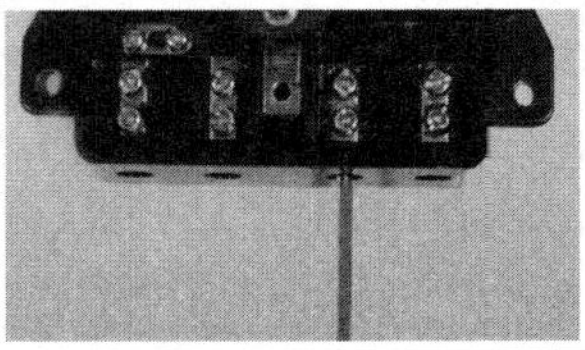
3. 单股芯线与平压式接线桩的连接	（1）连接要求	先将线头弯成压接圈（俗称羊眼圈），再用螺钉压紧。弯制方法如下：① 离绝缘层根部约3mm处向外侧折角；② 按略大于螺钉直径弯曲圆弧；③ 剪去芯线余端；④ 修正圆圈呈圆形	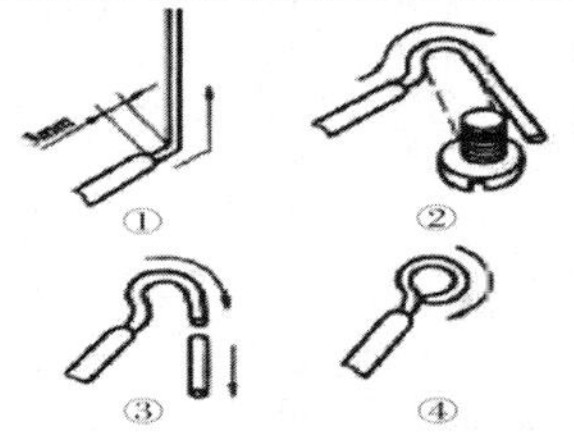
	（2）操作演示	① 剥线3cm。折弯	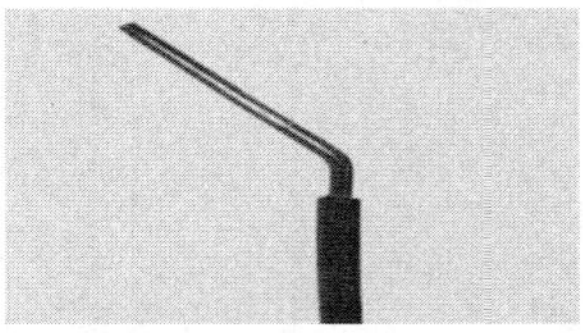
		② 弯曲半圆	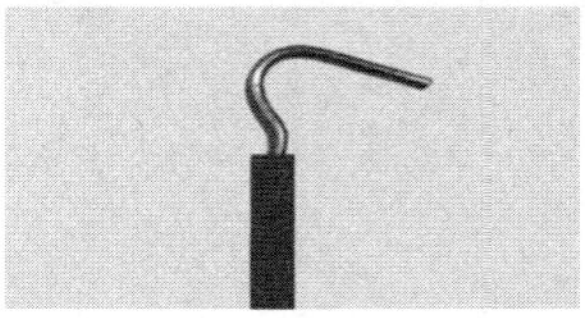
		③ 弯圆环	
		④ 放置端子排上	
		⑤ 紧螺丝	

（续表）

项目名称	实训内容	实训要点、示意图
		⑥ 效果图 
4. 多股芯线与平压式接线桩的连接	（1）连接要求	压接针式（管式）端子工艺要求： 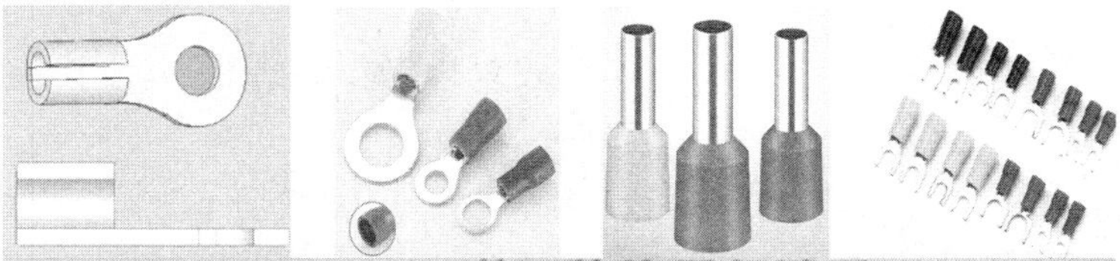 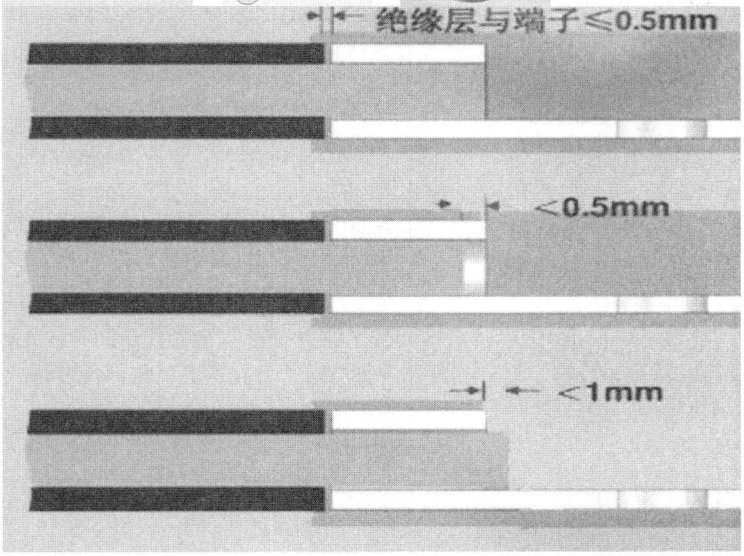
	（2）操作演示	① 剥线3cm 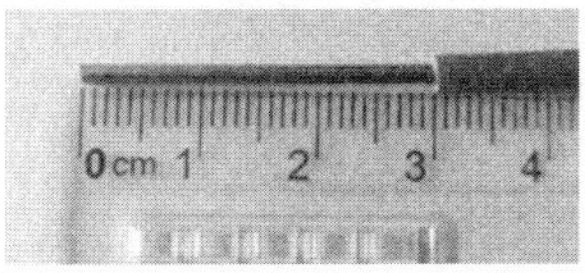
		② 导线插入端子 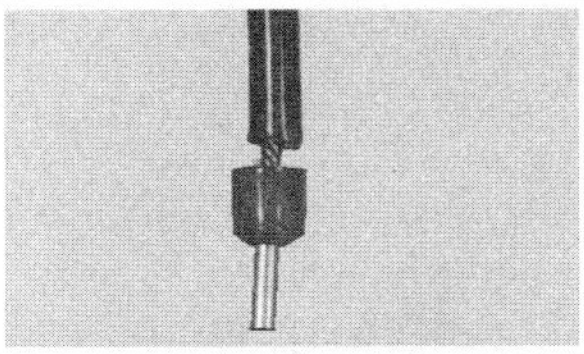
		③ 导线插入端子到位 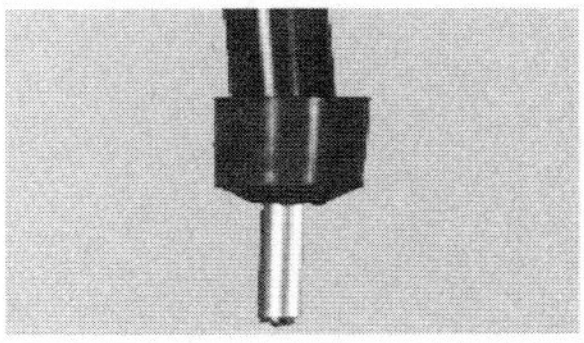

（续表）

项目名称	实训内容	实训要点、示意图	
		④ 放导线及端子到压线钳	
		⑤ 反复上下摆动压线钳活动轴手柄直到压接牢固	
		⑥ 效果图	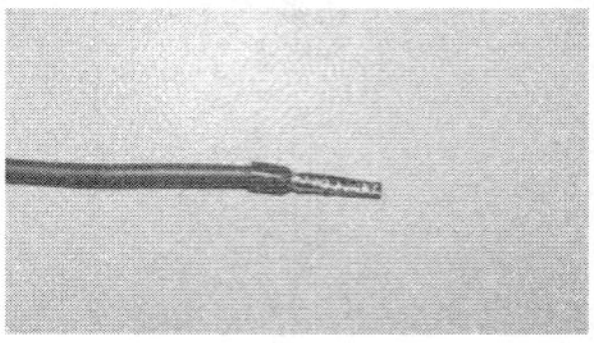
5. 头攻头在针式接线桩上的连接	（1）连接要求	① 按针孔深度的两倍长度，并再加约5～6mm的芯线根部富余度，剥离导线连接点的绝缘层	
		② 在剥去绝缘层的芯线中间折成双根成并列状态，并在两芯线根部反向折成90°转角	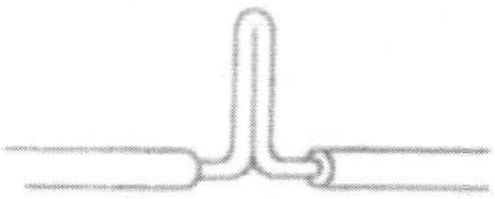
		③ 把双根并列的芯线端头插入针孔，并拧紧螺钉	
	（2）操作演示	① 剥线3cm	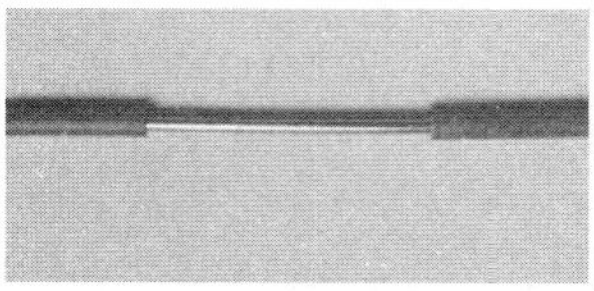
		② 折叠	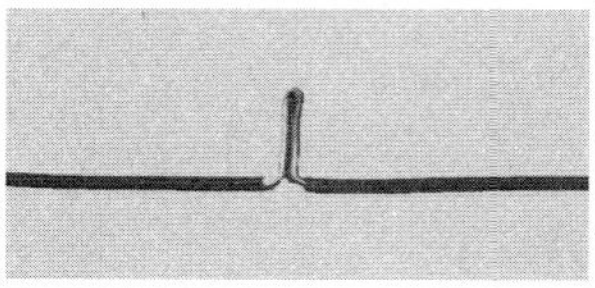
		③ 插入端子排	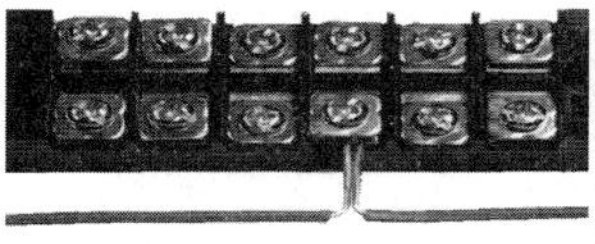

（续表）

项目名称	实训内容	实训要点、示意图	
		④ 上紧螺丝	
		⑤ 效果图	
6. 头攻头在平压式接线桩上的连接	（1）连接要求	① 在接线桩螺钉直径约6倍长度剥离导线连接点绝缘层。 ② 以剥去绝缘层芯线的中点为基准，按螺钉规格弯曲成压接圈后，用钢丝钳紧夹住压接圈根部，把两根部芯线互绞一转，使压接圈呈图示形状。 ③ 把压接圈套入螺钉后拧紧	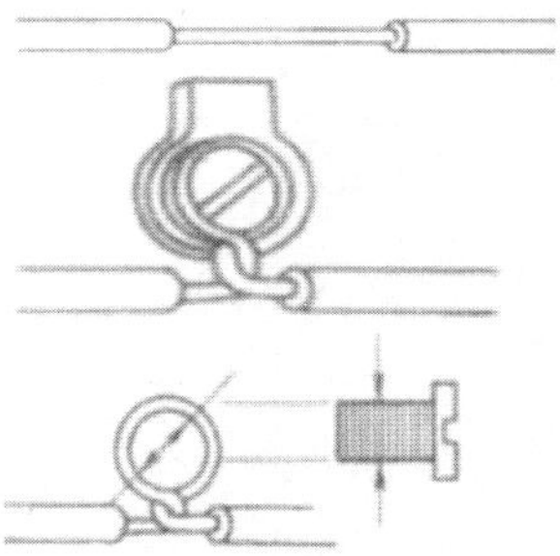
	（2）操作演示	① 剥线3cm	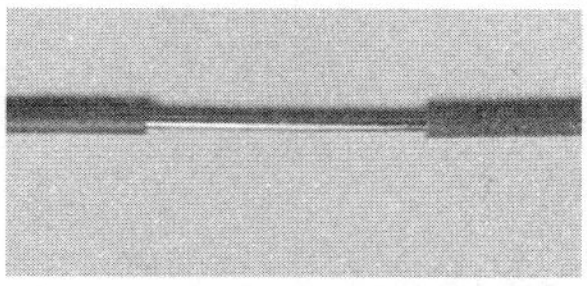
		② 折圈	
		③ 插入端子排并上紧螺丝	
7. 头攻头在瓦形接线桩上的连接	（1）连接要求	① 将已去除氧化层和污物的线头弯成U形	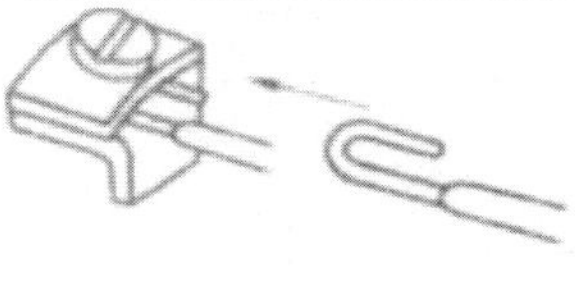
		② 将其卡入瓦形接线桩内进行压接。如果需要把两个线头接入一个瓦形接线桩内，则应使两个弯成U形的线头重合，然后将其卡入瓦形垫圈下方进行压接	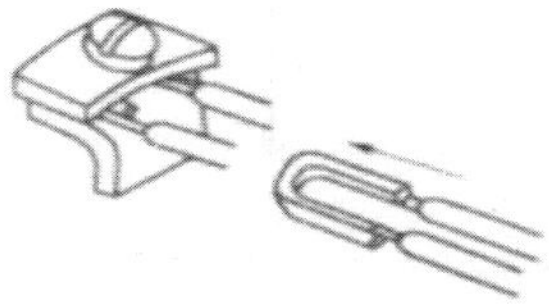

（续表）

项目名称	实训内容	实训要点、示意图
	（2）操作演示	① 2根导线折弯 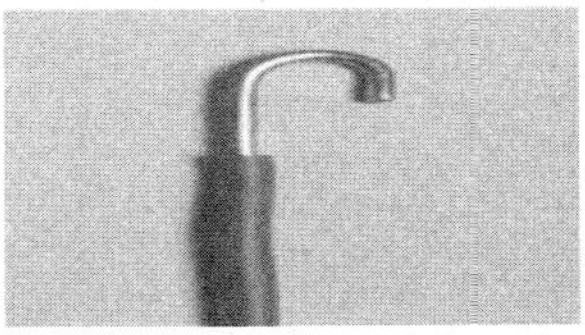
		② 两个线头接入一个瓦形接线桩内，上紧螺丝 
		③ 效果展示 
8. 导线连接断路器	（1）大电流	要求：国标A级开口鼻OT-10A压线范围为1.5～4mm^2，电流范围为3～1000A
		① 在使用压线鼻子时，应先清洁电线表面，去除污物和氧化层，以确保良好的接触效果。 ② 应根据电线的规格和类型选择合适的压线鼻子，以确保连接质量和安全性。 ③ 在施加压力时，应注意适当控制压力大小，避免过大或过小影响连接效果。 ④ 连接好的电线应保持整齐、美观，方便维护和管理。 注意：普通线鼻子需要液压钳，注意需要至少不同方向压两次 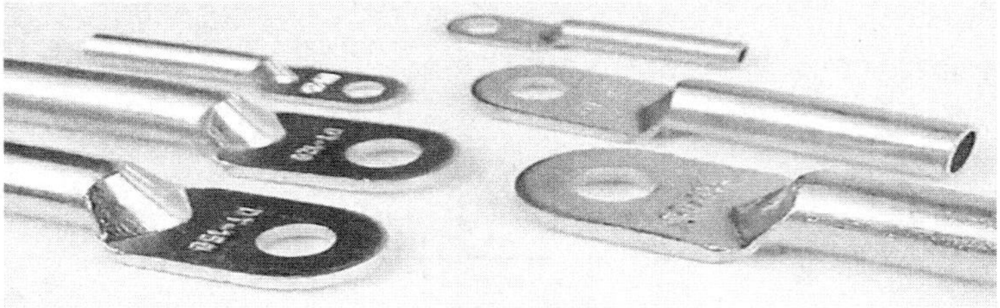
		操作演示
		① 准备好需要压接的铜鼻子和电源线 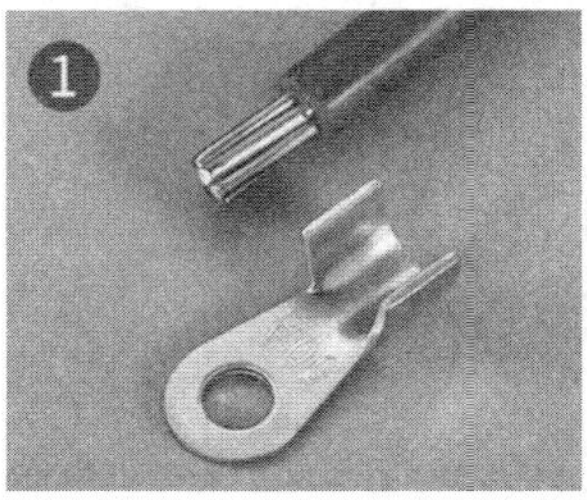

（续表）

项目名称	实训内容	实训要点、示意图	
		② 将电源线插入需压接的铜鼻子中	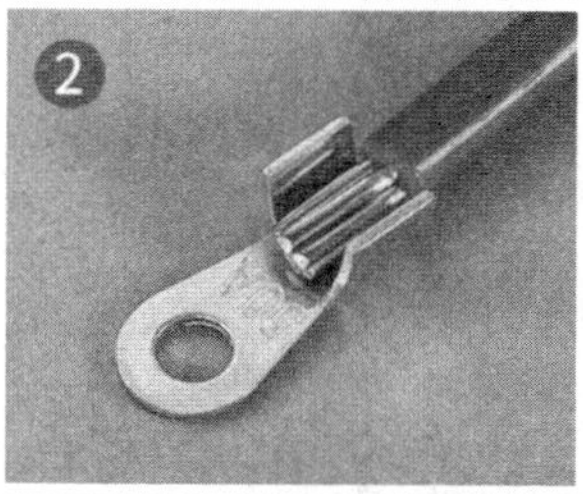
		③ 反复上下摆动活动轴手柄直到压接牢固	
		④ 松开模具，取出铜鼻子完成压接。最好上锡，最后用热缩管包裹	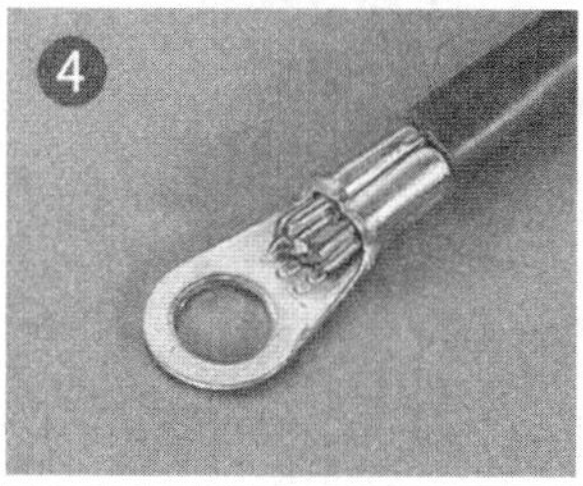
		⑤ 效果展示	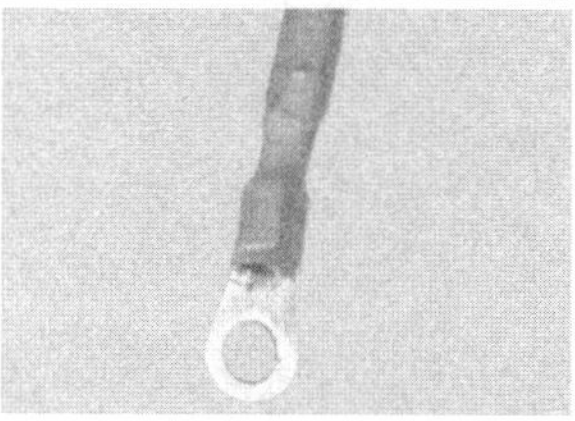
		⑥ 接到断路器	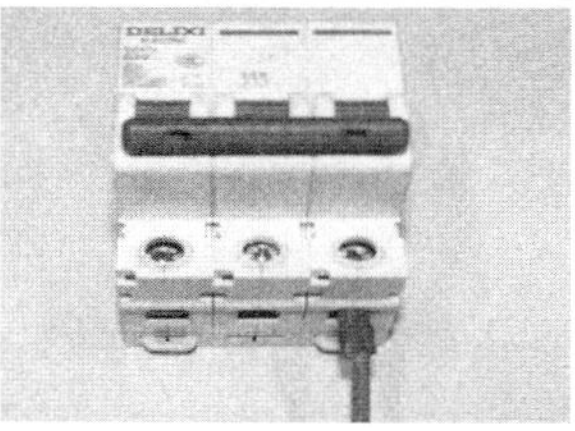
	（2）小电流	要求：用DVB C45片形接线端子（1.5～50mm^2）连接。注意导线可以是单芯硬铜导线，也可以是多股软铜导线	

（续表）

项目名称	实训内容	实训要点、示意图	
		操作演示	
		① 剥去绝缘层的导线	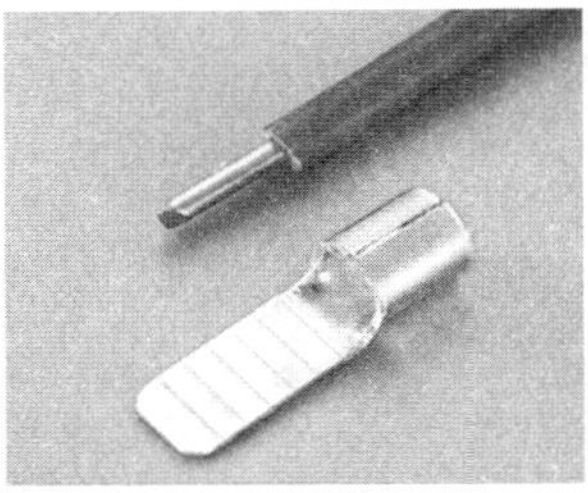
		② 将剥皮的电线插入线口放入压接口处	
		③ 加压手柄直到钳口完全闭合	
		④ 检查压接效果，完成	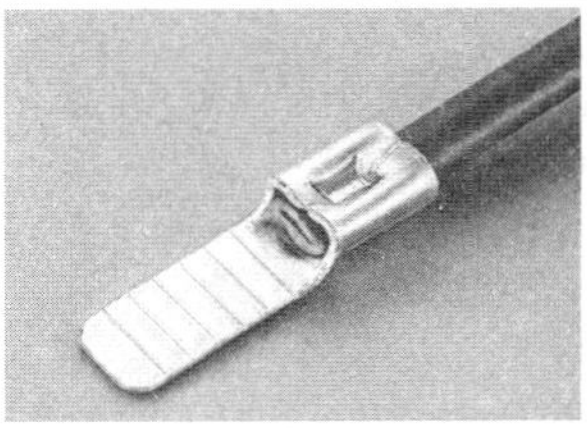
		⑤ 效果展示	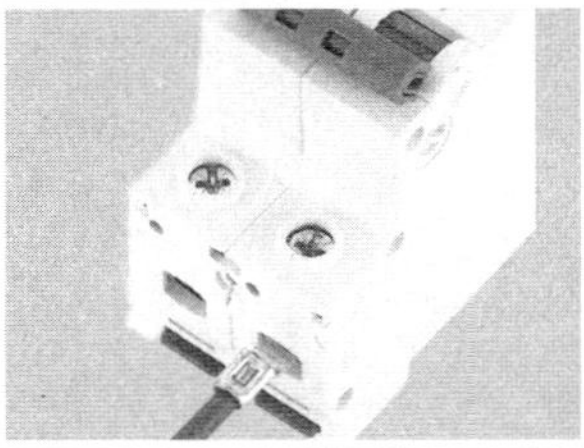
9. 电能表接线	（1）连接要求	用加长管型冷压端子（F=19.5mm）或C45铜插针电表插针 DTA-10 带护套	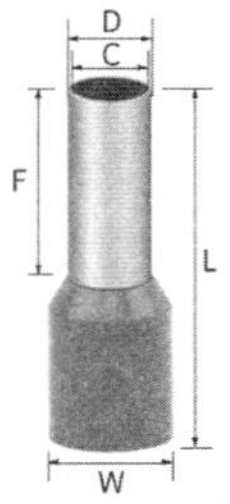 D C F L W

（续表）

项目名称	实训内容	实训要点、示意图			
				DTA电表箱插针	
	（2）操作演示	做法同4，即多股芯线与平压式接线桩的接线			
10. 7S管理	（1）现场归位	责任人		考核	
	（2）工具归位	责任人		考核	
	（3）仪表放置	责任人		考核	

六、总结与反思

本节内容总结	本节重点	
	本节难点	
	疑问	
	思考	
作业		
预习		

任务二　测量导线截面

一、实训目标

学会导线的线径测量方法。

二、实训内容

导线的线径测量。

三、实训仪器、工具

1平方单股硬线、1.5平方多股软线、2.5平方单股硬线、2.5平方多股软线、4平方单股硬线、4平方多股软线、游标卡尺、千分尺。

四、相关知识

（一）电线的规格

电线规格在国际上常用的有三个标准，分别是美制（AWG）、英制（SWG）和我国的（CWG）。几平方是国家标准规定的一个标称值，几平方是用户根据电线电缆的负荷来选择电线电缆。电线平方数是电气施工中的一个口头用语，常说的几平方电线是没加单位的，即平方毫米。电线的平方实际上标的是电线的横截面积，即电线圆形横截面的面积，单位为平方毫米。

一般来说，经验载电量是当电网电压是220V时，每平方电线的经验载电量是1千瓦左右。铜导线每个平方可以带1～1.5千瓦负荷，铝线每个平方可以带0.6～1千瓦负荷。请注意，导线选用时须考虑其工作温度。

BV电线（铜芯聚氯乙烯绝缘电线电缆）是电线电缆中最常用的一种导线。BV线有两种，一种是单芯导体，另一种是由多股导体构成的BVR线。

（二）换算方法

1. 知道电线的平方，计算电线的半径用求圆形面积的公式计算

电线平方数（平方毫米）= 圆周率（3.14）× 电线半径（毫米）的平方

BV线横截面积：$S=\pi R^2$

2.5平方电线的线半径：$R=\sqrt{S/\pi}=\sqrt{2.5/3.14}\approx\sqrt{0.796}\approx 0.892$（mm）

2.5平方铜芯线直经：$L=2R=2\times 0.892=1.784$（mm）

2. 知道电线的直径，计算电线的平方也用求圆形面积的公式来计算

电线的平方 = 圆周率（π）×线直径的平方 / 4

电缆大小也用平方标称，多股线就是每根导线截面积之和。

3. 多股电缆截面积的计算公式

0.7854×电线直径（毫米）的平方×股数

例如，48股（每股电线直径为0.2毫米）1.5平方的线：

0.7854×（0.2×0.2）×48≈1.5平方

（三）横截面积和电流

1. BV 线各规格对应直径图表集（国标）

1.0平方——1.13mm

1.5平方——1.382mm

2.5平方——1.784mm

4.0平方——2.257mm

10平方（7根）——1.35mm（每根）

16平方（7根）——1.7mm（每根）

25平方（7根）——2.1mm（每根）

35平方（7根）——2.5mm（每根）

2. 铜导线横截面积和电流

（1）一般铜导线载流量导线的安全载流量是根据所允许的线芯最高温度、冷却条件、敷设条件来确定的。

注明：一般铜导线的安全载流量为5～8A/mm^2，铝导线的安全载流量为3～5A/mm^2。

如：2.5 mm^2 BV铜导线安全载流量的推荐值为2.5mm^2×8A/mm^2=20A

4 mm^2 BV铜导线安全载流量的推荐值为4mm^2×8A/mm^2=32A

（2）计算铜导线截面积利用铜导线的安全载流量的推荐值为5～8A/mm^2，计算出所选取铜导线截面积S的上下范围：S=[I /（5～8）]=0.125 I ～0.2 I（mm^2）。S——铜导线截面积（mm^2），I——负载电流（A）。

（3）功率计算负载（也可以用电气，如电灯、冰箱等）一般分为两种，一种是电阻性负载，另一种是电感性负载。

① 对于电阻性负载的计算公式：$P=UI$。

② 对于日光灯负载的计算公式：$P=UI\cos\phi$，其中日光灯负载的功率因数$\cos\phi$=0.5。不同电感性负载的功率因数不同，统一计算家庭用电气时可以将功率因数$\cos\phi$取0.8。也就是说，如果一个家庭所有用电气加上总功率为6000瓦，则最大电流是

$I=P/U\cos\phi$=6000/220×0.8≈34（A）

但是，一般情况下，家里的电气不可能同时使用，应加上一个公用系数，公用系数一般为0.5。所以，上面的计算应该改写成$I=P\times$公用系数$/U\cos\phi=6000\times0.5/220\times0.8\approx17$（A）。也就是说，这个家庭总的电流值为17A 。则总闸空气开关不能使用16A，应该用大于17A的。

2.5平方毫米铜导线载流为28A。

4平方毫米铜导线载流为35A。

6平方毫米铜导线载流为48A。

10平方毫米铜导线载流为65A。

16平方毫米铜导线载流为91A。

25平方毫米铜导线载流为120A。

铜导线电流小于28A，按每平方毫米10A取值。

铜导线电流大于120A，按每平方毫米5A取值。

3. 功率电流速算

三相电机：2A/相/kW

三相电热设备：1.5A/kW

单相220V，4.5A/kW

三相380V，2.5A/kW

（四）常用低压电缆型号

（1）VVR是铜芯聚氯乙烯绝缘及护套软结构电力电缆，电压等级0.6/1kV。

每根铜丝的直径为0.2～0.3mm，根数比较多，故比较柔软，适用于经常移动的电源线。VVR是W型电力电缆的衍生品，适用于交流额定电压U_0/U为600/1000V及以下用配电网或工业电气装置传输持续性电流。

同一截面积、同一芯数下VVR的外径要略大于RVV。

（2）RVV电线全称为铜芯聚氯乙烯绝缘及聚氯乙烯护套软电线，又称轻型聚氯乙烯护套软线，俗称软护套线，是护套线的一种。主要应用于电气、仪表和电子设备及自动化装置用电源线、控制线及信号传输线，具体可用于防盗报警系统、楼宇对讲系统等。

RVV是铜芯导体聚氯乙烯绝缘聚氯乙烯护套连接用软电缆。RVV一般叫作软电线，而VVR则叫作软电缆。

五、实训的内容和要点

具体的实训内容和实训要点见下表。

任务名称：测量导线截面　　　　　　　　　　　　编号：

项目名称	实训内容	实训要点、示意图
1. 准备工作	（1）安全性	使用时应佩戴手套，必要时应设监护人
	（2）测试物要求	国标导线、导线绝缘良好、绝缘材料符合有关规定
2. 1.5平方单股芯线线径	（1）测量过程	BV单芯铜导线直径测量 测量读数：1.37mm  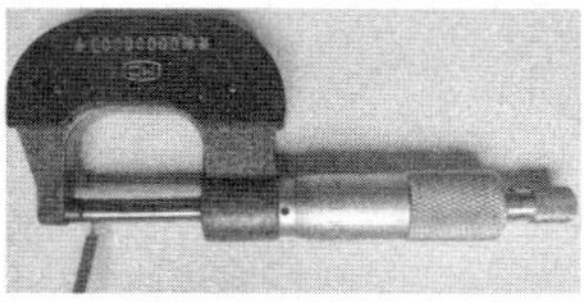 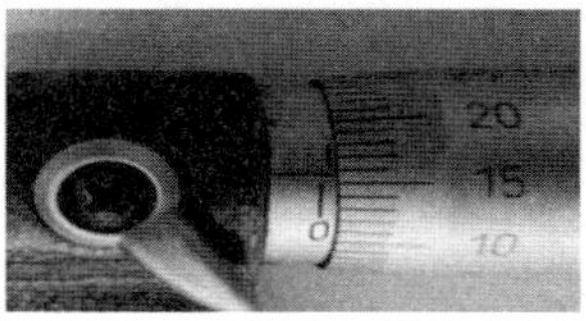
	（2）计算过程	电线平方数（平方毫米）= 圆周率（3.14）× 电线半径（毫米）的平方 BV线横截面积：$S=\pi R^2$ 1.5平方电线的线半径：$R=\sqrt{S/\pi}=\sqrt{1.5/3.14}\approx 0.69$（mm） 1.5平方铜芯线直经：$L=2R=2\times 0.69=1.38$（mm）
3. 1.5平方多股芯线线径	（1）测量过程	BVR多股铜导线直径测量。 BVR电线0.5～1.5平方7根铜丝，细铜丝直径：0.51mm  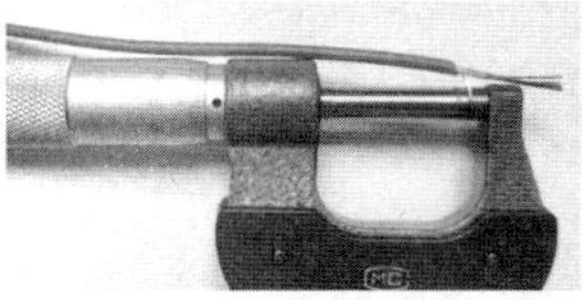 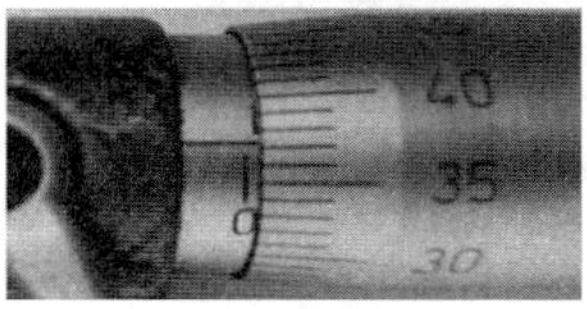

（续表）

项目名称	实训内容	实训要点、示意图
	（2）计算过程	0.7854×铜导线直径（毫米）的平方×股数 1.5平方的线： 0.7854×0.52×0.52×7≈1.5平方
4. 2.5平方单股芯线线径	（1）测量过程	2.5平方BV单芯铜导线直径测量 千分尺测量结果：1.784mm 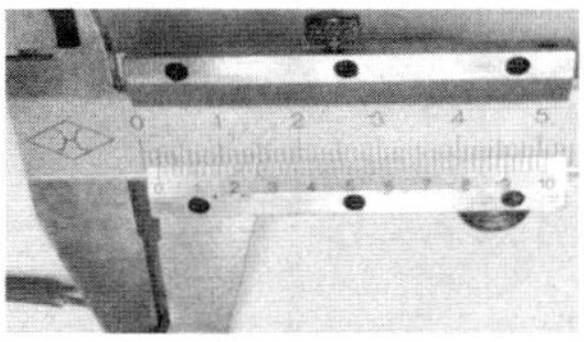 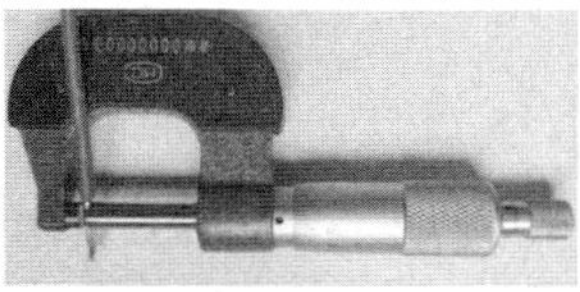 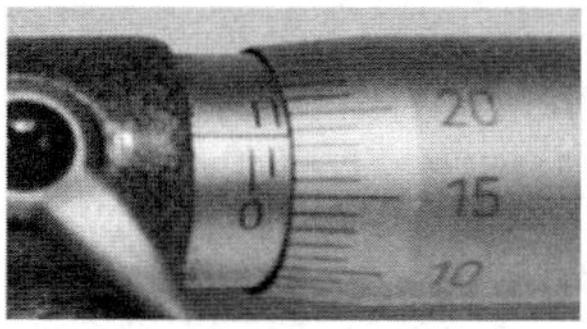
	（2）计算过程	电线平方数（平方毫米）=圆周率（3.14）×铜导线直径（毫米）的平方 BV线横截面积：$S=\pi R^2$ 2.5平方电线的线半径： $R=\sqrt{S/\pi}=\sqrt{2.5}/\sqrt{3.14}\approx 0.892$（mm） 2.5平方铜芯线直经：$L=2R=2\times 0.892=1.784$（mm）
	注意：	请使用国标的线，否则不能保证使用的安全性
5. 2.5平方多股芯线线径	（1）测量过程	2.5平方BVR多股铜导线直径测量 2.5～6平方19根铜丝，10～25平方49根铜丝。 每根直径：0.41mm 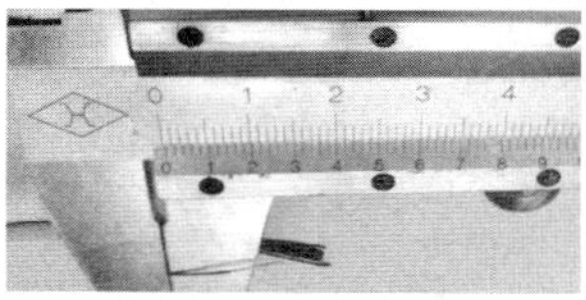 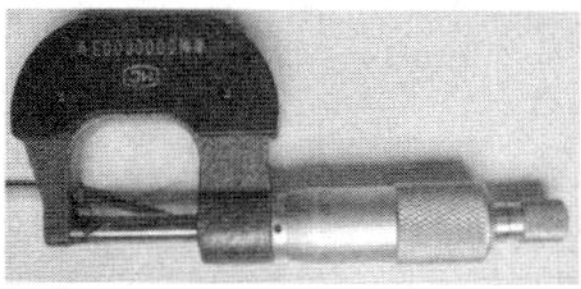 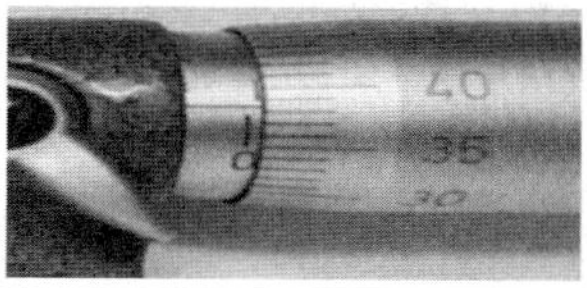
	（2）计算过程	0.7854×铜导线直径（毫米）的平方×股数 如48股（每股电线直径0.41毫米）2.5平方的线： 0.7854×0.41×0.41×19≈2.5平方毫米

（续表）

<table>
<tr><th>项目名称</th><th>实训内容</th><th colspan="4">实训要点、示意图</th></tr>
<tr><td rowspan="2">6. 4平方单股芯线线径</td><td>（1）测量过程</td><td colspan="2">4平方BV单芯铜导线直径测量
读数：2.258mm</td><td colspan="2">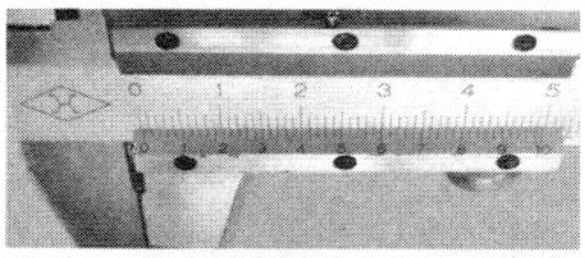
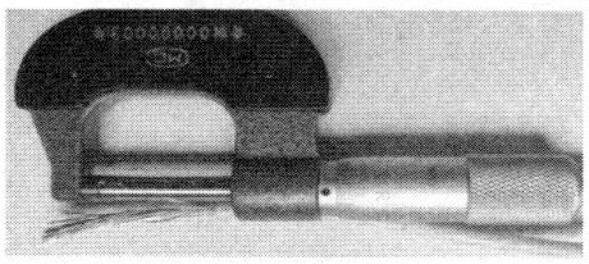
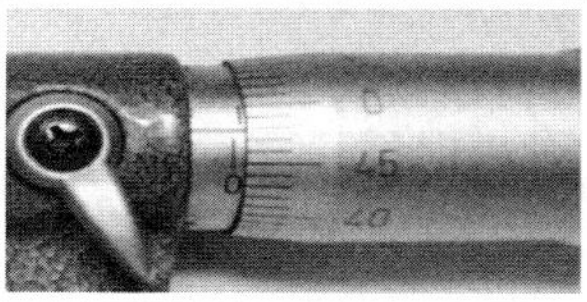</td></tr>
<tr><td>（2）计算过程</td><td colspan="4">电线平方数（平方毫米）= 圆周率（3.14）× 电线半径（毫米）的平方
BV线横截面积：$S=\pi R^2$
4平方电线的线半径：$R=\sqrt{S/\pi}=\sqrt{4/3.14}\approx1.129$（mm）
4平方铜芯线直经：$L=2R=2\times1.129=2.258$（mm）</td></tr>
<tr><td rowspan="2">7. 电缆中4平方多股芯线线径</td><td>（1）测量过程</td><td colspan="2">电缆型号：RVV 3 × 1.5+2 × 1
2.5～6平方19根铜丝，10～25平方49根铜丝。
每根直径：0.52mm</td><td colspan="2">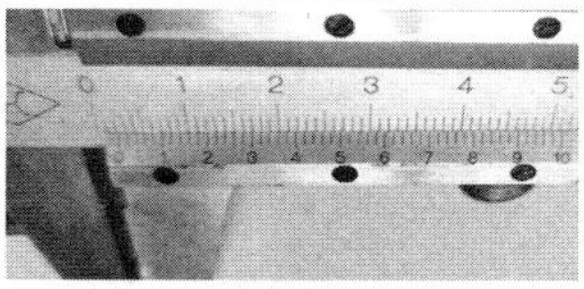
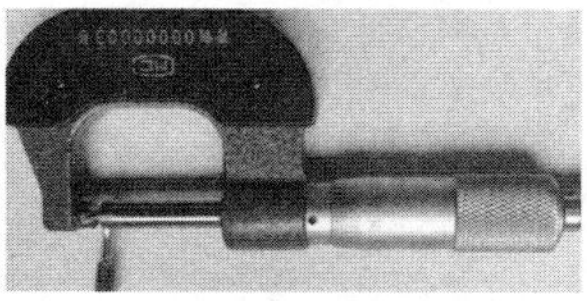
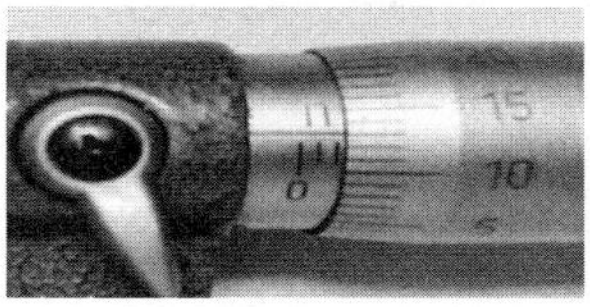</td></tr>
<tr><td>（2）计算过程</td><td colspan="4">0.7854 × 铜导线直径（毫米）的平方 × 股数
如19股（每股电线直径0.52毫米）2.5平方的线：
$0.7854\times0.52\times0.52\times19\approx4$平方毫米</td></tr>
<tr><td rowspan="3">8. 7S管理</td><td>1. 现场归位</td><td>责任人</td><td></td><td>考核</td><td></td></tr>
<tr><td>2. 工具归位</td><td>责任人</td><td></td><td>考核</td><td></td></tr>
<tr><td>3. 仪表放置</td><td>责任人</td><td></td><td>考核</td><td></td></tr>
</table>

六、总结与反思

本节内容总结	本节重点	
	本节难点	
	疑问	
	思考	
作业		
预习		

任务三　用兆欧表测绝缘电阻

一、实训目标

学会指针式、数字式兆欧表的使用方法。

二、实训内容

指针式、数字式兆欧表的使用。

三、实训仪器、工具

ZC25-4（3）兆欧表、数字式绝缘表（VC60B）的使用、电缆、三相异步交流电动机、电工工具。

四、相关知识

电气设备中，如电机、电缆、家用电气等，它们的正常运行条件之一就是其绝缘材料的绝缘程度要达到一定的数值。当受热或受潮时，绝缘材料便会加速老化，绝缘电阻会降低，可能会造成电气设备的漏电或短路事故的发生。如果能尽早发现设备的不良绝缘状态，并加以维修，就可以避免事故的发生。

（一）兆欧表的构造

如下图所示的兆欧表（摇表）主要由手摇直流发电机、磁电式流比计、三个接线柱（即L：线路端、E：接地端、G：屏蔽端）组成。

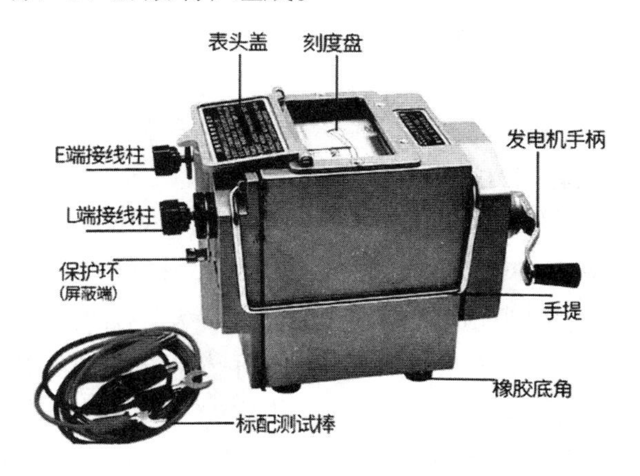

流比计的可动部分有两个绕向相反且互成一定角度的线圈，且其空气隙中的磁感应强度是不均匀的。线圈1用于产生转动力矩，线圈2用于产生反作用力力矩。被测电阻接在L（线）

和E（地）两个端子上，形成了两个回路，一个是电流回路，一个是电压回路。电流回路从电源正端经被测电阻R_x、限流电阻R_A、可动线圈1回到电源负端。电压回路从电源正端经限流电阻R_V、可动线圈2回到电源负端。由于空气隙中的磁感应强度不均匀，因此两个线圈产生的转矩T_1和T_2不仅与流过线圈的电流I_1、I_2有关，还与可动部分的偏转角 α 有关。

限流电阻R_A、R_V为固定值，在发电机电压不变时，电压回路的电流I_2为常数，电流回路电流I_1的大小与被测电阻R_x的大小成反比，所以流比计指针的偏转角 α 能直接反映被测电阻R_x的大小。

流比计指针的偏转角与电源电压的变化无关，电源电压U的波动对转动力矩和反作用力矩的干扰是相同的，因此流比计的准确度与电压无关。

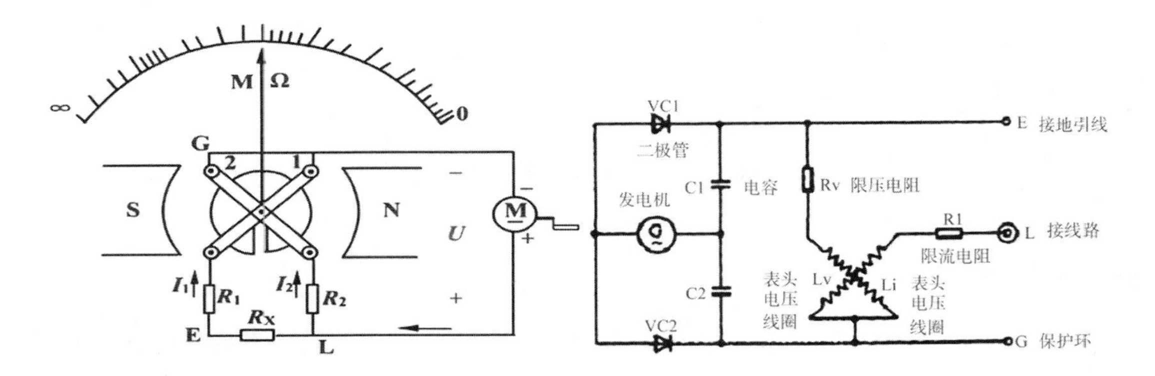

（二）兆欧表的选用

（1）兆欧表的额定电压一定要与被测电气设备或线路的工作电压相适应。

（2）兆欧表的测量范围要与被测绝缘电阻的范围相符合，以免引起大的读数误差。

（三）使用方法

（1）测量前必须将被测设备电源切断，并对地短路放电。绝不能让设备带电进行测量，以保证人身和设备的安全。对可能感应出高压电的设备，必须消除这种可能性后，才能进行测量。

（2）被测物表面要清洁。减少接触电阻，确保测量结果的正确性。

（3）测量前应将兆欧表进行一次开路和短路试验，检查兆欧表是否良好，即在兆欧表未接上被测物之前，摇动手柄使发电机达到额定转速（120r/min），观察指针是否指在标尺的“∞”位置；将接线柱“线（L）和地（E）”短接，缓慢摇动手柄，观察指针是否指在标尺的“0”位。若指针不能指到该指的位置，则表明兆欧表有故障，应检修后再使用。

（4）兆欧表使用时应放在平稳、牢固的地方，且远离大的外电流导体和外磁场。

（5）必须正确接线。兆欧表上一般有三个接线柱，其中，L接在被测物和大地绝缘的导体部分，E接被测物的外壳或大地。G接在被测物的屏蔽层上或不需要测量的部分。测量绝缘电阻时，一般只用“L”和“E”端，但在测量电缆对地的绝缘电阻或被测设备的漏电流较严重时，就要使用“G”端，并将“G”端接屏蔽层或外壳。线路接好后，可按顺时针方向转动摇把。摇动的速度应由慢到快，当转速达到每分钟120转左右时（ZC-25型），保持匀速转动1分钟后读数，并且要边摇边读数，不能停下来读数。

（6）摇测时将兆欧表置于水平位置，摇把转动时其端钮间不许短路。摇动手柄应由慢渐快，若发现指针指零说明被测绝缘物可能发生了短路，这时就不能继续摇动手柄了，以防表内线圈发热而损坏。

（7）读数完毕后，应将被测设备放电。放电方法是将测量时使用的地线从兆欧表上取下来与被测设备短接一下即可（不是兆欧表放电）。

（四）兆欧表使用时应注意的事项

（1）在进行测量前应先切断被测线路或设备电源，并进行充分放电（约需2～3分钟）以保障设备及人身安全。

（2）兆欧表接线柱与被测设备间连接导线不能用双股绝缘线或绞线，应用单股线分开单独连接，避免因绞线绝缘不良而引起测量误差。

（3）测量前应先将兆欧表进行一次开路和短路试验，检查兆欧表是否良好。若将两连接线开路，摇动手柄，指针应指在“∞”（无穷大）处；把两连接线短接，指针应指在“0”处，说明兆欧表是良好的，否则兆欧表工作不正常。

（4）测量时摇动手柄的速度应由慢逐渐加快并保持每分钟120转左右的速度且持续一分钟左右，这时才是准确的读数。如果被测设备短路、指针指零，则应立即停止摇动手柄，以防表内线圈发热而损坏。

（5）测量电容器及较长电缆等设备的绝缘电阻后，应立即将“L”端钮的连接线断开，以免被测设备向兆欧表倒充电而损坏仪表。

（6）禁止在雷电时或在邻近有带高压电的导线或设备时使用兆欧表进行测量。只有在设备不带电又不可能受其他电源感应而带电时才能进行测量。

（7）兆欧表量程范围的选用一般应注意不要使其测量范围过多地超出所需测量的绝缘电阻值，以免读数产生较大的误差。例如，一般测量低压电气设备的绝缘电阻时可选用0～200MΩ量程的表，测量高压电气设备或电缆时可选用0～2000MΩ量程的表。刻度不是从零开始，而且从1MΩ或2MΩ起始的兆欧表一般不宜用来测量低压电气设备的绝缘电阻。

测量完毕后，在手柄未完全停止转动和被测对象没有放电之前，切不可用手触及被测对象的测量部分并拆线，以免触电。

（五）数字式兆欧表

数字式兆欧表也叫数字绝缘电阻测试仪，是一种基于现代电子技术的电气测试设备。它使用数字显示屏幕来显示测试结果并提供了更多的测量选项，如自动范围选择、自动关机等。

数字式兆欧表采用了电流—电压法（即欧姆定律）进行测量。当被测电路中加入一个特定的电流并测量其电压时，可以根据欧姆定律计算出电路的电阻。同时，在绝缘测试电阻中，数字式兆欧表会施加高电压作为激励信号，通过检测泄漏电流（即漏电流），来判断被测物体的绝缘状态。

数字式兆欧表一般由直流电压变换器将电池电压转换为直流高压电作为测试电压，这个测试电压施加在被测物上产生的电流经电流电压转换器转换为相应的电压值，然后送入模/数转换器变为数字编码，再经微处理器计算处理，由显示器显示出相应的电阻值。数字式兆欧表的电路原理框图如下图所示。

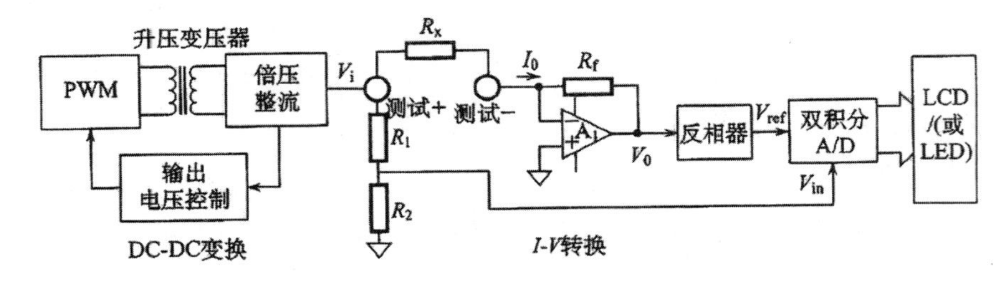

五、实训的内容和要点

具体的实训内容和实训要点见下表。

任务名称：用兆欧表测绝缘电阻　　　　　　　　　　　　　　　　　编号：

项目名称	实训内容	实训要点、示意图
1. 准备工作	（1）安全	测量前必须将被测设备电源切断，并对地短路放电，决不允许设备带电测量，保证人身和设备的安全
	（2）测试物要求	被测物体表面要清洁，减少接触电阻，确保测量结果的正确性
	（3）摇表完好	测量前要检查兆欧表的工作状态，主要检查其“0”和“∞”两点，即摇动手柄，使电机达到额定转速，兆欧表在短路时应指在“0”位置，开路时应指在“∞”位置
	（4）摇表放置要求	兆欧表使用时应放在平稳、牢固的地方，且远离大的外电流导体和外磁场设备的干扰
	（5）摇表种类	选择种类有500V、1000V、2500V等。一般额定电压在500V以下的设备，应选用500V或1000V的兆欧表；额定电压在500V以上的设备，应选用2500V或1000V的兆欧表
	（6）注意事项	兆欧表测量用的导线应采用单根绝缘导线，不能采用双绞线
2. 兆欧表的短路试验	（1）接测试棒	红线接L端，黑线接E端

（续表）

项目名称	实训内容	实训要点、示意图	
	（2）接线	将两个端子夹夹好	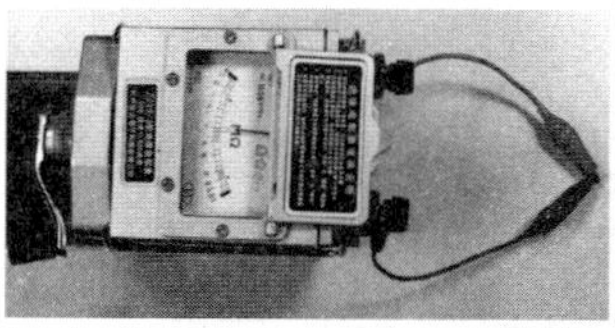
	（3）测试	轻轻地摇动手柄	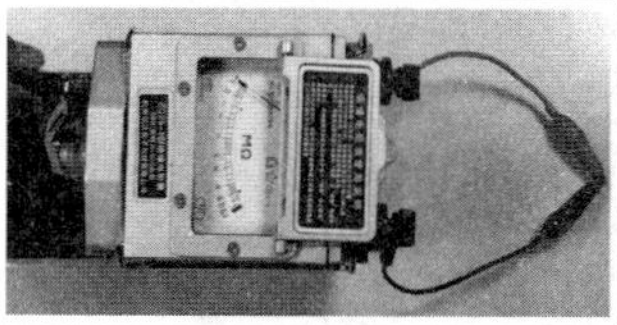
	（4）完好判断	观察结果：看指针是否归零。如果指针归零，则代表试验成功	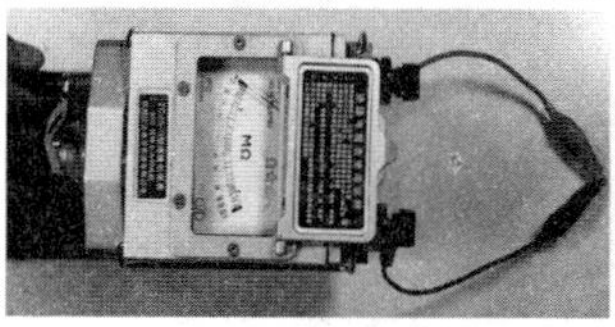
3. 兆欧表的开路试验	（1）接线	将两个端子夹取下，形成一个开路状态	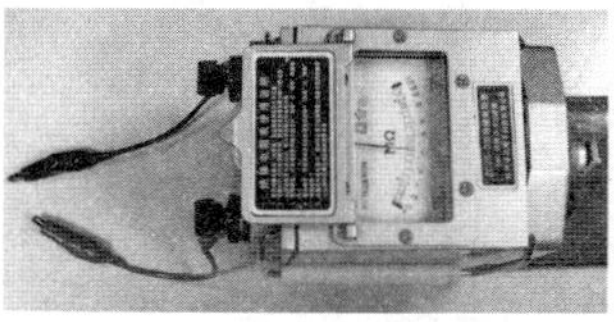
	（2）测试	摇动兆欧表的手柄，一边摇，一边提速。最后维持在每分钟120转左右	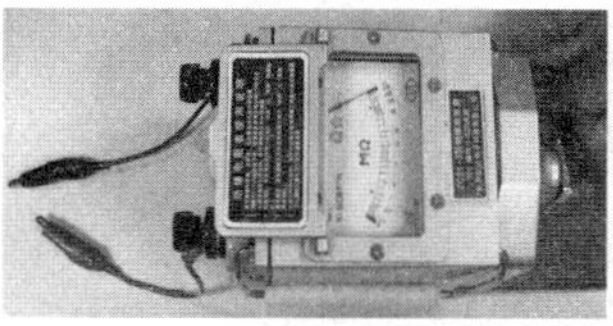
	（3）完好判断	观察结果：指针指向或趋近无穷大，代表开路试验成功	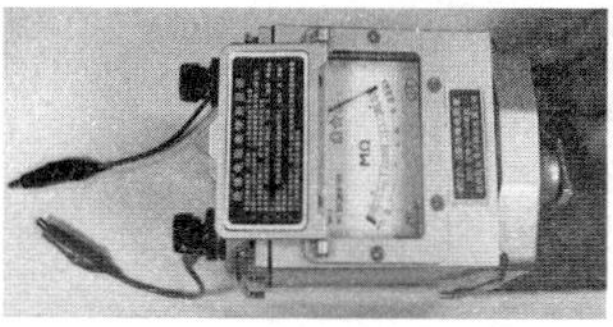
4. 低压电缆绝缘测量	（1）仪表选择	按照电力电缆的额定电压选择合适的兆欧表。500V电缆选用500V兆欧表（请看铭牌电压值）	 ZC25-3型绝缘电阻表 500 伏特 0-500兆欧 杭州征达电子科技有限公司
	（2）测试	相间绝缘：黄—绿	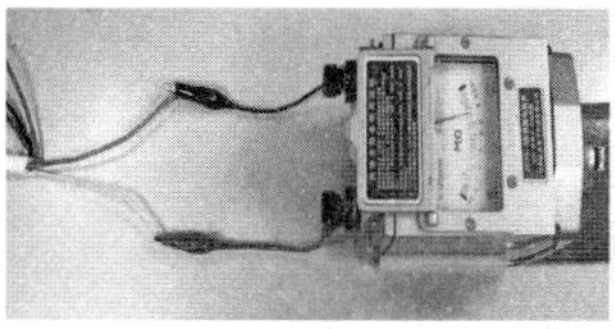

（续表）

项目名称	实训内容	实训要点、示意图	
		相间绝缘：黄—红	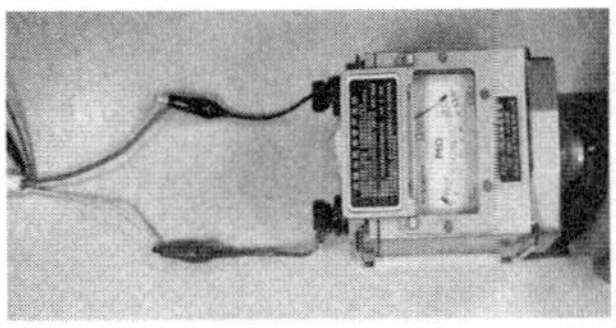
		相间绝缘：黄—红	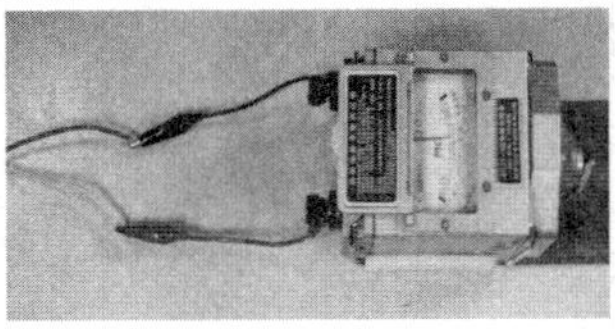 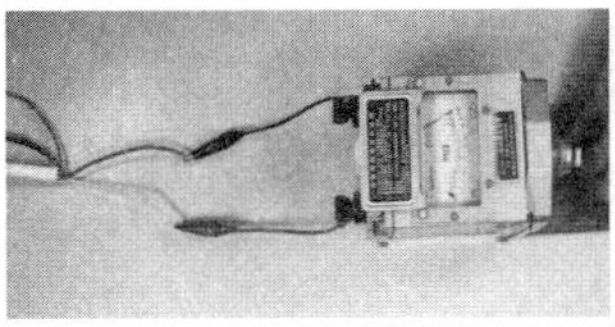
		相间绝缘：红—绿	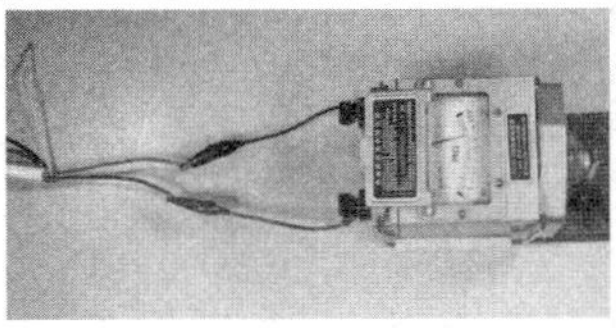 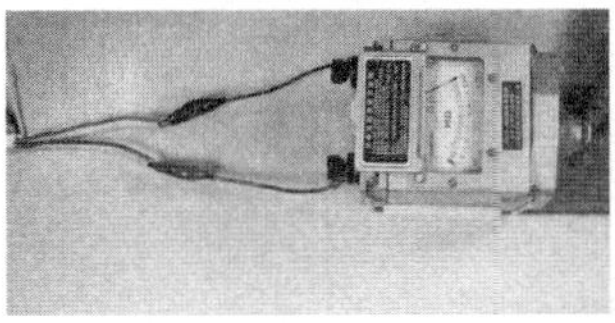
		相零绝缘：黄—蓝	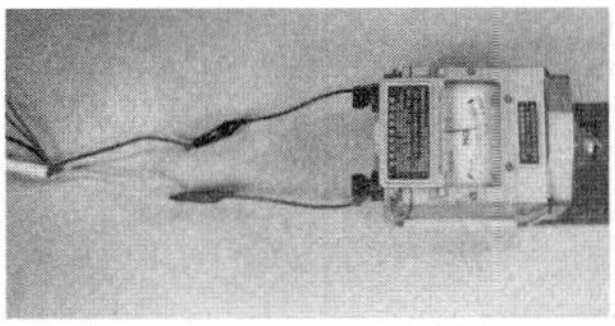 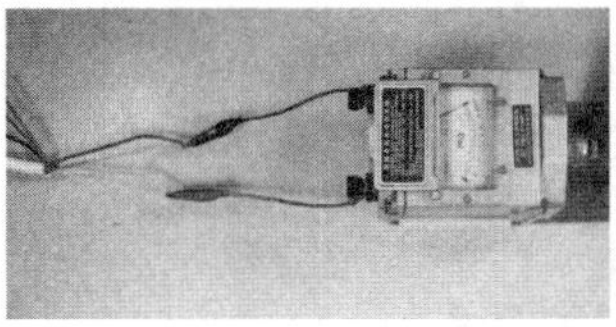
			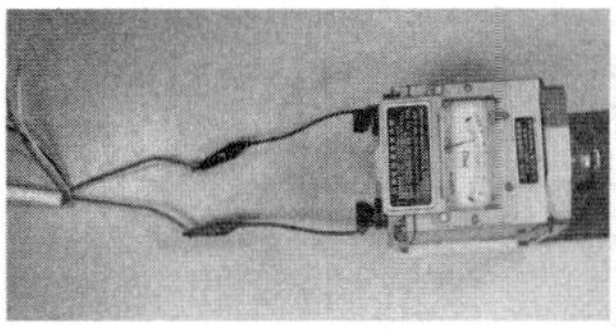

（续表）

项目名称	实训内容	实训要点、示意图	
		相零绝缘：绿—蓝	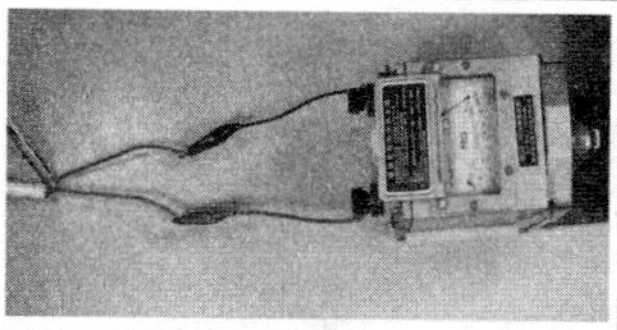
		相零绝缘：红—蓝	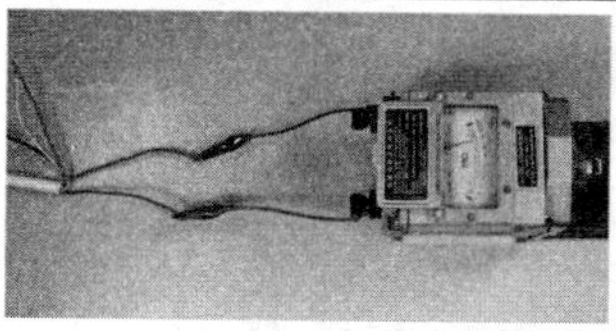 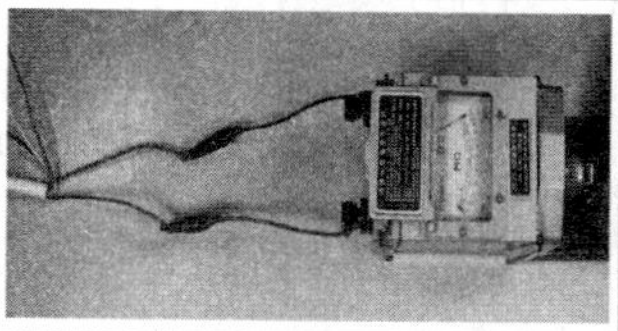
		相地绝缘：黄—接地线	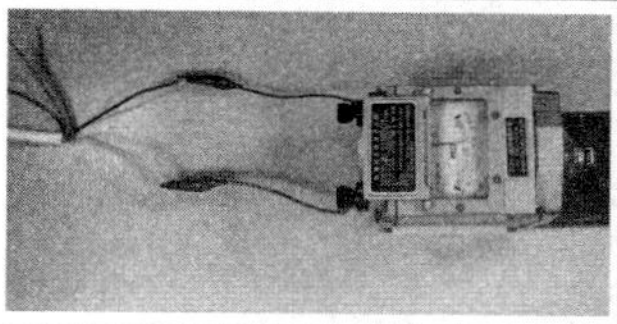 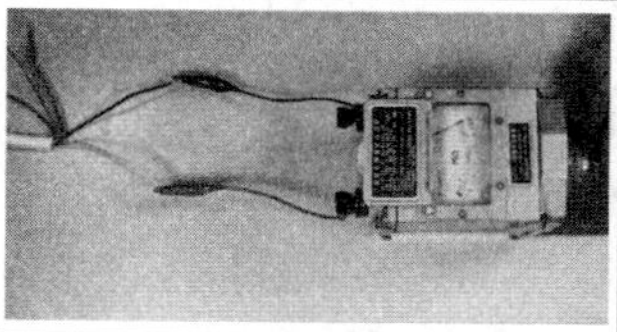
		相地绝缘：绿—接地线	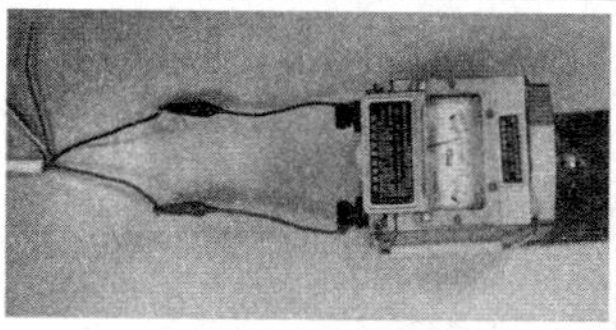 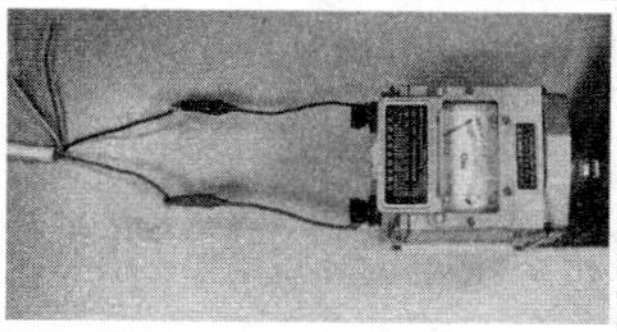
		相地绝缘：红—接地线	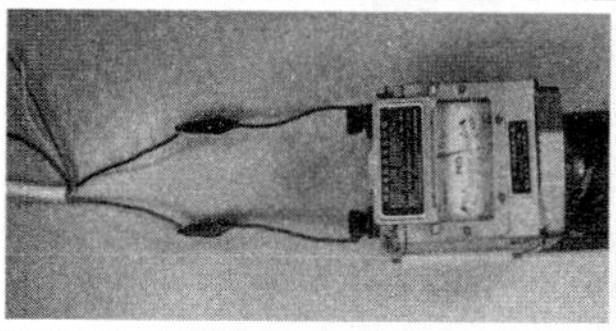

（续表）

项目名称	实训内容	实训要点、示意图	
		相间绝缘：黄—绿地线	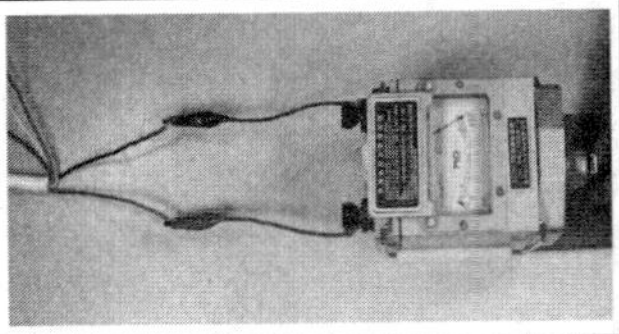
		零地绝缘：蓝—接地线	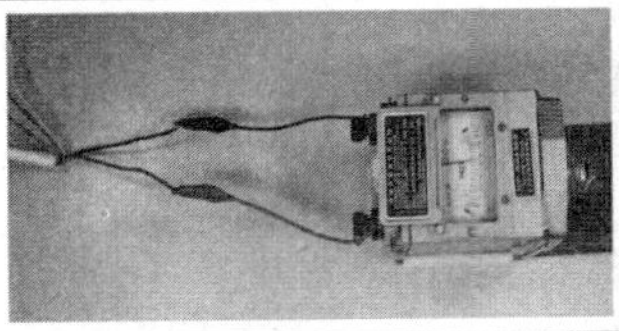 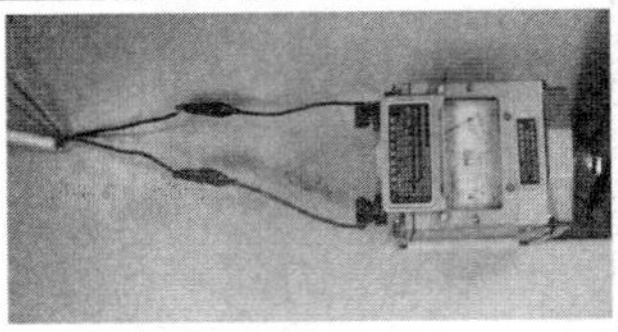
	（3）读数	待仪表指针稳定在某一位置时，开始读数，将测量结果填入表中	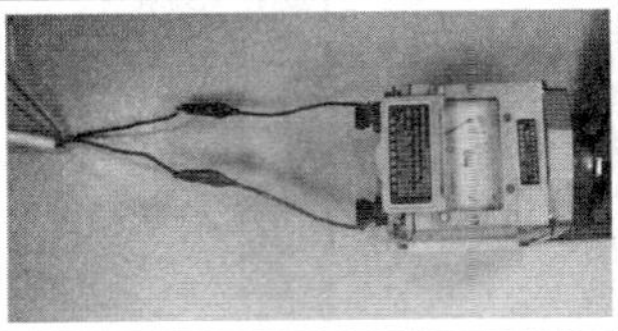
	注意	对电力电缆绝缘电阻的测量，应首先断开电缆的电源及负荷，并经充分放电之后方可进行，而且一般应在干燥的气候条件下进行测量。 一般低压电缆每千米的绝缘电阻不低于0.5MΩ，认为绝缘合格。低于0.5MΩ要进行查线维修	
5. 电动机绝缘测量结果	测试对象	绝缘电阻值（MΩ）	绝缘是否良好
	U相—V相	∞	
	U相—W相	∞	

（续表）

项目名称	实训内容	实训要点、示意图	
	测试对象	绝缘电阻值（MΩ）	绝缘是否良好
	W相—V相	∞	
	U相—地	∞	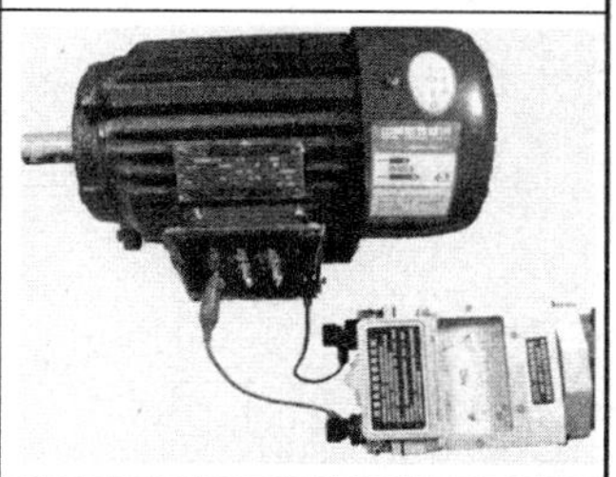
	V相—地	∞	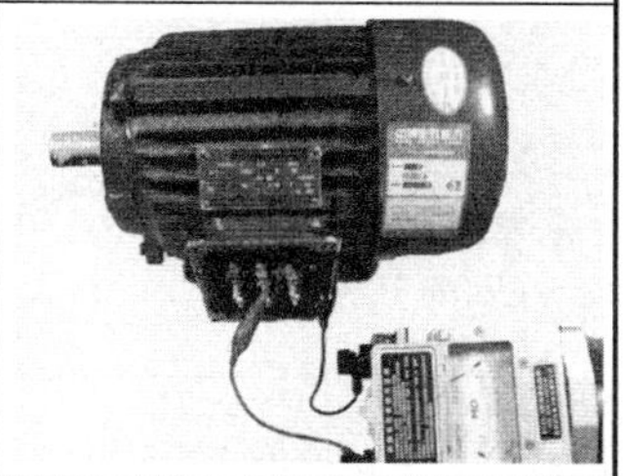
	W相—地	∞	
	结论	电动机绝缘完好。 我国规定：对于额定电压不超过1000V、功率在7.5kW以下的电动机，绝缘电阻应不小于1MΩ；功率在7.5kW以上和额定电压在1000V以上的电动机，绝缘电阻应不小于2MΩ。如果电动机使用环境特殊或有特殊要求，则需按照不同的标准进行检验和评估	
6. 兆欧表使用注意事项	（1）兆欧表接线应用绝缘良好的单根线，并尽可能短。 （2）摇测过程中不得用手触及被测设备，防止触电。 （3）禁止在雷电或有其他感应电产生时摇测绝缘。 （4）如果摇动手柄后指针即刻降到0值，则表示电气设备的绝缘已损坏，如再继续摇动手柄将使表内线圈烧坏。 （5）使用后必须放电，最后把表笔拆除，将摇表装入盒中		

（续表）

项目名称	实训内容	实训要点、示意图	
7. 数字式绝缘表的使用（VC60B）	（1）安装电池	打开电池盒后盖装入8节5#电池，注意电池极性不要接反	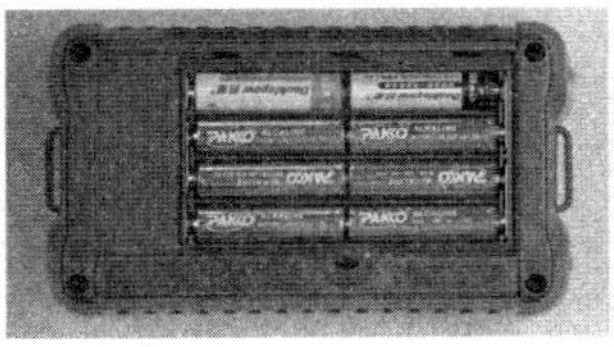
	（2）开机	将电源开关“POWER”键按下	
	（3）电压选择	根据测量的需要选择测试电压（500V）	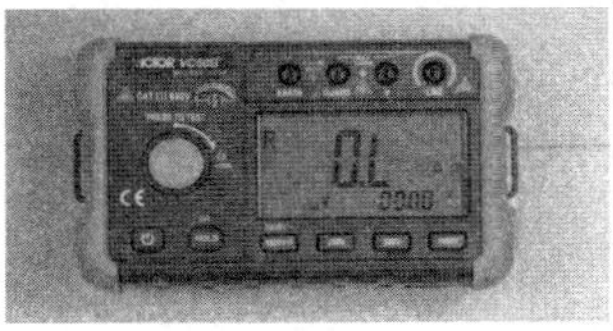
	（4）接线	将被测对象的电极接入仪表相应的插孔	
	（5）测试	按下测试开关，测试即进行，向右侧旋转可锁定按键开关；当显示值稳定后，即可读数	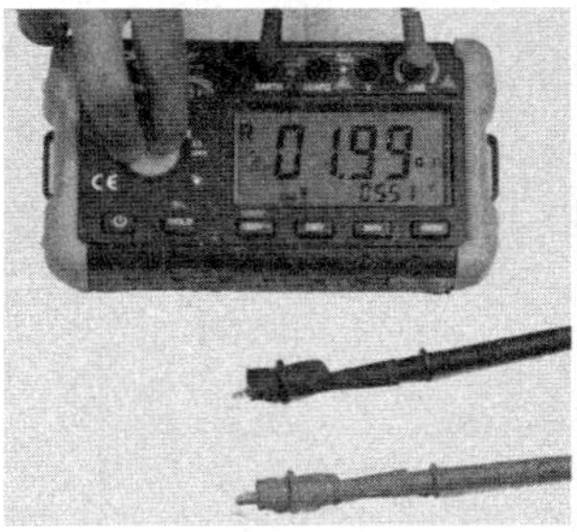
	（6）测试	相间绝缘：黄—绿（每次测量表笔接好，数字兆欧表显示0L，以下省略该步骤）	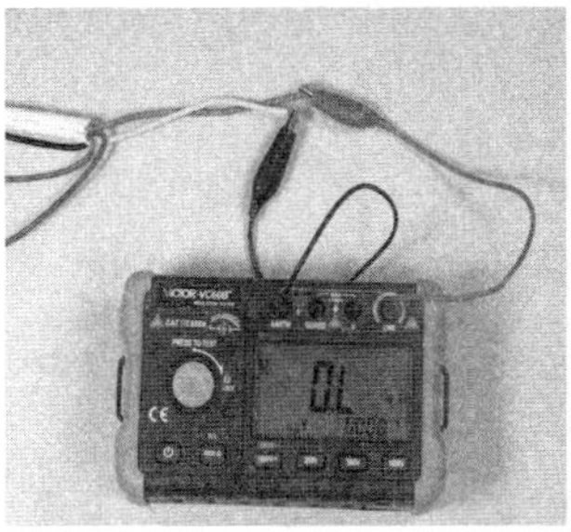

（续表）

项目名称	实训内容	实训要点、示意图	
		相间绝缘：黄—红	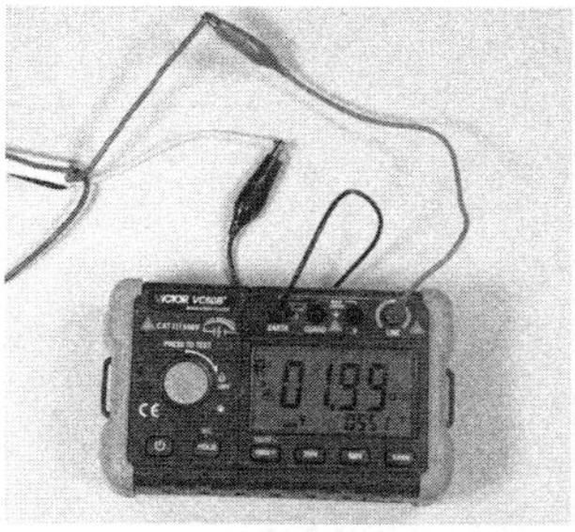
		相间绝缘：绿—红	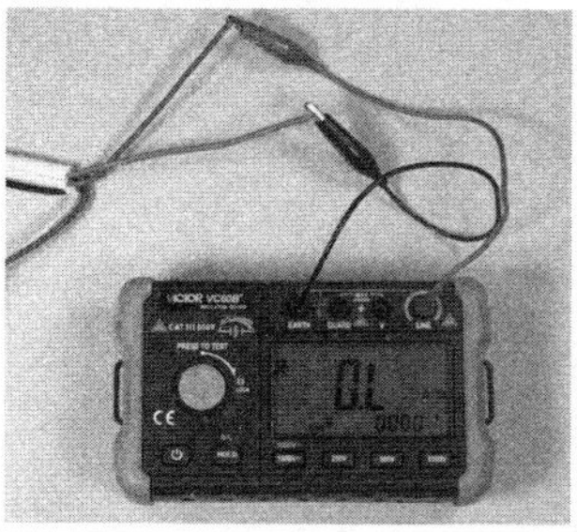
		相地绝缘：黄—接地线	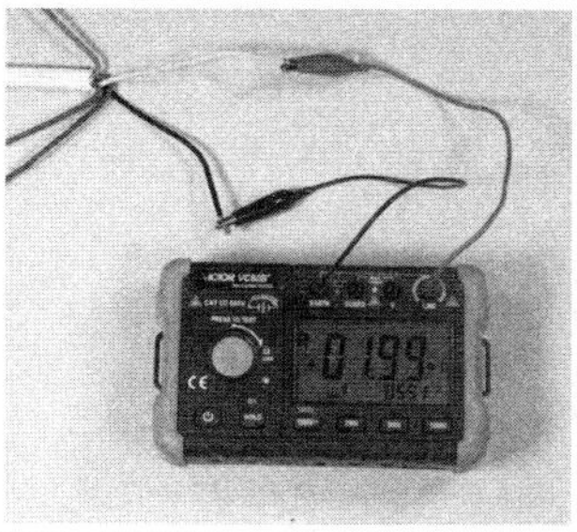
		相地绝缘：绿—接地线	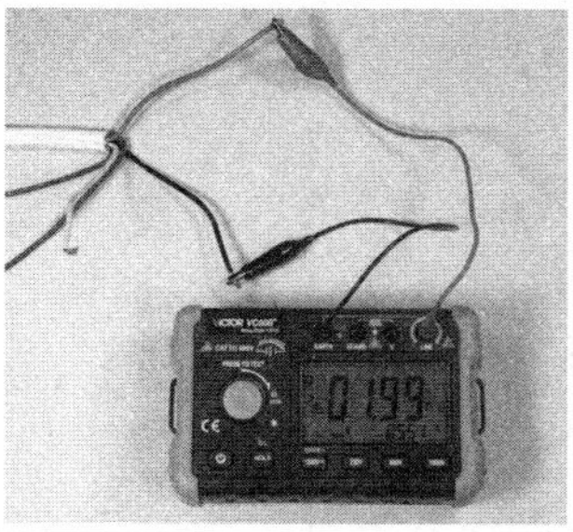
		相地绝缘：红—接地线	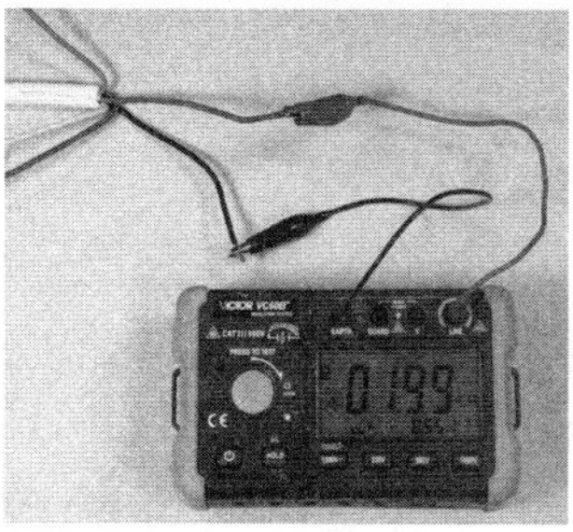

（续表）

项目名称	实训内容	实训要点、示意图	
8. 数字摇表低压电缆绝缘测量结果	测试对象	绝缘电阻值（MΩ）	绝缘是否良好
	黄—绿	中间∞表显示0.199	
	黄—红	中间∞表显示0.199	
	绿—红	中间∞表显示0.199	
	黄—接地线	中间∞表显示0.199	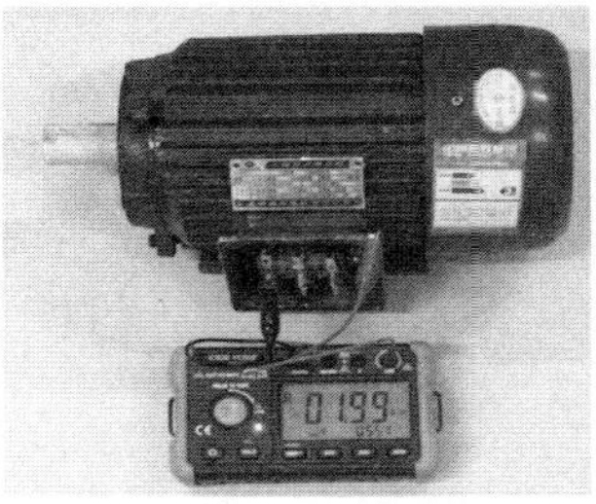
	绿—接地线	中间∞表显示0.199	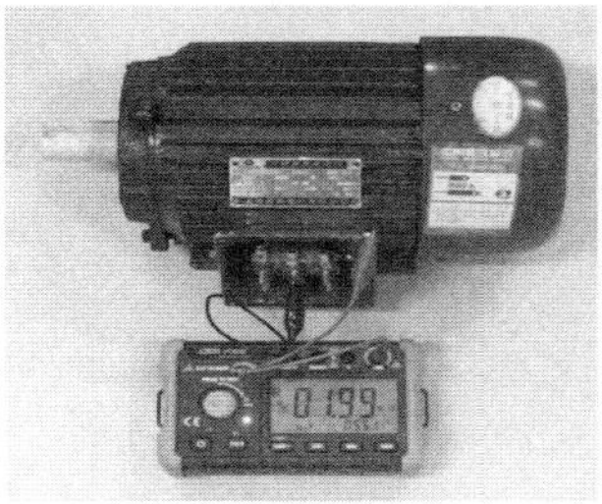

（续表）

<table>
<tr><th>项目名称</th><th>实训内容</th><th colspan="4">实训要点、示意图</th></tr>
<tr><td rowspan="3"></td><td>测试对象</td><td colspan="2">绝缘电阻值（MΩ）</td><td colspan="2">绝缘是否良好</td></tr>
<tr><td>红—接地线</td><td colspan="2">中间∞表显示0.199</td><td colspan="2"> </td></tr>
<tr><td>结论</td><td colspan="4">绝缘完好</td></tr>
<tr><td>9. 数字兆欧表使用注意事项</td><td colspan="5">如果仅最高位显示“1”，即表示超量程，需要以高量程挡取数；当量程按键处于“▬”，则表示绝缘电阻超过2000MΩ
（1）测试电压选择键不按下时，输出电压插孔上将可以输出高压。
（2）测试时应首先检查测试电压选择及LCD上测试电压的提示与所需的电压是否一致。
（3）被测对象应完全脱离电网供电，并且应经短路放电证明被测对象不存在电力危险才可进行操作，以保障操作安全。
（4）测试时不允许手持测试端，以保证读数准确及人身安全。
（5）仪表不宜置于高温处存放，避免阳光直接照射以免影响液晶显示器的寿命。
（6）测试电压选择键不按下时，输出电压插孔上将可以输出高压。
（7）电池能量不足有符号“▭”显示时，请及时更换电池。长期存放时应及时取出电池，以免电池漏液而损坏仪表。
（8）空载时，如有数字显示，属正常现象，不影响测试。
（9）在进行绝缘电阻测试时，如果显示读数不稳定可能是环境干扰或绝缘材料不稳定造成的，此时可将“G”端接到被测对象屏蔽端，即可使读数稳定。
（10）为保证测试安全性和减小干扰，测试线应采用硅橡胶材料，请勿随意更换测试线</td></tr>
<tr><td rowspan="3">10. 7S管理</td><td>（1）现场归位</td><td>责任人</td><td></td><td>考核</td><td></td></tr>
<tr><td>（2）工具归位</td><td>责任人</td><td></td><td>考核</td><td></td></tr>
<tr><td>（3）仪表放置</td><td>责任人</td><td></td><td>考核</td><td></td></tr>
</table>

六、总结与反思

<table>
<tr><td rowspan="4">本节内容总结</td><td>本节重点</td><td></td></tr>
<tr><td>本节难点</td><td></td></tr>
<tr><td>疑问</td><td></td></tr>
<tr><td>思考</td><td></td></tr>
<tr><td>作业</td><td></td><td></td></tr>
<tr><td>预习</td><td></td><td></td></tr>
</table>

任务四　钳形电流表

一、实训目标

学会钳形电流表测量交流电压、电流、电阻、频率、温度的操作方法。

二、实训内容

钳形电流表测量交流电压、电流、电阻、频率、温度的操作方法。

三、实训仪器、工具

剥线钳、尖嘴钳、螺丝刀、优利德U204+钳形电流表、三相异步交流电动机、电池组、发光二极管、电阻、控制变压器。

四、相关知识

1. 钳形电流表

钳形电流表（钳表），是集电流互感器与电流表于一身的仪表，是数字万用表的一个重要分支。钳形电流表最大的优势是在不断开被测线路的情况下测量线路的电流。钳形电流表一般只测量工频交流电流，也有针对直流电进行测量的钳形表。

2. 工作原理

钳形电流表是由电流互感器和电流表组合而成的。电流互感器的铁芯在捏紧扳手时可以张开；被测电流所通过的导线可以不必切断就可穿过铁芯张开的缺口，当放开扳手后铁芯闭合。钳形电流表的主要部件是一个穿心式电流互感器。测量时，将钳形电流表的磁铁套在被测导线上，形成1匝的一次线圈，根据电磁感应原理，二次线圈中便会产生感应电流，与二次线圈相连的钳形电流表便指示出线路中电流的数值。

3. 钳形电流表实例介绍（见下图所示）

（1）交/直流电流钳口：拾取交/直流电流和钳头测。

（2）功能量程开关：用于选择各种功能和量程挡位。

（3）HOLD数据保持键：按下保持键，显示器上将保持测量之后的读数，并显示“H”；再按保持键，仪表即恢复正常测试状态。

（4）MAX/MIN保持键：按下保持键，显示器上将保持最大或最小读数。

（5）显示器：3又1/2位，字高12mm，7段LCD显示器。

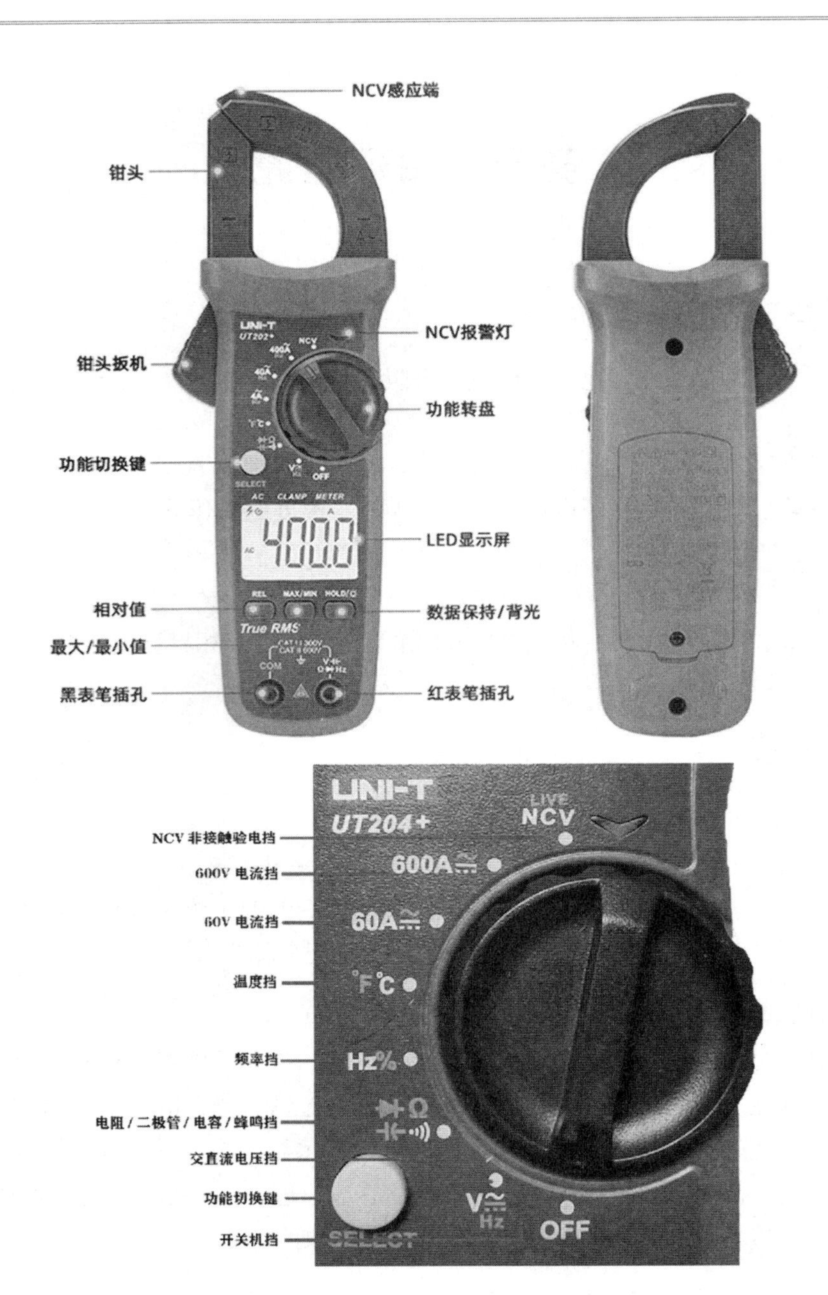

（6）Ω/➔|/ ⊣⊢ /🔊 插孔：测量电阻、二极管正向压降、电容、电路通断时，红表笔正极输入端。

（7）COM插孔：除交流电流外，黑表笔负极输入端。

（8）REL/ZERO键：在交/直流电流量程，按下此按键仪表即进入相对测量状态，“REL”标志符号将被显示，另外读数显示为零。而在这之前的显示器读数被作为基准值储存在存储器。在自动量程的状态时，这之前的量程范围也会被保留下来。

（9）FUNC键（黄色圆形键）：在电阻、电路通断和二极管挡，此按键能自动切换测量状态，被选择的功能会显示在LCD上。

（10）背景光：仪表的显示器设有背景光。按此键后背景灯会点亮，7～8秒后自动熄灭。

扳机：按下扳机，钳头张开；松开扳机，钳头自动合拢。

注意：钳形电流表所有挡位均有自己的分辨率，请查阅说明书。

五、实训的内容和要点

具体的实训内容和实训要点见下表。

任务名称：　钳形电流表的使用　　　　　　　　　　编号：

项目名称	实训内容	实训要点、示意图
1. 准备工作	（1）安全性	① 使用时应佩戴手套，必要时应设监护人。 ② 不可测量裸导线上的电流。 ③ 需要换挡测量时，先将导线从钳口内退出，换挡后再钳入导线测量。 ④ 注意安全电气距离，避免形成相间短路和相对地短路。 ⑤ 在测量电流时，不可将L火线、N零线同时放入，因为在无泄漏的情况下，两线的电流相同，方向相反，此时电流测试不出来，测单根导线就可以了。 ⑥ 根据现场的实际条件，在测量之前，采用合格的绝缘材料将母线及电气元件加以相间隔离，同时应注意不得触及其他带电部分。 ⑦ 对于多用钳形电流表，各项功能不得同时使用，比如在测量电流时，就不能同时测量电压，出于安全考虑，测试线必须从钳形电流表上拔下来。 ⑧ 在测量现场，各种器材均应井然有序，测量人员身体的各部分与带电体之间必须保持足够大的距离，至少不得小于安全距离（低压系统安全距离为0.1～0.3m）。读数时，往往会不由自主地低头或探腰，这时要特别注意肢体，尤其是头部与带电部分之间的安全距离
	（2）测试物要求	负载连接导线绝缘良好
	（3）钳形电流表完好	钳形电流表工作正常，表笔绝缘良好，字符显示清晰，钳口无锈迹，接触面接触良好
	（4）钳形电流表的选择	① 应当明确被测量电流是交流电还是直流电。整流系钳形电流表只适于测量波形失真较低、频率变化不大的工频电流，对于电磁系钳形电流表来说，由于其测量机构可动部分的偏转性质与电流的极性无关，因此，它既可用于测量交流电流，也可用于测量直流电流，但准确度通常都比较低。 ② 钳形电流表的准确度主要有2.5级、3级、5级等几种，应当根据测量技术要求和实际情况选用。 ③ 数字钳形电流表选择的要点： 根据不同的检测对象是交流电流或直流电流还是漏电电流来选择机种； 可检测的最大导体规格配合检测场所，有从21mm直径到53mm直径不同的规格。 检测这种电路应该使用真实有效值方式的钳形电流表

（续表）

项目名称	实训内容	实训要点、示意图
	(5)钳形电流表的种类	从读数显示方式分，钳形电流表包括指针式和数字式两大类；从测量电压分，有低压钳形表和高压钳形表；从功能分，钳形电流表包括普通交流钳形表、交直流两用钳形表、漏电流钳形表等。 注意：在换挡时两表笔均应离开测量点
2．钳形电流表直流电压测量	（1）接测试棒	红表笔、黑表笔接入对应的孔 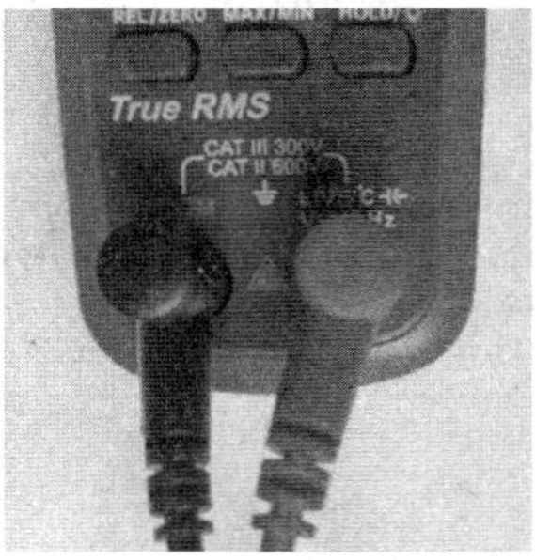
	（2）测试	挡位开关置于交流、直流电压挡，切换到直流电压DC。红表笔接电池组正极，黑表笔接电池组负极 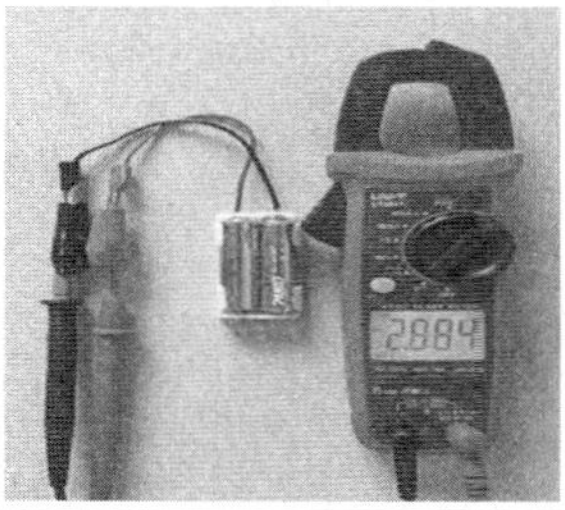
	（3）读数	待显示稳定，读取数据并记录 
	注意事项	需要功能切换键切换（黄色圆形键，按下该键，屏幕上显示当前测试功能）
3．钳形电流表交流电压（V～）测量	（1）接测试棒	插好红表笔、黑表笔
	（2）测试	表笔接到机床控制变压器的11～12，额定电压为36V，因空载，所以电压为39V 
	（3）读数	待显示稳定，读取数据并记录 
4．钳形电流表电阻测量	（1）挡位选择	将挡位打到“电阻/二极管/电容/蜂鸣”挡，用功能切换键转换到电阻挡

（续表）

项目名称	实训内容	实训要点、示意图	
	（2）测试	将表笔接到待测线路或待测电阻上	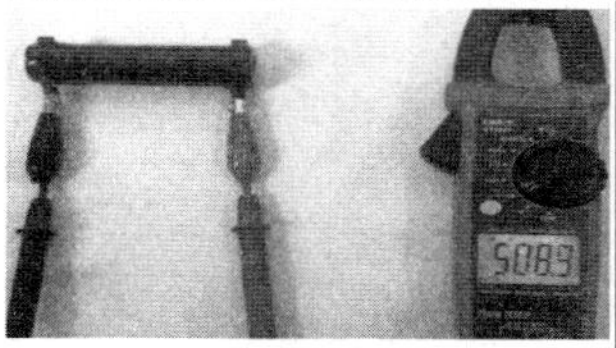
	（3）读数	待显示稳定，读取数据并记录	
	注意事项	电阻/二极管/电容/蜂鸣挡需要功能切换键切换（黄色圆形键，按下该键，屏幕上会显示目前挡位）。本挡位除了测电阻外，亦可测二极管/电容/蜂鸣。测量电阻时待测线路务必处于断电状态	
5. 钳形电流表测温度		把热电偶插入到红表笔、黑表笔孔内，显示的是室温为20℃	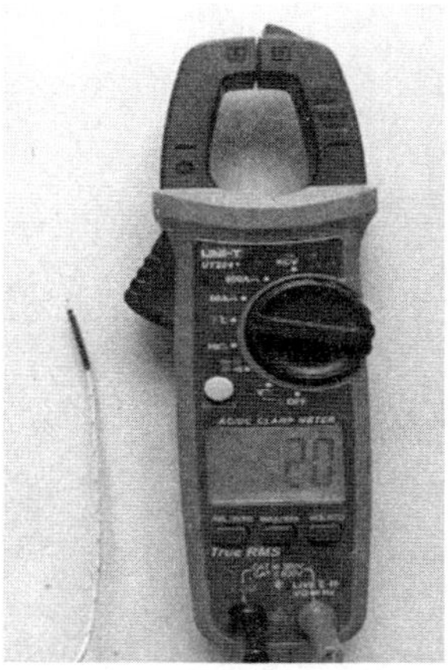
		读数	

（续表）

项目名称	实训内容	实训要点、示意图	
6. 钳形电流表测二极管	测试、读数	插好红表笔、黑表笔。接上二极管，注意二极管的极性，目前是正极 	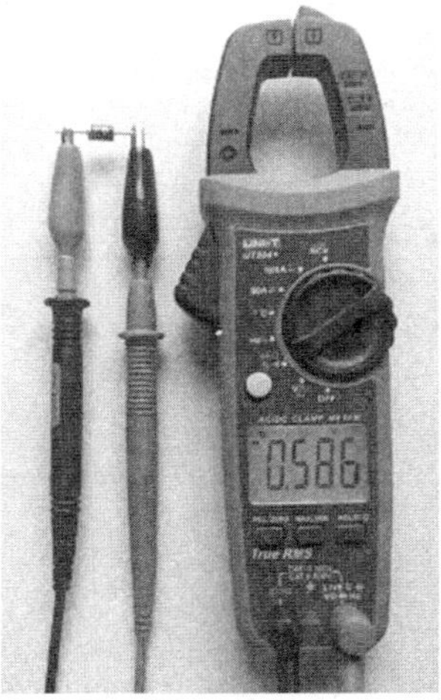
		读数	
		插好红表笔、黑表笔。接上二极管，注意二极管的极性，目前是负极性，二极管不导通 	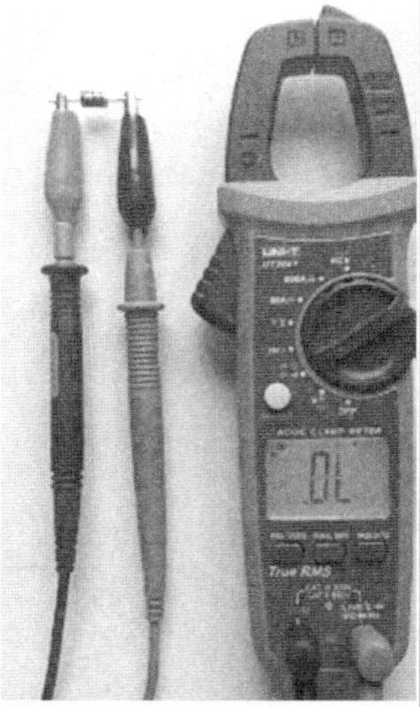
		读数	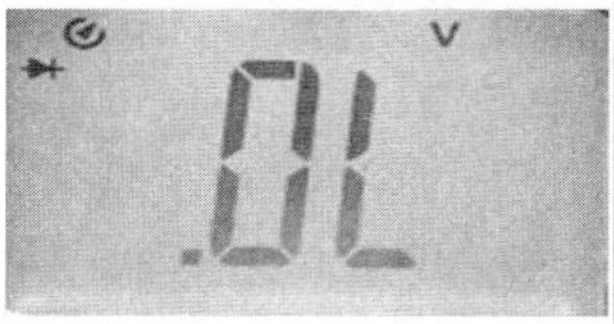

（续表）

项目名称	实训内容	实训要点、示意图	
7. 钳形电流表测通断	测试、读数	插好红表笔、黑表笔。挡位置于“电阻/二极管/电容/蜂鸣”挡位，切换到蜂鸣挡。表笔接一根导线，蜂鸣器鸣叫	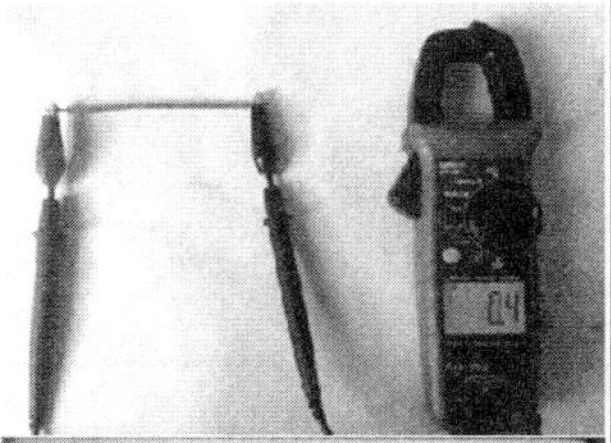 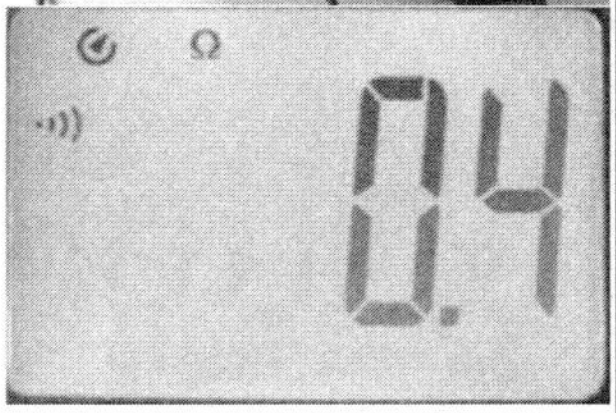
8. 钳形电流表测频率	测试、读数	插好红表笔、黑表笔。红表笔、黑表笔接到控制变压器11～12（这里是36V输出端），此时钳形电流表挡位在“Hz”，屏幕显示交流电频率为49.96Hz	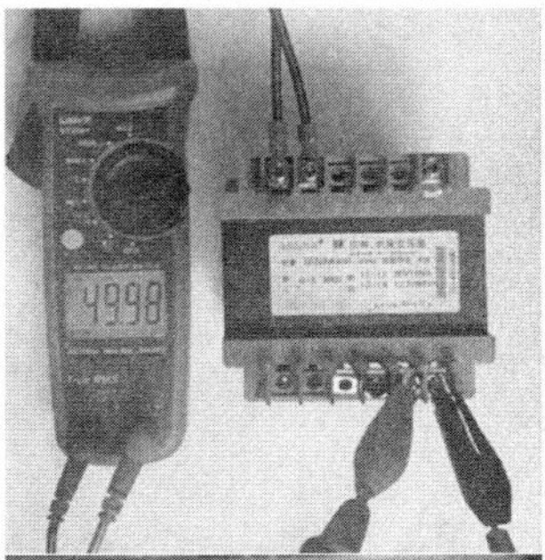 
9. 钳形电流表测电容	测试、读数	插好红表笔、黑表笔。红表笔、黑表笔接到电容两端 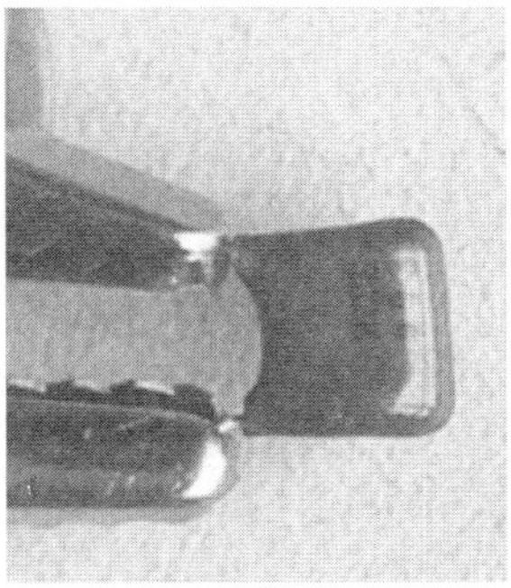	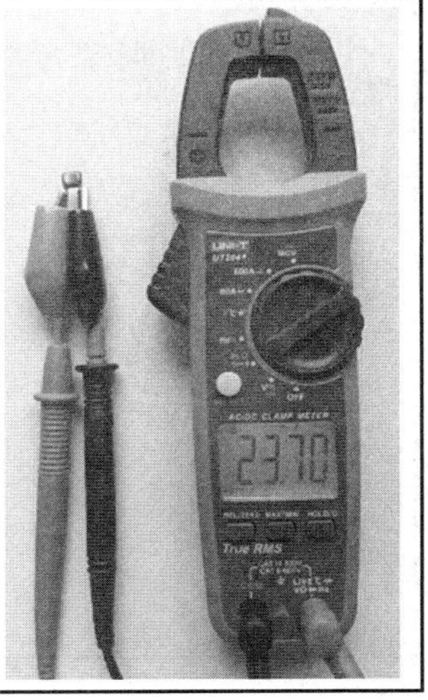

（续表）

项目名称	实训内容	实训要点、示意图
		读数
10. 钳形电流表 NCV 功能	测试、读数	挡位：NCV。钳头靠近带电导线，NCV指示灯闪亮、蜂鸣器鸣叫。 “NCV”含义为“非接触电压检测”，用来判断被测对象是否带电，如一根外皮有绝缘层的导线
11. 钳形电流表交流三相电流测量	（1）挡位选择	60A交流电流挡，注意切换到 AC。这里不需要表笔，钳口卡上导线即可
	（2）测试、读数	L1、L2、L3一起放入钳口。 三相电流平衡时，显示总电流为0
		L1放入钳口。 A相（黄）电流为2.10A

（续表）

项目名称	实训内容	实训要点、示意图	
		L2放入钳口。 B相（绿）电流为2.19A	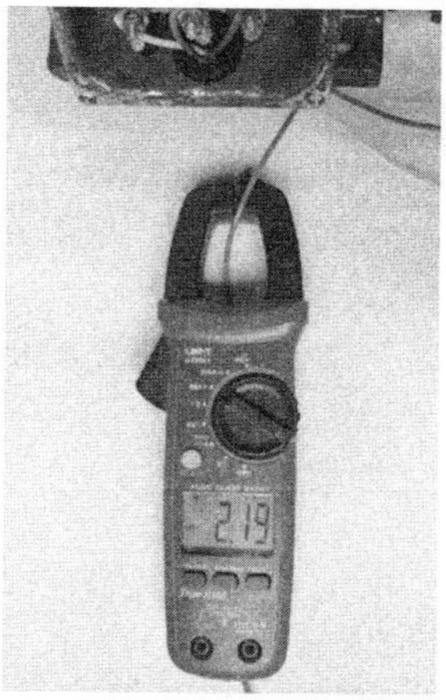
		L3放入钳口。 C相（红）电流为2.14A	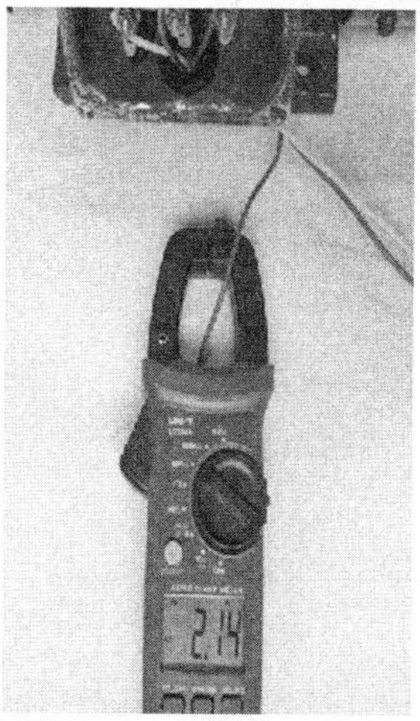
		L1绕5圈放入钳口。 A相（黄）电流为 10.72/5≈2.14A	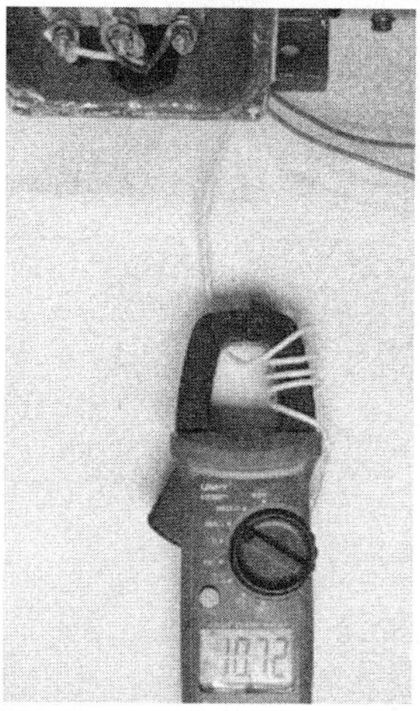

（续表）

<table>
<tr><th>项目名称</th><th>实训内容</th><th colspan="4">实训要点、示意图</th></tr>
<tr><td rowspan="2"></td><td rowspan="2"></td><td colspan="3">L2绕5圈放入钳口。
B相（绿）电流为11.07/5≈2.21A</td><td>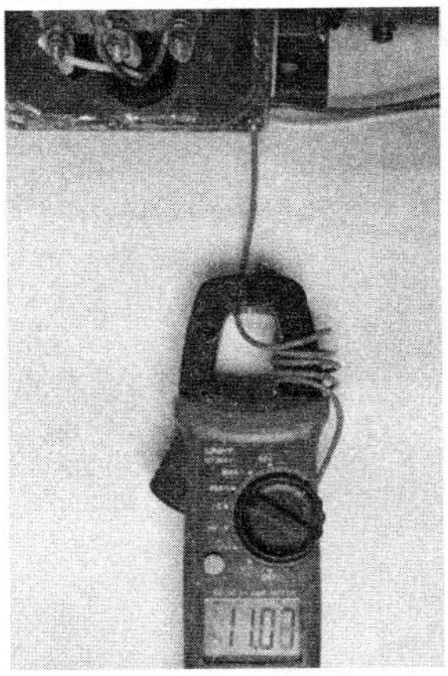</td></tr>
<tr><td colspan="3">L3绕5圈放入钳口。
C相（红）电流为12.79/5≈2.56A</td><td>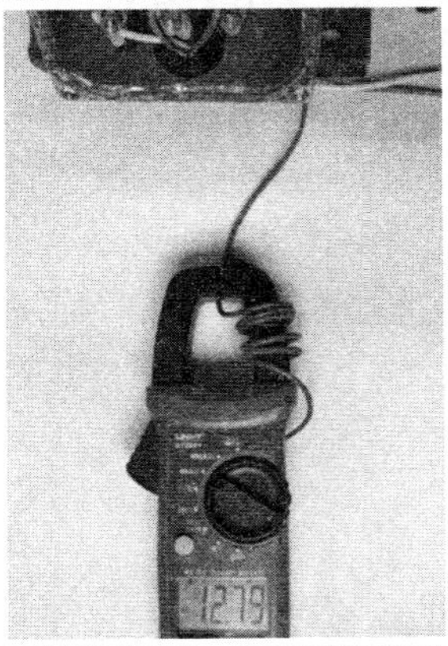</td></tr>
<tr><td rowspan="3">12. 7S管理</td><td>（1）现场归位</td><td>责任人</td><td></td><td>考核</td><td></td></tr>
<tr><td>（2）工具归位</td><td>责任人</td><td></td><td>考核</td><td></td></tr>
<tr><td>（3）仪表放置</td><td>责任人</td><td></td><td>考核</td><td></td></tr>
</table>

六、总结与反思

<table>
<tr><td rowspan="4">本节内容总结</td><td>本节重点</td><td></td></tr>
<tr><td>本节难点</td><td></td></tr>
<tr><td>疑问</td><td></td></tr>
<tr><td>思考</td><td></td></tr>
<tr><td>作业</td><td></td><td></td></tr>
<tr><td>预习</td><td></td><td></td></tr>
</table>

任务五　数字万用表的使用

一、实训目标

学会数字万用表各挡位的使用方法。

二、实训内容

数字万用表各挡位的使用。

三、实训仪器、工具

数字万用表（优利UT51）、电阻、电池组、控制变压器、二极管、发光二极管、起保停控制电路、电工工具等。

四、相关知识

（一）数字万用表介绍

1．表笔的4个孔位

如下图所示，COM孔为黑表笔的固定位置，也是负极，此孔位为公共端，所以黑表笔不用变换插孔。红表笔需要在V/Ω、10A（大电流测量）、A（小电流测量）三个键插孔中，按测量参数选择合适的插孔。

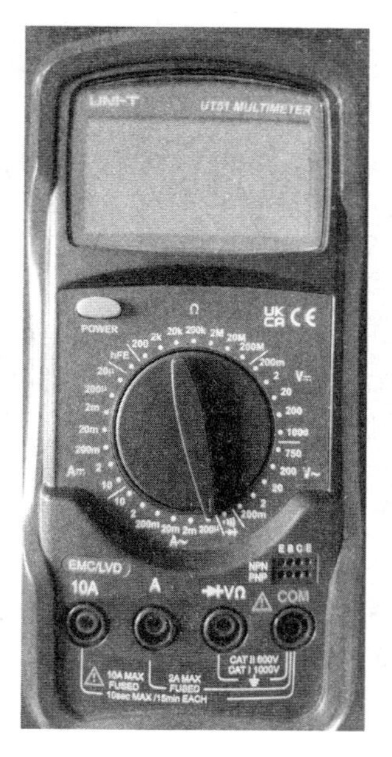

2. 挡位

（1）电阻（Ω）挡位。

如下图所示，万用表电阻挡位量程为200Ω～200MΩ，红表笔接V/Ω孔，黑表笔接COM孔。

（2）直流电压挡位。

如下图所示，万用表直流电压挡位量程为200mV～1000V，红表笔接V/Ω孔，黑表笔接COM孔。

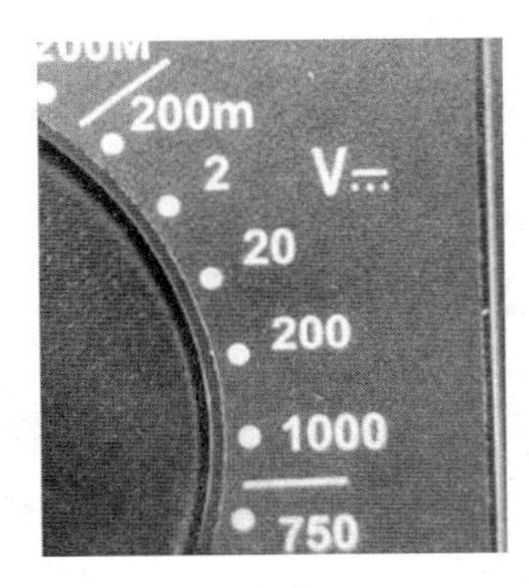

注意：如果显示结果前有“—”，则红表笔接的是直流的负端。

（3）交流电压挡位。

如下图所示，万用表交流电压挡位量程为200mV～750V，红表笔接V/Ω孔，黑表笔接COM孔。

（4）交流电流挡位。

如下图所示，万用表交流电流挡位量程为200μA～10A，红表笔：2A以内用“A”插孔，10A以内用“10A”插孔，黑表笔接COM孔。

注意：测量时应与被测电路串联。

（5）直流电流挡位

如下图所示，万用表直流电流挡位量程为20μA～10A，红表笔：2A以内用“A”插孔，10A以内用“10A”插孔，黑表笔接COM孔。

注意：测量时应与被测电路串联；如果显示结果前有“–”，则红表笔接的是直流的负端。

（6）蜂鸣挡位

如下图所示，蜂鸣器功能是万用表的附加功能。一般在2kΩ挡。当测量阻值为50Ω以下的线路（或电阻）时，内置蜂鸣器发声。这个功能在实际中作用很大，可以提高测量线路通断的工作效率，是电子检修的必备功能。红表笔接V/Ω孔，黑表笔接COM孔。

（7）hFE挡位

如下图所示，hFE挡位是用来检测三极管放大倍数的。使用时将三极管按E（发射极）、B（基极）、C（集电极）插入。

（二）数字万用表测量介绍

1. 测量先看挡位，不看不测量

养成习惯，每次测量的时候看一下挡位是否正确。

2. 测量不拨挡，测完拨空挡

测量的时候千万不要随意拨动挡位，特别是测高电压和强电流的时候，很容易烧坏万用表。

3. 表盘应水平，读数要对正

指针式万用表要水平放置，读数的时候要正对表盘。

4. 量程要合适，针偏过大半

测试之前先估测大概的范围，然后选用合适的量程。如果无法估测，则先用大的量程测量。

5. 测 R 不带电，测 C 先放电

测电阻的时候一定要断电，测电容的时候一定要记住先放电。

6. 测 R 先调零，换挡需调零

指针式万用表测电阻的时候要记住调零。

7. 黑负要记清，表内黑接“+”

红正黑负，表笔的正负一定要分清，但电阻挡上黑表笔接内部电池的正极。

8. 测 I 应串联，测 U 要并联

测量电流的时候，应串联到被测线路中；测电压的时候，把万用表并联到被测线路中。

9. 极性不接反，单手成习惯

测量电压、电流时，红、黑表笔的极性不要搞反了，应养成单手操作的习惯。

五、实训的内容和要点

具体的实训内容和实训要点见下表。

任务名称：　数字万用表的使用　　　　　　　　　　　　　　编号：

项目名称	实训内容	实训要点、示意图
1. 准备工作	（1）安全性	① 使用万用表，每次测量前应对挡位、量程开关位置进行检查。数字万用表虽然有过压、过流保护，也要防止误操作损坏仪表。自动选择量程的数字万用表，也要注意项目开关及输入插孔不能用错。使用时不要触碰表笔金属部分，以防电击事故的发生及影响测量精度。 ② 严禁在测高电压或大电流时旋动量程开关，以防止产生电弧、烧毁开关触点，测量时应单手操作，即先把黑表笔固定在被测电路的公共端，然后手持红表笔去接触测试点，以保证安全。 ③ 测量电路板上的元件时，要考虑与其并联的其他元件的影响。必要时应焊下被测元件的一端进行测量，对晶体三极管需焊开两个电极才能进行检测。在线测量电阻时，应切断电源再进行操作，还要注意有无其他元件与被测电阻形成并联电路，必要时可将电阻从电路中焊开一端，再测量。对有电解电容器的电路，要将电容器放电后再测量。 ④ 万用表用后，应将量程开关置于最高电压挡，对于有短接或断开挡的万用表，则应放至相应挡位，以防他人使用时不注意，损坏仪表
	（2）万用表完好	拿到一块数字万用表后，首先应检查其表壳是否完好，开关、按键功能是否正常，手感是否良好。拨动开关（测量功能选择）是否旋转灵活，阻尼合适，手感舒适，对应的测量功能是否正常，液晶显示屏是否清晰，有无笔画缺失，数字跳动应尽量小，蜂鸣器是否能发声
	（3）万用表的选择	① 准确度、分辨力、位数和符号。 a. 数字万用表的准确度直接影响测量结果的准确性，准确度描述的是数字多用表的测量值与被测量信号的实际值的接近程度。对于数字万用表来说，准确度通常使用读数的百分数表示。例如，1%的读数准确度的含义：数字万用表的显示是100.0V时，实际的电压可能会在99.0V到101.0V之间。 b. 分辨力是指一块表测量结果显示的位数。了解一块表的分辨力，你就可以知道是否可以看到被测量信号的微小变化。例如，如果数字万用表在4V范围内的分辨力是1mV，那么在测量1V的信号时，你就可以看到1mV（1/1000V）的微小变化。 c. 所说的3右1/2位数字万用表能显示的数为0000～1999，第一位数只能显示1或0；3代表个位、十位、百位可以显示0～9的数字；1/2代表千位只能显示0和1。读作“三位半”。 d. 万用表常用的符号。 DCA→直流电流→微安（μA）→毫安（mA）→安（A）； DCV→直流电压→毫伏（mV）→伏特（V）； ACV→交流电压→伏特（V）； Ω→直流电阻→欧姆（Ω）→千欧（kΩ）→兆欧（MΩ）； 通路蜂鸣→低于40Ω时蜂鸣器发声； 电容测量→C*0.1、C*1、C*10、C*100、C*1k等； hFE→晶体管直流放大倍数； dB→音频电平→-10dB～+22dB，0dB=1mW/600Ω； ② 根据需要，选择万用表的测量方法和交流频响。 万用表对交流信号的测量，一般有两种方法：平均值和有效值测量。

（续表）

<table>
<tr><th>项目名称</th><th>实训内容</th><th colspan="2">实训要点、示意图</th></tr>
<tr><td rowspan="2"></td><td></td><td colspan="2">③ 根据需要，选择万用表的功能和测量范围</td></tr>
<tr><td>（4）数字万用表种类</td><td colspan="2">① 按量程转换方式分。
a. 手动量程这种仪表的价格较低，但操作比较复杂，因量程选择不合适，很容易使仪表过载。
b. 自动量程式数字万用表可大大简化操作，能有效地避免过载，并使仪表处于最佳量程，从而提高了测量准确度与分辨力，相对来说，此类仪表的价格较高。
② 按用途及功能分。
a. 低挡数字万用表属于三位半普及型仪表，功能比较简单，价格与指针万用表相当。
b. 中挡数字万用表。
Ⅰ. 多功能型数字万用表：此类仪表一般设置了电容挡、测温挡、频率挡，有的还增加高阻挡、电导挡及电感挡。
Ⅱ. 四位半数字万用表：其准确度较高，功能较全，适合实验室测量用。
Ⅲ. 语音数字万用表：内含语音合成电路，在显示数字的同时还能用语音播报测量结果。
③ 智能数字万用表。
a. 中挡智能数字万用表：这类仪表一般采用4～8位单片机，带RS-232接口。
b. 高挡智能数字万用表：内含8～16位单片机，具有数据处理、自动校准、故障自检等多种功能。
④ 双显示及多重显示数字万用表。
双显示仪表的特点是在数字显示的基础上增加了模拟调图显示器，后者能迅速反映被测量的变化过程及变化趋势；多重显示仪表是在双显示仪表的基础上发展而成的，它能同时显示两组以上的数据（如最大值、最小值）。
⑤ 专用数字仪表，如ODM5514、台式万用表。
⑥ 数字校准仪，这种仪表具有较高的准确度和分辨力，能对温度、电压及电流变化过程进行自动校准</td></tr>
<tr><td rowspan="2">2. 测电阻</td><td rowspan="2">插表笔：
红表笔接V/Ω端，黑表笔接COM端；挡位（不知道阻值的大小，挡位放大）</td><td>把旋钮打旋到“Ω”电阻挡所需的量程。
把表笔接电源或电池两端；保持接触稳定。
测电阻，挡位：2k</td><td> 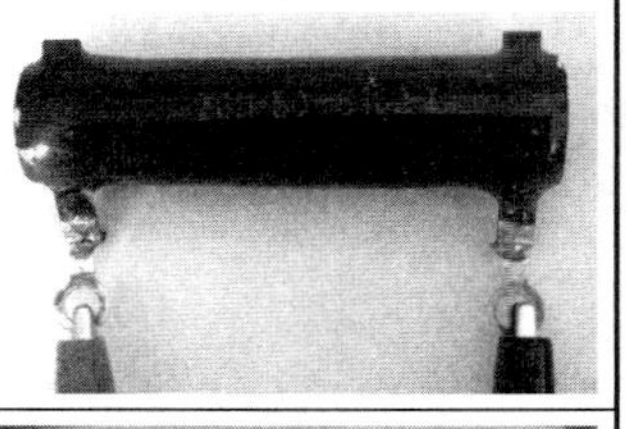</td></tr>
<tr><td>显示</td><td> 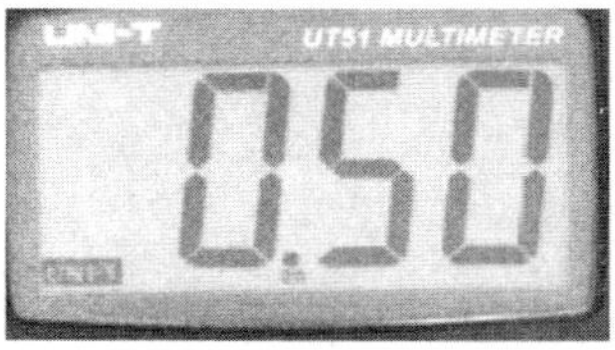</td></tr>
</table>

（续表）

项目名称	实训内容	实训要点、示意图	
		测色环电阻	
		显示	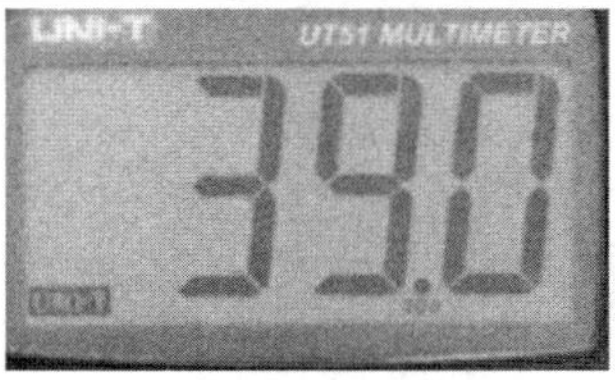
3．直流电压（V–）测量	（1）插表笔：红表笔接V/Ω端，黑表笔接COM端；挡位（不知道电压的大小，挡位放大）	测一节5号电池的电压，挡位置于直流电压2V挡	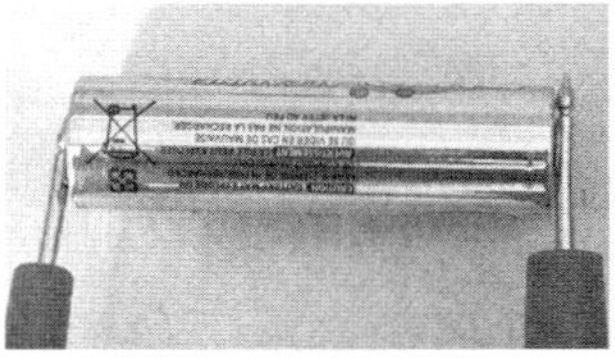
	（2）测试	显示	
	注意事项	挡位开关置于直流电压挡（V–）； 测量前估计被测电压的高低，并依此选择合适量程，在换挡时两表笔均应离开测量点。数值可以直接从显示屏上读取，若显示为“1”或“0L”，则表明量程太小，那么就要加大量程后再测量。如果在数值左边出现“–”，则表明表笔极性与实际电源极性相反，此时红表笔接的是负极。 应注意人身安全，不要随便用手触摸表笔的金属部分	
4．交流电压测量	（1）插表笔：红表笔接V/Ω端，黑表笔接COM端；挡位选择500V	测机床用控制变压器的低压36V，因空载所以电压偏高，为39V	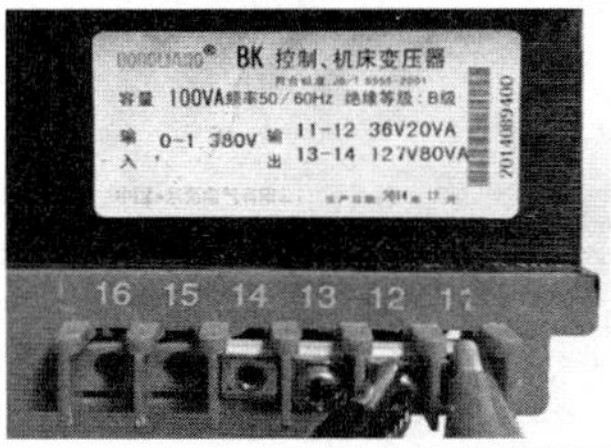

（续表）

项目名称	实训内容	实训要点、示意图	
	（2）测试	显示	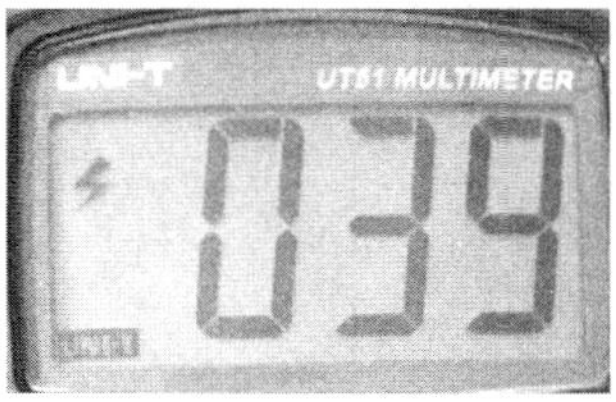
	注意事项	挡位开关置于直流电压（V～）； 测量前估计被测电压的高低，并依此选择合适量程，对不知范围的被测量电气进行测量时，应选择最大量程开始测量，然后逐渐调至合适挡位，在换挡时两表笔均应离开测量点。应注意人身安全，不要随便用手触摸表笔的金属部分	
5．直流电流测量	（1）红表笔接“A”端，黑表笔接COM端；挡位置于直流“A”挡	3V电源正极—限流电阻—红表笔—万用表直流电流挡—黑表笔—发光二极管正极—发光二极管负极—电源负极	
	（2）测试	显示	
6．交流电流测量	红表笔接“A”端，黑表笔接COM端；挡位置于交流“A”挡。测试结果	测试三相四线电能表经CT变换后的A相电流	

（续表）

项目名称	实训内容	实训要点、示意图	
7．三极管放大倍数	挡位置于hFE（三极管放大倍数）	S8050三极管插入到对应的E、B、C孔 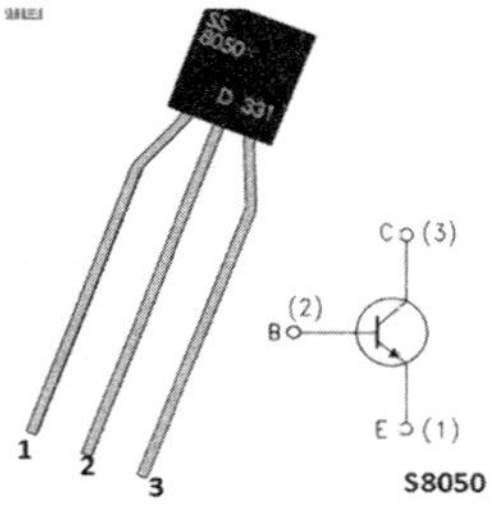	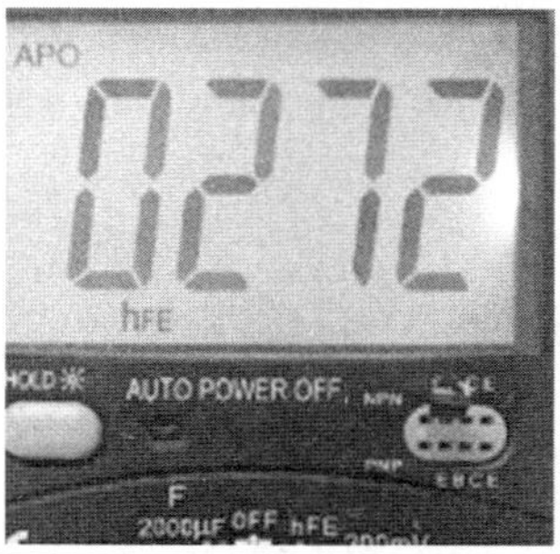
8．二极管、蜂鸣挡	（1）红表笔接V/Ω端，黑表笔接COM端；挡位置于蜂鸣挡，“•))) ▶|”	测单相四线电表的1、3端子，其内部是电路线圈，因为阻值大于40Ω，所以蜂鸣器不叫，因为蜂鸣挡最大测量阻值为2kΩ，所以可显示阻值	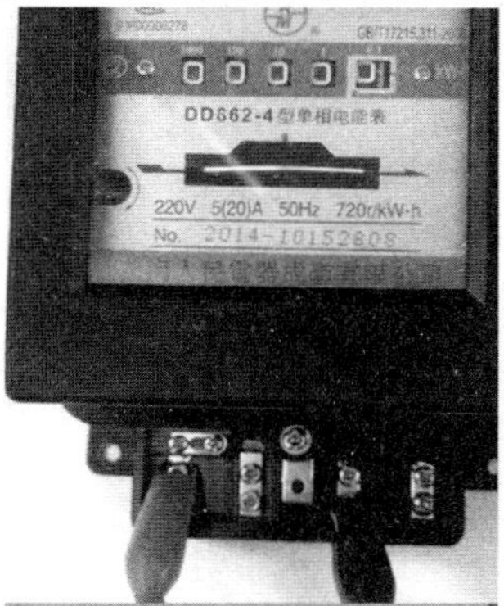 
	（2）测试	测一根导线的接通情况（蜂鸣器鸣叫，显示阻值）	
		二极管正向（蜂鸣器不叫，显示阻值）	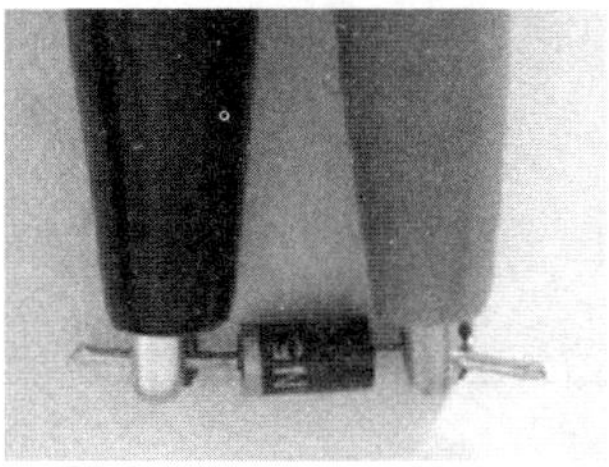

（续表）

项目名称	实训内容	实训要点、示意图
		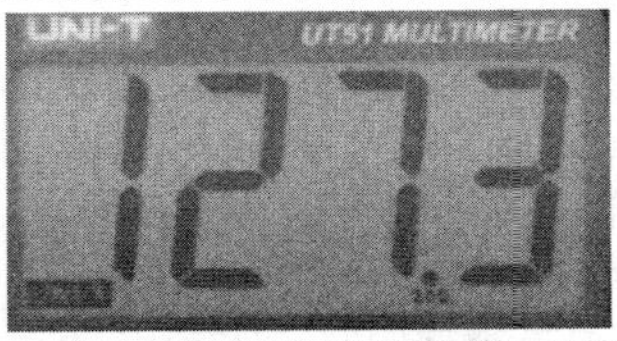
		二极管反向（蜂鸣器不叫，显示阻值无穷大） 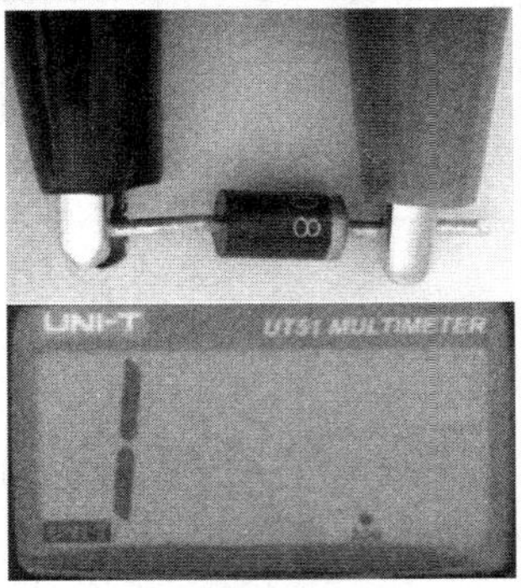
	说明	二极管正向压降：肖特基二极管的压降是0.2V左右，普通硅整流管（1N4000、1N5400系列等）约为0.7V，发光二极管约为 1.8～2.3V。调换表笔（反向压降），显示屏显示“1.”则为正常，因为二极管的反向电阻很大，否则此管已被击穿。 将表笔连接到待测线路的两端，如果两端之间电阻的阻值小于40Ω，则内置蜂鸣器将会发出声音。 此功能一般也做通断测试之用
9．电阻法测起保停控制电路	（1）挡位选择	红表笔接V/Ω端，黑表笔接COM端；把挡位调到蜂鸣挡（注意：这里用到的接触器为CJX2-09，其线圈阻值约为600Ω，超出了蜂鸣挡的发声范围） 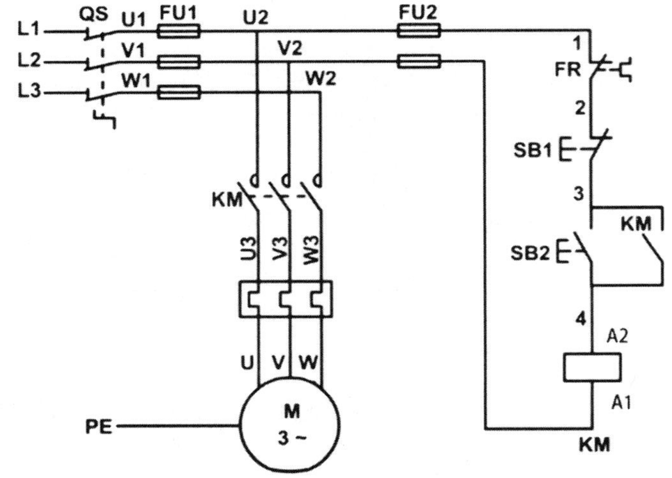

（续表）

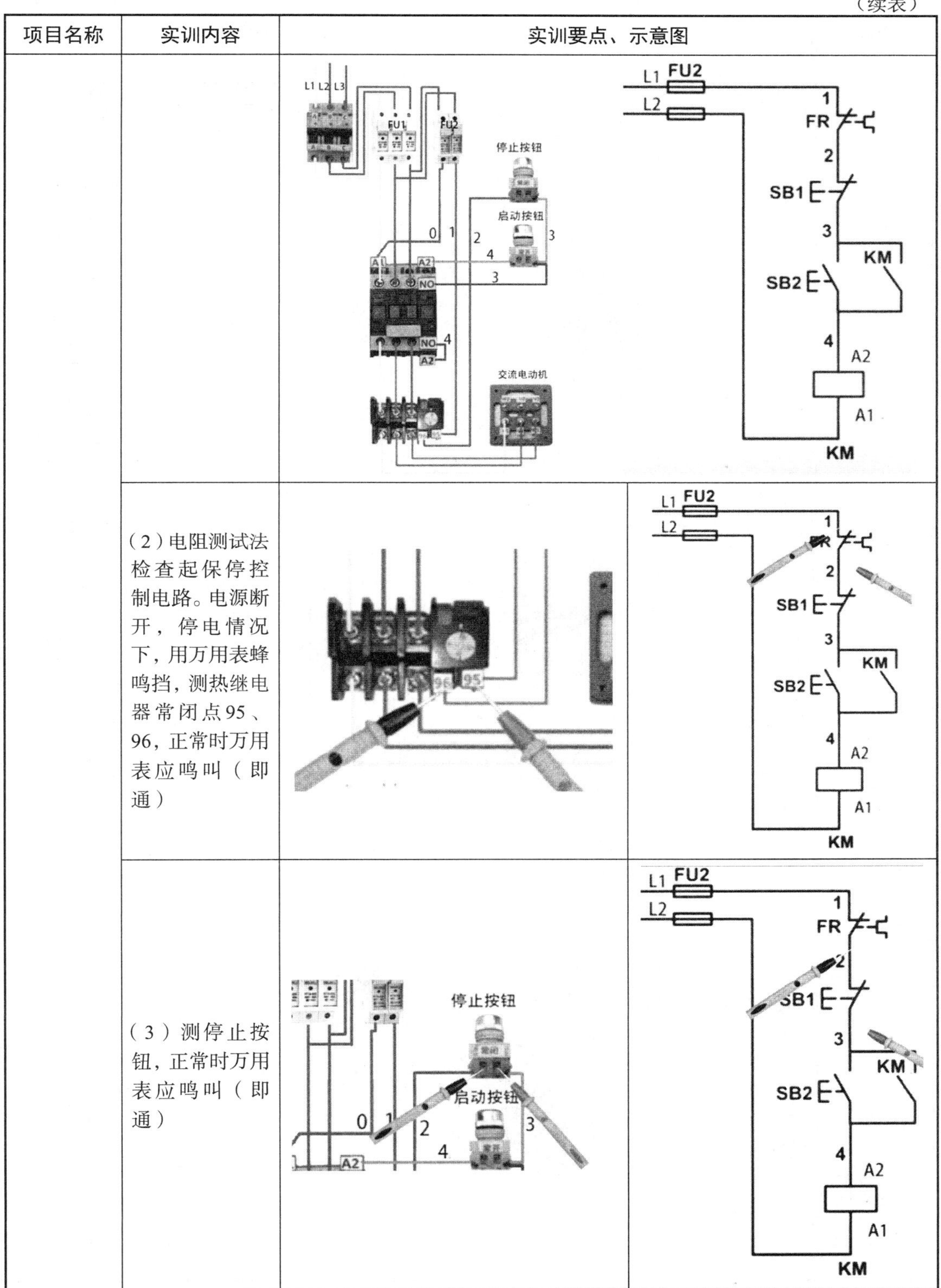

项目名称	实训内容	实训要点、示意图
	（2）电阻测试法检查起保停控制电路。电源断开，停电情况下，用万用表蜂鸣挡，测热继电器常闭点95、96，正常时万用表应鸣叫（即通）	
	（3）测停止按钮，正常时万用表应鸣叫（即通）	

（续表）

项目名称	实训内容	实训要点、示意图	
	（4）测启动按钮。需按下按钮，正常时万用表应鸣叫（即通）	启动按钮 0 1 2 3 4 A2 NO	L1 FU2 L2 1 FR 2 SB1 3 KM SB2 4 A2 A1 KM
	（5）接触器KM自保持触点。按下接触器（模拟接触器吸合，测继电器常开触点13-14，黑表笔指的端子是13、红表笔指的端子是14）正常时万用表应鸣叫（即通）	A1 A2 4 3 NO 4 A2 交流电动机 96 95	L1 FU2 L2 1 FR 2 SB1 3 KM SB2 A2 A1 KM
	（6）接触器KM线圈，A1、A2，正常时万用表应鸣叫（即通）。注意：线圈有一定的阻值	启动按钮 0 1 2 3 4 A1 A2 NO 3 NO 4	L1 FU2 L2 1 FR 2 SB1 3 KM SB2 4 A2 A1 KM

（续表）

项目名称	实训内容	实训要点、示意图	
	（7）熔断器下端0和1之间在按下启动按钮时万用表应鸣叫（即通）	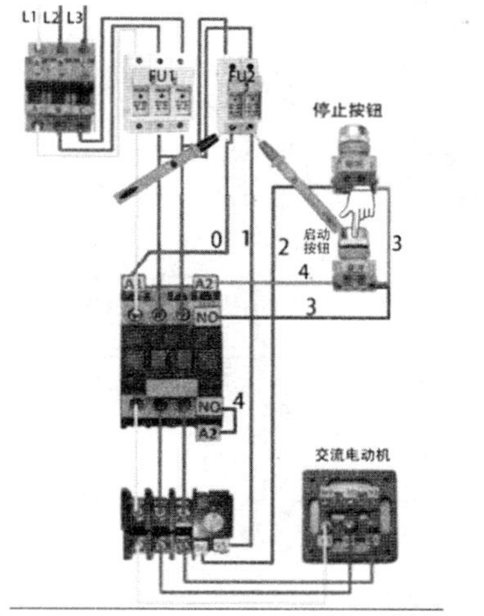	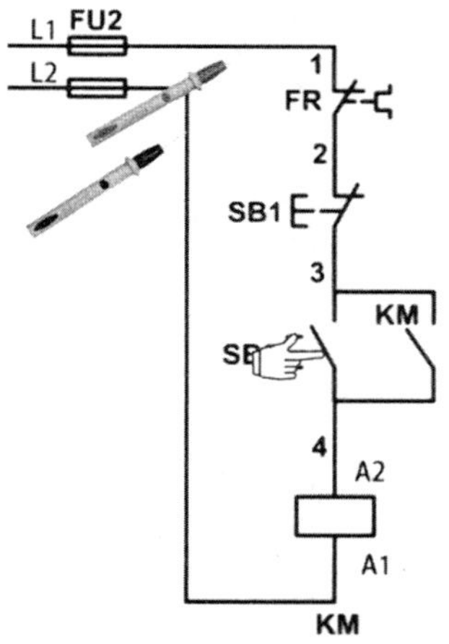
	（8）控制熔断器前测，熔断器之间在按下启动按钮时万用表应鸣叫（即通）	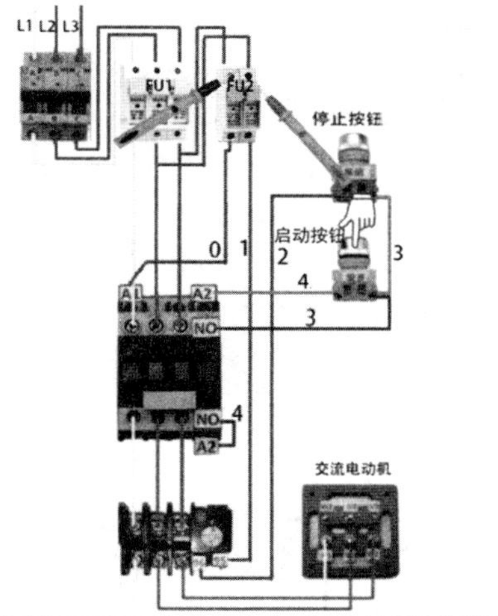	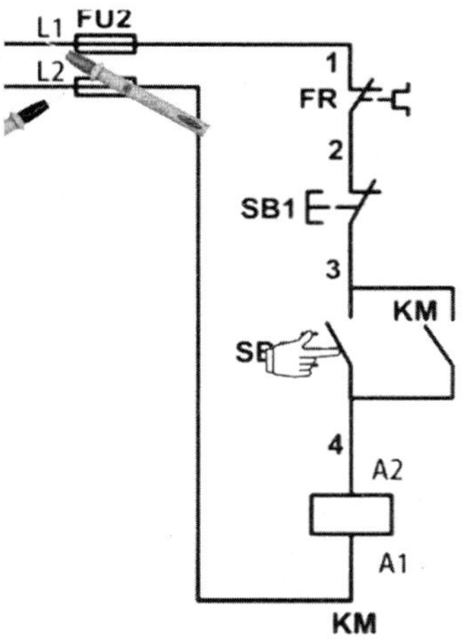
	结论	起保停控制电路的接线正确无误	
	（1）挡位选择	红表笔接V/Ω端，黑表笔接COM端； 把挡位打到750V挡	

（续表）

项目名称	实训内容	实训要点、示意图	
10. 用电压挡测试起保停控制电路的过程	（2）电压测试法检查起保停控制电路。电源合闸，通电情况下，用万用表交流750V电压挡，控制电源1和0电压正常为380V	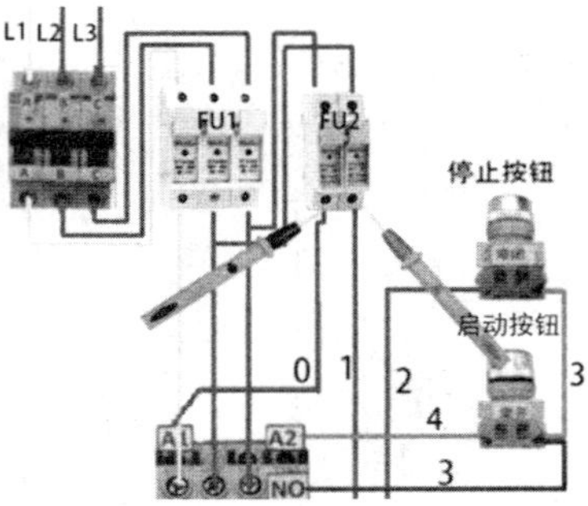	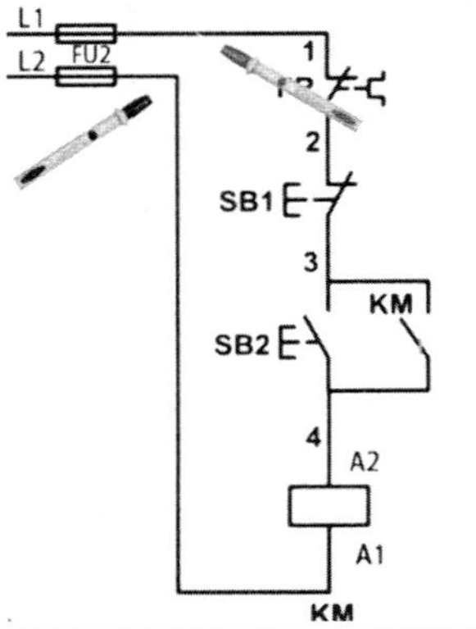
	（3）2和0电压正常为380V	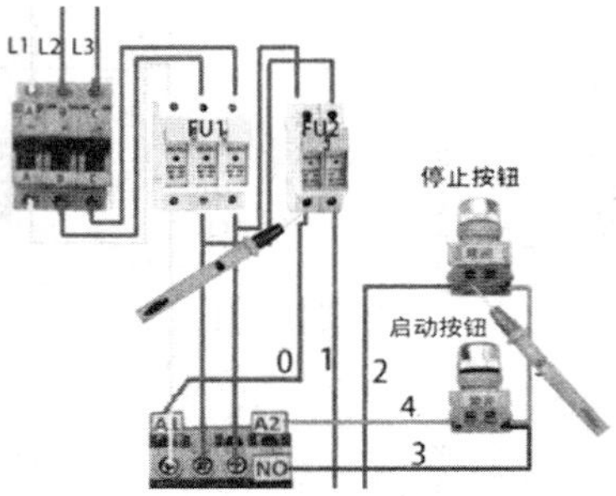	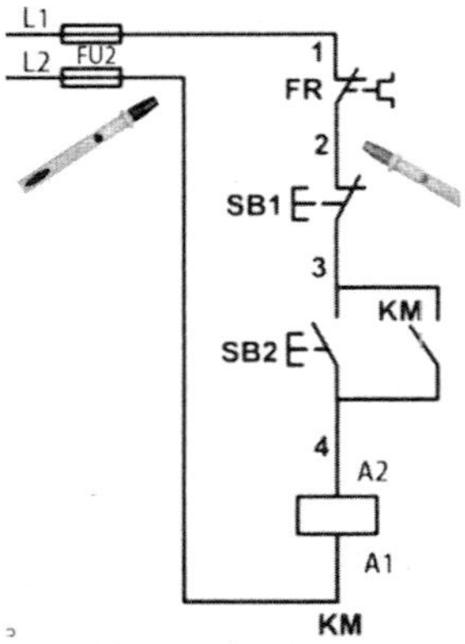
	（4）3和0电压正常为380V	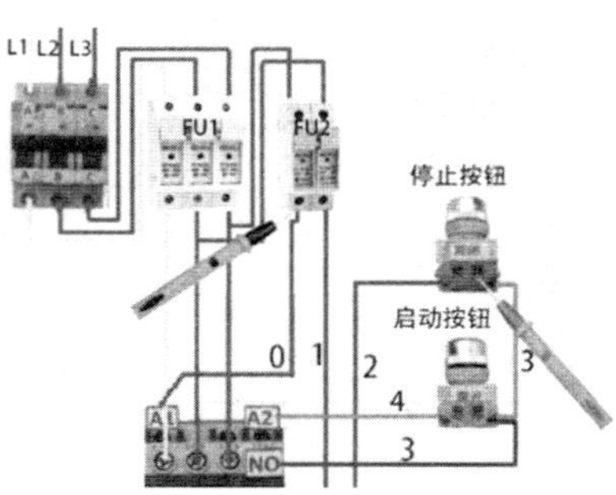	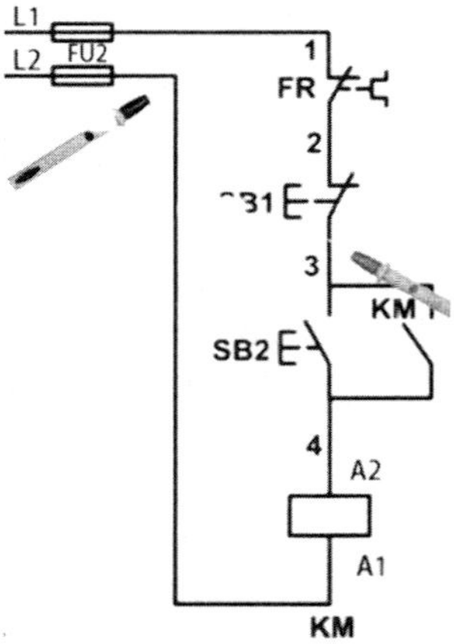

（续表）

项目名称	实训内容	实训要点、示意图			
	（5）4和0（也就是线圈A1与A2之间）电压正常为380V，检查接触器应该是吸合的，电动机应该转动	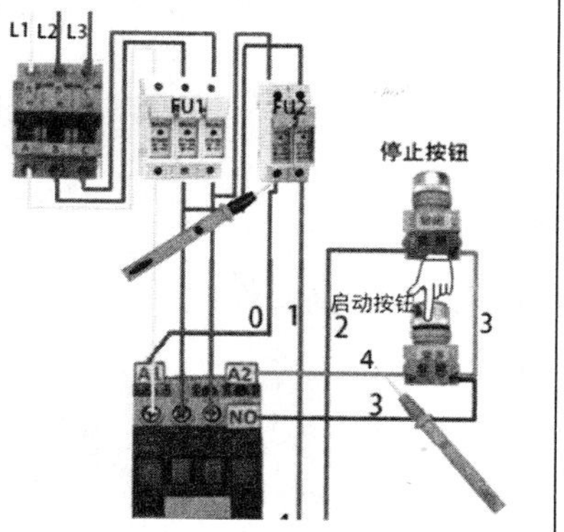	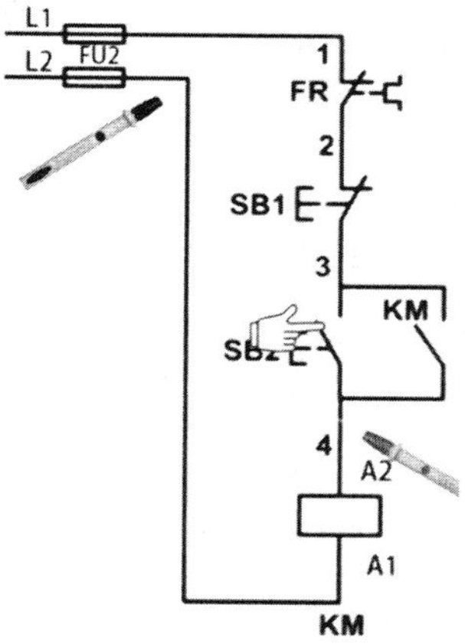		
	结论	起保停控制电路的接线正确无误			
万用表使用注意事项	（1）若使用前被测电压、电流范围为未知，则应将功能开关置于最大量程并逐渐下调。 （2）若显示器只显示“1”或“0L”被测电量超过量程，则功能开关应置于更高量程。 （3）红、黑表笔应插在符合测量要求的插孔内，且保证接触良好。两表笔的绝缘层应完好。 （4）严禁功能开关在测量电压或电流的过程中改变挡位，以防止损坏仪表。 （5）为防止电击，测量公共端“COM”和大地“≑”之间电位差不得超过1000V。 （6）被测电压高于直流60V或交流30V（有效值）时，均应注意防止触电！ （7）液晶显示“▭”符号时，应及时更换电池。 （8）万用表使用后应关闭电源，并将量程置于交流电压“V～”最高挡。 （9）使用完关机。 数字万用表的其他功能请参考相关资料				
11. 7S管理	（1）现场归位	责任人		考核	
	（2）工具归位	责任人		考核	
	（3）仪表放置	责任人		考核	

六、总结与反思

本节内容总结	本节重点	
	本节难点	
	疑问	
	思考	
作业		
预习		

任务六　铜导线的连接

一、实训目标

掌握导线接线的基本原理与方法，提高实操能力，为今后在电气工程领域的工作打下基础。

二、实训内容

（1）导线的种类与特点：学生了解常见的导线种类，如铜导线、铝导线等，并对其特点进行介绍。

（2）导线的选择与计算：学生学习如何根据电流负载、导线长度等因素来选择合适的导线规格，并进行计算练习。

（3）导线接线的基本原理：学生了解导线接线的基本原理，包括导线的绝缘剥皮、导线的连接方法等。

（4）导线接线的实操训练：学生进行导线接线的实操训练，包括单相电路的接线、三相电路的接线等，以提高实操能力。

三、实训仪器、工具

电工工具、各类导线、压接钳、压接管、绝缘管、铜铝过渡管。

四、相关知识

1. 导线连接

导线连接是电工作业的一项基本工序，也是一项十分重要的工序。导线连接的质量直接关系到整个线路能否安全可靠地长期运行。对导线连接的基本要求是连接牢固可靠、接头电阻小、机械强度高、耐腐蚀、耐氧化、电气绝缘性能好。

2. 连接方法

需连接的导线种类和连接形式不同，其连接的方法也不同。常用的连接方法有绞合连接、紧压连接、焊接等。连接前应小心地剥除导线连接部位的绝缘层，注意不可损伤其芯线。绞合连接是指将需连接导线的芯线直接紧密绞合在一起。铜导线常用绞合连接。

3. 绝缘处理

为了进行连接，导线连接处的绝缘层已被去除。导线连接完成后，必须对所有绝缘层已被去除的部位进行绝缘处理，以恢复导线的绝缘性能，恢复后的绝缘强度应不低于导线原有的绝缘强度。

导线连接处的绝缘处理通常使用绝缘胶带进行缠裹包扎。一般电工常用的绝缘胶带有黄蜡带、涤纶薄膜带、黑胶布带、塑料胶带、橡胶胶带等。绝缘胶带的宽度常用20mm的，使用较为方便。

绝缘要求：接头的绝缘强度应与导线的绝缘强度相同。

五、实训的内容和要点

具体的实训内容和实训要点见下表。

任务名称：　铜导线的连接　　　　　　　　　　　　　　编号：

项目名称	实训内容	实训要点、示意图	
1. 准备工作	（1）安全性	安全用具，劳保齐备。电线绝缘良好	
	（2）本次实训用到的各种铜导线	绝缘强度符合有关标准	
	（3）电工工具	符合规定的电工工具	
2. 单股硬铜导线的直接连接	方法一：小截面单股铜导线2.5平方BV线的连接 （1）剥好两根线		X形交叉 绝缘层　芯线 (a) 缠绕方向 缠绕方向 (b) 缠紧 (c)
	（2）将两根导线的芯线线头做X形交叉		
	（3）两根线平行放置		

（续表）

项目名称	实训内容	实训要点、示意图
	（4）用钳子夹住两根铜导线中间部位	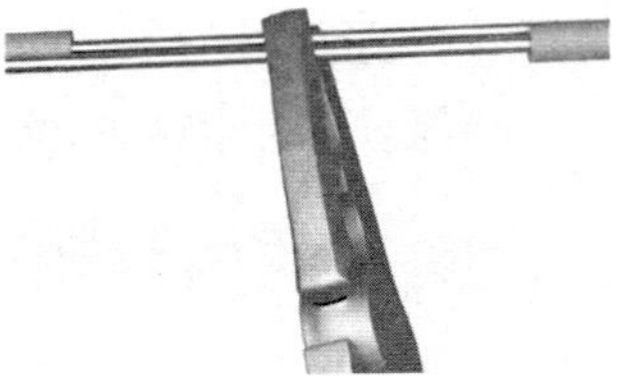
	（5）钳子右侧线头在另一根芯线上紧贴密绕5～8圈，图中绕8圈。剪去多余线头	 
	（6）钳子左侧线头在另一根芯线上紧贴密绕5～8圈，图中绕8圈。剪去多余线头	
	（7）最终效果	
	方法二：小截面单股铜导线2.5平方BV线的连接——同向并接法 （1）剥好两根线。左为1号线，右为2号线	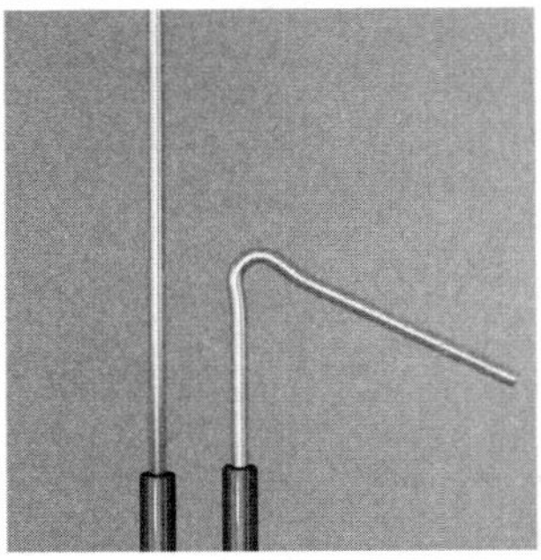

（续表）

项目名称	实训内容	实训要点、示意图
	（2）2号线按图扭弯曲	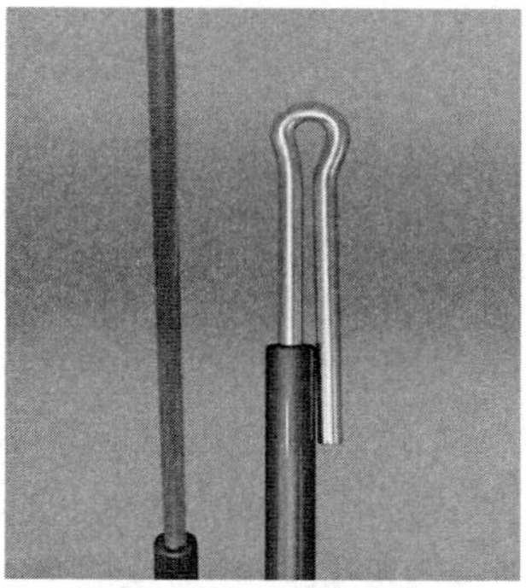
	（3）将1号线插入2号线的圆环部位	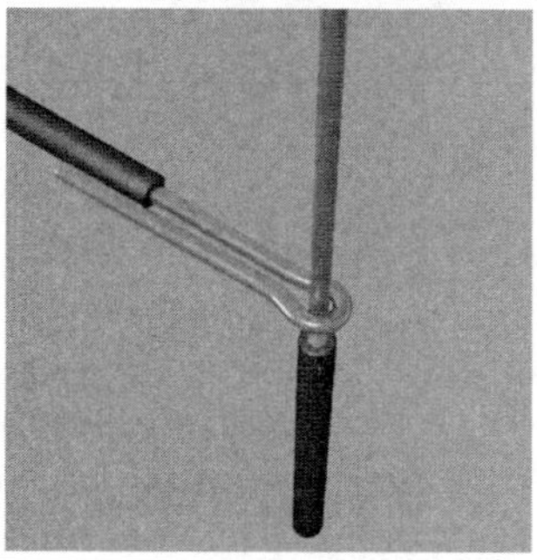
	（4）用1号线铜导线紧贴密绕2号线5～8圈	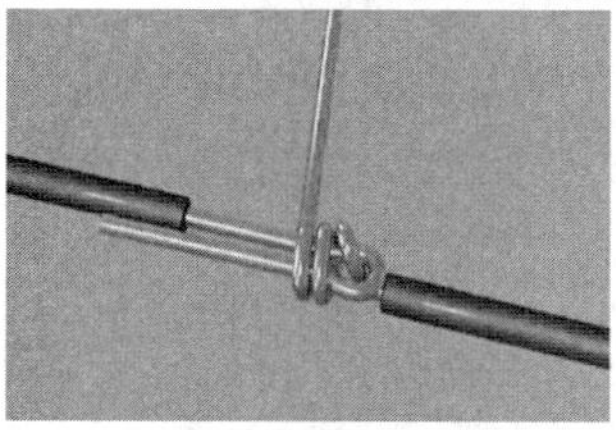
	（5）剪去1号线多余线头	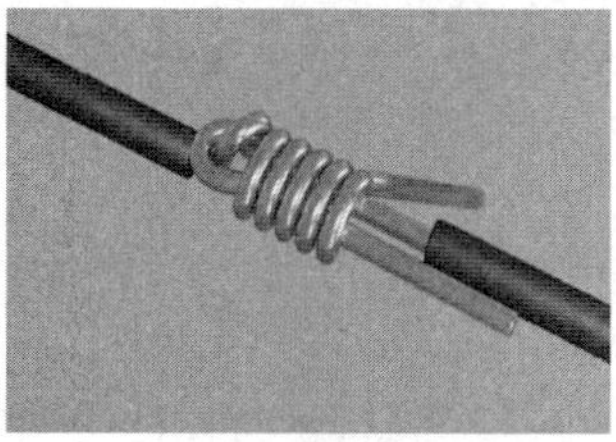
	（6）2号线留出部分向回弯曲	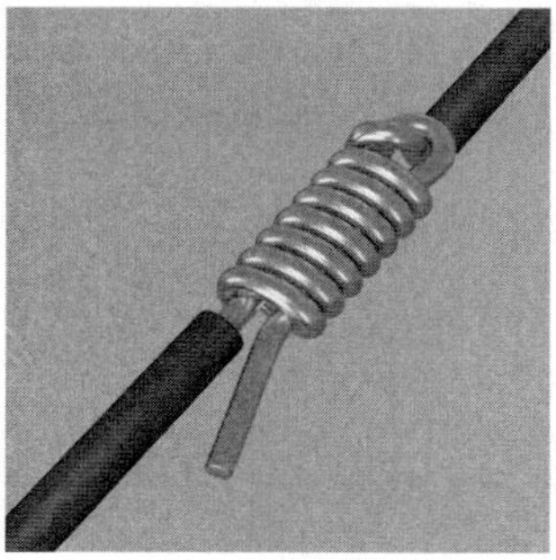

（续表）

项目名称	实训内容	实训要点、示意图
	（7）2号线留出部分向回压紧	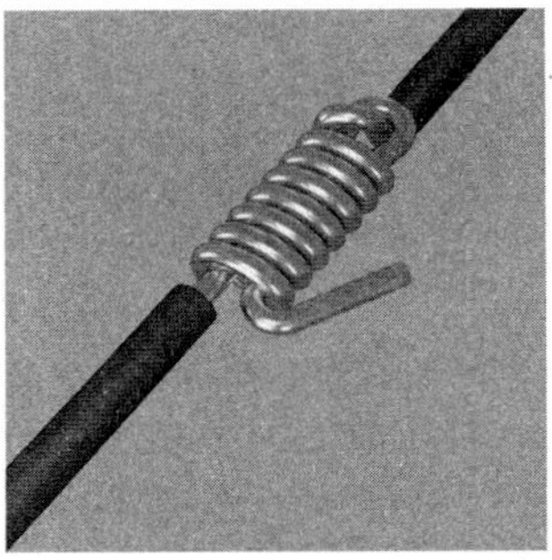
	注意	缠绕要紧密，最后用钳子把缠绕线缠紧，使其接触良好。若铜导线有氧化，需要用砂纸打磨掉氧化层
3．大截面单股铜导线的连接	大截面导线的连接方法一 （1）准备一根载面约6mm²的铜导线。开剥至少12cm	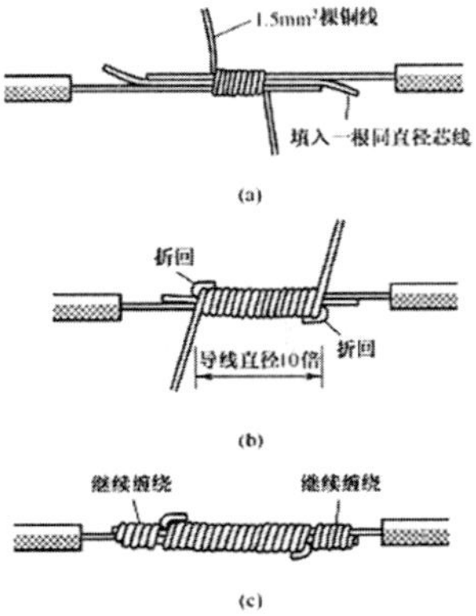 1.5mm²裸铜线 填入一根同直径芯线 (a) 折回 导线直径10倍 折回 (b) 继续缠绕 继续缠绕 (c)
	（2）在两根导线的芯线重叠处填入一根相同直径的铜导线	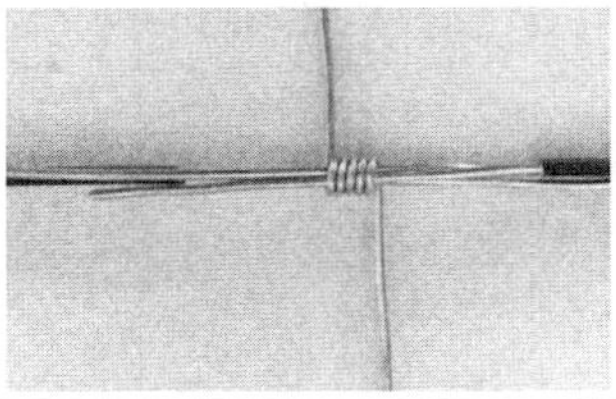
	（3）再用一根截面约1.5mm²的裸铜导线在其上紧密缠绕	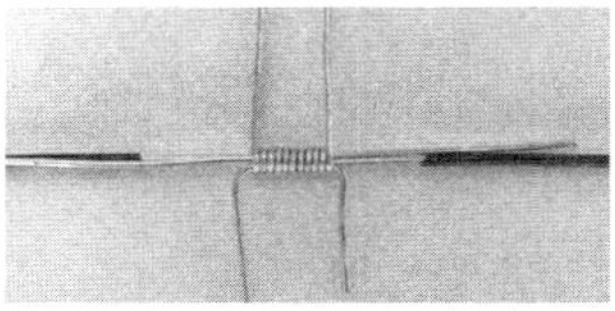
	（4）缠绕长度为导线直径的10倍左右	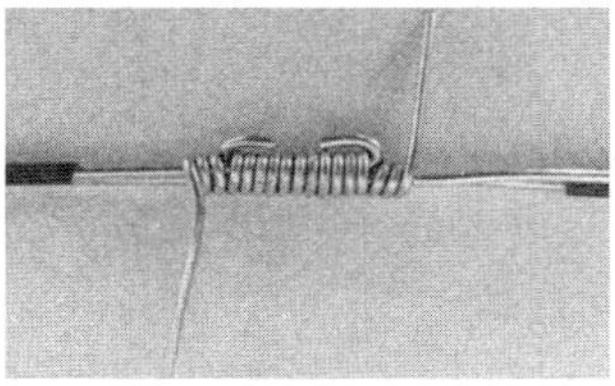

（续表）

项目名称	实训内容	实训要点、示意图
	（5）将被连接导线的芯线线头分别折回。将两端的缠绕裸铜导线继续缠绕5～6圈，剪去多余线头	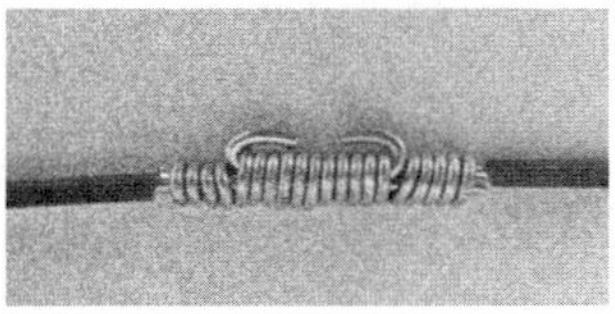
	大截面导线的连接方法二 （1）开剥至少12cm	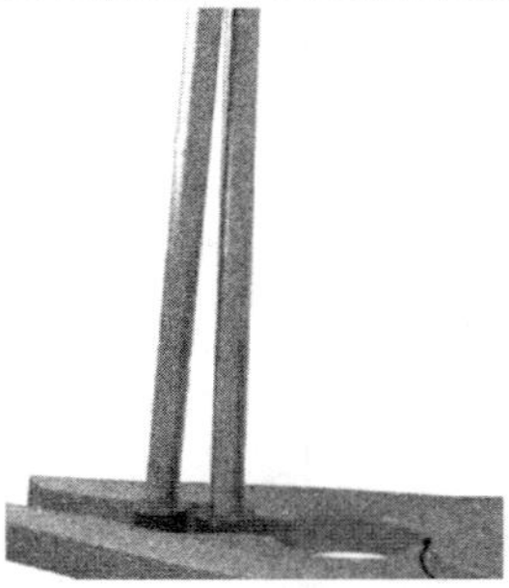
	（2）用钳子夹住两根线的绝缘部分	
	（3）用一根铜导线密绕另一根铜导线	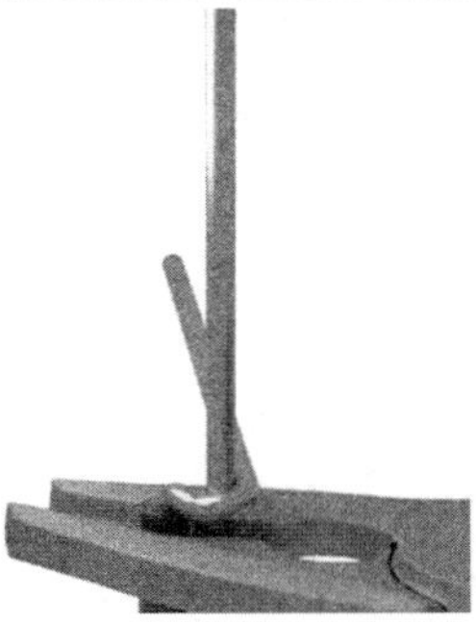
	（4）用一根铜导线密绕另一根铜导线	

（续表）

项目名称	实训内容	实训要点、示意图
	（5）用一根铜导线密绕另一根铜导线	
	（6）用一根铜导线密绕另一根铜导线5～8圈	
	（7）量取准备剪去的多余铜导线长度	
	（8）剪去多余铜导线	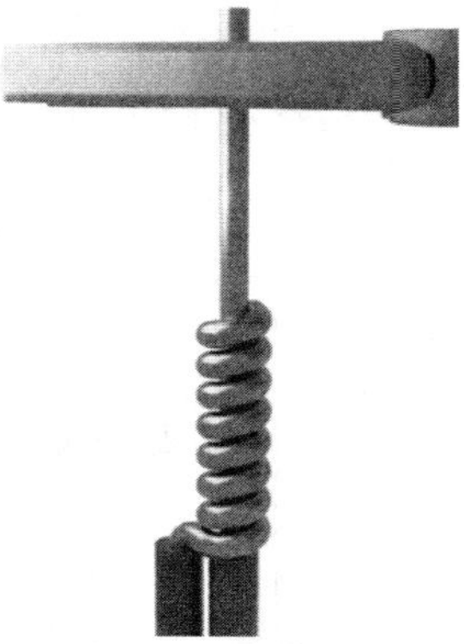

（续表）

项目名称	实训内容	实训要点、示意图
	（9）将直铜导线回弯，压紧在缠绕铜导线上	
	（10）最终效果	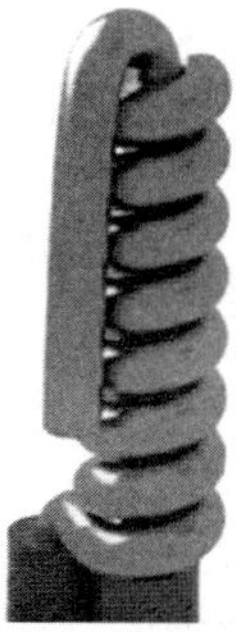
4. 不同截面单股铜导线的连接	方法一：剥线12cm	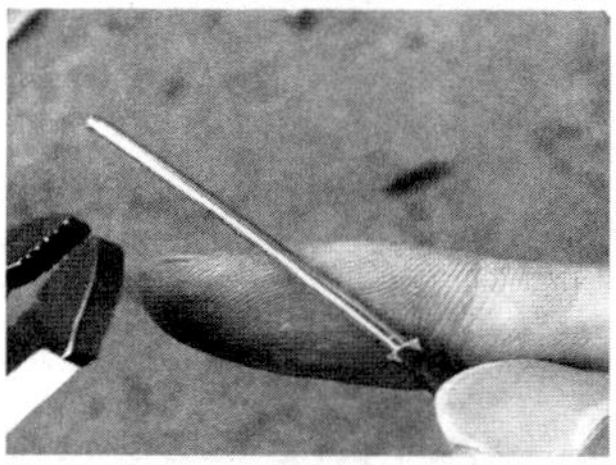
	（1）粗线做环	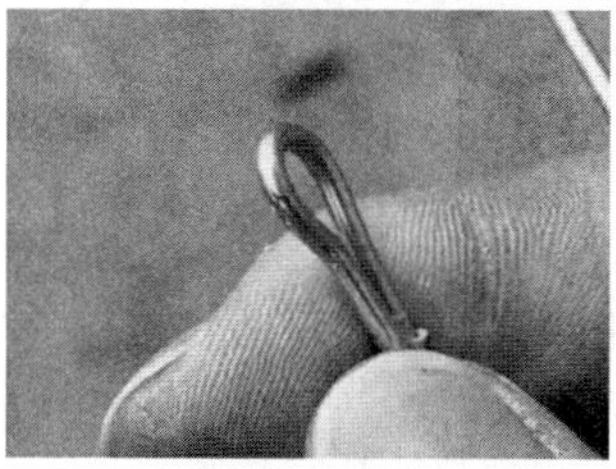
	（2）细线插入环中	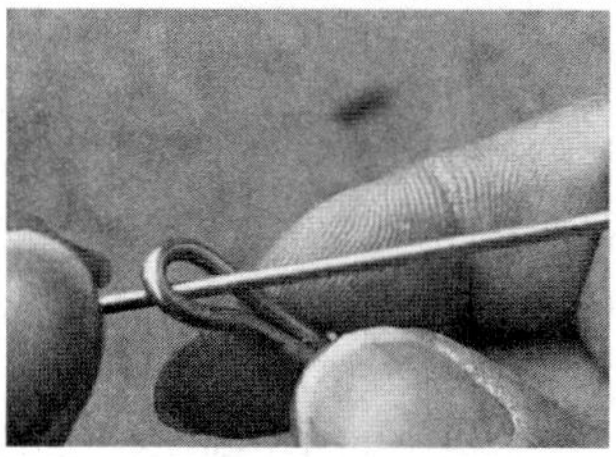

（续表）

项目名称	实训内容	实训要点、示意图
	（3）压紧环	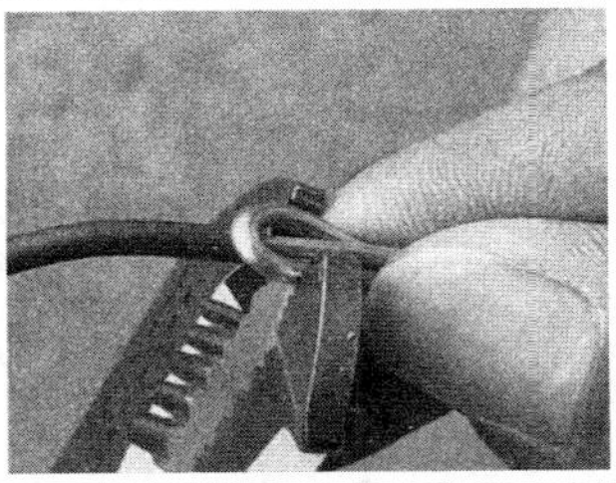
	（4）细线紧绕两根粗线	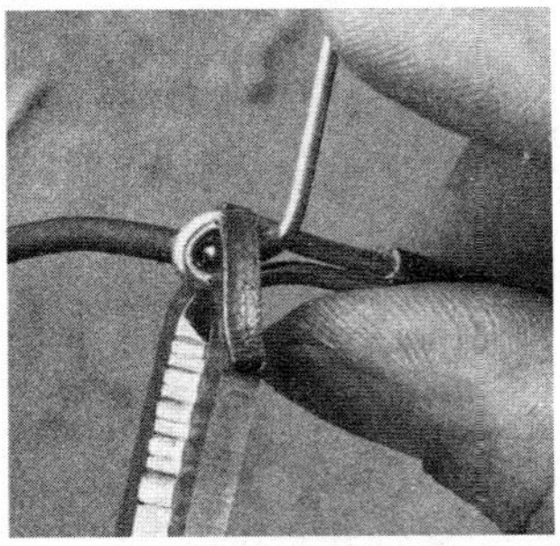
	（5）绕5～8圈	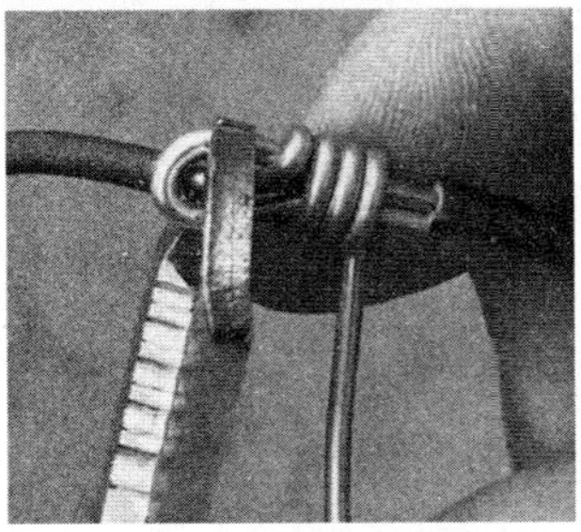
	（6）最终效果	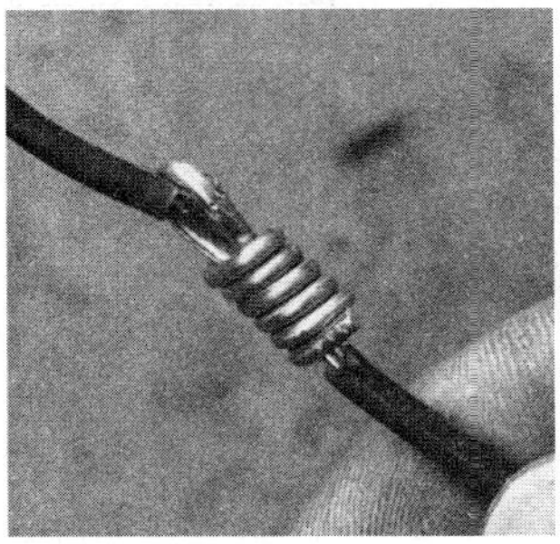
	方法二	
	（1）细铜导线开剥12cm，粗铜导线开剥3cm	

（续表）

项目名称	实训内容	实训要点、示意图
	（2）将细铜导线紧贴粗铜导线，细铜导线向下弯曲成环状	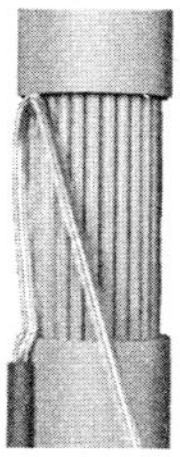
	（3）用细铜导线从粗铜导线后面紧密缠绕粗铜导线	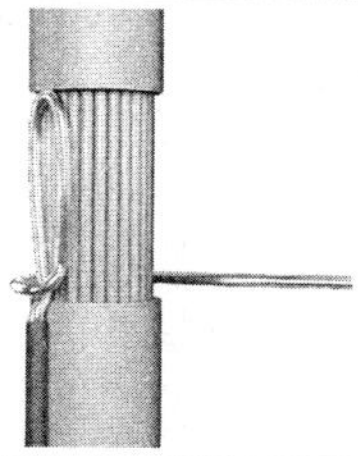
	（4）用细铜导线从粗铜导线后面紧密缠绕粗铜导线	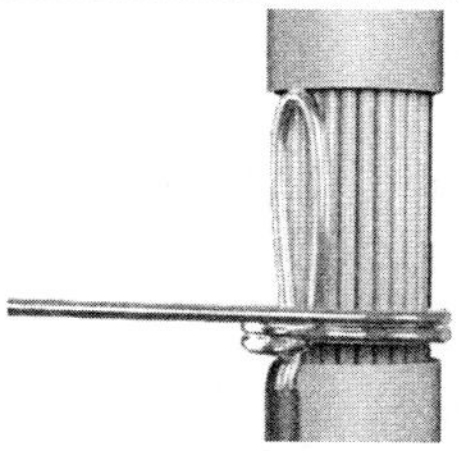
	（5）用细铜导线从粗铜导线后面紧密缠绕粗铜导线5～8圈	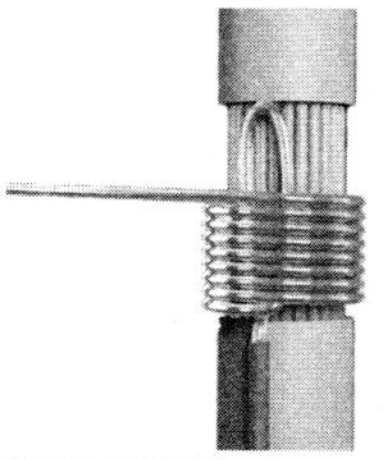
	（6）剪去多余部分后的最终效果	

（续表）

<table>
<tr><th>项目名称</th><th>实训内容</th><th colspan="2">实训要点、示意图</th></tr>
<tr><td rowspan="6">5．单股铜导线的分支连接</td><td colspan="2">（1）俗称“T”连接。支线开剥12cm，主线开剥3cm，注意不要使铜导线受伤</td><td>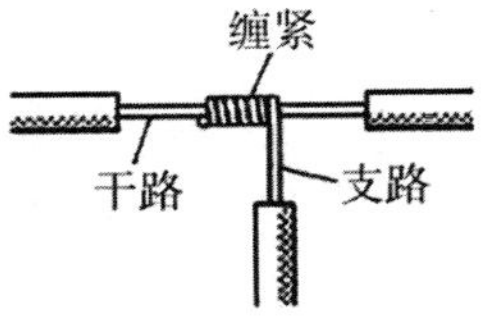

（a）
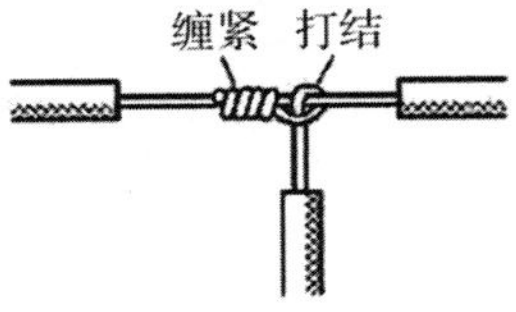

（b）</td></tr>
<tr><td colspan="2">（2）支线放置于与主线交叉的位置</td><td>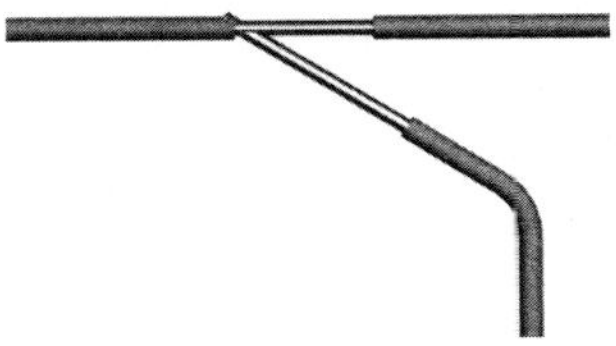</td></tr>
<tr><td colspan="2">（3）支线与主线铜导线右侧对齐</td><td>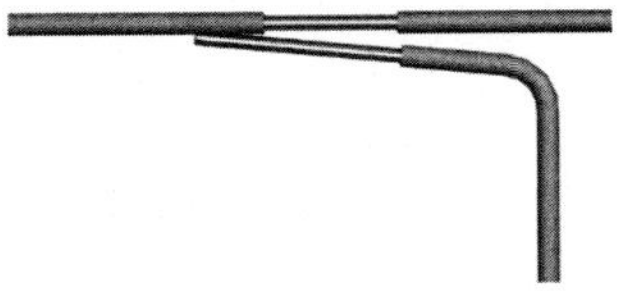</td></tr>
<tr><td colspan="2">（4）支线密绕主线</td><td>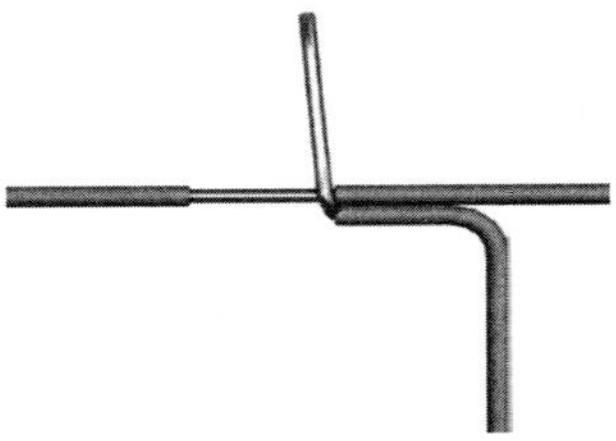</td></tr>
<tr><td colspan="2">（5）紧密缠绕5～8圈，剪去多余的线头</td><td>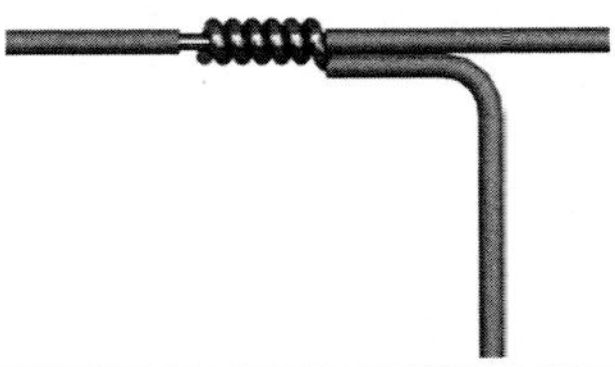</td></tr>
<tr><td>注意</td><td colspan="2">对于较小截面的芯线，可先将支路芯线的线头在干路芯线上打一个环绕结</td></tr>
</table>

（续表）

项目名称	实训内容	实训要点、示意图
6. 多股软铜导线与多股软铜导线的直接连接	（1）将剥去绝缘层的多股芯线拉直	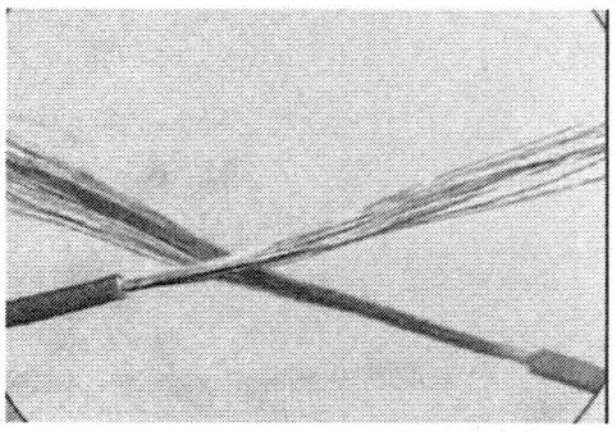
	（2）将其靠近绝缘层的约1/3芯线绞合拧紧	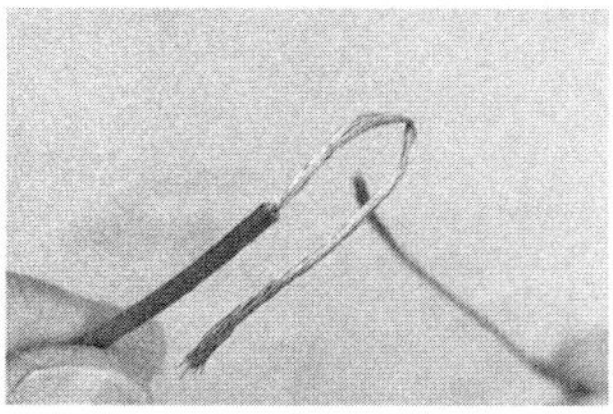
	（3）将其余2/3芯线成伞状散开	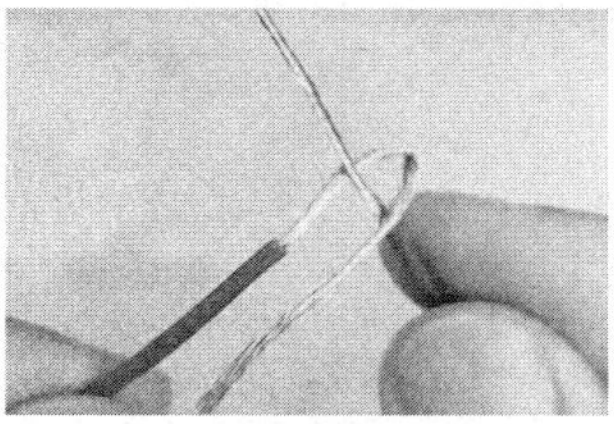
	（4）另一根需连接的导线芯线同上	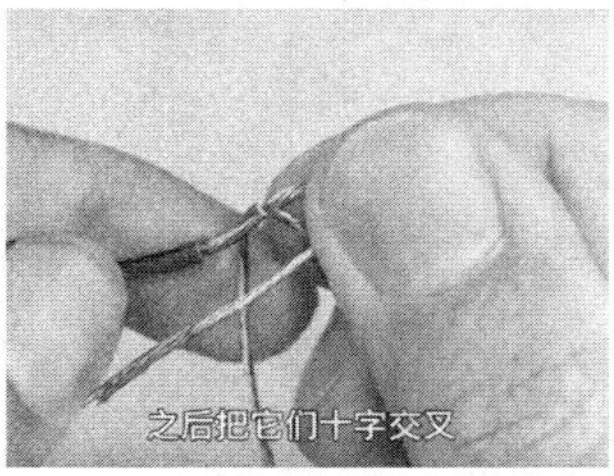 之后把它们十字交叉
	（5）将两根伞状芯线相对互相插入	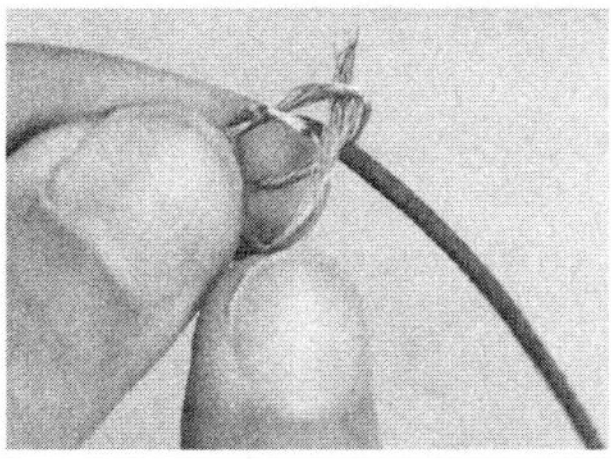
	（6）插入后捏平芯线	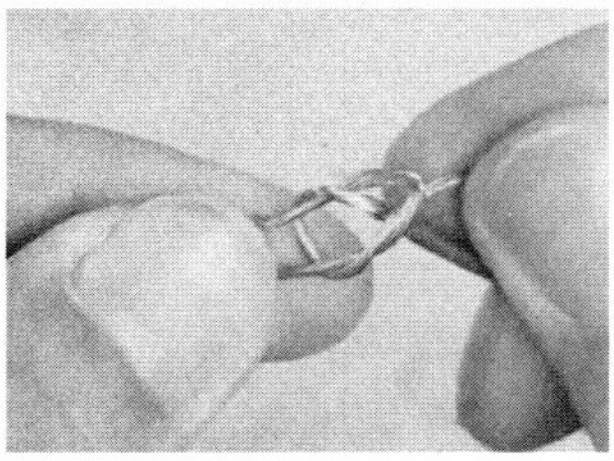

（续表）

项目名称	实训内容	实训要点、示意图
	（7）将每一边的芯线头分作3组，并将一边的第1组线头翘起并紧密缠绕在芯线上	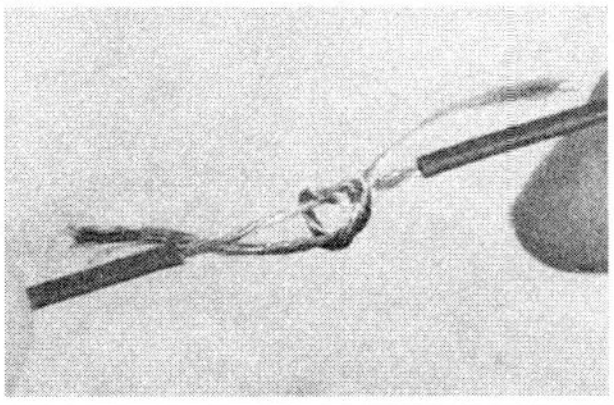
	（8）将第2组线头翘起并紧密缠绕在芯线上	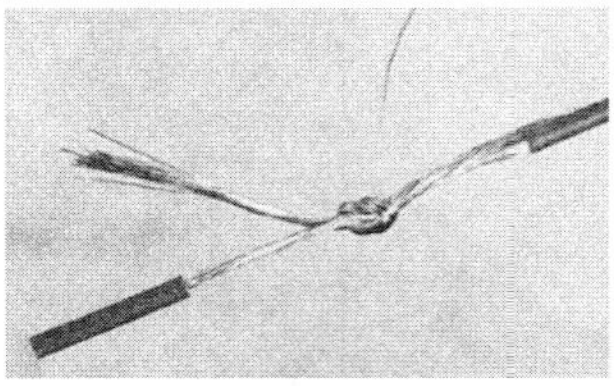
	（9）将第3组线头翘起并紧密缠绕在芯线上	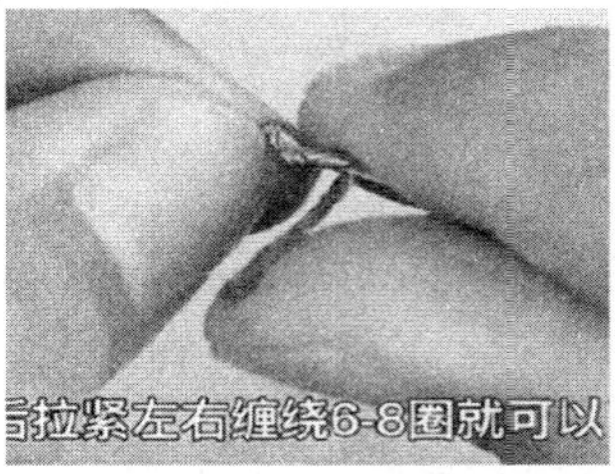
	（10）用同样方法缠绕另一边的线头	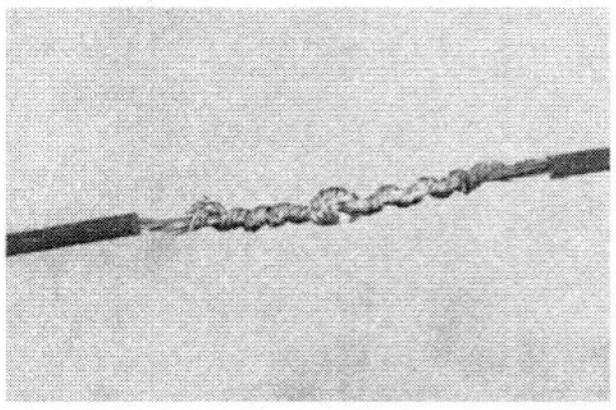
	另一种方法如图所示 （1）支线开剥12cm，主线开剥3cm，注意不要损坏芯线	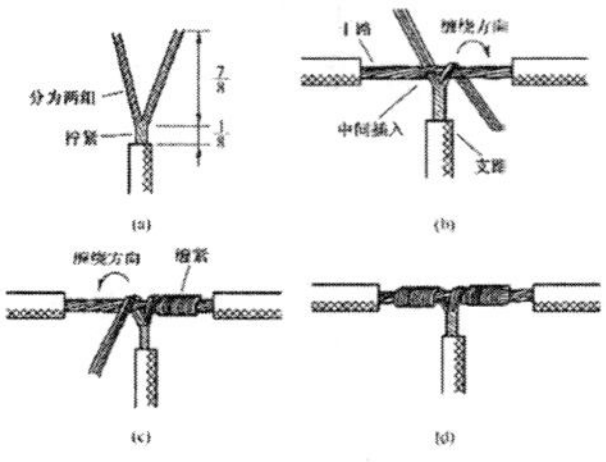 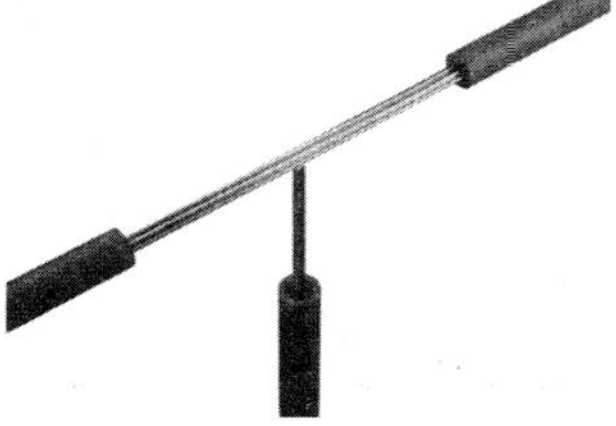

（续表）

项目名称	实训内容	实训要点、示意图
	（2）支线穿过主线的中间	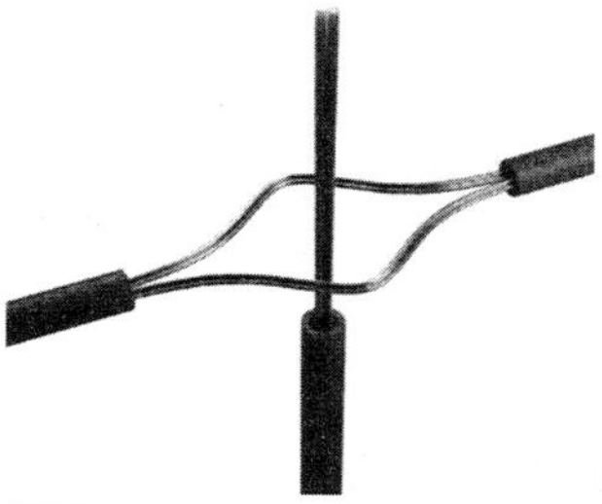
	（3）支线一分二	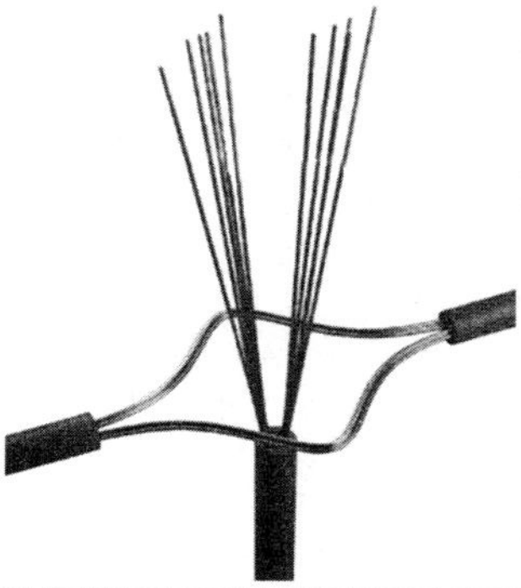
	（4）支线向两个方向弯曲	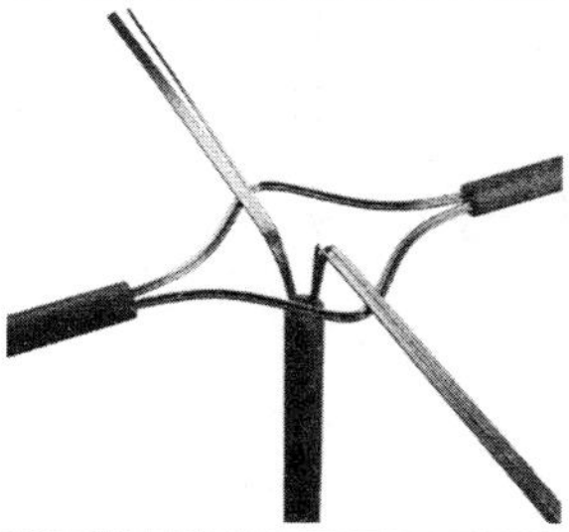
	（5）支线向两个方向拉紧缠绕	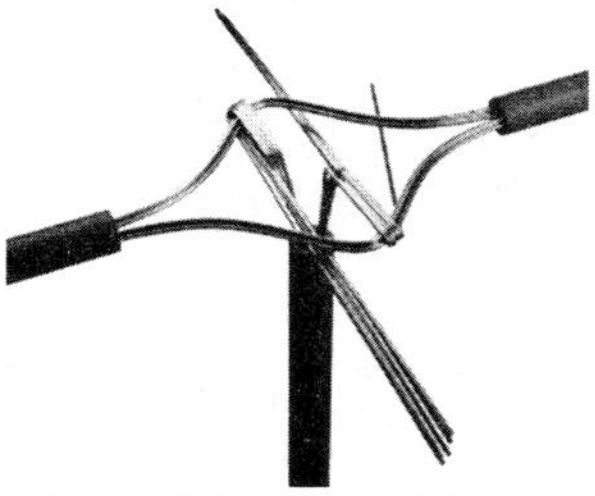
	（6）支线向两个方向拉紧缠绕	

（续表）

项目名称	实训内容	实训要点、示意图
	（7）支线向两个方向拉紧缠绕	
	（8）支线向两个方向拉紧缠绕	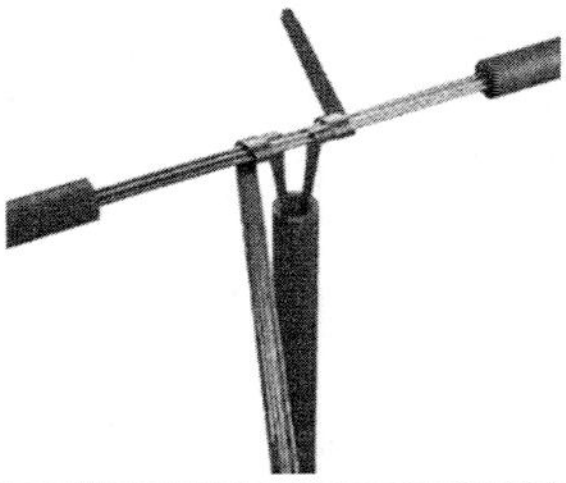
	（9）支线向两个方向拉紧缠绕5～8圈	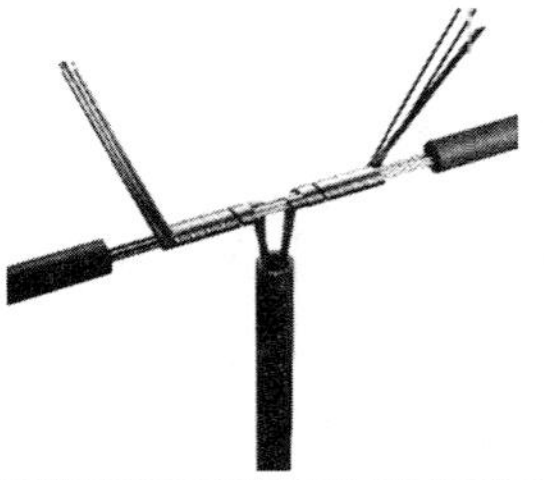
	（10）最终效果	
7. 单股硬铜导线与多股软铜导线的连接	（1）单股硬铜导线与多股软铜导线的连接方法如图所示，先将多股导线的芯线绞合拧紧成单股状，从上向下绕硬铜导线	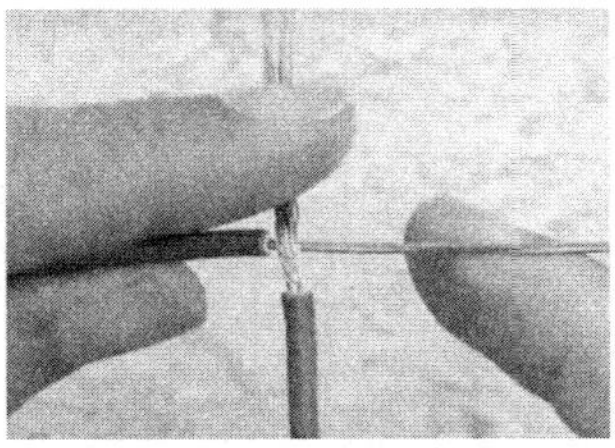

（续表）

项目名称	实训内容	实训要点、示意图
	（2）绕到硬铜导线左侧	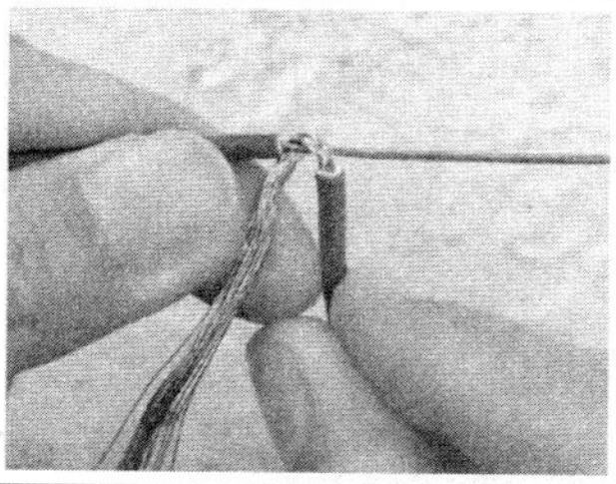
	（3）从左向右拉软铜导线	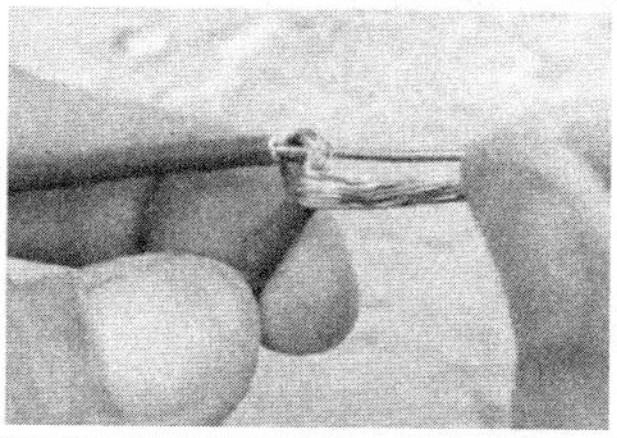
	（4）从下向上缠绕硬铜导线	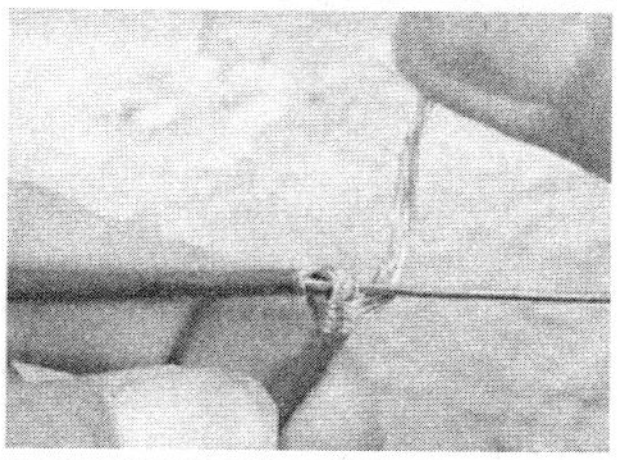
	（5）紧密绕5～8圈	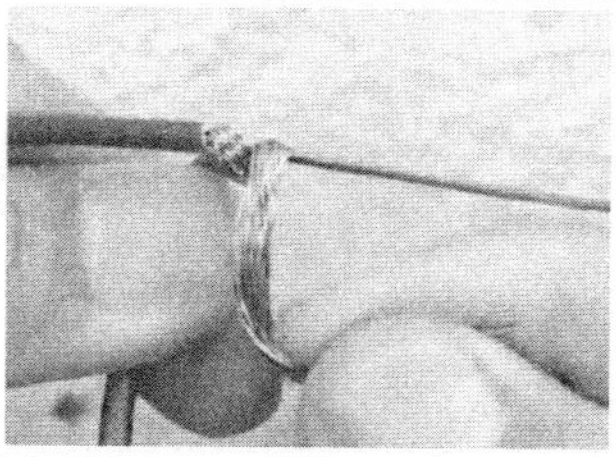
	（6）将硬铜导线上没有缠绕的部分折回，压紧	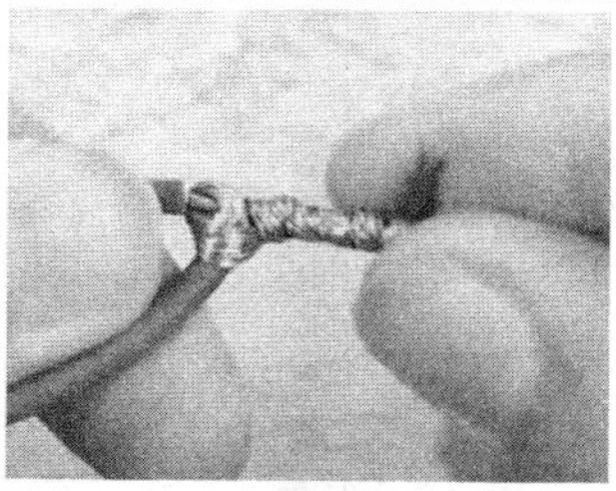
8．单股硬铜导线与多股软铜导线的“T”连接	（1）剥线，硬线开剥3cm，软线开剥12cm	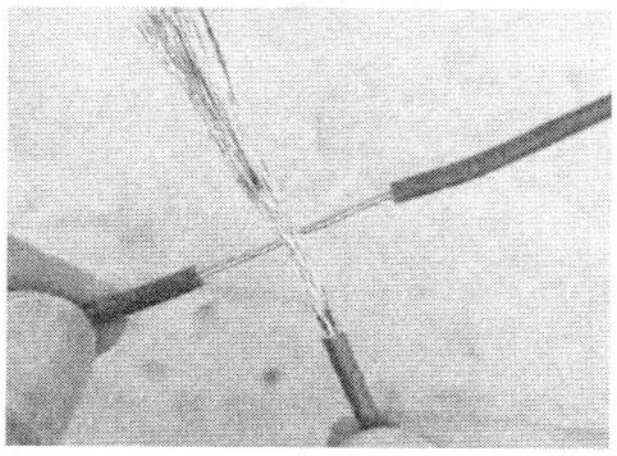

（续表）

项目名称	实训内容	实训要点、示意图
	（2）软线分为2股	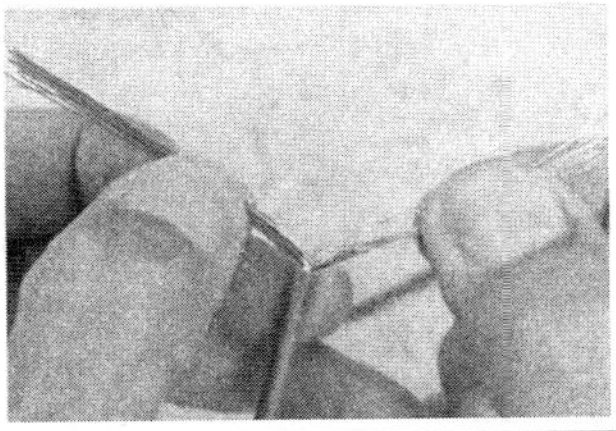
	（3）2股软线各自拧紧	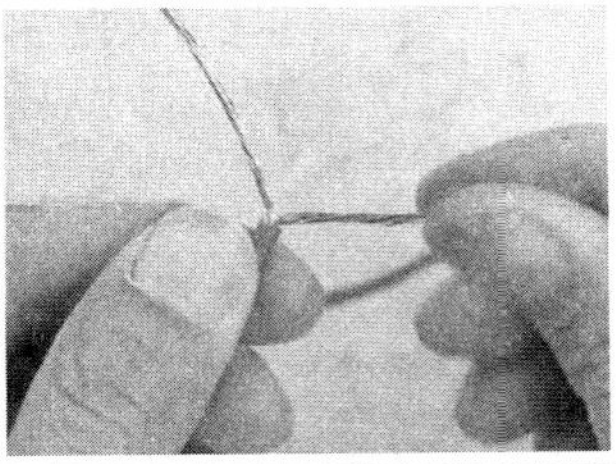
	（4）2股软线插到硬线中	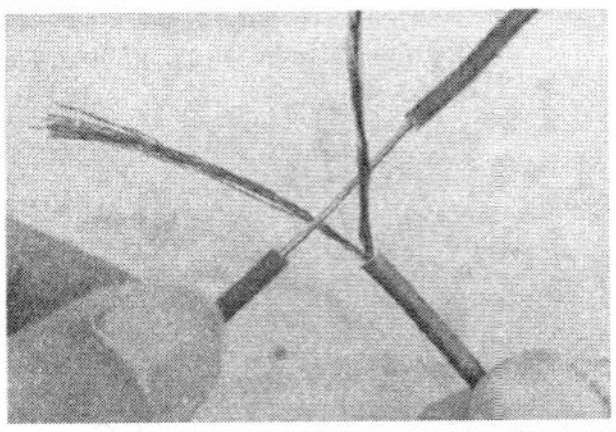
	（5）插入硬线后拧紧3圈	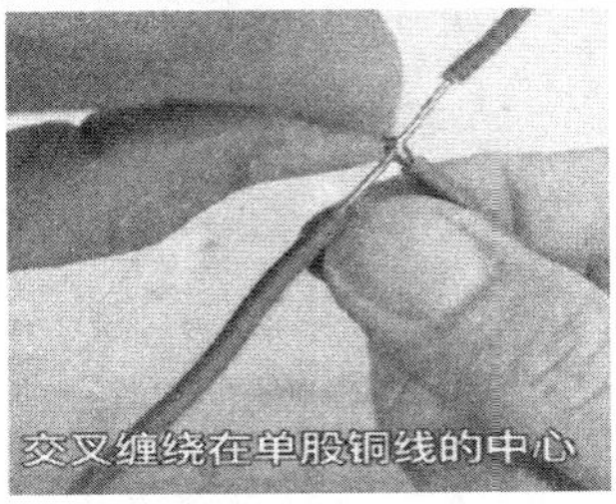 交叉缠绕在单股铜线的中心
	（6）2股软线各自紧绕硬线5～8圈	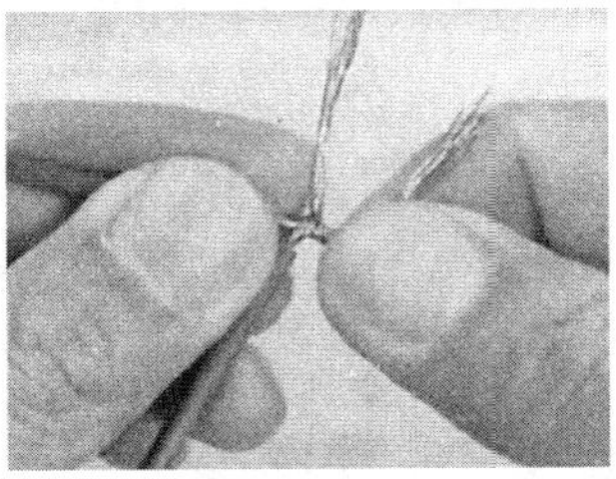
	（7）2股软线各自紧绕硬线5～8圈	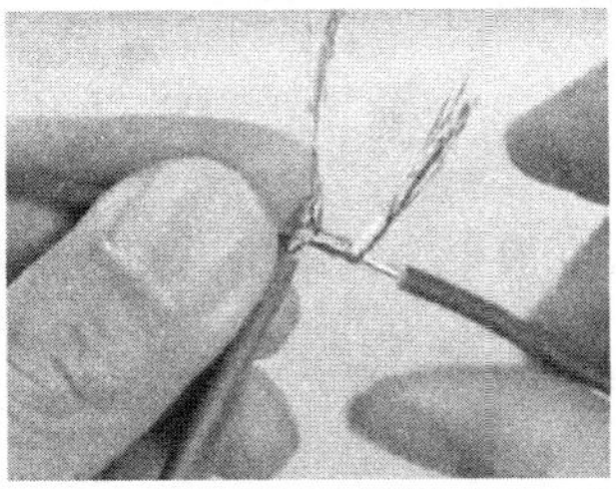

（续表）

项目名称	实训内容	实训要点、示意图
	（8）最终效果	
9．同一方向的导线的连接	方法一：连接来自同一方向的导线——2根硬线并线	
	（1）剥线，开剥长度15cm，一根弯曲到垂直	
	（2）垂直的铜导线紧绕直的铜导线缠绕5～8圈	
	（3）用钳子把缠绕的铜导线紧固	
	（4）弯曲直铜导线	

（续表）

项目名称	实训内容	实训要点、示意图
	（5）剪去多余的直铜导线	
	（6）折回	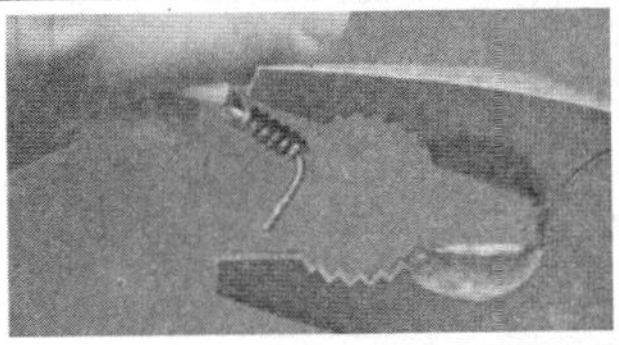
	（7）压紧	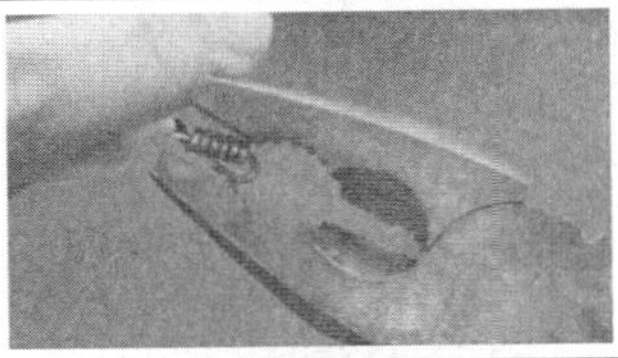
	方法二：连接来自同一方向的导线——3根硬线并线。开剥至少10cm	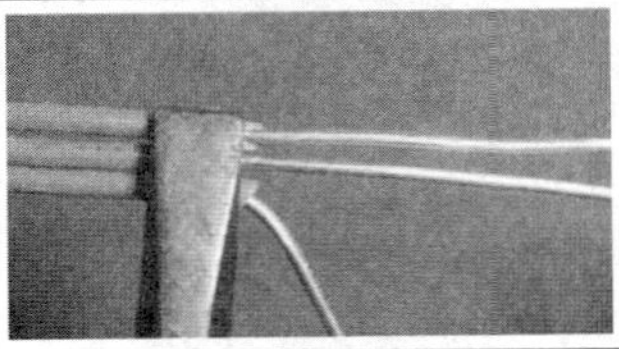
	（1）两边铜导线折弯	
	（2）两边铜导线紧密缠绕中间铜导线	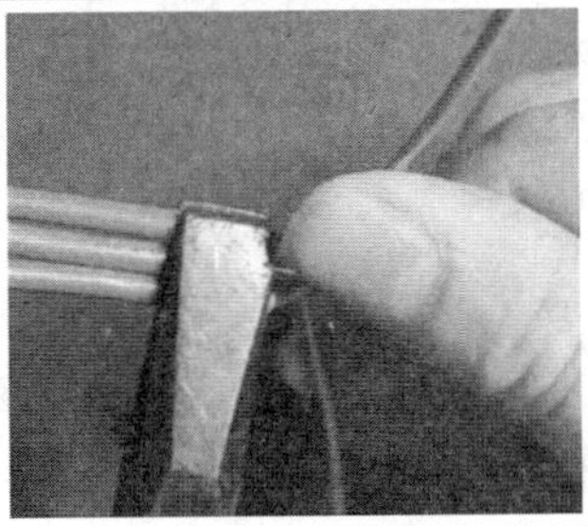

（续表）

项目名称	实训内容	实训要点、示意图
	（3）垂直的铜导线绕直的铜导线缠绕5～8圈	
	（4）剪去多余的铜导线	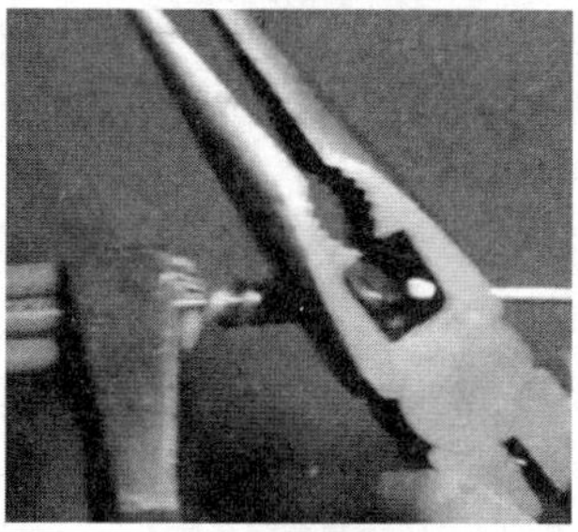
	（5）用钳子把缠绕线卷紧	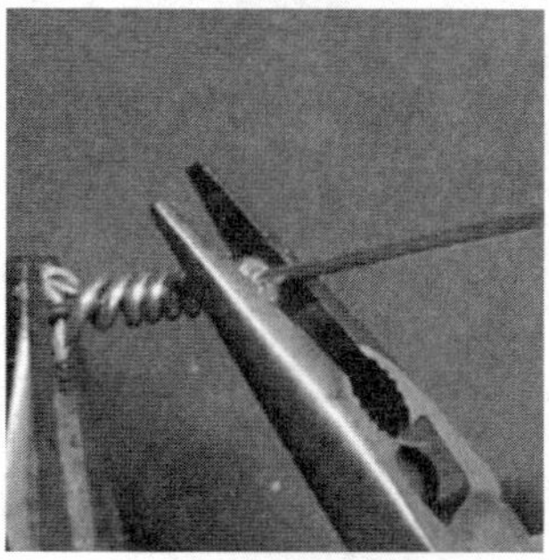
	（6）剪去多余的中间铜导线	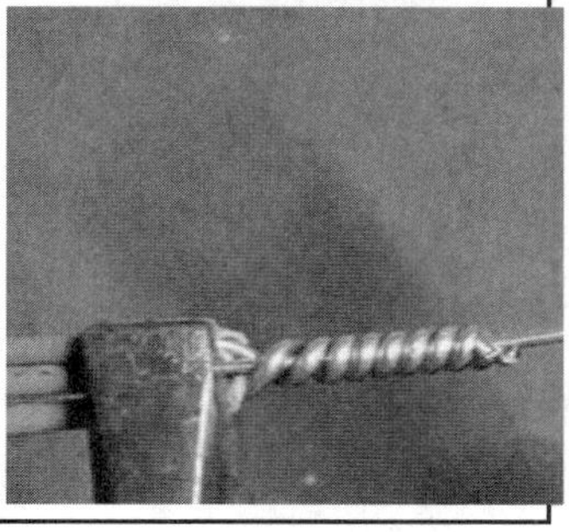

（续表）

项目名称	实训内容	实训要点、示意图
	（7）中间的铜导线折回	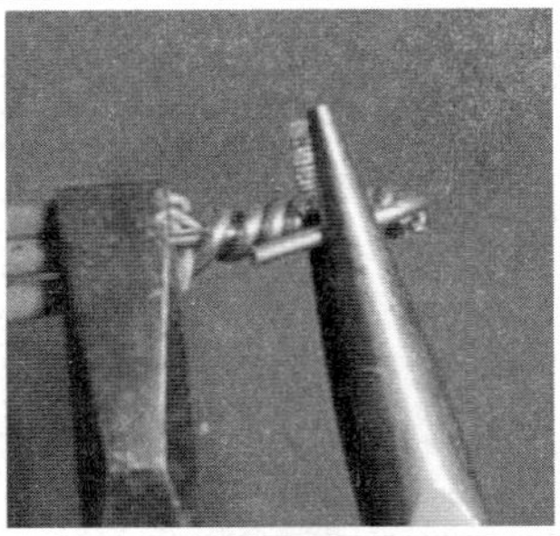
	（8）压紧	
	（9）最终效果	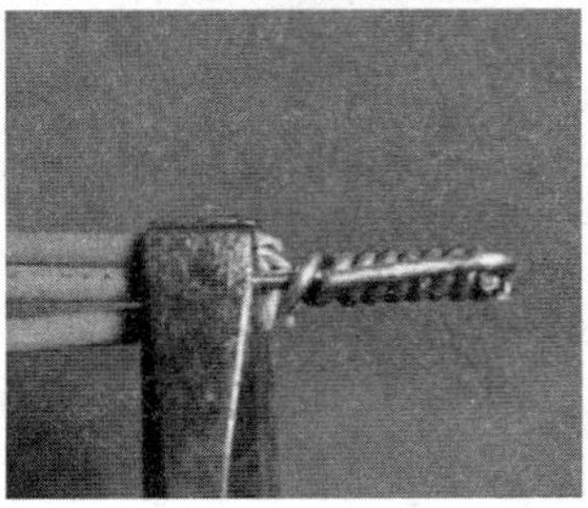
10. 多股导线与多股导线的连接	（1）剥线，开剥长度8cm	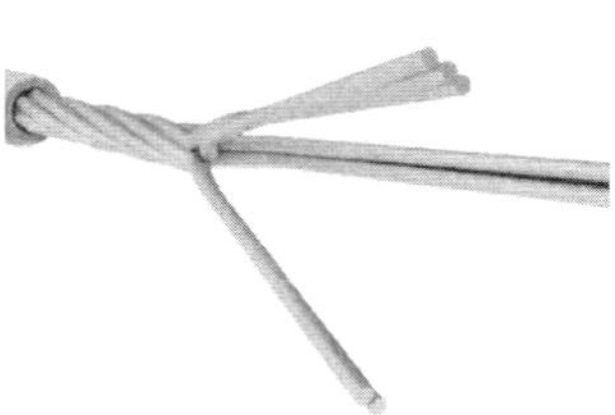
	（2）分 2、3、2三组	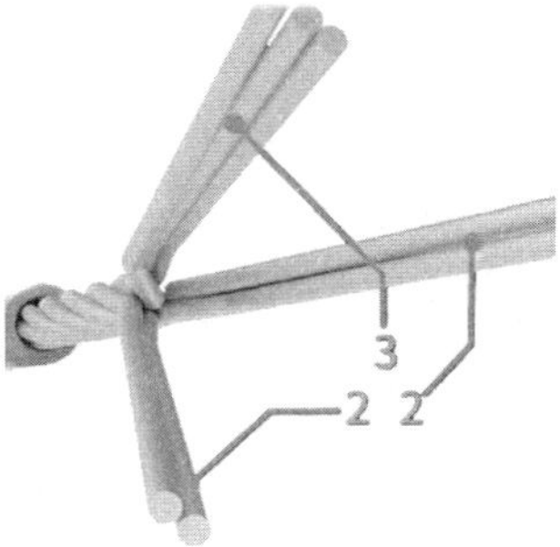

（续表）

项目名称	实训内容	实训要点、示意图
	（3）隔根对插	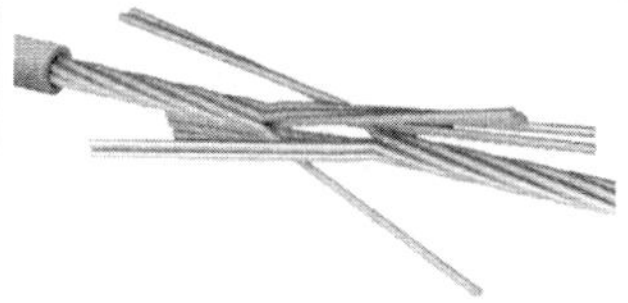
	（4）对插到位	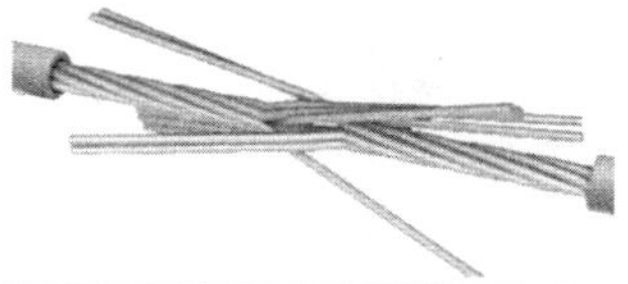
	（5）用3根紧密互绕	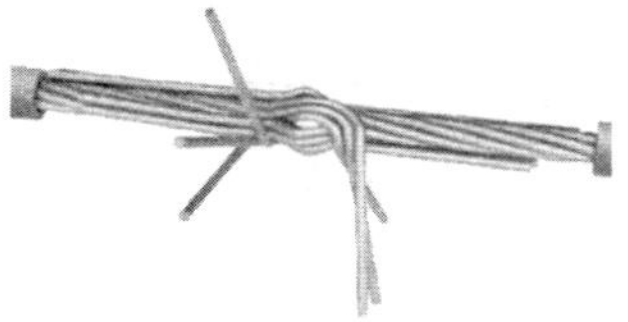
	（6）紧密互绕	
	（7）紧密互绕至少2～3圈	
	（8）用2根紧密互绕	
	（9）紧密互绕2～3圈	
	（10）用剩余的2根紧密互绕2～3圈	
11. 双芯护套线、三芯护套线或电缆、多芯电缆的连接	双芯护套线、三芯护套线或电缆、多芯电缆在连接时，应注意尽可能将各芯线的连接点互相错开位置，可以更好地防止线间漏电或短路。 （1）2根电缆剪齐，开剥至少15cm	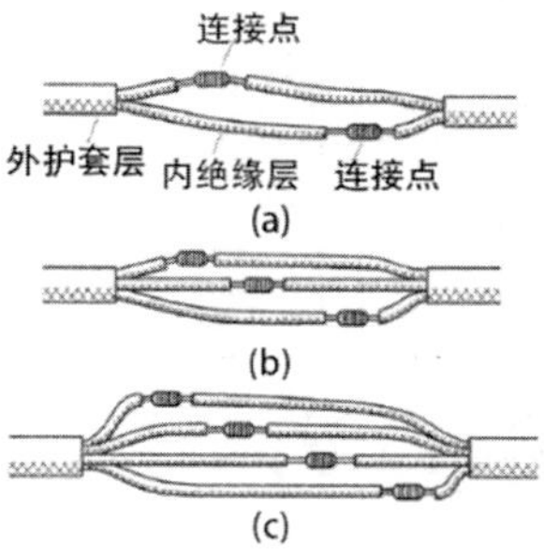 连接点 外护套层　内绝缘层　连接点 (a) (b) (c)

（续表）

项目名称	实训内容	实训要点、示意图
		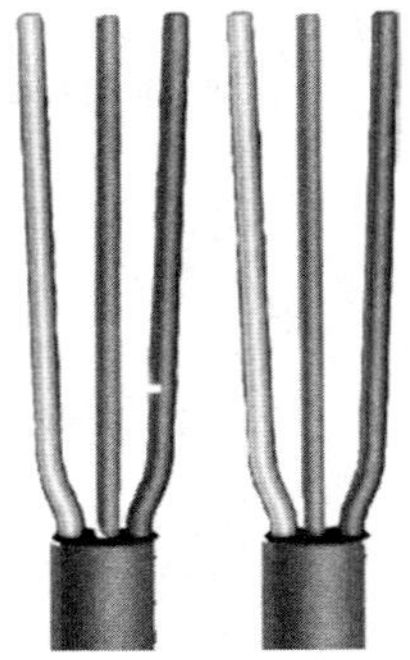
	（2）左边电缆剪去红色相线，右边电缆剪去黄色相线，长度保留12cm左右	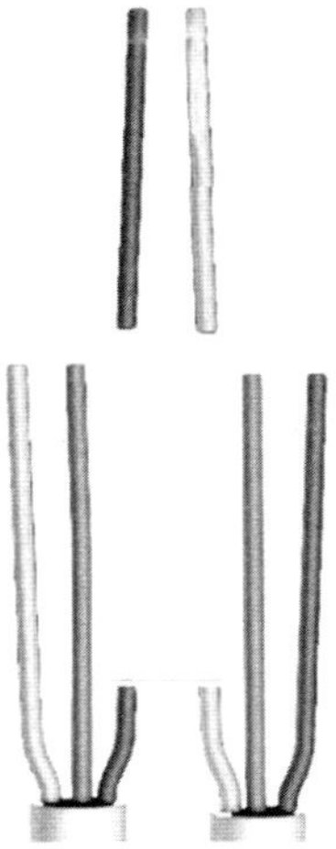
	（3）红（或黄）对折	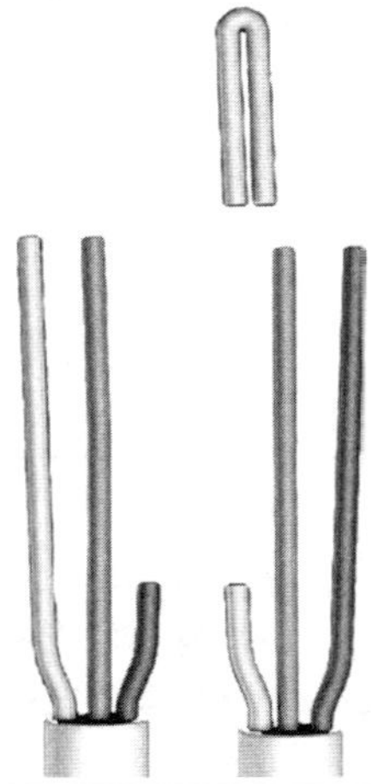

（续表）

项目名称	实训内容	实训要点、示意图
	（4）按对折的长度，剪去2根电缆的绿色相线	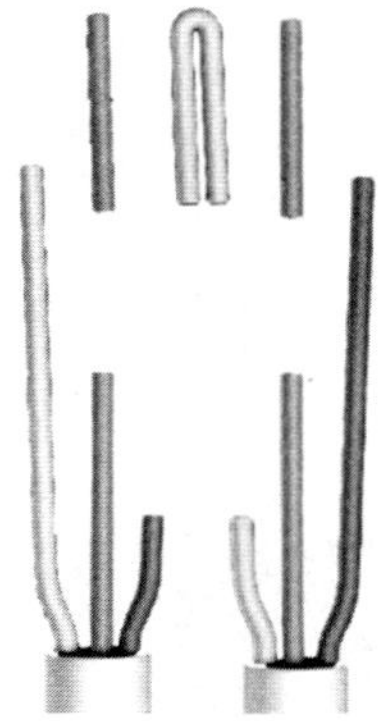
	（5）2根电缆对应，用本任务前面的方法对接	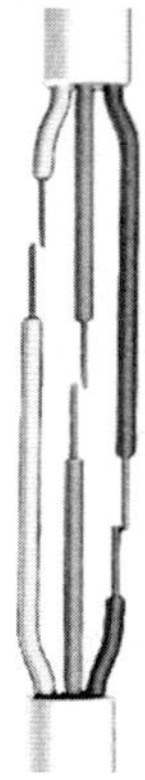
	（6）对接效果	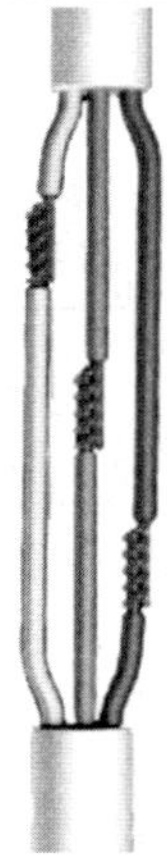
12. 多股导线的紧压连接	（1）导线开剥，至少10cm	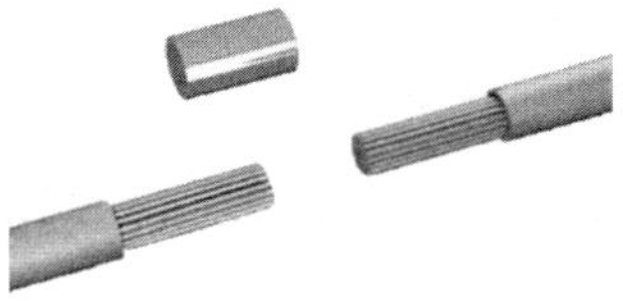

（续表）

项目名称	实训内容	实训要点、示意图
	（2）压接管对到2根铜导线	
	（3）压接管套到1根铜导线的后端	
	（4）2根铜导线对插	
	（5）压接管套到对插部位	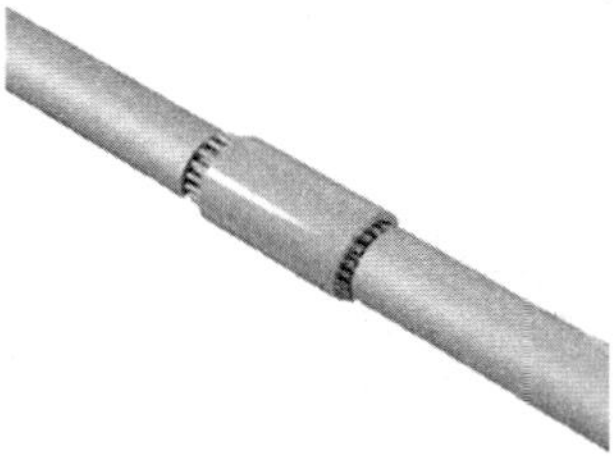
	（6）用专用工具压紧	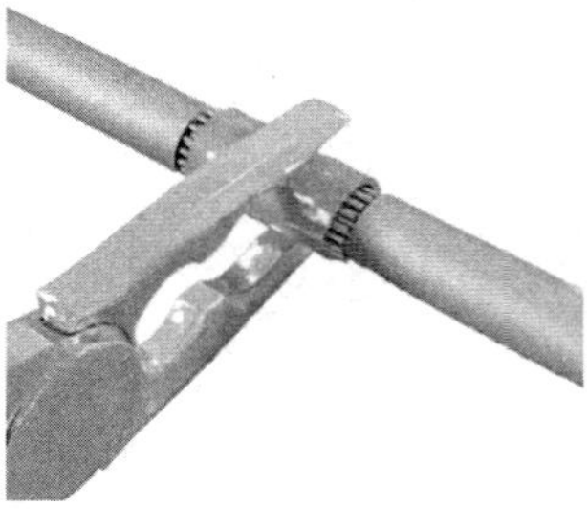
	（7）压紧是需要压接钳按不同角度压接	
	（8）套上绝缘热缩管	

（续表）

项目名称	实训内容	实训要点、示意图
13. 铜铝过渡的接法	方法一：过渡管（过渡板用法基本相同） （1）两根导线剥出30cm	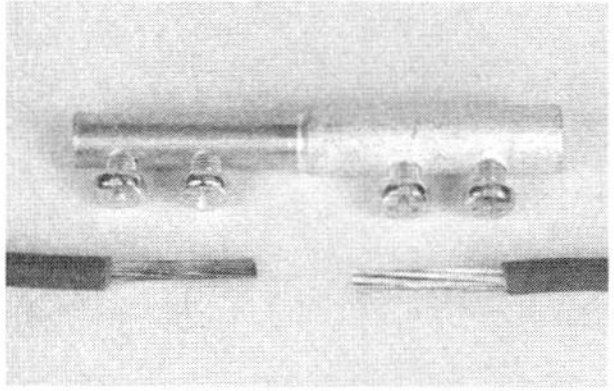
	（2）两根导线插入过渡管	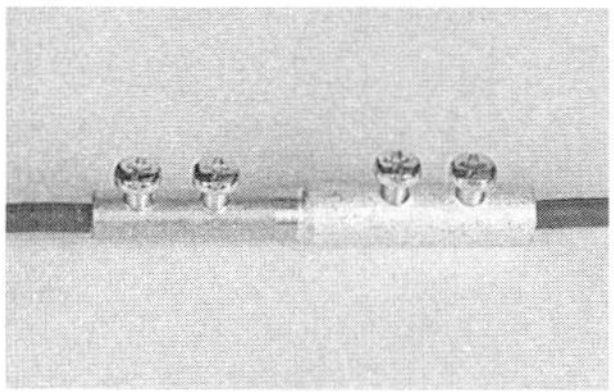
	（3）套入热缩管，并加热使热缩管裹紧端子	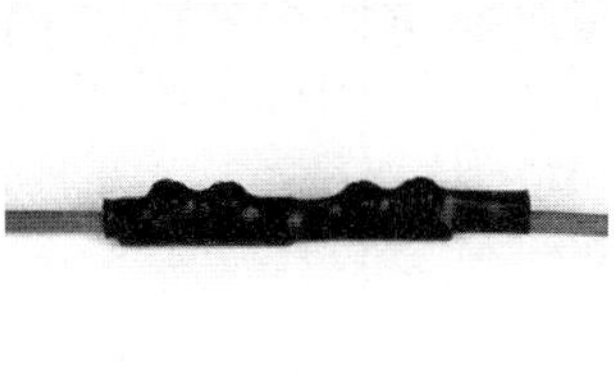
	方法二：螺栓连接 （1）铜导线弯成环套在螺母上	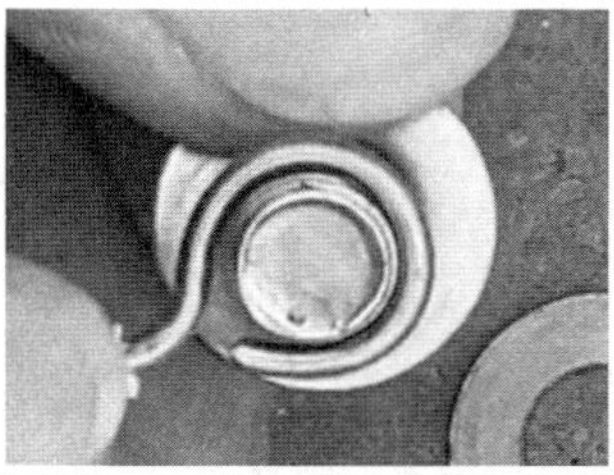
	（2）加一个垫片	
	（3）铝导线弯成环套在螺母上	

（续表）

<table>
<tr><th>项目名称</th><th>实训内容</th><th colspan="4">实训要点、示意图</th></tr>
<tr><td rowspan="3"></td><td colspan="3">（4）再加一个垫片</td><td colspan="2">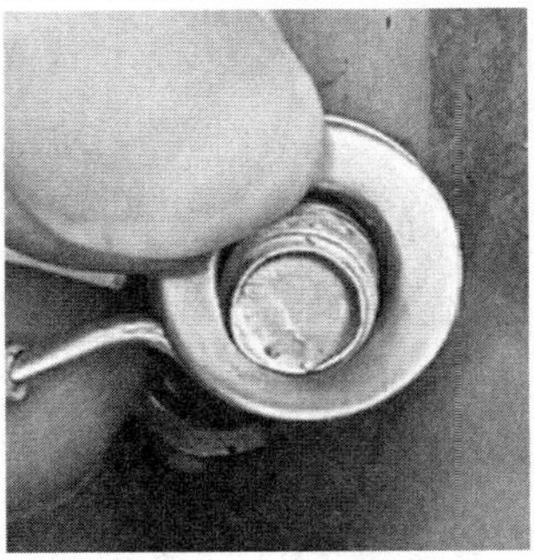</td></tr>
<tr><td colspan="3">（5）上紧螺帽</td><td colspan="2">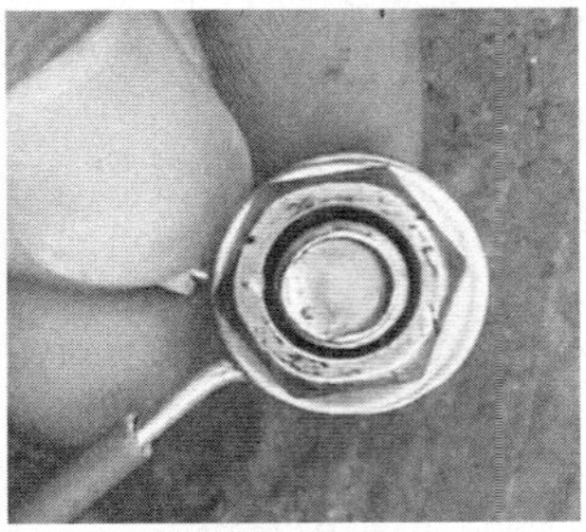</td></tr>
<tr><td colspan="3">（6）完成效果</td><td colspan="2">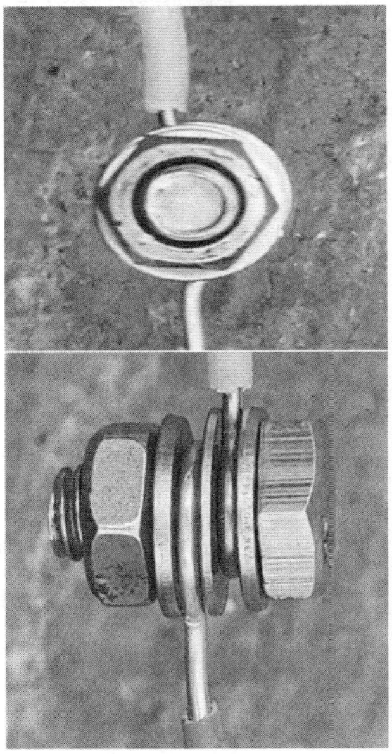</td></tr>
<tr><td rowspan="3">14. 7S管理</td><td>（1）现场归位</td><td>责任人</td><td></td><td>考核</td><td></td></tr>
<tr><td>（2）工具归位</td><td>责任人</td><td></td><td>考核</td><td></td></tr>
<tr><td>（3）仪表放置</td><td>责任人</td><td></td><td>考核</td><td></td></tr>
</table>

六、总结与反思

<table>
<tr><td rowspan="4">本节内容总结</td><td>本节重点</td><td></td></tr>
<tr><td>本节难点</td><td></td></tr>
<tr><td>疑问</td><td></td></tr>
<tr><td>思考</td><td></td></tr>
<tr><td>作业</td><td></td><td></td></tr>
<tr><td>预习</td><td></td><td></td></tr>
</table>

任务七　导线接头绝缘带的包缠方法

一、实训目标

要求同学可以熟练剥开和恢复导线的绝缘及各种导线的连接工艺。

二、实训内容

（1）平接头、T字接头、平行接头、并接头的绝缘胶带缠绕。

（2）学会给带电铜导线缠绕胶带。

三、实训仪器、工具

平接头、T字接头、平行接头、并接头、绝缘胶带、筷子、带电导线。

四、相关知识

为了进行连接，导线连接处的绝缘层已被去除。导线连接后，必须对所有绝缘层已被去除的部位进行绝缘处理，以恢复导线的绝缘性能，恢复后的绝缘强度应不低于导线原有的绝缘强度。

导线连接处的绝缘处理通常使用绝缘胶带进行缠裹包扎。一般电工常用的绝缘胶带有黄蜡带、涤纶薄膜带、黑胶布带、塑料胶带、橡胶胶带等。绝缘胶带的宽度常用20mm的，使用较为方便。

绝缘要求：接头的绝缘强度应与导线的绝缘强度相同。

五、实训的内容和要点

具体的实训内容和实训要点见下表。

任务名称：导线接头绝缘胶带的包缠方法　　　　编号：

项目名称	实训内容	实训要点、示意图
1. 准备工作	（1）安全性	安全用具，劳保齐备。电线绝缘良好
	（2）绝缘胶带	绝缘强度符合有关标准
	（3）绝缘材料齐全	黄蜡带、涤纶薄膜带、黑胶布带、塑料胶带、橡胶胶带

（续表）

项目名称	实训内容	实训要点、示意图
2. 导线一字接头（平接头）的绝缘处理	（1）一字形连接的导线接头准备好	
	（2）一字形连接的导线接头可按图所示进行绝缘处理	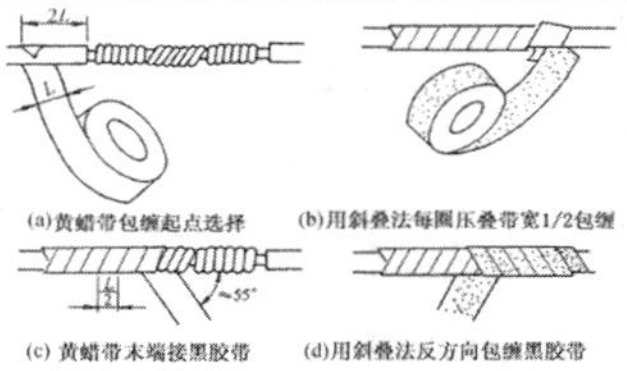
	（3）将胶带从导线接头左边绝缘完好的绝缘层上开始包缠，距离铜导线一个胶带宽，包缠两圈后进入剥除了绝缘层的芯线部分	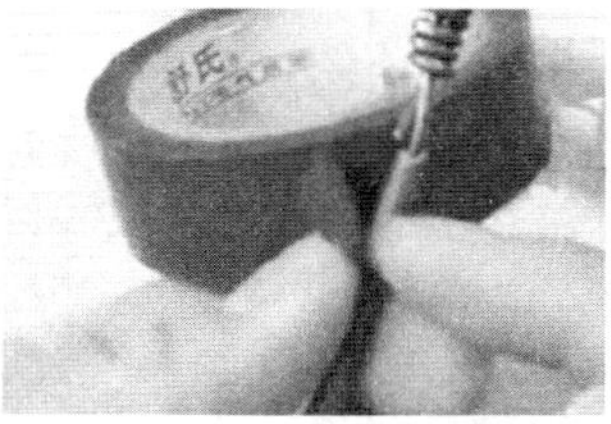
	（4）缠绕2圈	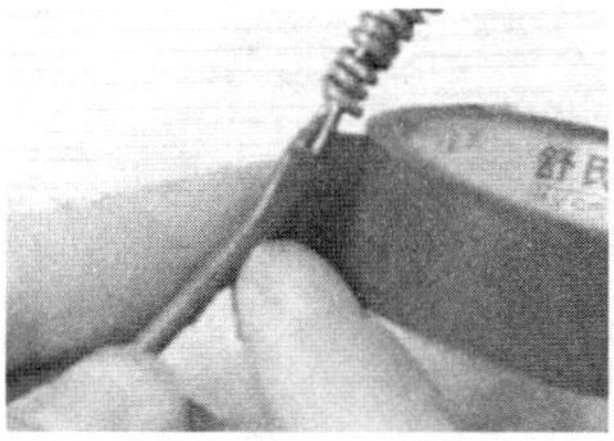
	（5）包缠时胶带应与导线成55°左右的倾斜角，每圈压叠带宽的1/2	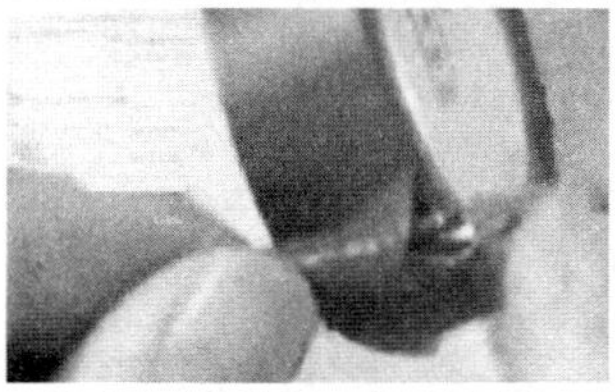
	（6）直至包缠到右边超过裸铜导线两圈胶带宽处，缠绕时可以拉紧胶带	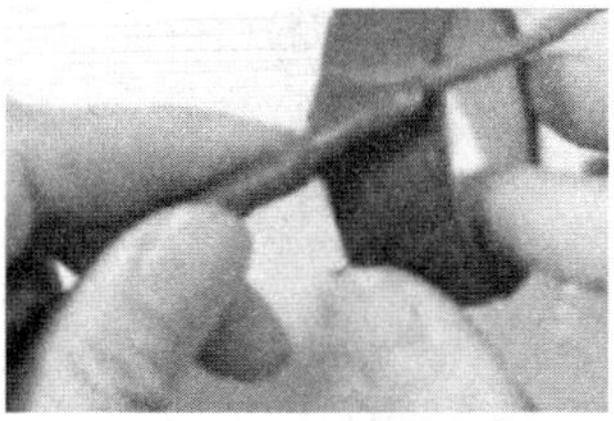
	（7）将胶带往左继续缠绕，按另一斜叠方向从右向左包缠	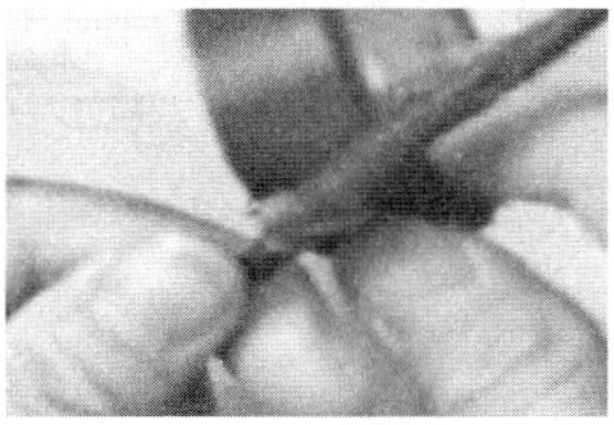

（续表）

项目名称	实训内容	实训要点、示意图
	（8）仍每圈压叠带宽的1/2，向右继续缠绕，直至将胶带完全包缠住	
	注意	不可稀疏，更不能露出芯线，以确保绝缘质量和用电安全。对于220V线路，也可不用黄蜡带，只用黑胶布带或塑料胶带包缠两层。在潮湿场所应使用聚氯乙烯绝缘胶带或涤纶绝缘胶带
3. T字分支接头的绝缘处理	准备好T字分支接头	
	方法一 （1）把支线与主线并列，错开接头2cm，把分支线与主线弯曲成垂直状态	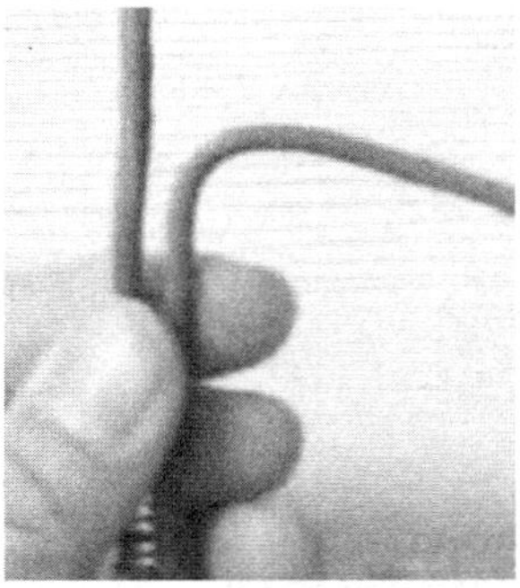
	（2）距离铜导线一个胶带宽，包缠两圈，一般用顺时针方向缠绕	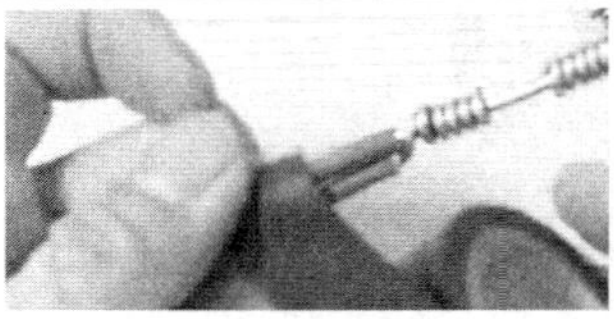
	（3）包缠时胶带应与导线成55°左右倾斜角，每圈压叠带宽的1/2	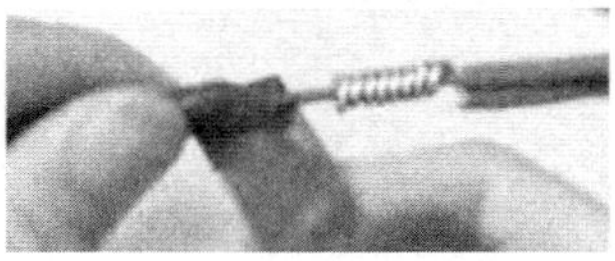
	（4）直至包缠到右边超过裸铜导线两圈胶带宽处，缠绕时可以拉紧胶带	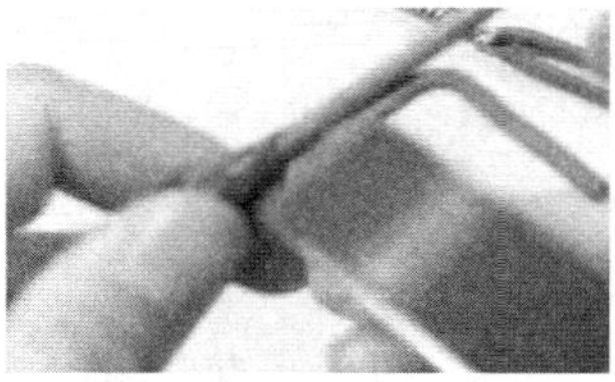
	（5）继续向左缠绕，再向右缠绕，缠绕三层完成	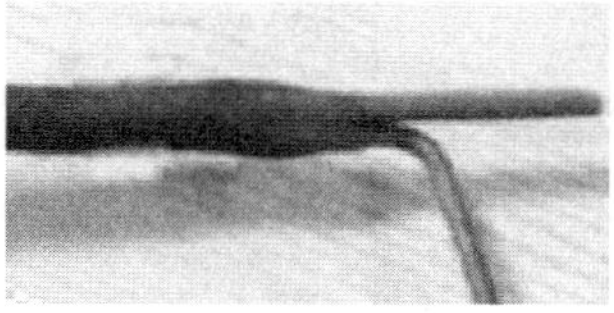

（续表）

项目名称	实训内容	实训要点、示意图
	方法二 （1）从T分支开始缠绕胶带	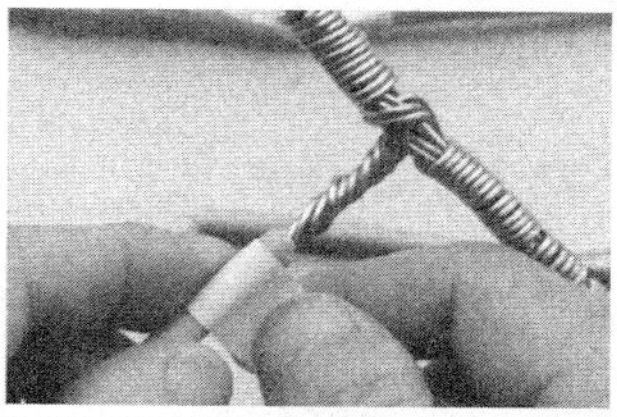
	（2）到交叉位置时	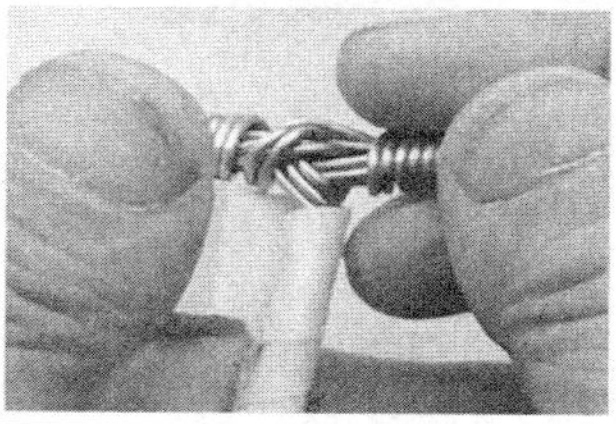
	（3）将胶带从底下翻过来	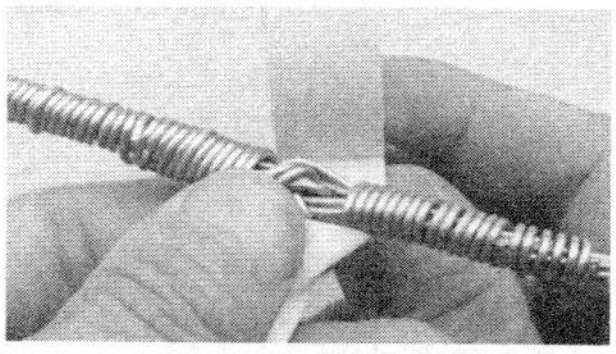
	（4）向这一侧缠绕	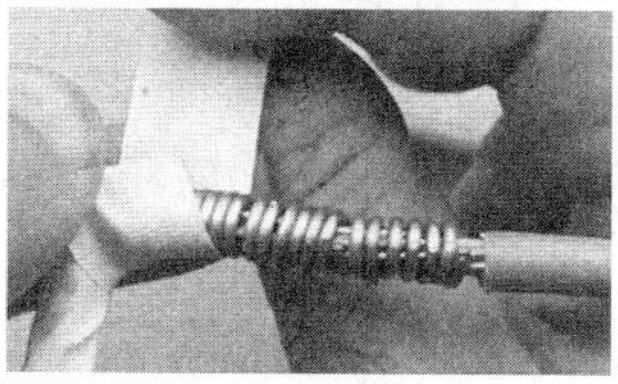
	（5）缠绕2圈	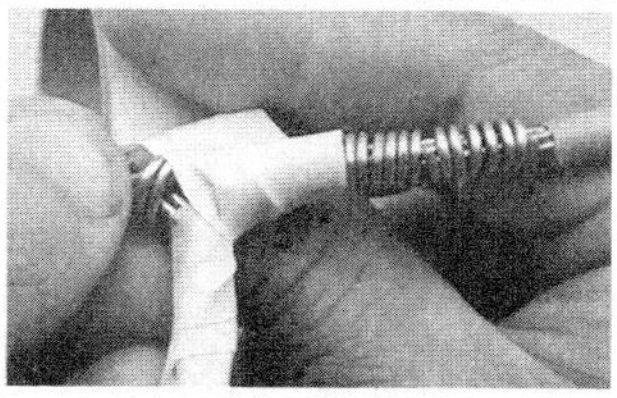
	（6）往回缠绕	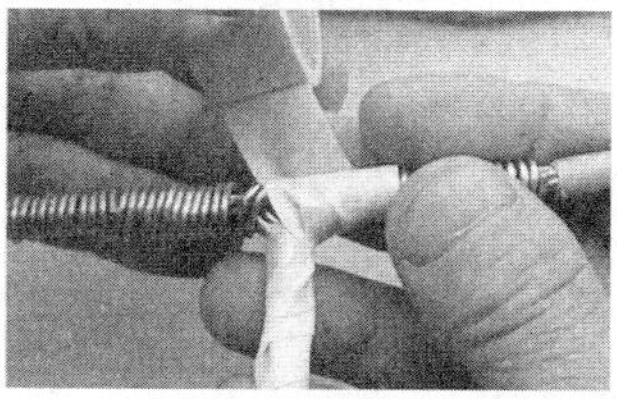
	（7）往回缠绕2圈	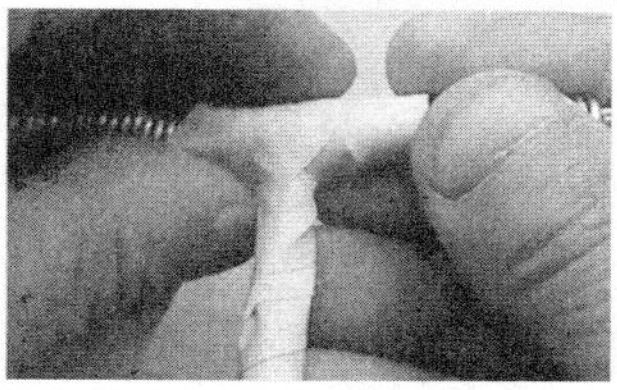

（续表）

项目名称	实训内容	实训要点、示意图
	（8）将胶带翻过来回到支线	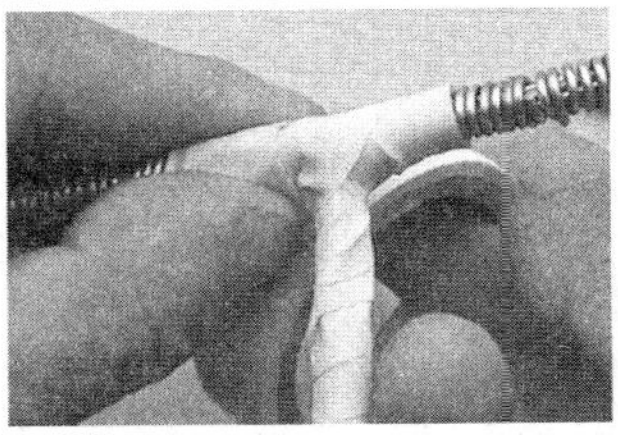
	（9）用胶带缠绕分支线	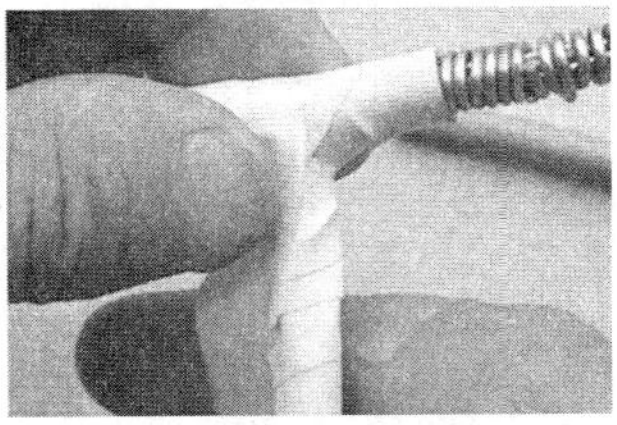
	（10）用上述方法缠绕3层	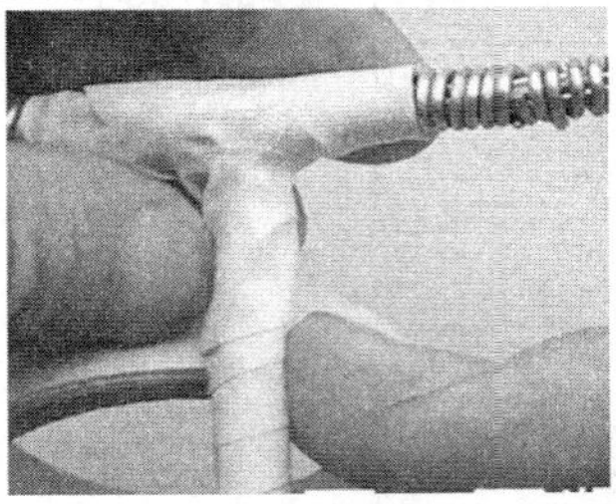
	（11）将剩余的裸铜导线，按平接头的胶带缠绕方法缠绕	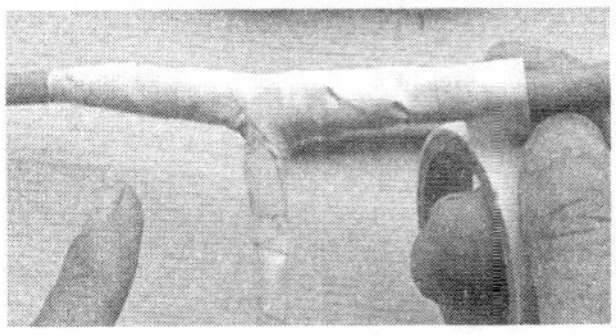
	注意	每根导线都应包缠到完好绝缘层的两倍胶带宽度处
4. 平行接头的绝缘处理	（1）在截取的筷子上缠绕多圈胶带，形成小胶带卷	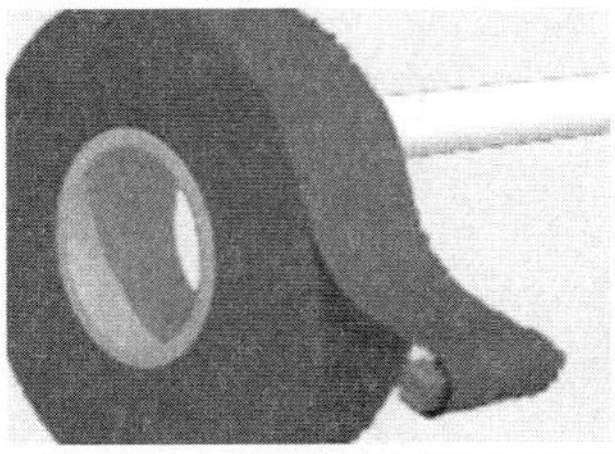
	（2）用小胶带卷去缠绕蓝线、红线，用平接头缠绕胶带的方法	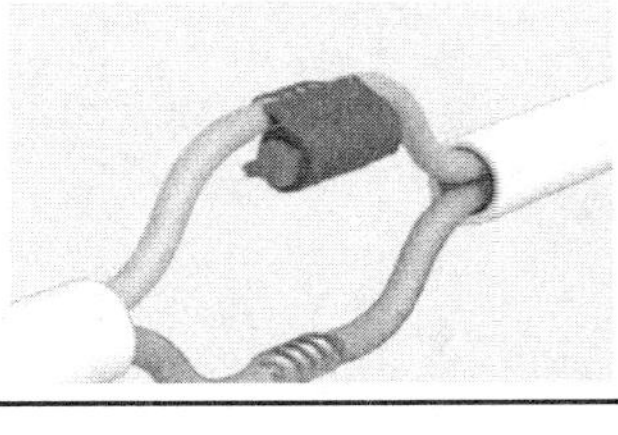

（续表）

项目名称	实训内容	实训要点、示意图
5. 并接头的绝缘处理	（1）将胶带在其中一根上缠绕2圈	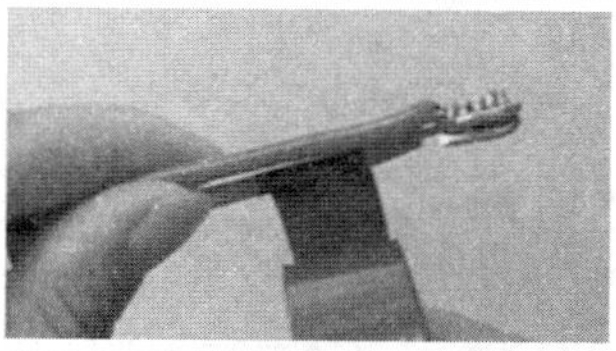
	（2）缠绕2根导线一圈	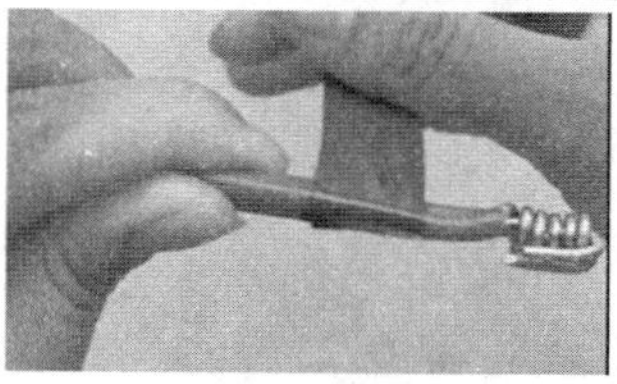
	（3）胶带应与导线成55°左右倾斜角，每圈压叠带宽的1/2，继续缠绕	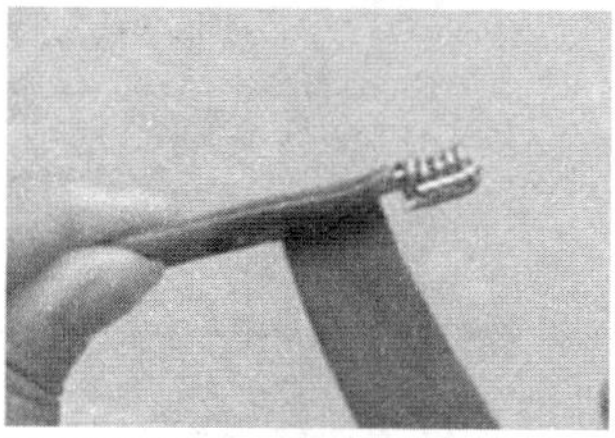
	（4）在头部多缠绕几圈，把胶带压回	
	（5）往回缠绕到位	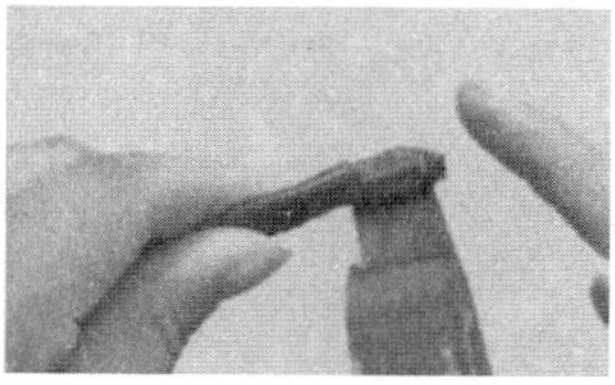
6. 带电铜导线缠胶带	（1）验电	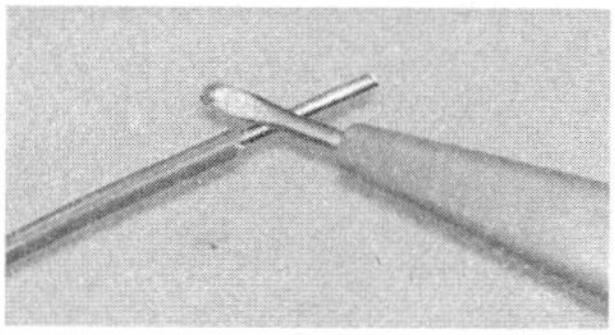
	（2）弯曲折回	

（续表）

<table>
<tr><td>项目名称</td><td>实训内容</td><td colspan="4">实训要点、示意图</td></tr>
<tr><td rowspan="2"></td><td colspan="3">（3）轻轻压好</td><td colspan="2"></td></tr>
<tr><td colspan="3">（4）缠绕胶带</td><td colspan="2"></td></tr>
<tr><td rowspan="3">7. 7S管理</td><td>（1）现场归位</td><td>责任人</td><td></td><td>考核</td><td></td></tr>
<tr><td>（2）工具归位</td><td>责任人</td><td></td><td>考核</td><td></td></tr>
<tr><td>（3）仪表放置</td><td>责任人</td><td></td><td>考核</td><td></td></tr>
</table>

六、总结与反思

<table>
<tr><td rowspan="4">本节内容总结</td><td>本节重点</td><td></td></tr>
<tr><td>本节难点</td><td></td></tr>
<tr><td>疑问</td><td></td></tr>
<tr><td>思考</td><td></td></tr>
<tr><td>作业</td><td></td><td></td></tr>
<tr><td>预习</td><td></td><td></td></tr>
</table>

任务八　单相电能表的安装与接线

一、实训目标

（1）进一步了解单相电能表的结构和工作原理。

（2）掌握单相电能表的接线与安装。

（3）培养学生观察、比较分析的能力。

（4）培养学生节约用电的良好品质。

二、实训内容

机械单相电能表、电子式单相电能表、轨道式单相电能表、智能单相电能表的接线。

三、实训仪器、工具

剥线钳、尖嘴钳、螺丝刀、机械单相电能表、电子式单相电能表、轨道式单相电能表、智能单相电能表。

四、相关知识

（一）介绍

电能表是计算电量（电能）的测量仪表，又称电表、火表、千瓦小时表。电能表按其使用的电路可分为直流电能表和交流电能表。交流电能表按其相线又可分为单相电能表、三相三线电能表和三相四线电能表。

电能表在使用时，要与线路正确连接才能正常工作，如果连接错误，轻则会出现电量计数错误，重则会烧坏电能表。在接线时，除了要注意一般的规律，还要认真查看电能表接线说明图，按照说明图来接线。

1. 电能表的结构

感应系电能表结构如下图所示。

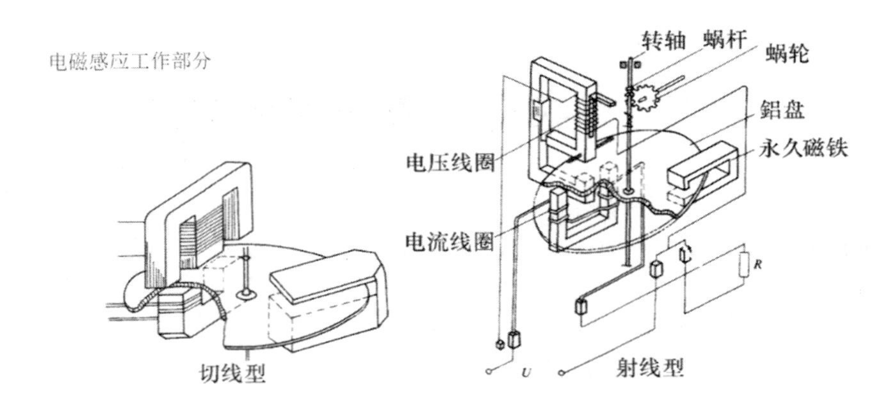

显示机构如下图所示。

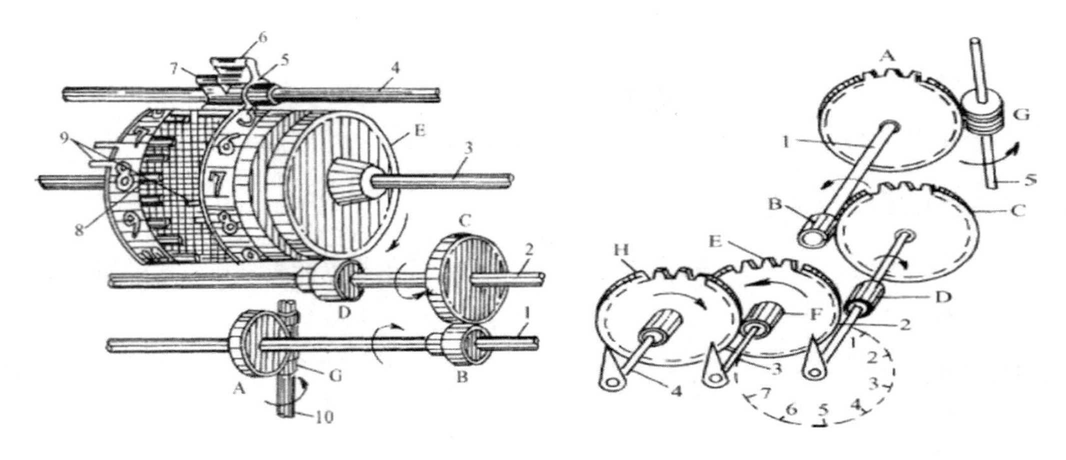

传动力矩的形成如下图所示。

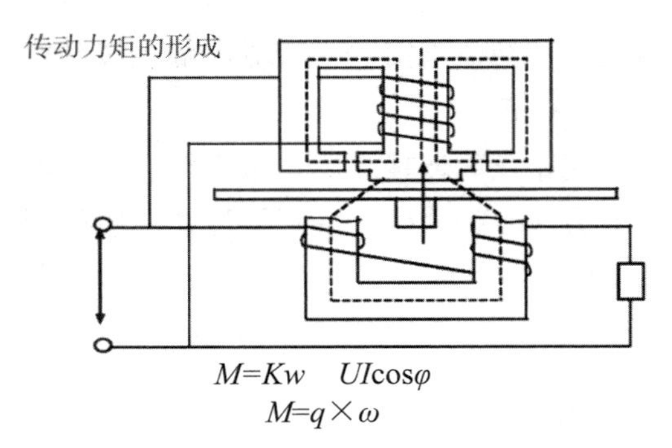

制动力矩的形成如下图所示。

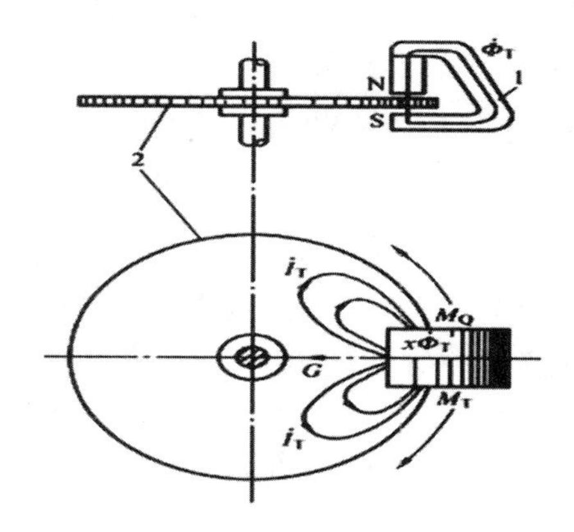

1—永久磁铁；2—转盘

2. 工作原理

当电能表接入被测电路后，被测电路电压加在电压线圈上，被测电路电流通过电流线圈后，产生两个交变磁通穿过铝盘，这两个磁通在时间上相同，分别在铝盘上产生涡流。由于磁通与涡流的相互作用而产生转动力矩，使铝盘转动。制动磁铁的磁通，也穿过铝盘，当铝盘转动时，切割此磁通，在铝盘上感应出电流，感应出的电流和制动磁铁的磁通相互作用而产生一个与铝盘旋转方向相反的制动力矩，使铝盘的转速达到均匀。

由于磁通与电路中的电压和电流成正比，因而铝盘转动与电路中所消耗的电能成正比，也就是说，负载功率越大，铝盘转得越快。铝盘的转动经过蜗杆传动计数器，计数器就自动累计线路中实际所消耗的电能。

（二）电能表的正确使用

（1）认识电能表铭牌。

D-用在前面表示电能表，如DD862；用在后面表示多功能，如DTSD855

DD-单相，如DD862

DT-三相四线，如DT862

DS-三相三线，如DS862

F-复费率，如DDSF855

Y-预付费，如DDSY855

S-电子式，如DDS855

（2）电能计量单位：kWh。

（3）计量检定合格标志（许可证标志MC）。

（4）精度（准确度等级）。

（5）额定电压：3×380V则直接接入380V；3×100V则需要接入电压互感器（PT）。

（6）额定电流：额定电流是指用电设备在额定电压下，按照额定功率运行时的电流。它是作为计算负载基数电流值的，括号内的电流叫额定最大电流，能使电能表长期正常工作，且误差与温升完全满足规定要求的最大电流值。

（7）额定频率：Hz一般为工频交流电50Hz。

（8）每kWh转数为2400圈，即2400r/KWh。

（三）合理选用电能表的规格

若选用的电能表规格过大，而用电量过小，则会造成计度不准；若选用的规格过小，会使电表过载，严重时有可能烧坏电能表。一般选用电能表时，额定电压为220V，1A电能表的最小负载功率为11W，最大负载功率为440W；2.5A单相电能表，最小使用负载功率为27.5W，最大可达1100W；5A单相电能表，最小使用负载功率为55W，最大可达2200W。

安装单相电能表需要考虑多方面的因素，包括表的型号、安装位置、电源等。

（四）安装位置

单相电能表有多种型号，不同型号的电能表在安装位置和方式上可能会有所不同。一般来说，单相电能表应该安装在工作区域，避免受到干扰。在工作区域内，电能表应该与电线和其他设备有一定的距离，以确保测量的准确性。

（五）单相电能表接线图

电压回路如下图所示。

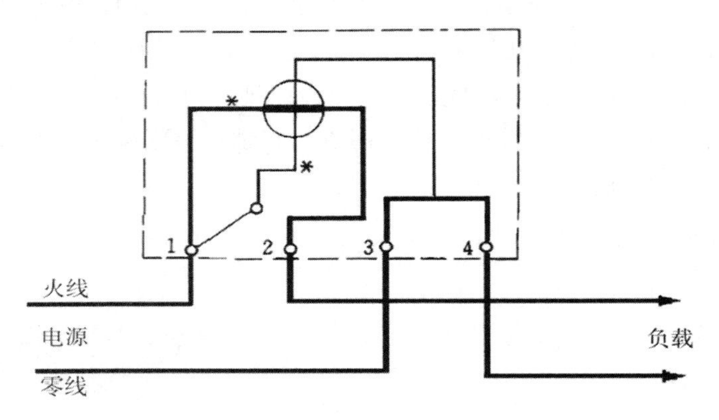

电流回路如下图所示。

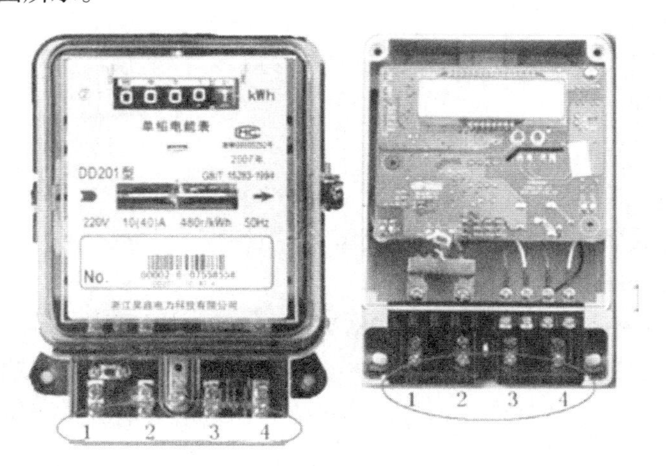

说明：上图中垂直方向为电压线圈，水平方向为电流线圈。电能表接线的一般原则是电流线圈与负载串联，或接在电流互感器的二次侧；电压线圈与负载并联，或接在电压互感器的二次侧。

请注意1号接线端子右侧的连接片（电流、电压同名端子连接片）。

五、实训的内容和要点

具体的实训内容和实训要点见下表。

任务名称：单相电能表的安装与接线　　　　　　　　　　　　　　**编号：**

项目名称	实训内容	实训要点、示意图
1. 准备工作	（1）安全性	安全用具，劳保齐备。电线绝缘良好，单相电能表完好
	（2）绝缘胶带	绝缘强度符合有关标准
	（3）绝缘材料齐全	黄蜡带、涤纶薄膜带、黑胶布带、塑料胶带、橡胶胶带
2. 单相电能表的接线	1右边：两线圈（电压、电流）的电源端在出厂前被短接，*号为同名端，垂直方向为电压线圈。水平方向为电流线圈低电压（380V或220V）小电流（50A以下）的直接接法。单相电能表接线盒内的四个接线端子，从左向右编号分别为1、2、3、4。可记作火线1进2出，零线3进4出（亦叫1、3进，2、4出）	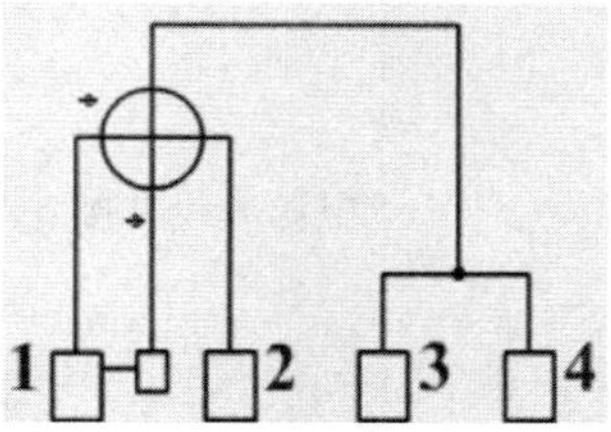
	样例：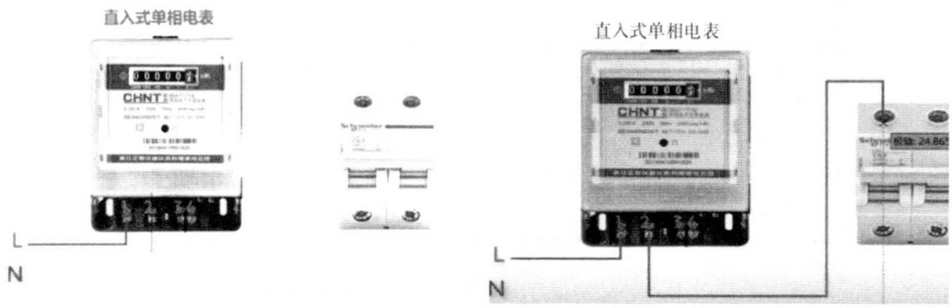	

（续表）

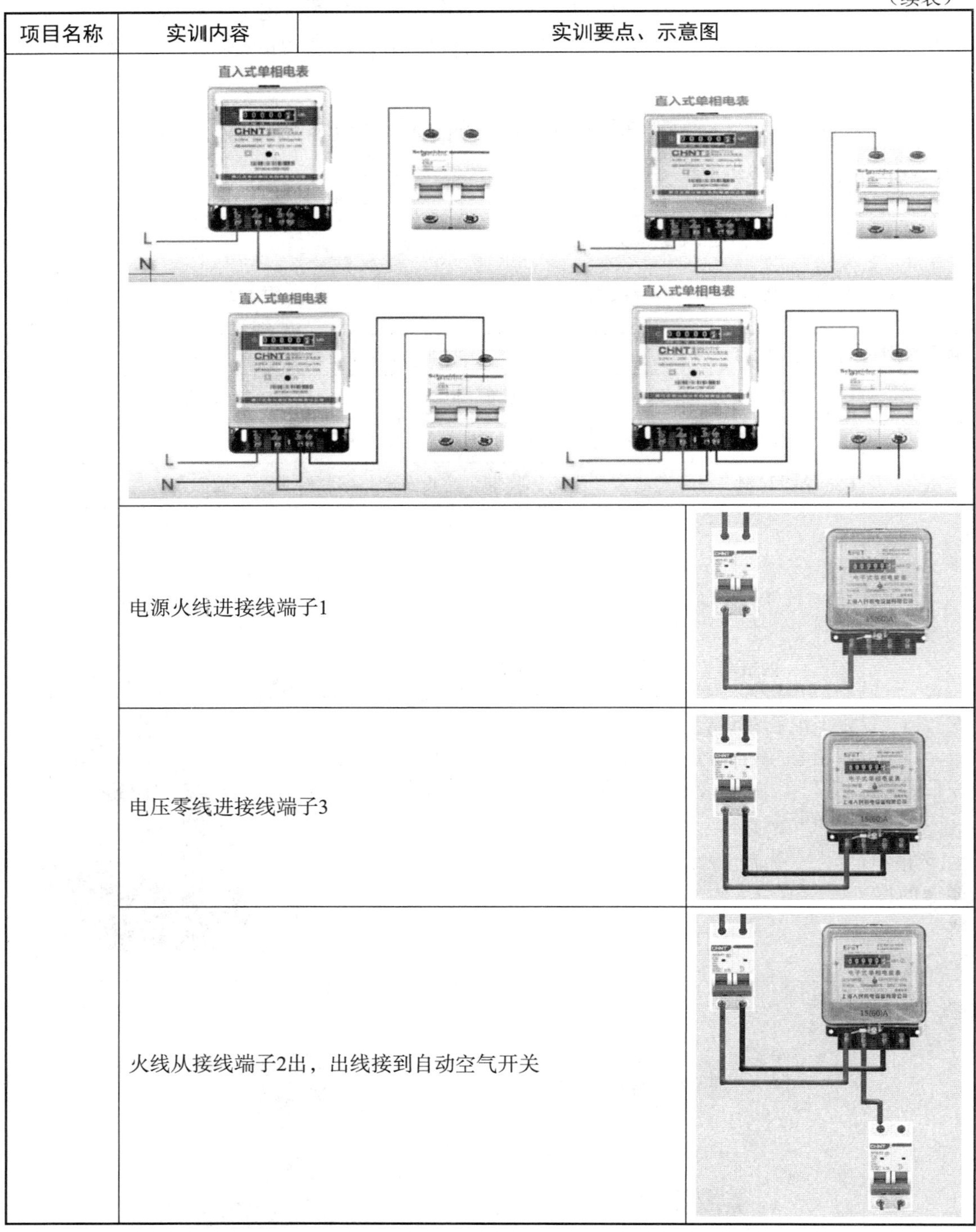

项目名称	实训内容	实训要点、示意图
	电源火线进接线端子1	
	电压零线进接线端子3	
	火线从接线端子2出，出线接到自动空气开关	

（续表）

项目名称	实训内容	实训要点、示意图
	零线从接线端子4出，出线接到自动空气开关	
	电能表的读数方法	电能表是累积式的仪表。计算在一段时间内的用电度数方法是用本次指示数减去上次指示数 即$W=N2-N1$（度） 式中，$N1$—上次电能表的读数 $N2$—本次电能表的读数 W—实际用电度数 上式只适用于直接接入的电能表，对于经电流互感器接入的，应乘以电流互感器的变比Ki，即 $W=(N2-N1)K$i
	注意	（1）一般家庭用电电能表额定电流不宜大于10A。 这是因为电能表的启动电流在功率因数为1时，大约为额定电流的0.5%～1%，所以一只10A的表要有0.05～0.1A的电流通过时才开始转动，在220V的线路上其功率相当于12～24W。 校准了的电能表只能保证在额定电压下，当电流在额定电流的10%～100%范围之内，功率因数为0.5～1时，它的误差才不超过1%～2%。 （2）电能表容量的选择。 选择电能表容量的原则，应使负荷在电能表额定电流的20%～120%范围内，一般来说，单相220V照明装置以每千瓦5A电流，三相380V动力用电以每千瓦1.5A电流（或每千伏安2A电流）计算为宜。 （3）电能表的安装要求。 ① 电能表应安装在不易受震动的墙上或开关板上，距地面高度应在1.7～2.0m内； ② 装设电能表的地方应清洁、干燥，附近应无强磁场存在，并尽量设在明显的地方，以便进行读数和监视； ③ 在易受机械损伤和脏污以及容易碰触的地方，电能表应装在箱内； ④ 电能表应垂直安装，容许偏差不得超过2度。 （4）通电后注意检查电能表是否工作正常。 （5）对于初投入运行的电能表，应在工作一段时间后进行计算核对。 （6）低压电能表出表线采用额定电压为500V的绝缘铜芯导线，导线的载流量与负荷相匹配，导线截面不少于2.5mm^2。 （7）塑料绝缘导线的敷设，应采用线码、塑料槽板或塑料管敷设。 （8）低压电流互感器的一次侧连接时，应注意其标志的变比的圈数和接

（续表）

<table>
<tr><th>项目名称</th><th>实训内容</th><th colspan="2">实训要点、示意图</th></tr>
<tr><td></td><td></td><td colspan="2">头，出表线应压接线耳</td></tr>
<tr><td rowspan="2">3. 带电流互感器（CT）单相电能表的接线</td><td colspan="3">当单相电能表额定电流不能满足被测电路的电流或电压时，便需经互感器接入，有时只需经电流互感器接入，有时需同时经电流互感器和电压互感器接入。在低压供电、负荷电流为50A以上时，优先采用经电流互感器接入式接线方式。若电表内电流、电压同名端子连接片连着时，则使用电流、电压线共用方式接线；若连接片拆开时，则使用电流、电压线分开方式接线。
第一种接法：单相电能表经电流互感器接线（电压、电流线共用）。
请注意：（1）1号接线端子右侧的连接片（电流、电压同名端子连接片）已连接。
（2）CT的K2不能接地且CT二次不能开路。
我们本次采用该接法。 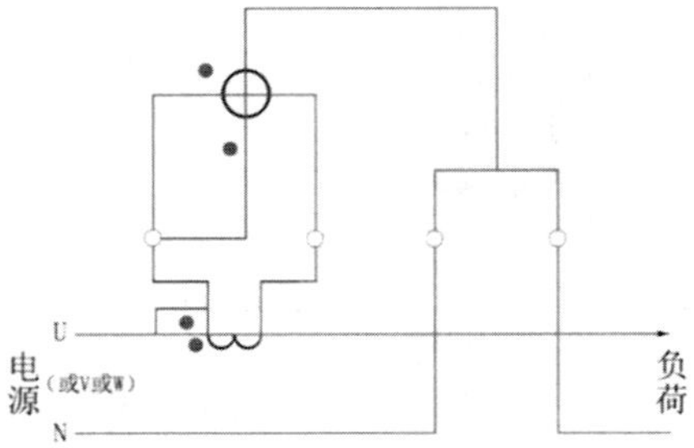
第二种接法：单相电能表经电流互感器接线（电压、电流线分开）。
请注意：
（1）1号接线端子右侧的连接片（电流、电压同名端子连接片）是断开的。
（2）CT的K2必须接地。 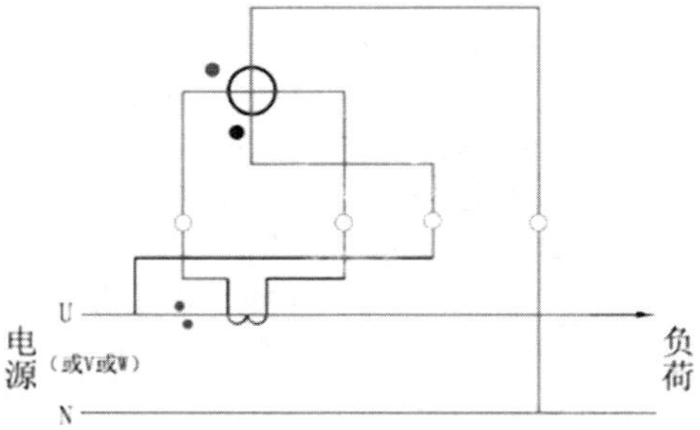
CT二次端子的表示方法：K1、K2或S1、S2。K1=S1，K2=S2</td></tr>
<tr><td colspan="2">电源U相（红色）穿CT到负载</td><td> 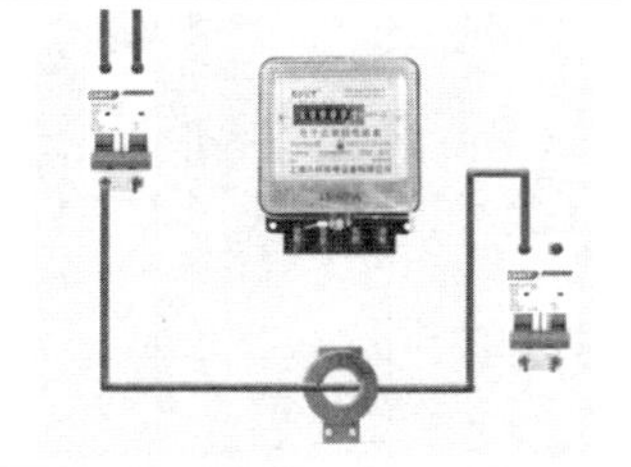</td></tr>
</table>

（续表）

项目名称	实训内容	实训要点、示意图
	电源U相（红色）接到表的“1”号端子	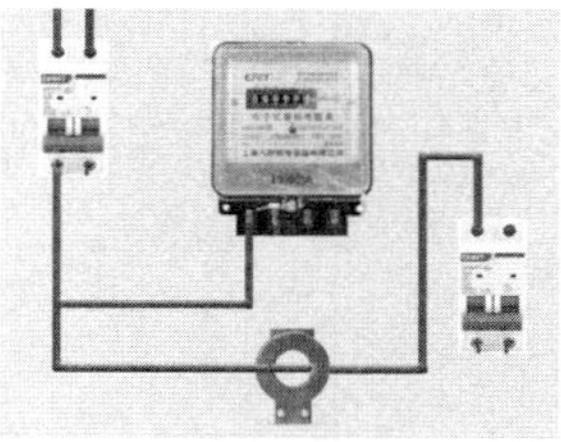
	电源N相（蓝色）接到表的“3”号端子	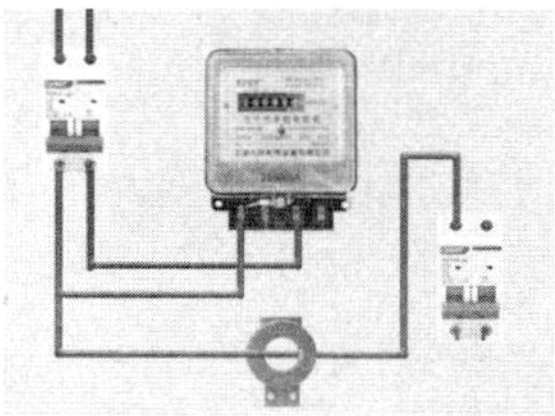
	电源N相（蓝色）出线接到表的“4”号端子	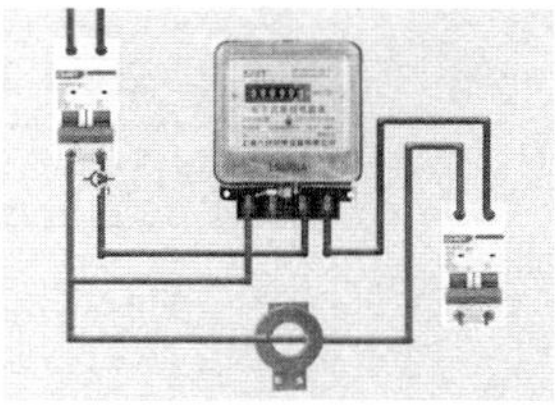
	CT的K1接到表的“1”号端子	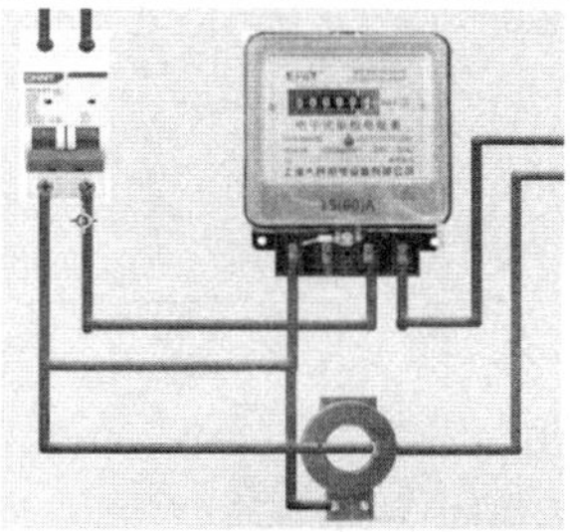
	CT的K2接到表的“2”号端子	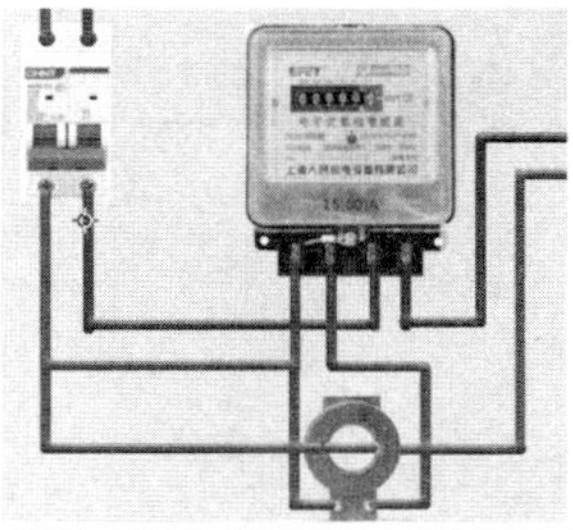

（续表）

项目名称	实训内容	实训要点、示意图
	样例： 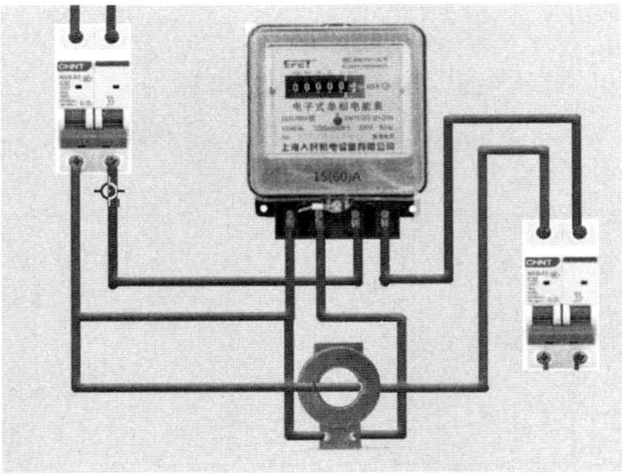	
	注意：CT的K2不能接地。	
	读数与度数	实际用电的度数：电能表的电度数需要乘以电流互感器的变流比
	安装注意	安装时应注意： 检查表罩两个耳朵上所加封的铅印是否完整。电能表装好后，合上隔离开关，开灯检查。 电能表应安装在干燥、稳固的地方，避免阳光直射，忌湿、热、霉、烟、尘、砂及腐蚀性气体。位置要装得正，如有明显倾斜，容易造成计度不准、停走或空走等后果。高度应安装得高些，但又要便于抄表。 必须按接线图接线，同时注意拧紧螺钉和紧固一下接线盒内的小钩子
	接线提示	接线时一定要按示意图将电能表的电流线圈串联在相线上，电压线圈并联在用电设备两端。 电能表的电流线圈和电压线圈的同名端必须接在电源的同一极性上。 电能表安装好，合上隔离开关，开启用电设备，转盘既从左向右转动；关闭用电设备后转盘有时会有轻微转动，但不超过一圈为正常
	CT注意	电流互感器使用中的注意事项： 使用之前必须检查电路配合的电压等级是否匹配，确保设备不会损坏。 必须确保电流互感器的正确安装和接地，以确保测量准确和人身安全。 电流互感器必须要定期检查、校准和维护，建议至少每年检查一次。 电流互感器二次回路不能开路，否则会产生高压危及人身和设备的安全。 电流互感器二次侧的一端必须接地，以防止绝缘击穿时危及人身和设备的安全。 在连接电流互感器时，要注意其一、二次侧线圈接线端子上的极性。 务必选用准确度达到计量要求的CT

（续表）

<table>
<tr><th>项目名称</th><th>实训内容</th><th>实训要点、示意图</th></tr>
<tr><td rowspan="6">4. 电子式单相电能表的接线</td><td>电子式单相电能表图
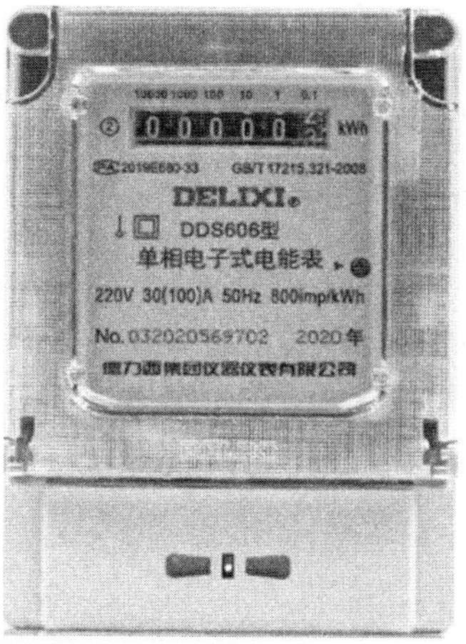</td><td>智能单相电能表图
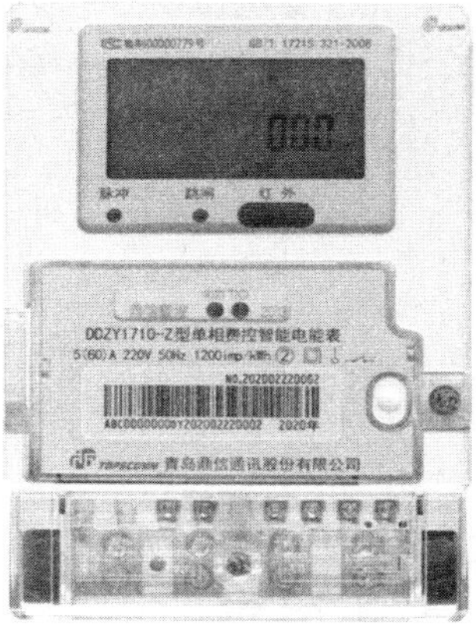</td></tr>
<tr><td>一种智能电能表的接线</td><td>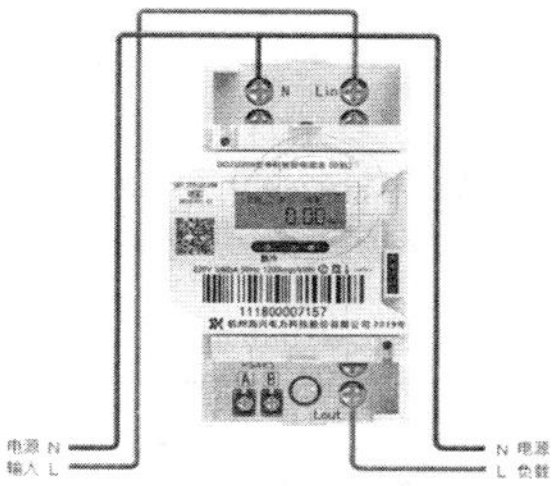</td></tr>
<tr><td>一种导轨式电能表的接线</td><td>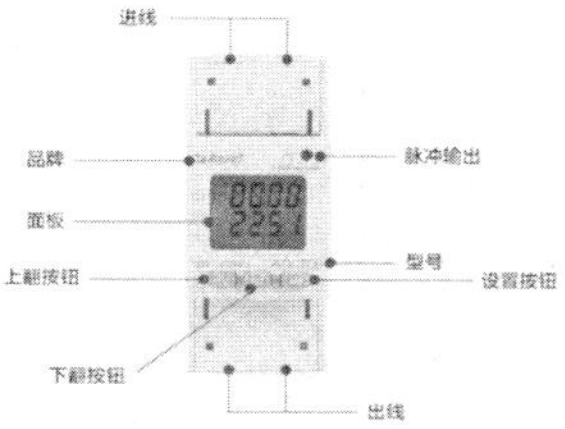</td></tr>
<tr><td>另一种导轨式电能表。
请注意：L1、L2/N的箭头标志，说明电源从这两个端子进，L3、L4/N为出线端子</td><td></td></tr>
<tr><td colspan="2">注意：所有非传统电能表安装接线均需认真看说明书，以免接错</td></tr>
<tr><td>智能电能表简介</td><td>主要由电压、电流采样电路、专用电能计量芯片、CPU及LCD显示等组成。电能表将采样的电压、电流信号输入到专用电能计量芯片，并由LCD显示电能，可通过RS-485接口实现远距离抄录表内电能数据等。</td></tr>
</table>

（续表）

项目名称	实训内容	实训要点、示意图			
		电子式单相电能表参数：1200imp/kWh，脉冲常数—每闪烁1200次，用电量为1度			
	注意	（1）仪表在出厂前经检验合格并加铅封。用户安装使用前，要检查合格标志以及在铅封完好的前提下方可安装使用。对无铅封或储存期过久的仪表，应请有关部门重新检验，合格的方可安装使用。 （2）仪表应安装在室内通风干燥的地方，保存的地方极限环境温度为－40℃～80℃，相对湿度不超过85%，空气中无腐蚀性气体。底座应固定在坚固、耐火、不震动的物体上。安装高度为1.8m左右，确保使用安全可靠。在有污秽或可能损坏仪表的场所，仪表应用保护柜保护。仪表应按接线图正确接线，接线端钮盒的引入线建议使用铜导线或铜接头，端钮盒内螺钉应拧紧，避免因接触不良导致发热而引起烧毁。 （3）仪表在使用中如发现有异常现象，不能私自拆卸，应请有资格的专业人员进行处理。 （4）电能表在仓库里储存，应放在台架上，叠放高度不超过7箱，拆箱后，单只包装的电能表叠放高度不超过10只			
5. 7S管理	（1）现场归位	责任人		考核	
	（2）工具归位	责任人		考核	
	（3）仪表放置	责任人		考核	

六、总结与反思

本节内容总结	本节重点	
	本节难点	
	疑问	
	思考	
作业		
预习		

任务九　插卡电能表与复费率电表

一、实训目标

（1）进一步了解插卡电能表与复费率电表的结构和工作原理。
（2）掌握插卡电能表与复费率电表的接线与安装。
（3）培养学生观察、比较分析的能力。
（4）培养学生节约用电的良好品质。

二、实训内容

插卡电能表与复费率电表的接线、设置方法。

三、实训仪器、工具

插卡电能表与复费率电表、电工工具、导线若干。

四、相关知识

（一）插卡电能表

插卡电能表又叫作IC卡电能表。内部由基表、主控单片机芯片、数码显示、继电器开关、ESAM模块和IC卡接口组成。用户需先交款购电，所购电量在售电机上被写进用户电卡，由电卡传递给电表，电卡经多次加密可以保证用户可靠地使用。当所购电量用完后，表内继电器将自动切断供电回路。

工作主要由两个功能系统完成，即测量系统和单片机处理系统。测量系统是一块单相电子式电能表。工作原理：由分压器完成电压取样，由取样电阻完成电流取样，取样后的电压、电流信号由乘法器转换为功率信号，经V/T变换后，推动计度器工作，并将脉冲信号输入单片机系统。

（二）复费率电表

复费率电表有效地实现分段计费、分时计费，优化用电效率，采用尖、峰、平、谷不同电价分开计费。

供计量额定频率为50Hz的交流单相有功电能。适用于预付费及与计算机联网等。

主要功能如下。

1. 复费率功能

（1）尖、峰、平、谷4种费率，12个时段。

（2）当前、上月、上上月的正向有功各费率及总电量记录。

（3）当前反向有功各费率及总电量记录。

（4）编程的时间和次数记录。

（5）停显、循显、轮显时间，结算日，有功起始电量的设置。

（6）密码、密码权限的设置。

（7）广播校时。

2. 阶梯电价功能

（1）当前单价（Ⅰ）。

阶梯1电量阈值	阶梯1尖电价	阶梯1峰电价	阶梯1平电价	阶梯1谷电价
阶梯2电量阈值	阶梯2尖电价	阶梯2峰电价	阶梯2平电价	阶梯2谷电价
阶梯3电量阈值	阶梯3尖电价	阶梯3峰电价	阶梯3平电价	阶梯3谷电价

（2）备用单价（Ⅱ）。

（3）自动转换时间：XX年XX月XX日，默认零点零分。

3. 预付费功能

（1）报警功能。当剩余金额低于报警金额时，电表发出告警提醒用户购电。

（2）协议透支功能。若电表设置为允许协议透支金额（协议金额设置为>0），则表内剩余金额为0时，电表不拉闸，到达协议金额后，电表拉闸；此时，若电表内应急赊欠金额未达到应急赊欠金额门限，用户刷卡，电表则将重新合闸供电，直到超过门限后拉闸，且不能再次赊欠。

（3）应急赊欠功能。表内剩余金额为0时，电表拉闸，用户刷卡，电表将重新合闸供电，直到超过门限后拉闸，且不能再次赊欠。

（4）超负荷限电功能。当用户用电功率在设定的检测时间内连续超过该设定的负荷阈值，电表报警并拉闸，拉闸后，如果用户刷卡，电表将重新合闸供电。

（5）防金额囤积功能。若电表中的当前剩余金额与购电金额大于最大囤积金额，则电表不能接受卡中的购电金额。

（6）补卡功能。当用户不慎将购电卡丢失或损坏后，可通过售电管理系统为用户重新补发一张购电卡，并将自动判别最近一次购电记录是否有效。接受新购电卡后，自动拒绝原购电卡。

（7）数据返写功能。每次购电完成，将[剩余金额][累计购电金额][累计用电金额][过零用电金额] [应急赊欠金额][月冻结金额]等数据信息返写到购电卡中，以供售电系统查询。

（8）检测功能。电表能接受售电系统制造的检测卡，将电表的当前信息包括[累计购电金额][剩余金额][应急赊欠金额][累计用电金额][过零用电金额][月冻结金额][电表表号][购电次数][局号][时段][月用电金额冻结日]等返写到检测卡，以供售电系统查询。

（9）过户功能。电表能接受售电系统制造的过户卡，过户卡将该表的信息导出到卡上后，清除该表用户信息，一个没有用户信息的新电表将可以接受过户卡的信息导入，完成对原电表的替代，继承原来的用户数据记录和原来的参数设置。

（10）设置功能。电表能接受售电系统制造的设置卡，设置卡将设置电表的[时段]等数据。

4. RS-485 和红外通信

（1）电气隔离的RS-485接口，可实现远程集中抄表。

（2）调制型双向红外接口，载波频率为38kHz，可与掌上电脑进行通信。

（3）遥控器可以通过红外接口控制LCD的显示数据和显示模式，并可以设置电表的费率时段和表号。

5. 复费率电表在能源管理中的重要作用

（1）精确计量。复费率电表通过精确测量能源消耗，提供准确的数据作为能源管理的依据，避免传统电表计量误差带来的不准确性。

（2）能源优化。通过实时监测和数据分析，复费率电表可以帮助用户了解能源的使用情况，并找出潜在的能源浪费问题。用户可以根据这些数据采取相应的优化措施，提高能源利用效率。

（3）费用控制。复费率电表可以根据不同的时间段设定不同的费率，鼓励用户在能源需求较低的时段使用电力，从而平衡电网负荷，降低能源成本。

（4）环境保护。通过能源优化和费用控制，复费率电表可以减少能源消耗和碳排放，为环境保护做出贡献。

五、实训的内容和要点

具体的实训内容和实训要点见下表。

任务名称：插卡电能表与复费率电表的安装与接线　　　　编号

项目名称	实训内容	实训要点、示意图
1. 准备工作	（1）安全性	安全用具，劳保齐备。电线绝缘良好，电能表完好
	（2）合格性	电能表有合格证
	（3）风险点	触电、登高的人身安全

（续表）

项目名称	实训内容	实训要点、示意图
2. 插卡单相电能表的接线	插卡单相电能表的接线与普通单相电能表一致	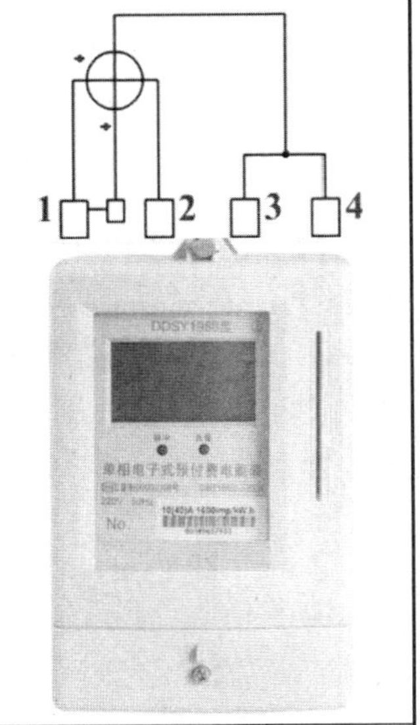
	火线进表的“1”接线端	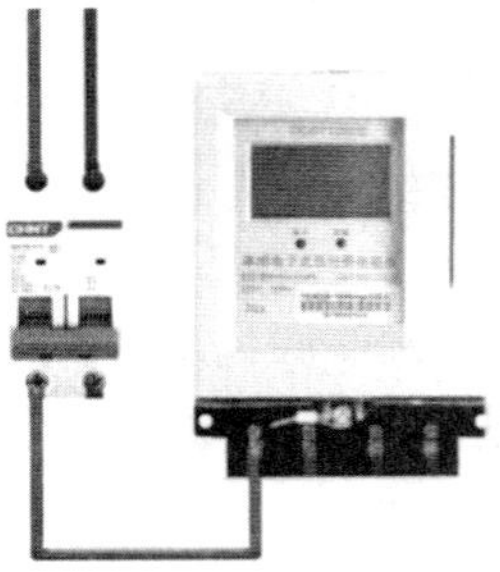
	零线进表的“3”接线端	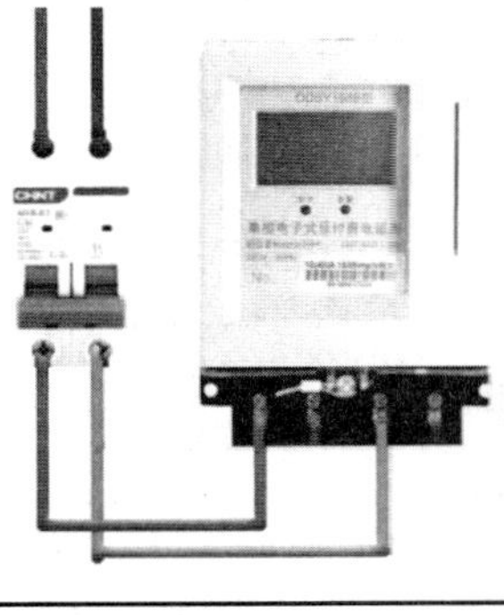

（续表）

<table>
<tr><th>项目名称</th><th>实训内容</th><th colspan="2">实训要点、示意图</th></tr>
<tr><td rowspan="3"></td><td colspan="2">火线从表的“2”接线端出</td><td>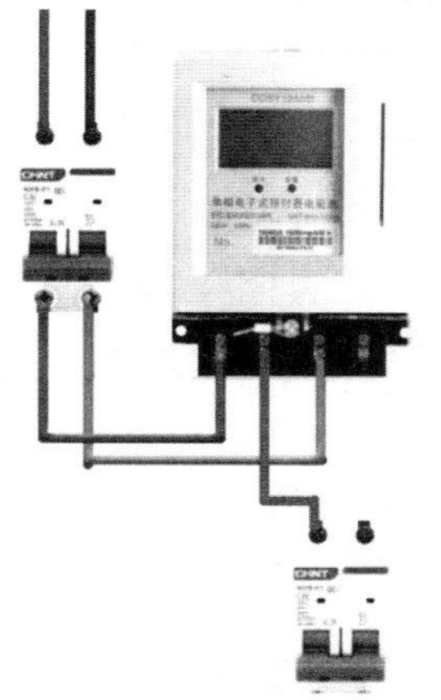</td></tr>
<tr><td colspan="2">零线从表的“4”接线端出</td><td>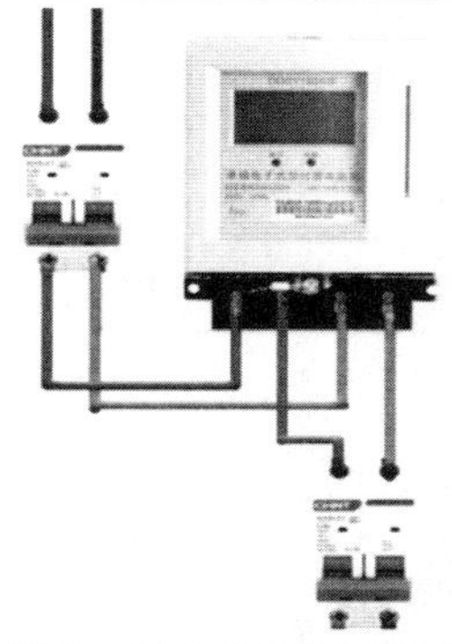</td></tr>
<tr><td>注意</td><td colspan="2">（1）插卡电表只能识别和其相对应的电卡。用户在购电后准备插卡时，要核对电表是否是自家的，以防插卡错误。判断自家电表的检查方法：断开表箱内开关，倘若此时家中断电，证明此表为自家电表。
（2）安装插卡电表后，供电（或物业）部门给换表用户提供了预置电费，安装接电后就能开始用电，用户在此期间能到供电公司售电网点办理开户购电业务。初次购电时，预置电量会被自动扣除。
（3）用户购电后需要将购电卡插入电表充值，插卡时沿箭头所示方向插入电表插槽，为确保电卡能正常工作，插卡时间不能少于15秒钟，当电表提示读卡成功后，才能拔出电卡。
（4）插卡电表中断供电后，电能表及电路组件仍需带电工作，应注意安全。插卡操作要由成年人进行，以防止触电。
（5）插卡电表的电卡要妥善保管，别弯折、污染或浸泡，防止处于高温、高湿环境中，要远离磁场。购电卡被消磁或丢失以后，要及时到供电部门申报办理补卡</td></tr>
</table>

（续表）

项目名称	实训内容	实训要点、示意图
3. 复费率三相电能表的接线	 DTSF2112型三相四线电子式多费率电能表 202408080019 上海人民電器成套有限公司 OPPO A58 5G	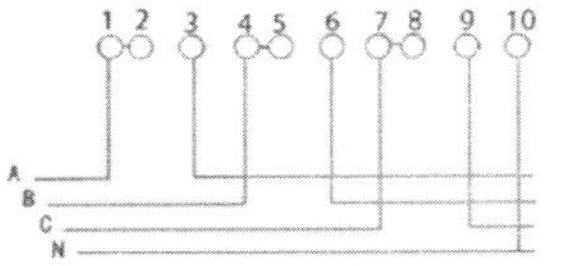 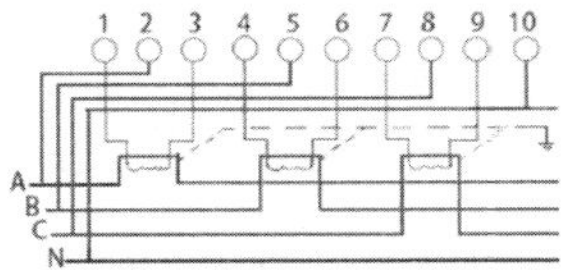 1 2 3 4 5 6 7 8 9 10 A B C N 1 2 3 4 5 6 7 8 9 10 A B C N CT二次端子的表示方法：K1、K2或S1、S2。K1=S1，K2=S2。我们这里用不带CT的接法。带CT的接法同三相四线有功电能表的接法
	电源U相（黄）接到表的“2”接线端子	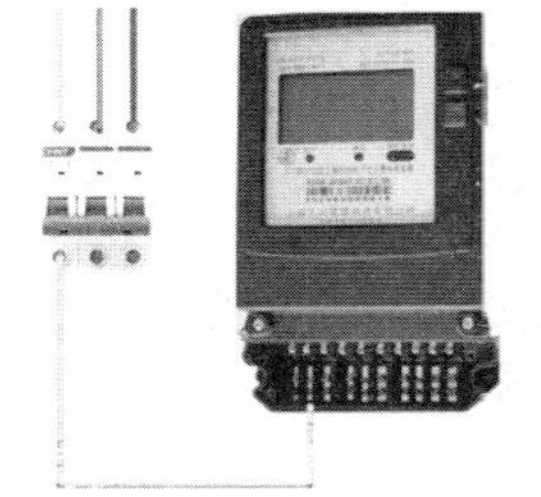
	表的“1”接线端子（黄）与表的“2”接线端子（黄）短接	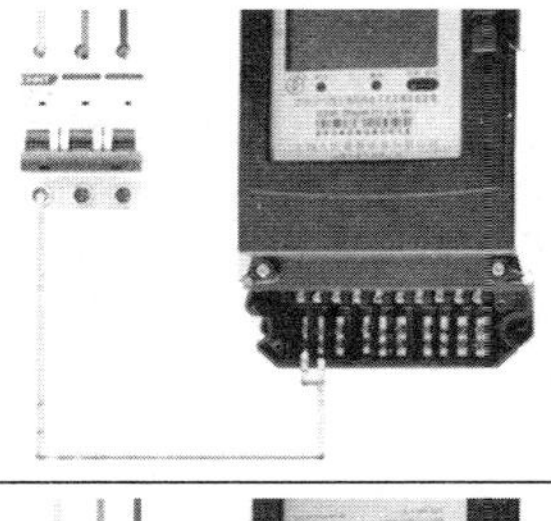
	电源V相（绿）接到表的“5”接线端子	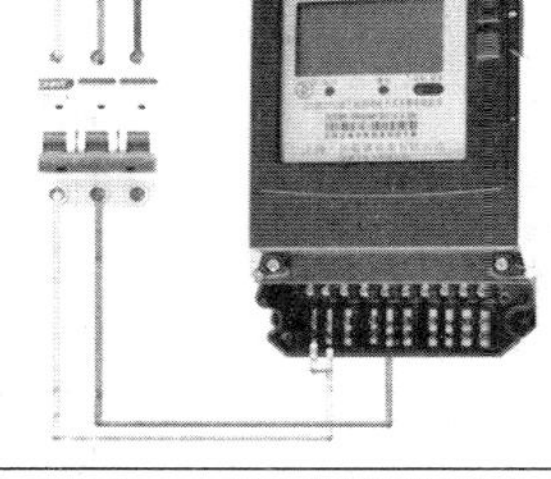
	表的“4”接线端子（绿）与表的“5”接线端子（绿）短接	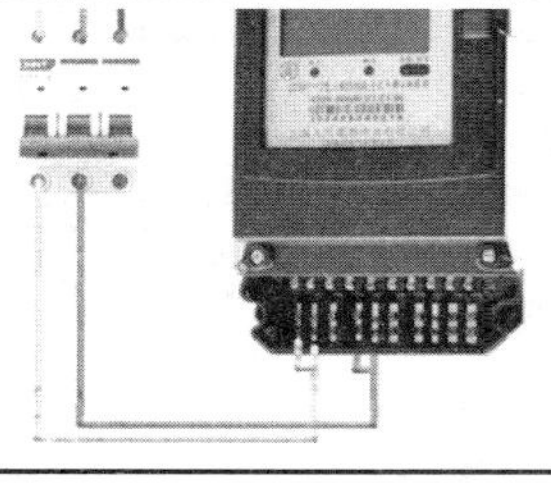

（续表）

项目名称	实训内容	实训要点、示意图
	电源W相（红）接到表的“8”接线端子	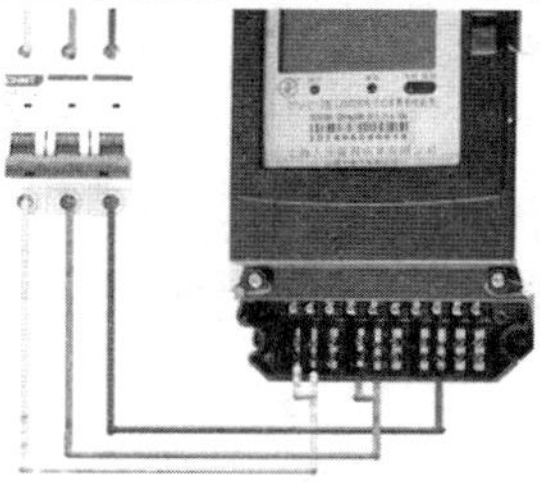
	表的“7”接线端子（红）与表的“8”接线端子（红）短接	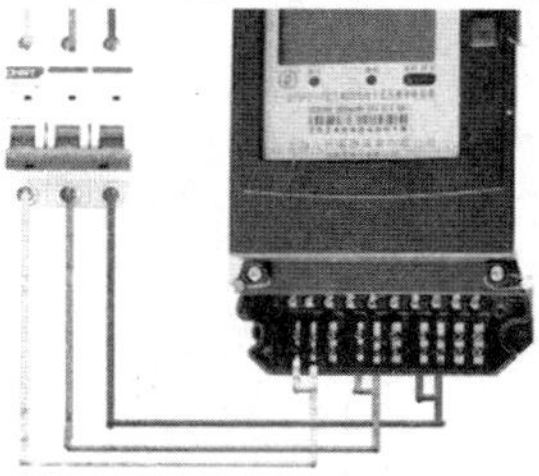
	N线（蓝）接到表的“10”接线端子	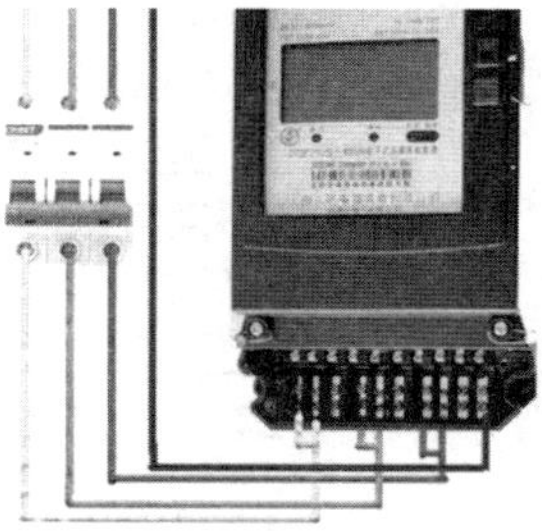
	表的“3”（黄）接线端子出线到出线断路器	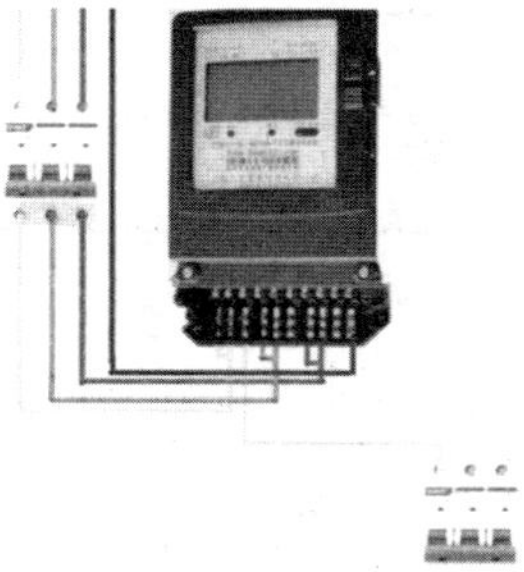
	表的“6”（绿）接线端子出线到出线断路器	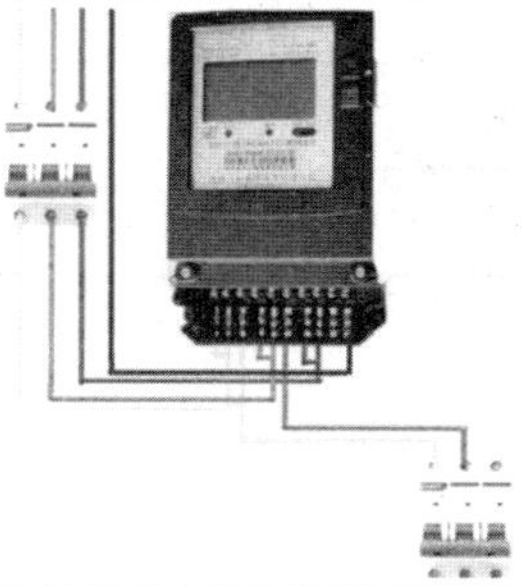

（续表）

项目名称	实训内容	实训要点、示意图			
	表的“9”（红）接线端子出线到出线断路器				
	表的“10”（蓝）接线端子出线到出线断路器				
	操作说明：	请看说明书			
4. 7S管理	（1）现场归位	责任人		考核	
	（2）工具归位	责任人		考核	
	（3）仪表放置	责任人		考核	

六、总结与反思

本节内容总结	本节重点	
	本节难点	
	疑问	
	思考	
作业		
预习		

任务十　登杆作业、梯子作业

一、实训目标

（1）目的是使同学们熟练掌握登高的方法以及高空作业时的操作方法。

（2）要求可以在高空进行简单的电工作业要求。

二、实训内容

（1）梯子登高。常用的梯子主要是人字梯和竹梯。竹梯通常用于室外的登高作业；人字梯主要用于室内的登高作业。

（2）脚扣登高。脚扣一般分为两种。一种是木质电杆专用的，电杆的接触部分是齿状的，主要是为了保证安全系数；另一种是水泥电杆专用的，接触部分主要是橡胶，这两种脚扣多是为了保障工作人员在电线杆上工作时不打滑，增加安全系数。

三、实训仪器、工具

安全帽、安全带、脚扣、吊板、竹梯、人字梯、电杆、传递绳、后备绳、护栏和安全警示标志。

四、相关知识

作业/活动/设施/场所：架空线路杆上作业、维护、抢修。

危险源描述：高处作业时人体与物体的势能、未加固的电杆；杆上距离过近的带电导体；有严重缺陷的登高用具；脚底包皮损坏的竹梯；不能承重的吊线；难以保持人体平衡、过小的立足面；屋顶、窗口及临边作业；以及各种引起坠落的危险环境因素等。

可能导致的事故类型：高处坠落。

可能导致的事故后果：人员伤亡。

相应的控制措施如下。

（1）高处作业是指专门或经常在坠落高度基准面2m及以上有可能坠落的高处进行的作业。通信线路高处架设作业属特种作业之一，作业人员必须持特种作业操作资格证书，方可上杆作业。

（2）队伍进场施工前，应针对项目特点和现场的实际情况，进行有针对性的安全技术交流。

（3）上杆前首先必须认真检查杆根有无折断或倒杆的危险，如发现有腐烂、严重裂纹、不牢固的电杆，在未加固前，不得攀登。作业人员在登杆时应注意检查电杆周围的环境，避开杆顶周围的障碍物。

（4）作业前必须认真检查安全帽、安全带等个人劳动防护用品；检查脚扣、吊板、竹梯等登高工具是否牢固、可靠。

（5）检查脚扣的安全性时，可把脚扣卡在离地面 30cm 的电杆上，一脚悬起，另一脚套在脚扣上，猛地一下用力踏踩，脚扣没有任何受损变形的迹象，方可使用。

（6）应仔细检查竹梯是否牢固、底脚的包皮是否完好牢靠。

（7）上杆时或电杆上有人作业时，杆下周围必须有人监护（监护人不得靠近杆根）。在梯子上操作时，下方必须要有专人扶梯，防止竹梯摇晃、打滑。在交通路口等地段必须在杆下周围设置护栏和安全警示标志。

（8）立梯角度以75°±5°为宜，梯子所靠的支撑物必须坚固。当梯子靠在吊线时，梯子的上端至少应高出吊线30cm，并采取临时绑扎措施。如梯子上部装有双铁钩，双铁钩应可靠挂在钢绞线上。

（9）到达杆上的作业位置后，不论时间长短，都必须系好安全带，扣好安全带保险环后方可作业。安全带应兜挂在距杆梢50cm以下的位置。

（10）上下梯子不能携带笨重的工具和器材，梯子上不得有两人同时工作。利用上杆钉或脚扣上下杆时严禁两人以上同时上下杆。有架空电力线和其他障碍物的地方，不得举梯移动。

（11）5级以上的大风、雷雨、冰雪、浓雾等恶劣天气和作业场所的光线不足都是直接引起高处坠落的客观危险因素，不宜上杆进行高处作业和夜间作业。

（12）在房上或屋顶工作时必须注意安全，行走时应做到“瓦房走尖，平房走边，石棉瓦走钉，玻璃钢瓦走壁，楼顶内走棱”，要防止踩踏房顶而发生坠落事故。

（13）在楼房上装机引线时，如窗外无走廊、晒台，不得蹲立在窗台上工作，确实需要在窗台上工作时，必须扎绑安全带。

五、实训的内容和要点

具体的实训内容和实训要点见下表。

任务名称：登杆作业、梯子作业　　　　　　　　　　　　编号：

项目名称	实训内容	实训要点、示意图	
1. 准备工作	（1）着装	全棉长袖工作服。袖口、衣扣扣好，安全帽、纱手套、绝缘鞋 	
	（2）工具准备	脚扣、安全带、传递绳、个人工具、卷尺。根据现场电杆杆径选择合适的脚扣（直径300、400） Φ190×10m杆及以下选择Φ300的脚扣，Φ190×12m至Φ190×15m杆选择Φ400的脚扣	
	（3）传递绳	外观是否完好	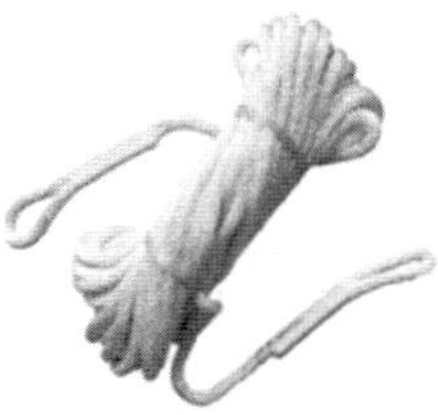

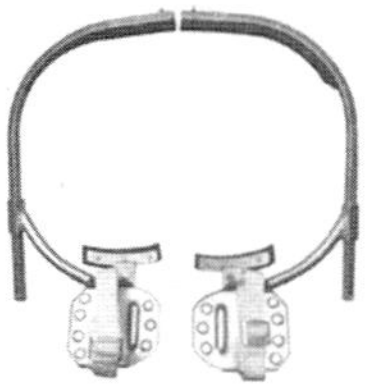

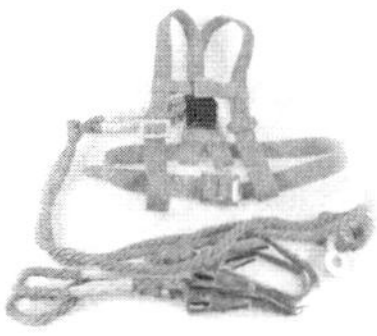

（续表）

项目名称	实训内容	实训要点、示意图	
	（4）个人电工工具	外观是否完好（电工五件套含皮带）	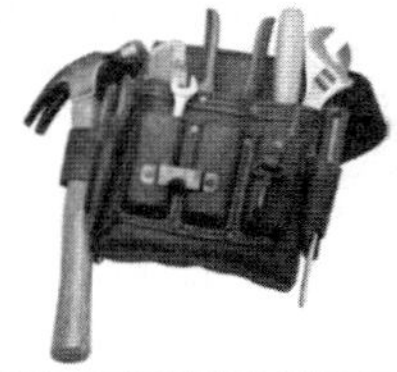
	（5）安全帽的检查	外观是否完好； 冲击试验是否合格：是否有试验标识	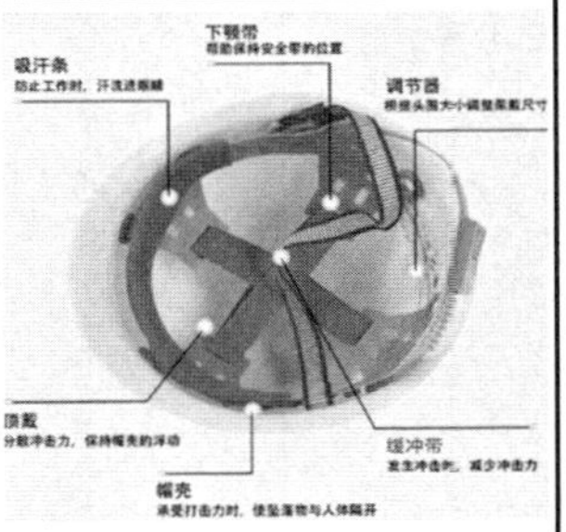 吸汗条：防止在工作中，流汗入眼睛。 帽壳：承受打击，使坠落物与人体隔开。 缓冲带：发生冲击时，减少冲击力。 下颚带：辅助保持安全帽的状态和位置。 后箍：旋钮式后箍调节，伸缩方便
	（6）检查衣扣	领口、袖口是否扣好； 鞋带是否系好	 

（续表）

项目名称	实训内容	实训要点、示意图
2. 穿戴工具	（1）戴安全帽	检查是否有试验合格标识； 外观是否完好； 锁扣、帽带是否完好； 冲击试验合格（从里面用拳头击打帽顶三次）； 帽带扣好  
	（2）系个人工具	外观完好； 锁扣、皮带完好； 电工五件套系好 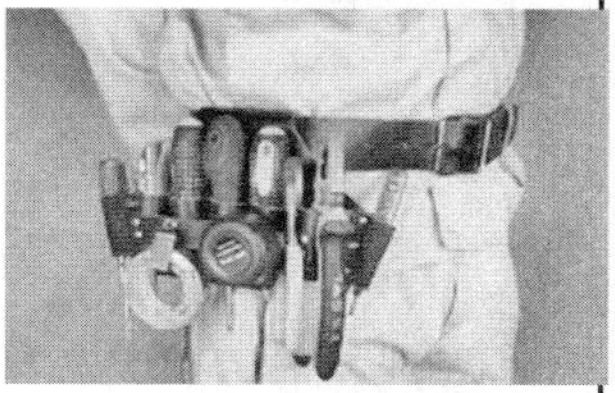
	（3）系安全带	系好安全带； 有试验合格标识； 外观完好 
	（4）脚扣	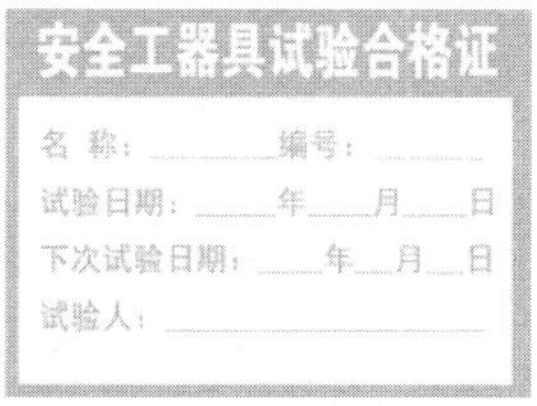 安全工器具试验合格证 名　称：________编号：________ 试验日期：____年____月____日 下次试验日期：____年____月____日 试验人：________________ 有试验合格标识； 外观完好，脚扣伸缩灵活； 将脚扣拿到杆根两侧放好 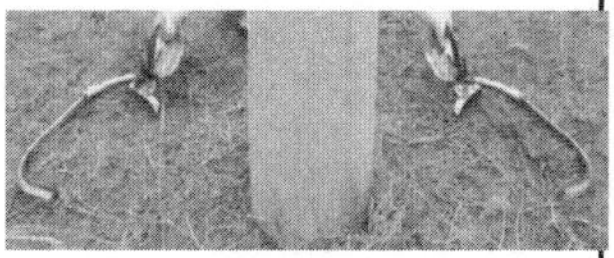

（续表）

项目名称	实训内容	实训要点、示意图	
	（5）传递绳	外观完好； 将传递绳拿至杆下	
3. 登杆前的检查	（1）核对杆号	杆号正确	
	（2）检查杆根	沿杆根四周走一圈并用脚踩一踩，看填土是否实落，用卷尺从杆根量至电杆3mm标线，检查电杆填深是否达标（注意有的电杆没有此标线，省略此步）	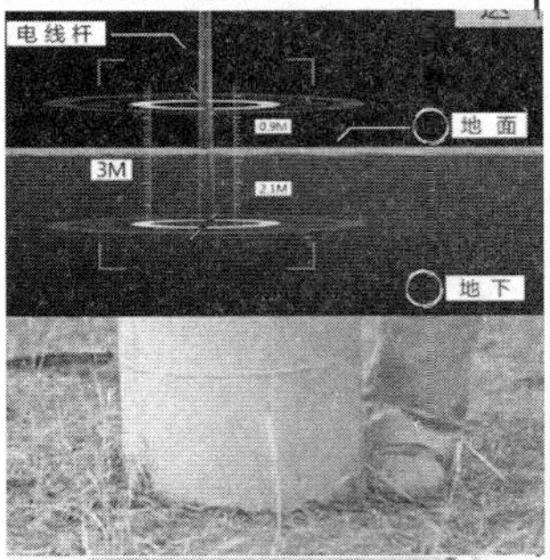 
	（3）检查拉线	用脚踩一踩，看填土是否实落，用手轻轻晃动拉线，检查拉线是否过松或过紧	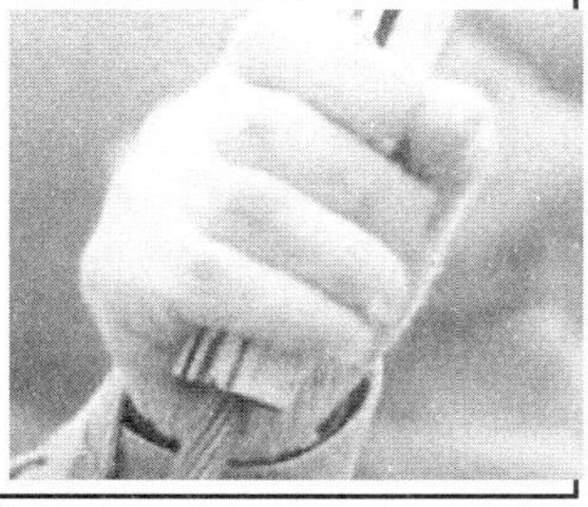

（续表）

项目名称	实训内容	实训要点、示意图	
4. 工具试验	（1）后备绳试验	站在地面，将后备绳一端扣环取下，绕过电杆后扣一安全带一侧扣环内，身体用力向后冲击三次后将后备绳取下并扣好	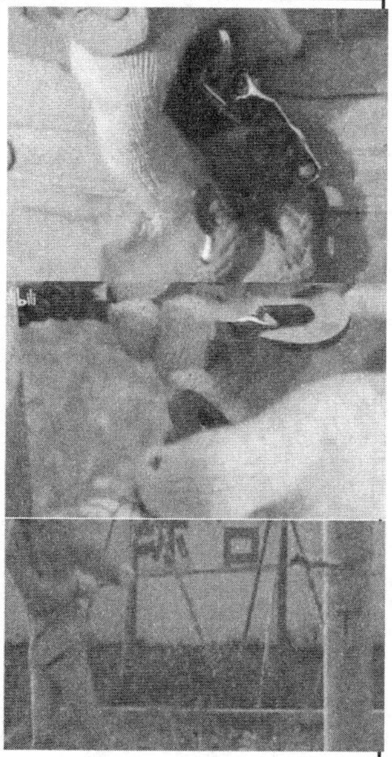
	（2）安全带试验	站在地面，将安全带大带一端扣环取下，绕过电杆后扣一安全带一侧扣环内并检查扣环是否扣好，身体用力向后冲击三次	

（续表）

项目名称	实训内容	实训要点、示意图
	（3）脚扣试验	站在地面，将左侧脚扣套在左脚上，将脚扣大小调整到合适位置后扣在电杆根部，距地面50cm；右脚站在脚扣上，左脚悬空，右脚用力向下踩三次；左脚站在脚扣上，右脚悬空，左脚用力向下踩三次。无异常后将传递绳一侧斜挎在肩上，打好绳扣，多余部分按顺圈放在地面，开始登杆 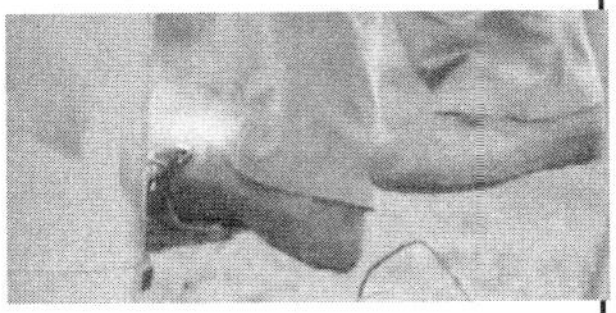
	（4）传递绳	无异常后将传递绳一侧斜挎在肩上，在身前打好绳扣。多余部分按顺圈放在地面  
5. 登杆		（1）登杆时受力腿伸直站在脚扣上，臀部微微向后倾，使安全带受力，左手托住安全带，使安全带靠近身体侧，不得伸到电杆对面（防止手夹到安全带内），两脚交替向上攀登。行进中脚扣不得交叉、叠压  
		（2）登杆时两脚扣间距离不小于20cm，不大于50cm。必须确定上脚扣在杆上扣牢后方可移动，两脚扣不得交叉或上脚扣压到下脚扣 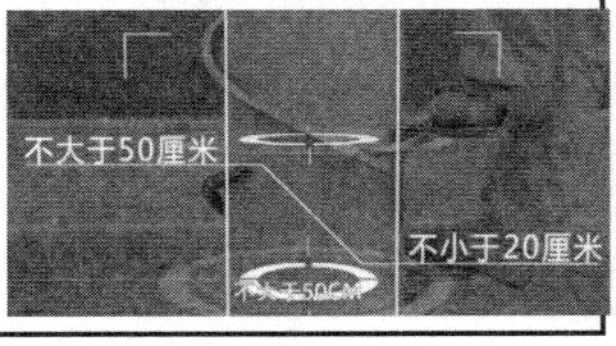

（续表）

项目名称	实训内容	实训要点、示意图
	（3）安全带始终与腰部保持垂直	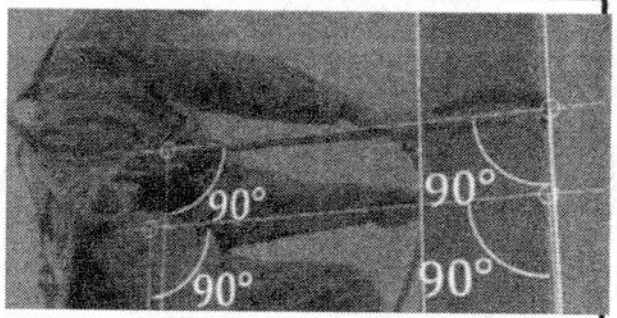
	（4）登杆至杆高适当位置，分别调整脚扣后继续登杆，登至工作位置后停下	
	（5）把后备保护绳挂在牢固的构件上，调整安全带和脚扣位置后站好	
	（6）工作时如在身体左侧工作，则左脚脚扣踩在下方，反之则右脚脚扣踩在下方	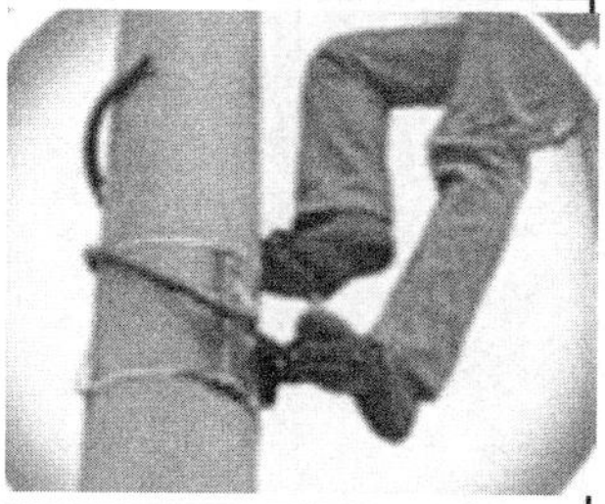
	（7）传递绳顺绑到牢固的构件上，用于传递材料，严禁接、抛材料	
	（1）下杆时两脚交替向下	

（续表）

项目名称	实训内容	实训要点、示意图
6. 下杆	（2）两脚扣间距离不小于20cm，不大于50cm。必须确定下脚扣在杆上扣牢后方可移动	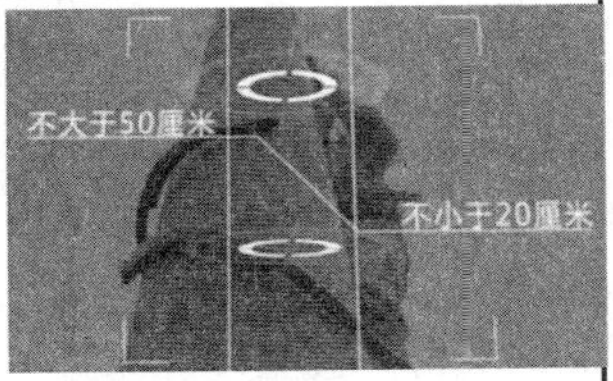 不大于50厘米 不小于20厘米
	（3）两脚扣不得交叉或上脚扣压到下脚扣	
	（4）安全带始终与腰部保持垂直	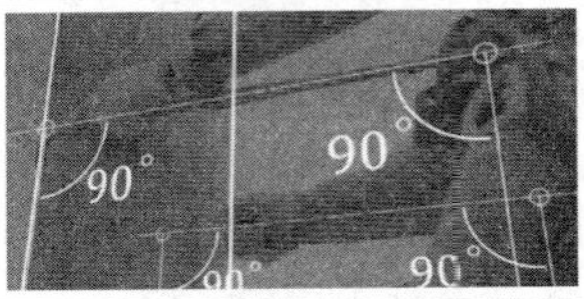 90° 90° 90° 90°
	（5）下杆至杆高适当位置，分别调整脚扣后，继续下杆	
	（6）下杆至最下面的脚扣距地面不大于50cm时，方可站到地面上	
7. 安全带	安全带是“救命带”。通过安全绳、安全带、缓冲器等装置的作用吸收冲击力，将超过人体承受冲击力极限部分的冲击力通过安全绳、安全带的拉伸变形，以及缓冲器内部构件的变形、摩擦、破坏等形式吸收，最终作用在人体上的冲击力达到安全界限下。全身式安全带佩戴方法：D字形环在身后，位于双肩之间肩膀带子上印有的A应该在D字形环下方，字母A上方印有的箭头应该指向D字形环	

（续表）

项目名称	实训内容	实训要点、示意图	
	（1）安全带的正确选择	能长期抵抗紫外线、热源和潮湿的影响	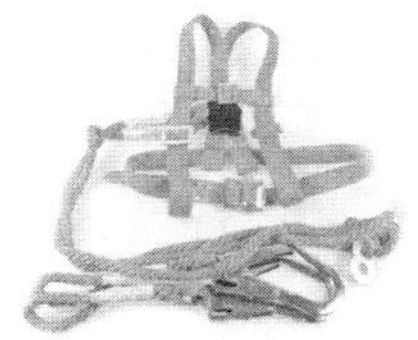
		如在带电环境中使用，还必须保证不导电	
		如在化学环境中使用，必须能抵抗有毒化学物	
		胸带应易于调节，并具备足够的强度	
		编织带缝线处应能承受足够的强度	
		安全带使用的金属件应该是坚固的，并且便于使用	
	（2）安全带要全面检查	在使用安全带之前必须要对安全带进行全面的检查，检查内容包括扣环、带子及D字形环、制造商，以及其他标签。如果安全带破烂或磨损，则千万不能使用	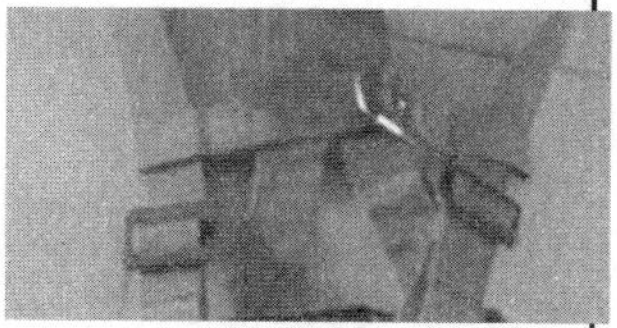
	（3）扣环	有没有弯曲、裂痕或刻痕，扣紧后还要再次检查，以确保连锁稳固	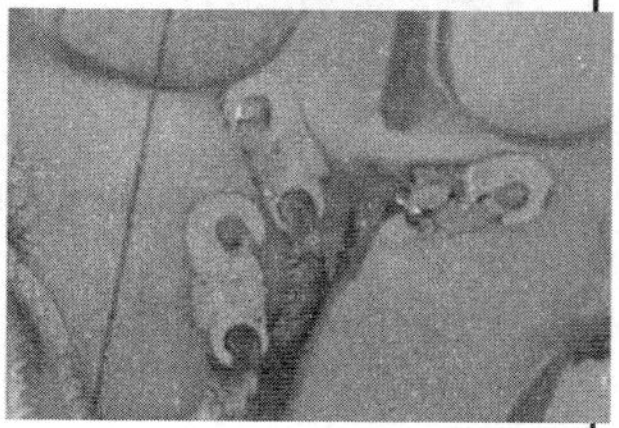
	（4）带子	有没有磨损的边缘、破裂、切口、被烧或其他损坏的地方，并留意是否有松脱或折断的针线	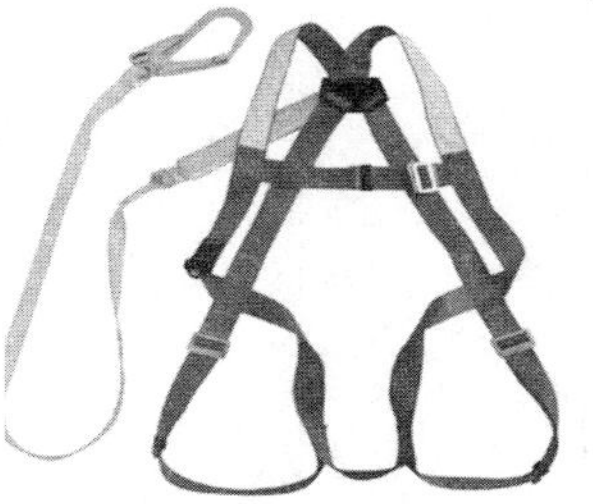
	（5）D字形环	有没有磨损的边缘、破裂、切口、被烧或其他损坏的地方，并留意是否有松脱或折断的针线	
	（6）制造商标签	制造商或发行商的标志、安全带的胸围。安全带的制造用料、安全带的制造日期、型号、写有的警告标语	
	（7）是否完好	有没有磨损的边缘、破裂、切口、被烧或其他损坏的地方，并留意是否有松脱或折断的针线	

（续表）

项目名称	实训内容	实训要点、示意图	
	（8）规格	大小、安全带的制造日期、D字形环型号、牵索的长度及直径、牵索的用料、牵索制造日期、型号、警告标语、安全带的胸围大小。 五点式安全带国家要求技术标准如下。 围杆带：静拉力2205N，载荷时间5min，试验周期1年，备注：须用锦纶、维纶、蚕丝料； 围杆绳：静拉力2205N，载荷时间5min，试验周期1年，备注：须用锦纶、维纶、蚕丝料； 护腰带：静拉力1470N，载荷时间5min，试验周期1年； 安全绳：静拉力2205N，载荷时间5min，试验周期1年； 注：牛皮带试验周期为半年。 例如，9号：腰带3.8×38×1250cm 保险带4×40×2100cm	
	（9）固定物	固定物是用来固定牵索的物件，可以是一个能承受重量的带子或吊带，围绕着一座建筑物的稳固结构，也可以是一个制成的装置，永远或暂时装在建筑物上。 如果要防止作业人员跌落，则需承受3.5kN的重力或者等同于该作业人员4倍的重力。如果要防止作业人员跌落受伤，则需承受22kN的重力，或者为最大下挫力度的2倍	如：预埋件、管线、管箍等
8. 安全带使用流程图解	（1）准备工作	抓住安全带的背部D字形环，摇动安全带，让所有的带子都复位	
		解开胸带、腿带和腰带上的带扣，松开所有的带子	

（续表）

项目名称	实训内容	实训要点、示意图	
	（2）穿戴	肩带处提起安全带，将安全带穿在肩部	
		系好左腿带或扣索，系好右腿带或扣索	
		将胸部纽扣扣好	

（续表）

项目名称	实训内容	实训要点、示意图	
		调节腿带直到合适，调节肩带直到合适则穿戴完毕，开始工作	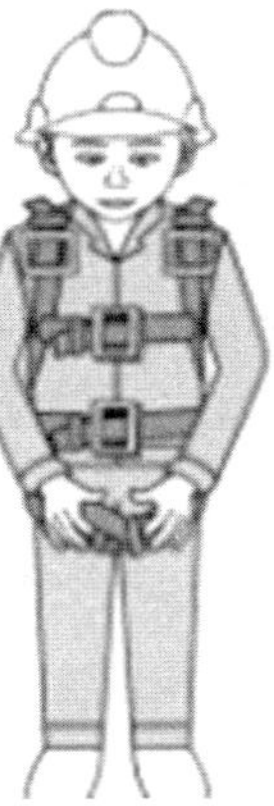
9. 梯子使用——人字梯的设置	（1）把梯子完全打开，压一下确保铰链完全拉伸		下图中的横向链接部件
	（2）梯脚放在牢固、平整的地面上		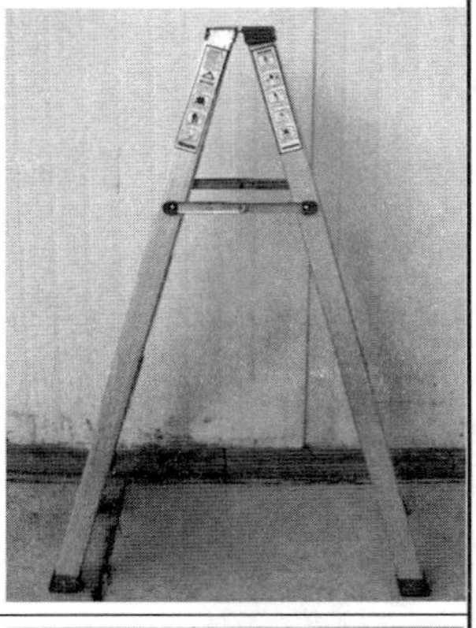
	（3）确保四只梯脚均与地面接触		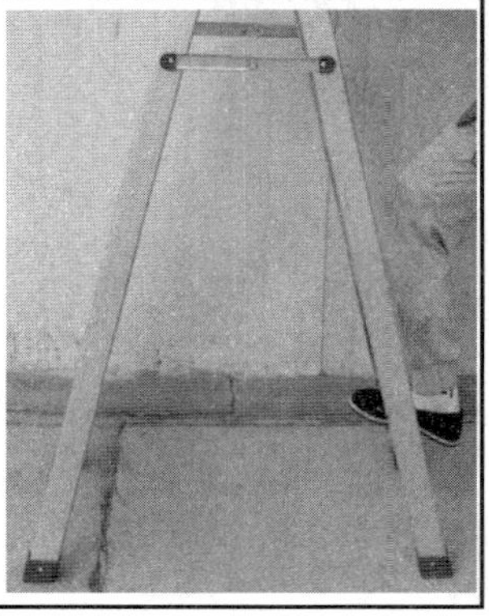

（续表）

项目名称	实训内容	实训要点、示意图
10. 安全使用梯子	（1）使用前的安全检查。 ① 任何人在使用梯子前都应做适当检查，检查的内容主要为梯子的长度是否适合该项工作	
	② 检查梯子的各层踏板是否完好	
	③ 从外观上看梯子是否有断纹、是否有弯曲变形、是否有缺档、梯脚套是否磨损耗尽等	  
	④ 检查是否有螺栓、铆接松动或焊接损坏的地方	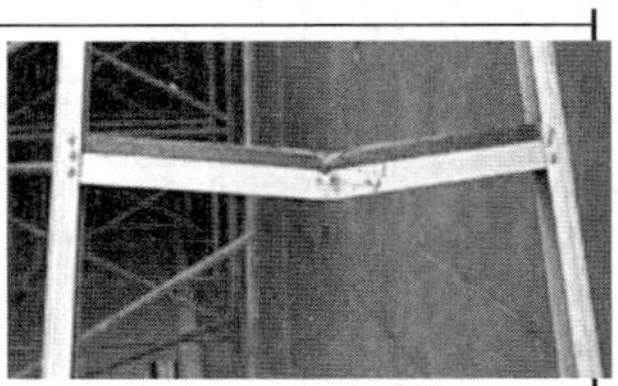
	⑤ 鞋底不能有油脂及其他易滑的东西	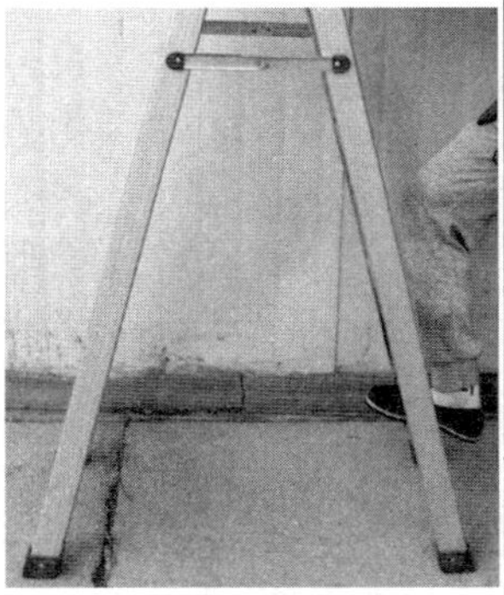

（续表）

项目名称	实训内容	实训要点、示意图
	⑥ 梯子应坚固完整，梯子的支柱应能承受作业人员及所携带的工具、材料攀登时的总重量	
	（2）梯子的架设。 ① 架设梯子时，要将梯子固定，以免作业人员攀爬过程中梯子倾倒；梯子必须放于稳固、平坦及干爽的表面上；滑面上使用的梯子，端部应套绑防滑胶皮	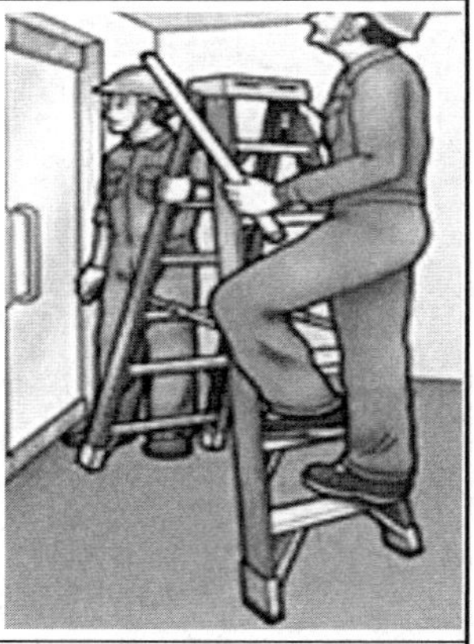
	② 在松软地面上，应利用大木板将梯脚垫起以防下陷；梯顶要依靠于结实表面，不可依靠排水管、过窄或塑料物上，因为它们的强度不足	
	③ 直梯放置角度不要太大或太小，倾斜角应保持在75°左右	

（续表）

项目名称	实训内容	实训要点、示意图
	④ 禁止将人字梯合拢作为直梯使用，因为合梯当成直梯使用时，梯脚无法提供足够的摩擦力，因此很容易使其滑倒	
	（3）上下梯子的注意事项。 ① 上下梯子时，严禁持物攀爬，应将工具放进工具袋。 注意：不要在口袋中装任何刀具、剪刀或其他尖头工具，以免刺伤自己	
	② 上下梯子时要两脚及一手或两脚两手必须同在梯子上，将身体重心保持在两个扶手之间，以获得平衡；尽量避免在雨天、或潮湿的天气攀爬梯子；梯子太高易倾覆，梯子上有人作业时下方要有人看扶	
	③ 人员站在梯子上不准用摇摆方式移动梯子；人在梯子上作业时，禁止移动梯子，防止梯子损坏和人员从梯子上摔落	

（续表）

项目名称	实训内容	实训要点、示意图	
		（4）梯子上作业时的注意事项。 ① 在人字梯上作业时不应踏在梯子顶端；离梯子顶端不应少于2个梯蹬	
		② 在使用梯子时，要面向梯子，不得背向或侧向梯子；在梯子上工作时，不准穿拖鞋或其他不防滑的鞋	
		③ 使用双手扶住梯子两边的扶手或梯蹬	
		④ 要始终保持三点接触，即两只脚、一只手或两只手、一只脚与梯子接触	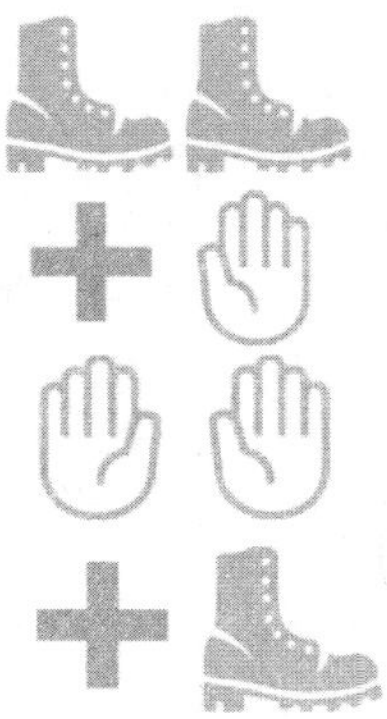

（续表）

项目名称	实训内容	实训要点、示意图
	⑤ 保持身体重心在梯子中间，这样可以避免使人的身体重心偏向梯子一侧而造成倾斜危险	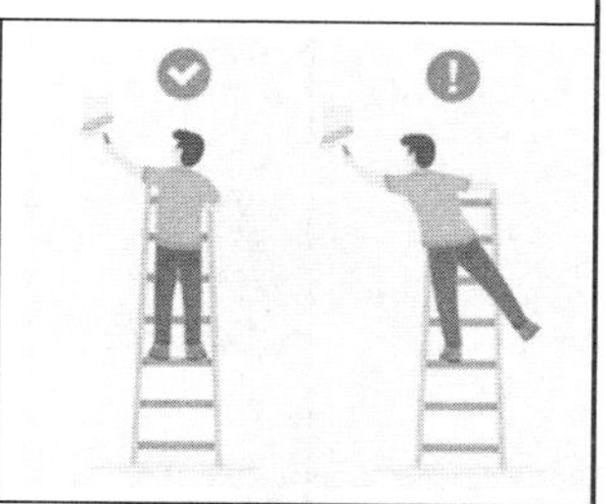
	⑥ 攀爬梯子时手里不要拿工具或物件	
	⑦ 需要由专人帮忙传递工具	
	⑧ 使用绳索吊拉	
	⑨ 确保在使用人字梯工作时不站在最上面的两个梯蹬，除非厂家标签中标明	

（续表）

<table>
<tr><th>项目名称</th><th>实训内容</th><th colspan="4">实训要点、示意图</th></tr>
<tr><td rowspan="5">11．梯子的移动和定位</td><td colspan="4">（1）保持梯子顶端向前的方向搬运梯子</td><td></td></tr>
<tr><td colspan="4">（2）如果梯子太重、太长导致你一个人难以搬运、移动或单独设置，则需寻求他人帮助，两人肩扛最好</td><td></td></tr>
<tr><td colspan="4">（3）将梯脚放在牢固、平整的地面上</td><td>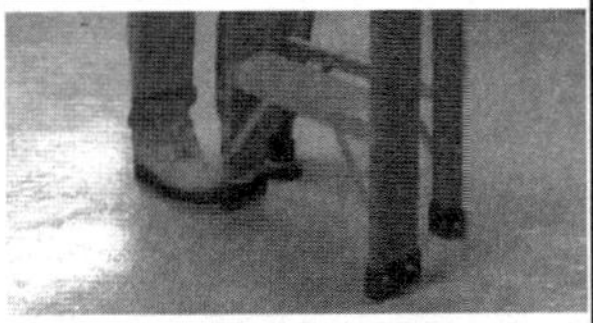</td></tr>
<tr><td colspan="4">（4）直梯、延伸梯以1∶4的比例进行设置，如水平距离为1m时，垂直距离为4m</td><td></td></tr>
<tr><td colspan="4">（5）梯子顶端必须高出接触面垂直距离1m以上</td><td></td></tr>
<tr><td rowspan="3">12．7S管理</td><td>（1）现场归位</td><td>责任人</td><td></td><td>考核</td><td></td></tr>
<tr><td>（2）工具归位</td><td>责任人</td><td></td><td>考核</td><td></td></tr>
<tr><td>（3）仪表放置</td><td>责任人</td><td></td><td>考核</td><td></td></tr>
</table>

六、总结与反思

<table>
<tr><td rowspan="4">本节内容总结</td><td>本节重点</td><td></td></tr>
<tr><td>本节难点</td><td></td></tr>
<tr><td>疑问</td><td></td></tr>
<tr><td>思考</td><td></td></tr>
<tr><td>作业</td><td></td><td></td></tr>
<tr><td>预习</td><td></td><td></td></tr>
</table>

任务十一　挂接地线

一、实训目标

（1）掌握连接地线的基本原理和方法。

（2）学会正确选择和安装接地体。

（3）理解连接地线在电气安全中的作用。

二、实训内容

（1）使学生熟悉接地线技术要求。

（2）正确使用接地线。

（3）挂高压接地线的具体操作步骤及注意事项。

（4）低压线路挂接地线的安全操作。

三、实训仪器、工具

（1）材料：接地线（铜芯线或镀锡铜导线）、绝缘胶带、压接钳、螺丝刀、绝缘手套等。

（2）设备：模拟电气设备（如配电箱、电机等）、万用表、接地电阻测试仪等。

四、相关知识

接地线就是直接连接地球的线，也可以称为安全回路线，危险时它就把高压直接转嫁给地球，算是一根生命线。

连接地线的作用就是将一些带有电流的金属当中的电流导入到大地中，可以有效地避免触电事故或者其他严重事故的发生。当带有电流的设备出现漏电现象的时候，如果有人或者其他东西碰触到漏电的金属，就很有可能出现触电现象，甚至可能发生火灾等灾难。连接了地线的带电金属就会将泄漏的电流导入大地中，这样即使人去接触漏电金属，也不会发生触电现象。

临时性高压接地线是从事电气工作必不可少的一种安全工具。它便于携带，可在现场灵活使用，所以也叫便携式高压接地线。挂高压接地线是保护检修人员的一道屏障，可防止突然来电造成对人体的伤害。但实际工作中，由于高压接地线使用频繁且操作看似简单，故容易使人产生麻痹思想，其重要性也往往被人忽视，经常出现不正确的使用情况，以致降低甚至有时失去了高压接地线的保护作用，必须引起足够重视。

挂高压接地线是一项重要的电气技术措施，其操作过程应该严肃、认真，符合技术规范要求，千万不可马虎大意。挂高压接地线是在停电后所采取的预防措施，若不使用或者不正确使用挂高压接地线，往往会加大事故发生的几率。因此，要正确使用挂高压接地线，必须规范挂、拆高压接地线。自觉培养严谨的工作作风，提高自身的素质，才能拒危险隐患于千里之外，才能避免由于挂高压接地线原因引起的电气事故。

电力系统中的接地线，是为了防止在已停电的设备或线路上意外地出现电压时，确保工作人员安全的一种重要工具。按规定，接地线必须是由25平方毫米以上裸软铜导线制成的，如下图所示。

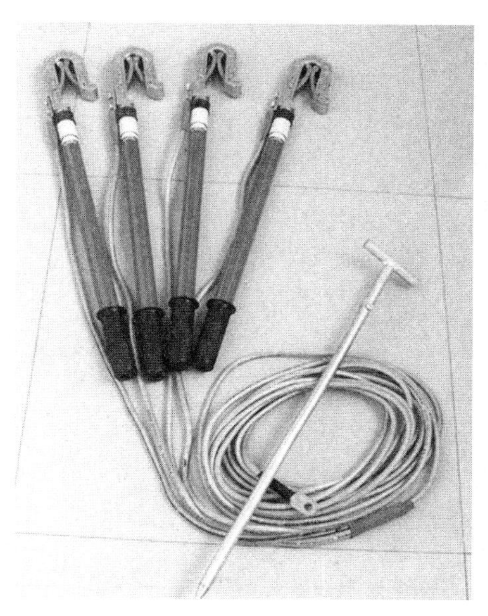

接地线由绝缘操作杆、接线夹、接线端子、接地软铜导线几大部分组成。接地线一般分为合相式和分相式两种。合相式连接一个接地端，分相式需要三根接地软铜导线都连接接地端，组成一套完整的接地线。

接地线就是在各个电气设备的外壳上及时将因为各种因素导致的不具有安全性的电荷和漏电的电流导入到大地的线路。接地线是采用高级的制作工艺制成的，接地线的导线夹和接地夹都是用高质量的铝合金压制而成的。接地线的操作棒是用绝缘性能良好的并且外表很光滑的环氧树脂彩色管制成的，虽然重量比较轻，但是强度很高。

接地软铜导线由多股高质量的软铜导线相互绞合制成。外形柔软且耐得住高温的透明绝缘保护层覆盖在接地软铜导线的外表上，能够有效地减少在使用过程中对接地软铜导线的摩擦和损坏。不仅如此，软铜导线必须达到疲劳度测试的基本要求，以保障操作人员在工作中的安全。

五、实训的内容和要点

具体的实训内容和实训要点见下表。

任务名称：挂接地线操作　　　　　　　　　　　　　编号：

项目名称	实训内容	实训要点、示意图
1．准备工作	（1）着装	全棉长袖工作服； 袖口、衣扣扣好； 安全帽、纱手套、绝缘靴 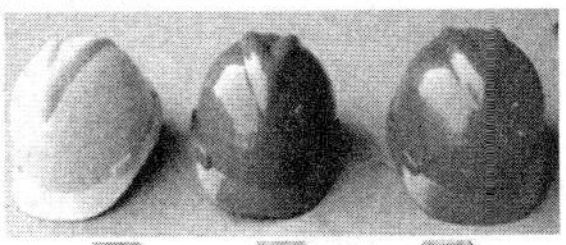  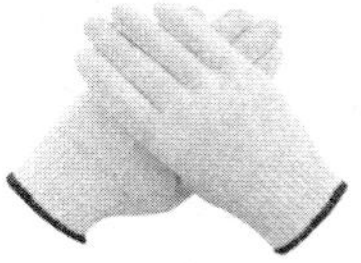 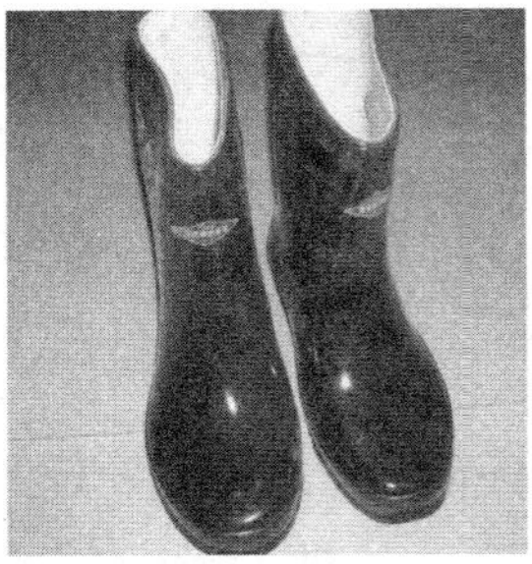
	（2）个人电工工具	外观是否完好（电工五件套含皮带） 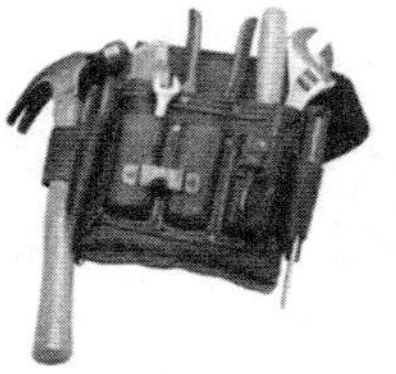
	（3）安全帽检查	外观是否完好； 冲击试验是否合格； 是否有试验标识 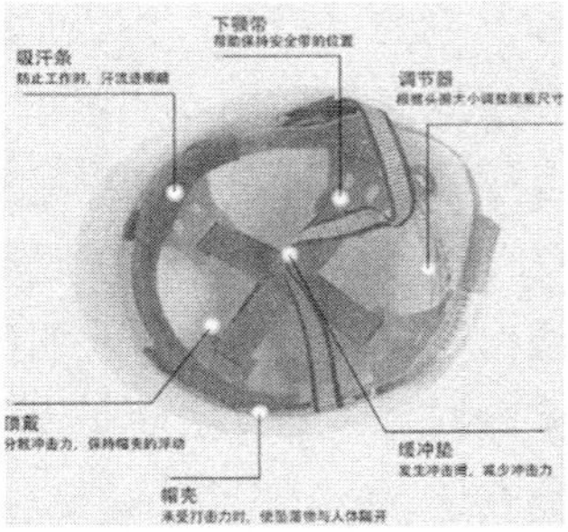
	（4）戴安全帽	帽带扣好 

（续表）

项目名称	实训内容	实训要点、示意图	
		帽带扣好	
	（5）高压绝缘手套	必须有生产合格证、试验合格证。 戴好，袖口装入绝缘手套中10cm	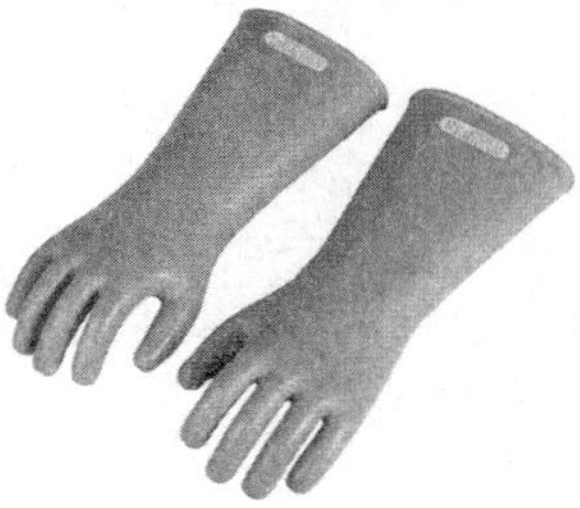
	（6）护目镜	必须有生产合格证、试验合格证。戴好	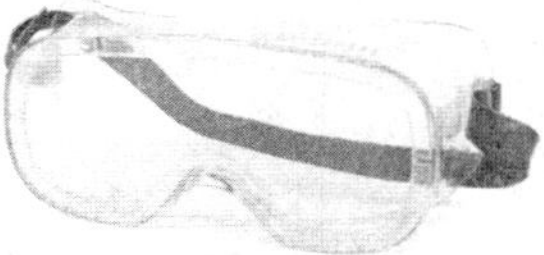
	（7）高压绝缘靴	必须有生产合格证、试验合格证。 戴好，裤脚口装入绝缘靴中	
	（8）高压验电笔	必须有生产合格证、试验合格证	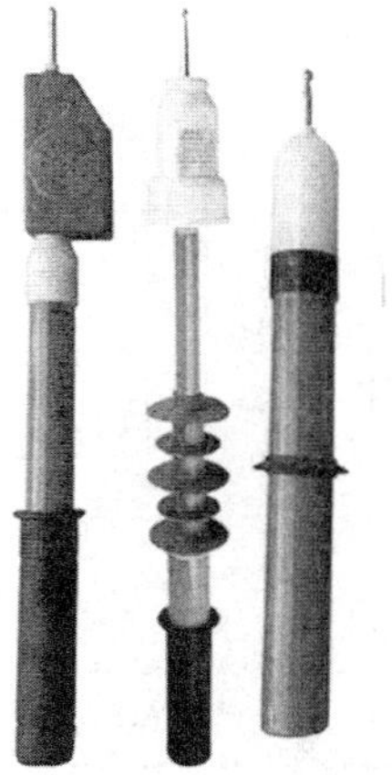

（续表）

项目名称	实训内容	实训要点、示意图
2. 接地线应符合的技术要求（接地线标准）	（1）截面积	接地线由三相多股短路导线和公共多股接地线联合构成，多股导线截面不得小于25平方毫米。220千伏和10千伏系统接地线截面不得小于35平方毫米。单相个人保护接地线截面为10平方毫米。220千伏单相接地线截面不小于35平方毫米
	（2）护套	接地线通身必须有透明软塑料外护套，气温冷热变化时，软塑料外护套不变形、不变硬
	（3）接地线卡头	接地线卡头与导线挂接时应有足够的紧力和接触面积，保证良好接触。接地线卡头和接地端卡子应有足够的强度
	（4）软铜导线接地线与地线鼻子连接	接地线的软铜导线与地线鼻子采用压力连接，压接长度不小于30毫米；接地线鼻子与卡头、与地端卡子应采用双螺丝连接；三相导线与总地线连接的汇流连接部位长度不小于60毫米，且用压力连接
	（5）绝缘手柄	接地线绝缘手柄底部应密封
	（6）电压	如果电压在36V以上或者是绝缘保护层有所损坏的电气设备，其金属框架、外壳、铠装的电缆的钢带和铁丝都必须装有具有保护性的接地线
	（7）材料	接地线应是由耐腐蚀性能高的钢板制作而成的，并且它的面积不能小于0.75平方米，厚度也不能小于5毫米
	（8）阻值	接地线的电阻值不能大于2Ω
	（9）接地母线的横截面	用来连接主要的接地线的接地母线应该由横截面不小于50平方毫米的软铜导线制成，或采用横截面不小于100平方毫米的镀锌铁线制成。也可以使用厚度不小于4毫米以及横截面不小于100平方毫米的扁钢制成
	（10）接地极直接的连接线截面	危险电气设备的金属外壳和接地母线或局部接地极直接的连接线必须使用横截面不小于25平方毫米的软铜导线，或采用横截面不小于50平方毫米的镀锌铁线。也可以使用厚度不小于5毫米以及横截面不小于50平方毫米的扁钢制成
	（11）连接接地母线和接地极	在连接接地母线和接地极的时候，要使用焊接的方法，或用直径大于10毫米的镀锌螺栓和用来防止松懈的装置进行连接
3. 正确使用接地线	（1）外观检查	每次使用接地线前，应进行外观检查，不得有铜导线断股。压接部分和螺丝连接部分不得有松动现象
	（2）操作、监护	装设接地线必须有两人进行。1人操作，1人监护
	（3）验电	验电证实无电后，应立即装设接地线接地端，然后接导体端，并保证接触良好。拆接地线的顺序与此相反
	（4）专用线夹	接地线必须使用专用线夹挂接在导体上。接地线使用专用线鼻子固定在接地端子上
	（5）安全距离	悬挂接地线时应保证工作人员和接地线与带电设备保持安全距离，工作人员不准接触接地线
	（6）安规	线路和变电设备的运行和检修人员必须遵守安规中有关使用接地线的相

（续表）

项目名称	实训内容	实训要点、示意图	
		关规定	
	注意事项	（1）装拆接地线均应使用绝缘杆和戴绝缘手套。 （2）触电，接地不可靠，接地线不验电接地或使用不合格的验电电气设备均会造成危险事故。 （3）严禁用缠绕的方法进行接地或短路	
4. 挂高压接地线的具体操作步骤	（1）履行工作牌许可手续	必须由相关技术、管理人员出具工作牌	编号： 1. 工区、所（工段）名称： 2. 工作负责人姓名： 3. 工作班人员：　　共　　人 4. 工作的线路或设备名称： 工作范围： 工作任务： 5. 计划工作时间：自　年　月　日　时　分 至　年　月　日　时　分 6. 执行本工作应采取的安全措施： 7. 通知调度：（工区值班员） 工作开始时间　年　月　日　时　分 工作完工时间　年　月　日　时　分 工作票签发人：　工作负责人：
	（2）登杆前的准备	着装要求：穿工作服、绝缘靴，戴工作手套、戴安全帽	
		检查个人工具是否合格	
		和监护人一起核对线路名称、接地封线位置、电杆编号、线路是否停电	15号

（续表）

项目名称	实训内容	实训要点、示意图	
		检查杆体与杆根是否牢固，有无裂纹等安全隐患	
		脚扣、安全带检查完好	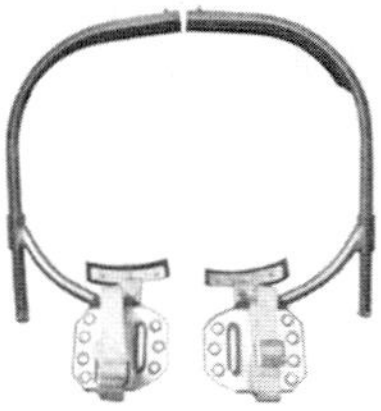 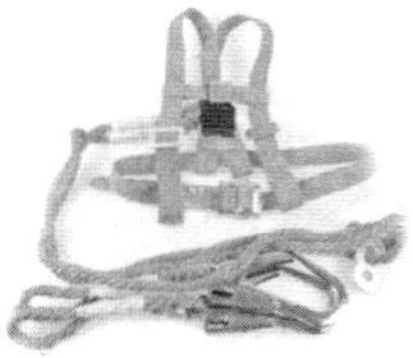
		绝缘手套、绝缘靴完好	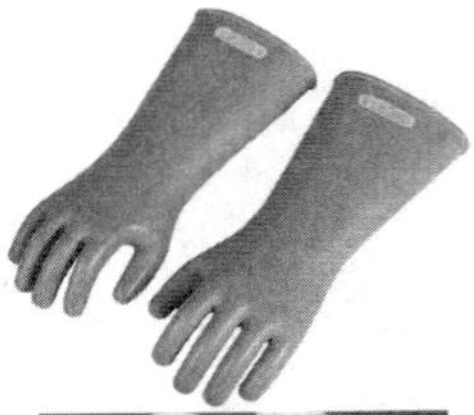 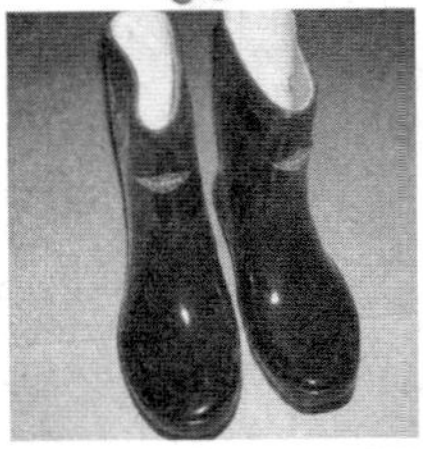
		高压验电笔合格有效，音响正常	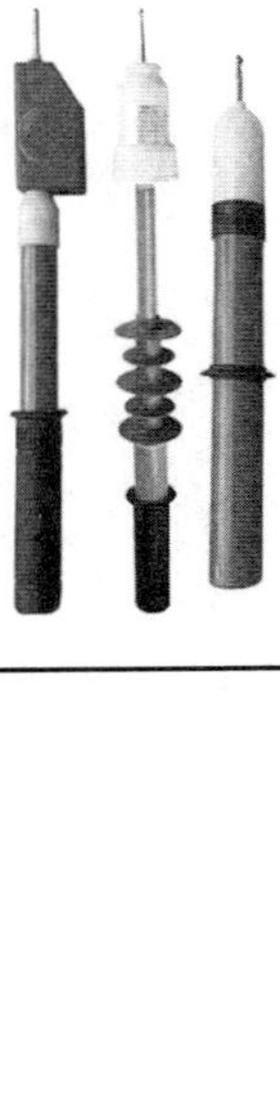

（续表）

项目名称	实训内容	实训要点、示意图	
		封线试验合格、连接牢固。无断股（三相接地线连接处就是封线）	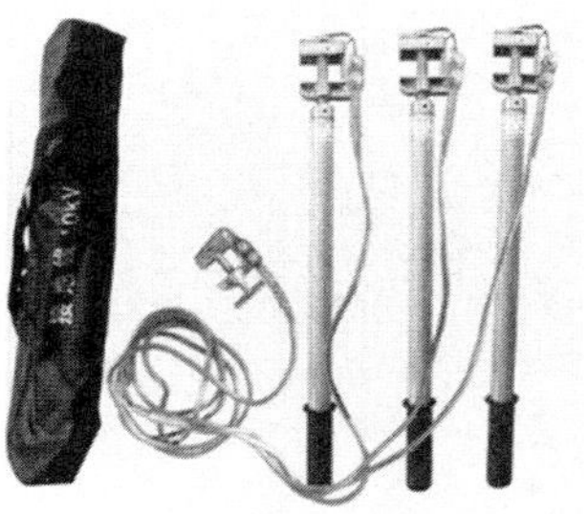
		接地线地面接地：将接地钉打入土壤，深度不得小于0.6m，或接地夹夹持牢固接地端，再将接地线接地端与接地棒可靠连接	
	（3）登杆验电	登杆到合适位置，系好安全带	
		先下层、后上层对线路逐相进行验电	
	（4）杆上挂接地线	线路验明确实无电压后，操作人员立即在验电处挂接地线。先挂下层，后挂上层，封线与导线连接可靠，不得缠绕。身体不得接触封线。确认杆上无遗留物	

（续表）

项目名称	实训内容	实训要点、示意图	
		线路的三相全部接地后，安全下杆，操作人员撤离杆塔，并汇报相关领导	
	（5）拆除接地线	认真核对线路名称、杆号	
		检查、确认杆上人员全部下杆，杆上无遗留异物，线路状态符合送电条件	
		操作人员登杆到合适位置，系好安全带	
		拆除线路上的接地线，用吊绳系牢后吊下杆	

（续表）

项目名称	实训内容	实训要点、示意图	
		拆除全部接地线后，操作人员撤离杆塔	
		拆除接地线的接地端，拔出接地棒，清理工作现场	
	注意事项	触电，接地不可靠，不验电接地或使用不合格的验电电气设备均会造成危险事故。接地线正常使用情况下质保一年	
5. 实际工作中，高压接地线的使用应注意的事项	（1）工作之前必须检查高压接地线。软铜导线是否断头，螺丝连接处有无松动，线钩的弹力是否正常，不符合要求应及时调换或修好后再使用		
	（2）挂高压接地线前必须先验电，未验电挂高压接地线是基层中较普遍的违章行为。高压接地线验电的目的是确认现场是否已停电，能消除停错电、未停电的人为失误，防止带电挂高压接地线		
	（3）在工作段两端，或有可能来电的支线（含感应电、可能倒送电的自备电）上挂高压接地线。实际工作中，常忽略用户倒送电、感应电的可能，深受其害的例子不少		
	（4）在打接地桩时，要选择粘结性强的、有机质多、潮湿的实地表层，避开过于松散、坚硬风化、回填土及干燥的地表层，目的是降低接地回路的土壤电阻和接触电阻，能快速疏通事故大电流，保证接地质量		
	（5）不得将高压接地线挂在线路的拉线或金属管上。其接地电阻不稳定，往往太大，不符合技术要求，还有可能使金属管带电，给他人造成危害		
	（6）要爱护高压接地线。高压接地线在使用过程中不得扭花，不用时应将软铜导线盘好。高压接地线在拆除后，不得从空中丢下或随地乱摔，要用绳索传递，注意高压接地线的清洁工作，预防泥沙、杂物进入接地装置的孔隙之中，从而影响正常使用的零件		
	（7）新工作人员必须经过对高压接地线使用的培训、学习，考核合格后，方能单独从事高压接地线的操作或使用工作		
	（8）按不同电压等级选用对应规格的高压接地线。这也是容易发生习惯性违章之处，地线的线径要与电气设备的电压等级相匹配，才能通过事故大电流		
	（9）不准把高压接地线夹接在表面油漆过的金属构架或金属板上。这是在电气一次设备场所挂高压接地线时常见的违章现象。虽然金属与接地系统相连，但油漆表面是绝缘体，油漆厚度的耐压达10kV/mm，可使接地回路不通，失去保护作用		
6. 维护与保管	（1）每次使用前均应认真检查接地线是否完好，软铜导线应无裸露、断头，螺母无松脱。否则不得使用。		
	（2）该产品应保持整洁、干净，不得随地乱摔，注意清洁卫生工作，预防泥沙、脏物进入产品孔隙之中，从而影响接地线的正常使用		
	（3）经受短路电流后的接地线应根据经受短路电流的大小和外观检验判断，一般应予报废		

（续表）

<table>
<tr><th>项目名称</th><th>实训内容</th><th>实训要点、示意图</th></tr>
<tr><td rowspan="10">7. 低压线路挂接地线的安全操作</td><td colspan="2">低压线路是指电压等级低于1000V的电力线路。在低压电网中，接地系统是保证人身电击安全的最基本手段。因此，低压线路接地工作十分重要，也很容易被忽视。
低压线路接地是指将低压线路中的任意点与大地相连，以确保低压线路进行可靠的工作。接地系统包括接地极、接地线、接地体、接地网等。
低压线路接地的主要作用有以下几点：
① 降低线路干扰，减少电磁辐射；
② 提高系统的可靠性，防止过电压损坏电气设备；
③ 防上电气设备漏电，保证人身安全</td></tr>
<tr><td rowspan="4">（1）低压线路接地的技术要求</td><td>接地电阻值要求：低压零电位点的接地电阻应符合国家规定。对于单个点的接地电阻值，其规定值为4Ω。对于楼宇、工厂或场站、车站等接地系统的接地电阻，则其规定值为1Ω</td></tr>
<tr><td>接地线的选择：接地线截面面积应按需要计算，电线型号应符合规定</td></tr>
<tr><td>防止设备被误接地：对能带电连接的设备、机器、电缆等，不应接入接地线路</td></tr>
<tr><td>及时维护和检查：接地系统维护不及时、过期、失效，都可能对工作系统的安全带来威胁</td></tr>
<tr><td rowspan="5">（2）对低压线路接地的检查</td><td>对接地体电阻的测量：测量接地系统对大地的接地电阻，确保其符合国家规定</td></tr>
<tr><td>接地线的检查：检查接地线的支架、接头、夹具是否松动、电线是否损坏、接头处是否漏电或有接触不良等现象</td></tr>
<tr><td>接地网的检查：检查接地网的形式、位置、面积、深度和连接线的铺设情况。对接地设备的检查，即对所有电气设备、机器、仪表等进行质量检查</td></tr>
<tr><td>确保其接地是良好的</td></tr>
<tr><td>接地试验：进行接地系统的电气绝缘试验，观察绝缘电阻是否符合标准，必要时进行更换或维护</td></tr>
<tr><td>8. 低压线路接地的操作</td><td>（1）断开低压侧总电源</td><td> </td></tr>
</table>

（续表）

<table>
<tr><th>项目名称</th><th>实训内容</th><th colspan="4">实训要点、示意图</th></tr>
<tr><td rowspan="2"></td><td colspan="5">（2）用验电笔检验有无电源</td></tr>
<tr><td colspan="5">（3）挂三项电源连接接地线</td></tr>
<tr><td rowspan="3">9.　7S管理</td><td>（1）现场归位</td><td>责任人</td><td></td><td>考核</td><td></td></tr>
<tr><td>（2）工具归位</td><td>责任人</td><td></td><td>考核</td><td></td></tr>
<tr><td>（3）仪表放置</td><td>责任人</td><td></td><td>考核</td><td></td></tr>
</table>

六、总结与反思

<table>
<tr><td rowspan="4">本节内容总结</td><td>本节重点</td><td></td></tr>
<tr><td>本节难点</td><td></td></tr>
<tr><td>疑问</td><td></td></tr>
<tr><td>思考</td><td></td></tr>
<tr><td>作业</td><td></td><td></td></tr>
<tr><td>预习</td><td></td><td></td></tr>
</table>

任务十二　绝缘线穿管进户、电表箱的安装及配线

一、实训目标

（1）掌握电表箱的安装方法与步骤。

（2）掌握PVC进出线管的安装与步骤。

（3）掌握照明箱的安装与配线。

二、实训内容

（1）电表箱的安装方法与步骤。

（2）PVC进出线管的安装与步骤。

（3）照明箱的安装与配线。

三、实训仪器

工具剥线钳、尖嘴钳、螺丝刀、扳手、电锤、膨胀螺丝若干、Φ20PVC管及锁扣若干、开孔器、电动螺丝批、电表若干、断路器若干、接地排、零线排、各色导线。

四、相关知识

（一）进户线线径要求

进线电线（红、蓝、双色）→套管→计量箱→套管→家庭配电箱→各路出线（配管）。

（1）一般家庭用户的入户线使用的是6平方或10平方规格的线。入户线的线径是根据家庭用电量的大小来确定的。就目前来说，一般家庭用量负荷或依据空调用电负荷6kW，卫生间用电负荷3kW，厨房负荷4kW，照明1kW，其他电气2kW。

（2）家用电压一般是220V，1.5mm^{2}铜导线承载电流为10A，承载功率为10A × 220V = 2200W；2.5mm^{2}铜导线承载电流为16A，承载功率为16A × 220V = 3520W。

（3）平方毫米铜导线承载电流为25A，承载功率为25A × 220V = 5500W。

（4）现在的负荷一般分配是10kW，进线一般都是10mm^{2}的铜导线，开关载流量为63A，不论多少设备电流都不能超过开关的载流量。

（二）配管要求

1. 管材

常用的导线保护管有以下几种（按材质分）。

TC：电线管（薄壁管），管壁厚度不小于1.5mm，普通碳素钢电线套管；

SC：焊接钢管（厚壁管/黑铁管），低压流体输送用焊接钢管，壁厚通常不小于3mm；

PC：硬质塑料管（PVC管）；

暗敷于干燥场所的金属导管：TC管、KBG管、JDG管；

明敷于潮湿场所或直接埋于素土中的金属导管：SC管；

有酸碱盐腐蚀介质的环境：PC管。

以上为比较笼统的分类，实际电气设计中要根据用途、环境、布线方式、专业特殊要求等，来确定具体使用哪种材质的保护管。

（三）管径选择

管径选择一定要注意，电缆在屋内埋地穿管敷设，或通过墙、楼板穿管时，其穿管的内径不应小于电缆外径的1.5倍。2根绝缘导线穿同一导管时，管的内径不应小于2根导线直径之和的1.35倍。

3根以上绝缘导线穿同一导管时，导线总截面积（包括外护层）不应大于管内净面积的40%。

请注意：电线和管径的配合，请查阅相关资料。

导线穿管标称直径选择表

导线截面（mm^2）	导线根数								
	2	3	4	5	6	7	8	9	10
	电线管最小标称直径（mm）								
1	10	10	10	15	15	20	20	25	25
1.5	10	15	15	20	20	20	25	25	25
2.5	15	15	15	20	20	25	25	25	25
4	15	20	20	20	25	25	25	32	32
6	20	20	20	25	25	25	32	32	32
10	20	25	25	32	32	40	40	50	50
16	25	25	32	32	40	50	50	50	50
25	32	32	40	40	50	50	50	70	70
35	32	40	50	50	50	70	70	70	80
50	40	50	50	70	70	70	80	80	80
70	50	50	70	70	80	80	——	——	——
95	50	70	70	80	80	——	——	——	——
120	70	70	80	80	——	——	——	——	——
150	70	70	80	——	——	——	——	——	——
185	70	80	——	——	——	——	——	——	——

（四）表箱选型与安装要求

（1）计量箱可选用“非金属”和“金属”两种。

（2）零散用户用电宜选用独立式单表位计量箱。

（3）现场具备接地条件的应选用金属计量箱，现场不具备接地条件的应选用非金属材质计量箱，沿海地区（潮湿、盐雾等易腐蚀、易生锈等恶劣环境下）可选用不锈钢材质计量箱。

（4）户外计量箱对地距离为1.8～2m（指箱体底部位置对地距离）。

（5）采用金属计量箱时必须可靠接地。

（6）小区竖井内集装计量箱箱体最高观察窗中心线距安装处地面不高于1.8m。墙面安装时，箱体下沿距安装处地面不宜低于0.8m。安装在地下建筑（如车库、人防工程等）时，不宜低于1.0m。

（7）表箱安装后，电能表观察窗下方应有用户门牌号标记，分户进线隔离开关和用户负荷开关操作处应有与用户相对应的门牌号标识。

（8）表箱安装后，箱体应垂直、牢固，进出线遗留孔洞应实施封堵。

（9）接户线应三相平衡搭接，对三相电表箱及以上的单相电表箱应采用三相供电，以平均分配负荷；集中电表箱不应超过8表，超过8表应另设电表箱。

（五）配管进箱要求

（1）工艺流程：预留预埋→配电箱体安装→配管→箱内器件安装→接线→接地。

（2）配电箱安装位置正确，部件齐全。成排箱体安装标高保证底平，导管进入箱体内有锁紧螺母，暗式配电箱箱盖紧贴墙面。

（3）盘（箱）内配线整齐，垫圈下螺丝两侧压的导线截面积相同，同一端子上的导线连接不多于2根，防松垫圈等零件齐全；照明盘（箱）内，分别设置零线（N）和保护地线（PE线）汇流排，零线和保护地线经汇流排配出。

（4）盘（箱）内开关动作灵活可靠，带有漏电保护的回路，漏电保护装置动作电流不大于30mA，动作时间不大于0.1s。

（5）照明箱体、支架及导管要可靠地接地。

（六）进户线敷设要求

（1）进户线沿建筑物外墙敷设时，应与墙角、屋檐等外观走向保持一致，避开厨房排气扇、空调外机等有高温辐射或对绝缘层有腐蚀的位置。

（2）沿绝缘子架空敷设时，其挡距不应大于25m。

（3）直敷布线时固定点间距不应大于300mm，在建筑物顶棚内严禁采用绝缘导线直敷布线；在一个固定点间距不应有1个以上的连接头；不同金属、不同规格、不同绞向的导线严禁直接连接。

（4）穿管布线时，固定点间距不应超过1m，3根以上绝缘导线穿同一根管时，导线的总截面积不应大于管内净面积的40%。

（5）线槽布线宜用于干燥和不易受机械损伤的场所，固定点间距不应超过2m，采用塑料线槽时线槽内导线的总截面积不应超过线槽内截面积的20%。

（6）电表箱后进户线至各用户室内第一支持物或配电装置的最大距离不大于45m。

（七）计量箱配线要求

（1）根据装配图要求和额定电流容量，确定导线的类型和规格，进线为三相四线制时A、B、C、N对应导线的颜色分别为黄、绿、红、蓝，地线的颜色用黄、绿双色的导线。

根据装配图、导线安装位置及一次回路元件安装位置，准确确定各段导线的长度，并进行导线的制作。

（2）严格按照装配图要求，实施各段母线之间、导线与电气元件之间的安装连接，完成一次回路配线。注意保持足够的空气绝缘距离（电气间隙），并确保结构的稳定性，以便足以承载短路引起的电磁力和热应力。

（3）壳体组装时所用到的标准件如螺钉、螺纹必须完全拧入壳体，盖、门装配平整，无翘角、下坠、晃动等，与框架之间缝隙均匀，防护等级符合要求。箱体内要有用户安装电表和安装箱体用的标准件。

（八）家庭配电箱配线要求

1. 配电箱的接线方法

一般的动力配电箱进线采用五线制，即A、B、C三路相线（一般颜色为黄绿红），一路零线（颜色浅蓝），一路地线（颜色黄色带绿条纹）。出线根据需要来定。

（1）220V负载一般是取一路相线、一路零线、一路地线。

（2）380V负载（比如380V交流电机）三相全取、再加接地线。（负载有就地控制的话也需要零线。）

（3）有特殊两相380V的交流焊机，任意出两相相线，再加接地线。接地线一般要求接上，但很多场合（比如工地）都不接的。一般进线是三相进一路3PIN的空开、断路器、刀闸或者其他断路器；零线压到接零端子排、地线压到接地端子排。也有进线直接采用4PIN断路器三路相线与零线同进，接地线压到接地端子排的。

2. 照明配电

根据负荷大小，可以采用一路相线加一路零线加一路接地线；或者动力配电220V。

3. 配电箱的安装方式

（1）明装配电箱，配电箱安装在墙上时，应采用开脚螺栓（胀管螺栓）固定，螺栓长度一般为埋入深度（75～150mm）、箱底板厚度、螺帽和垫圈的厚度之和，再加上5mm左右的“出头余量”。对于较小的配电箱，也可在安装处预埋好木砖（按配电箱或配电板四角安装孔的位置埋设），然后用木螺钉在木砖处固定配电箱或配电板。

电表箱安装方法如下表所示。

<table>
<tr><td colspan="2">1. 膨胀螺丝 </td></tr>
<tr><td colspan="2">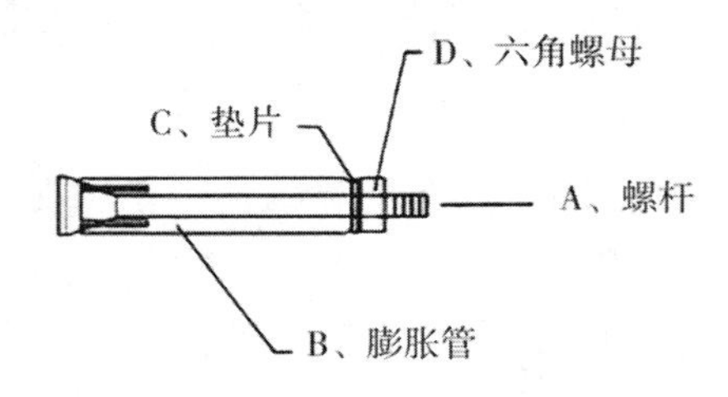
</td></tr>
<tr><td>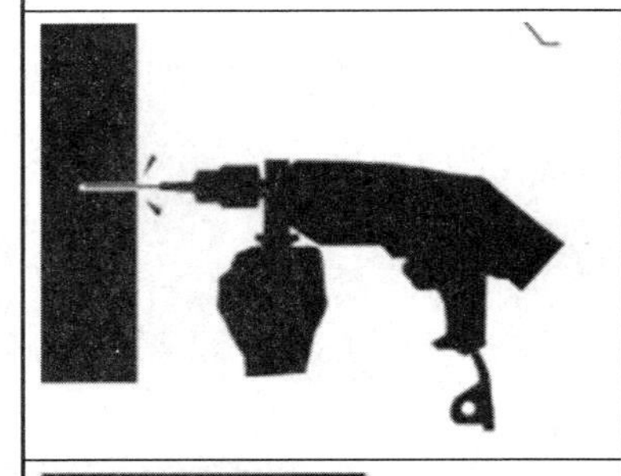</td><td>（1）在墙体上按配电箱固定孔打记号，用冲击钻钻头在墙体上钻出与膨胀管大小一致的洞，将孔内清理干净。
打孔深度：具体施工中深度最好还是比膨胀管的长度深5mm左右</td></tr>
<tr><td>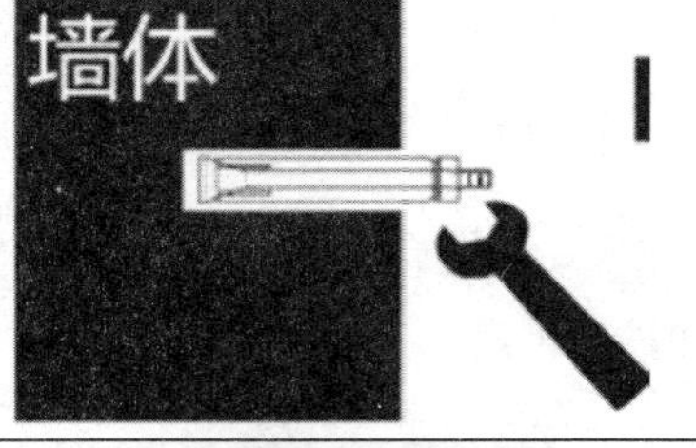
</td><td>（2）安装平垫、弹垫和螺母，将螺母旋至螺栓末端以保护螺纹，再将内膨胀螺栓插入孔内，拧动扳手直到垫圈和固定物表面齐平。如果没有特殊的要求，则一般用手拧紧后再用扳手拧三到五圈</td></tr>
<tr><td>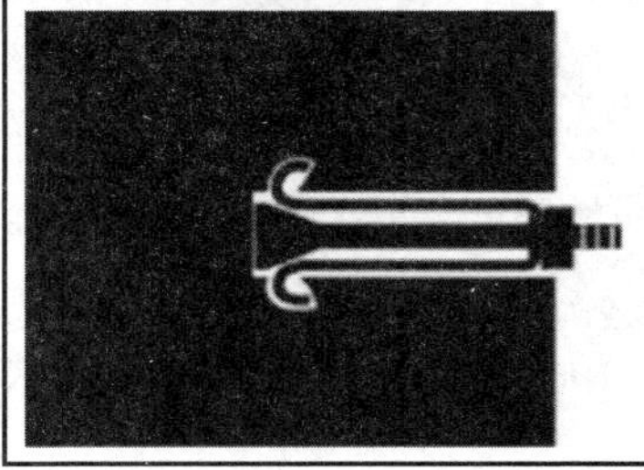</td><td>（3）受力后的膨胀管张开尾部挂住墙体，再将配电箱固定孔套入膨胀螺丝上，用螺母上紧固定好</td></tr>
</table>

2. 炮钉枪	
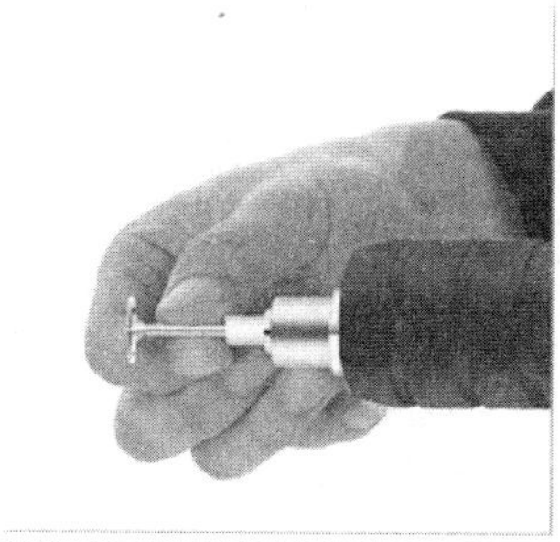	（1）选择好要用的钉
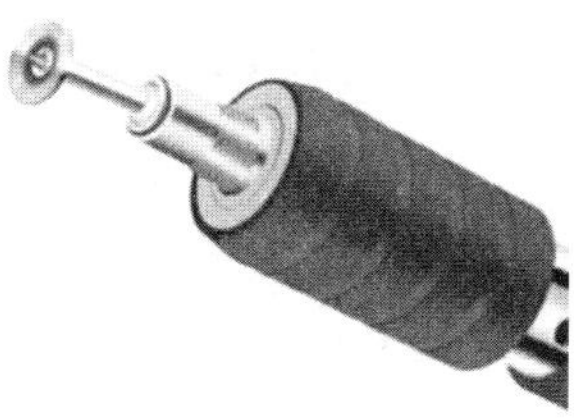	（2）将钉对准放入枪孔
	（3）枪口垂直对准管材
	（4）稍微用力一推即可打穿
	（5）手动退渣操作，方便打下一枪炮钉枪有危险，使用时务必要注意安全

（2）安装配电箱，配电箱嵌入墙内安装，在砌墙时预留孔洞应比配电箱的长和宽各大20mm左右，预留的深度为配电箱厚度加上洞内壁抹灰的厚度。在圬埋配电箱时，箱体与墙之间填以混凝土即可把箱体固定住。

（3）配电箱应安装牢固，横平竖直，垂直偏差不应大于3mm；安装时，配电箱四周应无空隙，其面板四周边缘应紧贴墙面，箱体与建筑物、构筑物接触部分应涂防腐漆。

（4）配电箱内装设的螺旋式熔断器，其电源线应接在中间触点的端子上，负荷线应接在螺纹的端子上。这样，在装卸熔芯时不会触电。瓷插式熔断器应垂直安装。

（5）配电箱内的交流、直流或不同电压等级的电源，应具有明显的标志。照明配电箱内，应分别设置零线（N线）和保护地线（PE线）汇流排，零线和保护地线应在汇流排上连接，不得绞接，应有编号。

（6）导线引出面板时，面板线孔应光滑无毛刺，金属面板应装设绝缘保护套。金属壳配电箱外壳必须可靠接地（接零）。

（九）照明配电箱的设置

（1）配电系统应设置室内总配电箱和室外分配电箱或设置室外总配电箱和各分配电箱，实行分级配电。

（2）总配电箱应装设在靠近电源的地区。分配电箱应装设在用电设备或负荷相对集中的地区。分配电箱与开关箱的距离不得超过30m。开关箱与其控制的固定式用电设备的水平距离不宜超过3m。

（3）对于需要落地安装的配电箱，应该安装在距离地面50～100mm的地方，而且要求配电箱前侧0.8～1.2m的范围内，没有任何杂物妨碍电力的供给，周围环境是通风、干燥的。

（4）箱体内的接线汇流排应该分别设立零线、保护接地线、相线，要保证配电箱内的各个元件、仪表以及线路等安装牢固，整齐排列，要便于保养和维护。安装完成之后，要将箱内的杂物和灰尘及时清除。

（5）配电箱内的电气应首先安装在非金属或木质的绝缘电气安装板上，然后整体紧固在配电箱箱体内，金属板与铁质配电箱箱体应做电气连接。

（6）每台用电设备应有各自专用的开关箱，必须实行“一机一闸一保护”制度，严禁用同一个开关电气直接控制两台以上的用电设备。

（7）配电箱和开关箱中两级漏电保护器的额定漏电动作电流和额定漏电动作时间应做合理配合，使之具有分级分段保护的功能。

（8）安装配电盘所需要的木砖以及铁件等都需要事先埋好，明装的配电箱应该用金属膨胀螺栓固定。配线应该整齐地排列，并绑扎成束，活动的部位都需要固定住。

（9）各种开关电气的额定值应与其控制用电设备的额定值适应。

（10）施工现场停止作业一小时以上时，应将动力开关箱断电上锁。

（11）对配电箱、开关箱进行检查、维修时，必须将其前一级相应的电源开关分闸断电，并悬挂停电标志牌，严禁带电作业。

（十）电能计量装置的运行标志

（1）电能表观察窗下方应有用户号、门牌号、表箱编号且箱体喷涂或粘贴安全警示标志。

（2）铭牌内容完整且字迹清楚，无划痕、脱落。

五、实训的内容和要点

具体的实训内容和实训要点见下表。

任务名称：　绝缘线穿管进户、电表箱的安装及配线　　　　　　　　　　　　编号：

项目名称	实训内容	实训要点、示意图
1. 准备工作	（1）安全性	安全用具，劳保齐备。电线绝缘良好，单相电能表、电表箱完好； 防止冲击钻伤人； 梯子作业、登杆作业安全
	（2）PVC 管材	符合有关标准
	（3）材料齐全	黄蜡带、涤纶薄膜带、黑胶布带、塑料胶带、橡胶胶带
2. 电表箱的安装	安装样例：	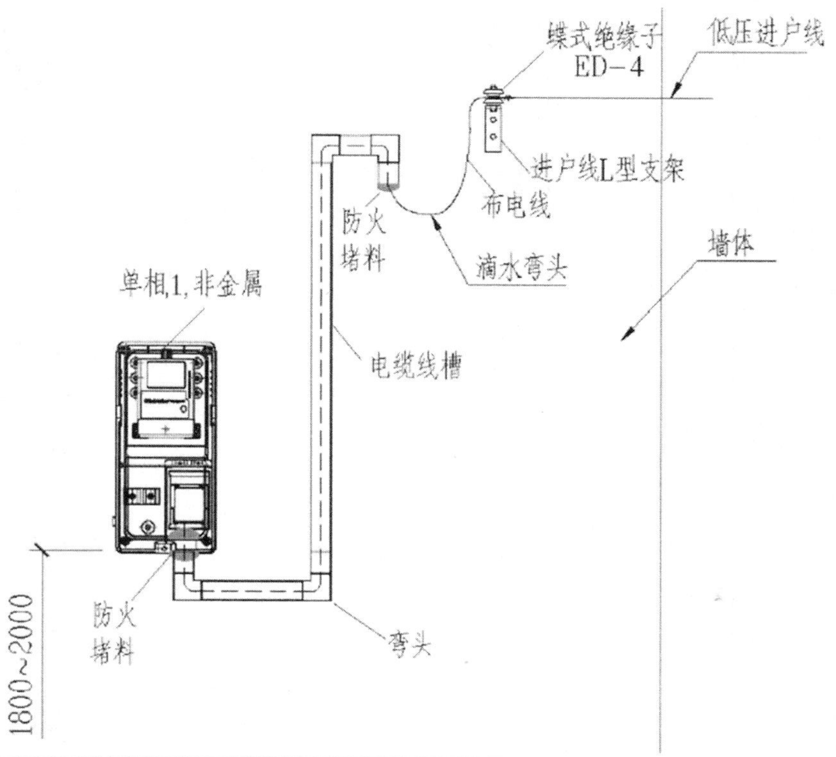

（续表）

项目名称	实训内容	实训要点、示意图
	（1）墙面暗装电表箱的固定	砌墙时预先安装好预埋PVC管、预留电表箱位置
		电表箱背部位置铺砂浆（图中有颜色的是激光水平仪） 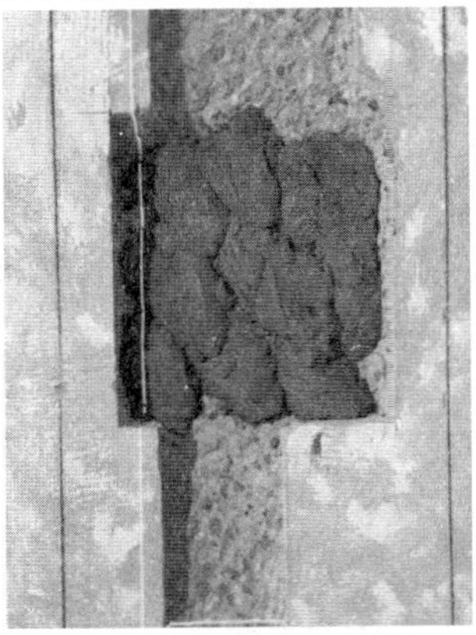
		电表箱横平竖直放置 
		电表箱左右两侧用砂浆填满，抹平 
	（2）墙面明装电表箱	测量电表箱固定孔距离：高38.3mm 

（续表）

项目名称	实训内容	实训要点、示意图	
		测量电表箱固定孔距离：宽21.3mm	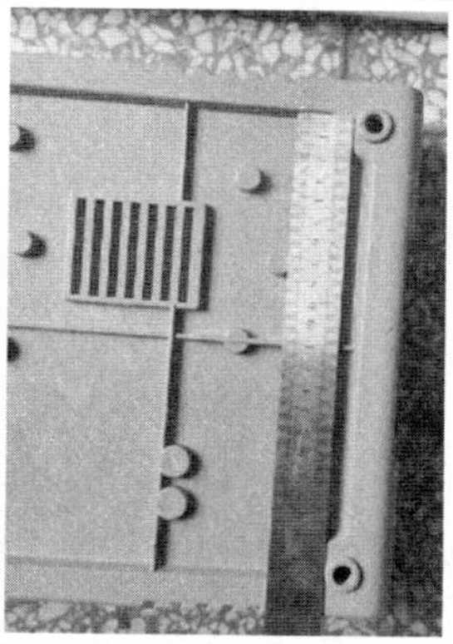
		膨胀螺丝安装：按测量的尺寸打眼，安装好膨胀螺丝	
		电表箱挂到膨胀螺丝上	
		上紧螺丝	

（续表）

项目名称	实训内容	实训要点、示意图	
	（3）柱上电表箱的安装	角钢、抱箍安装	
		角钢、抱箍安装（2套）	
		角钢上固定电表箱	
		最终效果	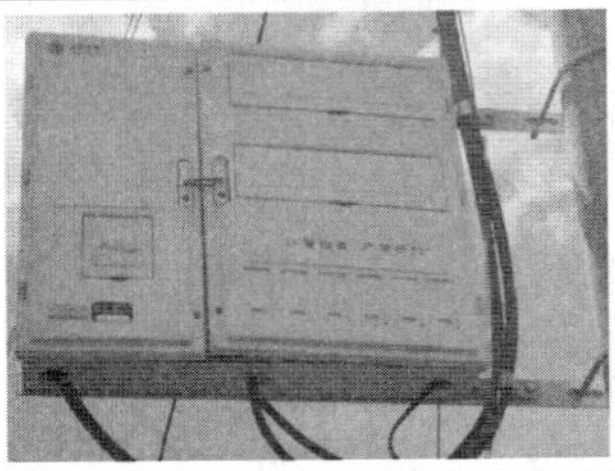

（续表）

项目名称	实训内容	实训要点、示意图
3. 电表箱中安装电能表	电表箱中安装单相电能表	 
	按要求配线：黄、绿、红分配需平衡	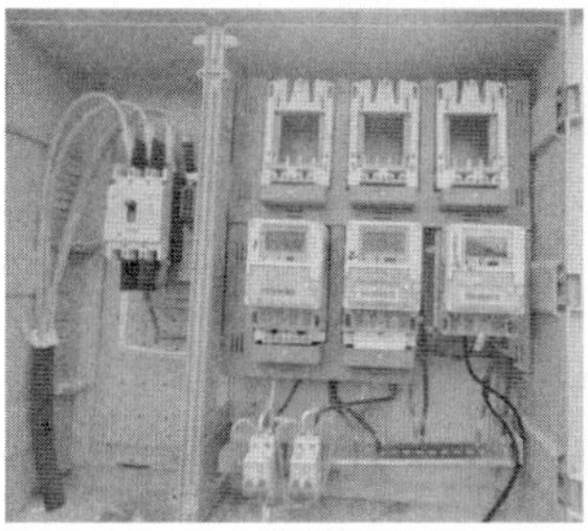
	安装注意	接地、接零端子排务必按要求配置在合适的位置

（续表）

项目名称	实训内容	实训要点、示意图
4. PVC进线管的安装	杯梳、锁扣	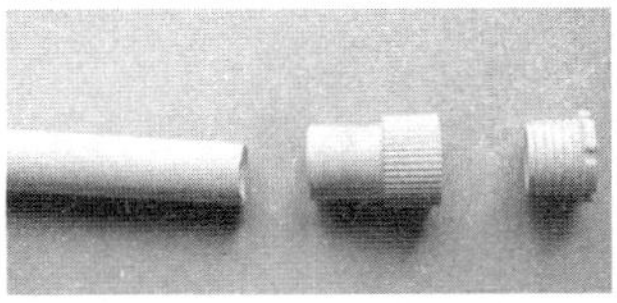
	PVC、杯梳、锁扣进箱	
	电表箱进线管的安装	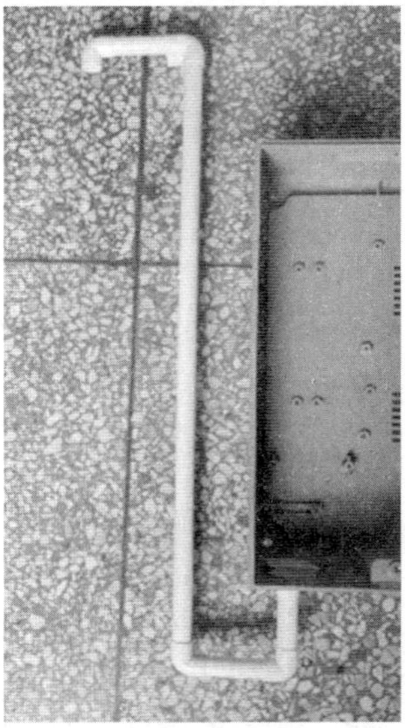
	电表箱出线管的安装	

（续表）

<table>
<tr><th>项目名称</th><th>实训内容</th><th colspan="4">实训要点、示意图</th></tr>
<tr><td></td><td colspan="3">最终效果</td><td colspan="2"></td></tr>
<tr><td rowspan="2">5. 照明配电箱的安装与配线</td><td colspan="3">照明配电箱的安装（和电表箱一样有暗装和明装两种）</td><td colspan="2">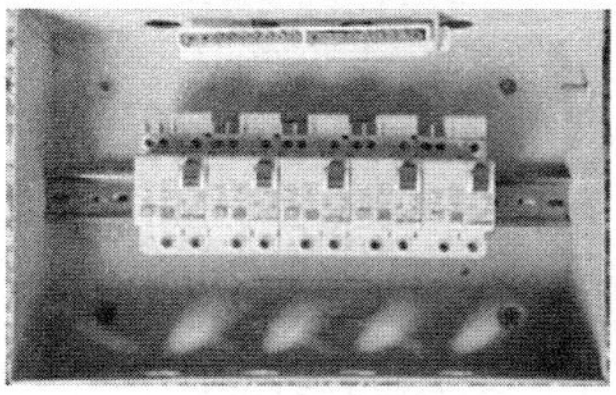</td></tr>
<tr><td colspan="3">安装接线效果（右侧黄绿线为接地线）</td><td colspan="2">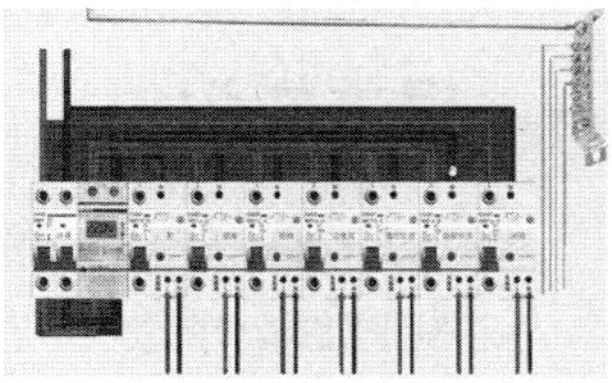</td></tr>
<tr><td rowspan="3">6. 7S管理</td><td>（1）现场归位</td><td>责任人</td><td></td><td>考核</td><td></td></tr>
<tr><td>（2）工具归位</td><td>责任人</td><td></td><td>考核</td><td></td></tr>
<tr><td>（3）仪表放置</td><td>责任人</td><td></td><td>考核</td><td></td></tr>
</table>

六、总结与反思

<table>
<tr><td rowspan="4">本节内容总结</td><td>本节重点</td><td></td></tr>
<tr><td>本节难点</td><td></td></tr>
<tr><td>疑问</td><td></td></tr>
<tr><td>思考</td><td></td></tr>
<tr><td>作业</td><td></td><td></td></tr>
<tr><td>预习</td><td></td><td></td></tr>
</table>

任务十三　安装直接接入式三相四线有功电能表

一、实训目标

学会三相四线机械表、电子式、导轨式、智能表的接线方法。

二、实训内容

三相四线机械表、电子式、导轨式、智能表的接线。

三、实训仪器、工具

三相四线机械表、电子式、导轨式、智能表、电工工具、导线。

四、相关知识

1. 三相四线电能表的简介

三相四线电能表主要由测量机构、补偿调整装置和辅助部件等构成。

三相四线电能表的工作原理与单相电能表的工作原理相同，只是为了实现对三相电能的测试。在结构上采用了多组驱动部件和固定在转轴上多个铝盘的方式。主要工作原理是电磁元件为分离结构，电压机芯采用整冲制的封闭型样片机芯，转动系统经过静平衡校准，其轴承是带有防震弹簧的双宝石结构，阻尼元件采用铝钴34磁钢，并用热磁合金片来做温度补偿。三相四线电能表通过电压、电流元件合成产生移动磁场，然后在其作用力下转动圆盘，通过圆盘转速正比于负载电流大小来实现电能计量功能。

2. 参数介绍

三相四线电能表参数规格主要是包括精度等级、参比电压、额定功率和电流规格4个方面。三相四线电能表可用来测量额定功率为50Hz或者60Hz的用电设备。精度等级可分为1级、0.5S级和0.2S级。精度等级越高，测量越准确，电能表的价格相应更贵。参比电压为3×57.7/100V、3×220/380V。基本电流参数规格可选择性较多，可分为1.5(6)A、5(20)A、10(40)A、15(60)A、20(80)A、30(100)A等。

三相四线电能表采购时需要根据使用场景和功能需求去选择对应参数，例如，写字楼、商场、别墅区等场景下，选择三相四线直通式电表即可，无须接入互感器，直接读取电量即可，电流规格匹配30(100)A，总线电流可达到300A，可以承受的功率就是114000W（300A×380V=114000W），足够上述场景使用。例如，DTZY1980，参比电压为3×220/380V，电流规格为5(60)A，精度为1S级。

反之，如果用电设备功率超过114000W的工业园区、生产车间、大型建筑等场景下，则需要选择带互感器的三相四线电能表。读取电量时需要乘以互感器的倍数，一般电流规格选择较多的是1.5(6)A，只要互感器的倍数符合就不受电流限制，不受功率限制。例如，江苏林洋DTZ71，参比电压为3×220/380V、3×57.7/100V，电流规格为1.5(6)A、0.3(1.2)A，精度为0.5S级或0.2S级。

电能表常数为1600r/kWh，表示电能表脉冲灯每闪烁1600次时，电能表计1度电。2400r/kWh表示转盘每转2400r，电能表计1度电。

3. 机械式三相四线电能表的读法

（1）如果三相四线电能表是最右边没有红色读数框的，则黑色读数框的都是整数，只是在最右边（即个位数）“计数轮”的右边带有刻度，这个刻度就是小数点后的读数；如果是带有红色读数框的，那么红色读数框所显示的就是小数。

（2）如果表输出是不带电流互感器的，那么表上显示的读数就是实际用电的计量读数。

（3）互感器如果不只绕一匝，那么实际用电量=互感器倍率/互感器匝数×实际读数。匝数，指互感器内圈导线的条数，不指外圈。

一般计量收费时，大多不计小数位的读数。

4. 三相四线电能表的电流说明

5(20)A电流括号前的电流值“5”称为标定电流，是作为计算负载基数电流值的，标定电流越小，电能表的启动电流就越小，电能表也就越灵敏。电能表的启动电流是标定电流的0.5%，如果标定电流是5A的电能表，那么电路中的电流只要高于0.025A电能表就开始计数，而低于这个数值的电能表不计数。括号内的电流“20”称为额定最大电流，是指电能表长期工作在误差范围内所允许通过的最大电流，电能表可在额定最大电流内工作，但不宜超过此电流长期使用。

电能表脉冲常数为3200r/kWh，在用电时电能表的脉冲指示灯将闪烁，当脉冲指示灯闪烁3200次时计数器个位数值将进一位，说明已经使用了1度电。

5. 三相电能表的规格型号

第一个字母：D表示电能表。

第二个字母：D表示单相、S表示三相三线有功、T表示三相四线有功。

第三个字母：S表示电子式、Y表示机电式预付费、F表示机电式多费率、M表示机电式脉冲、J表示机电式防窃电、H表示机电式电焊机、I表示机电式载波、D表示机电式多功能、Z表示最大需量。

第四个字母（一般表示功能）：D表示多功能、Y表示预付费、F表示复费率、I表示载波等。

第五个字母：F表示分时、Y表示分时和预付费。

最后一排数字为各制造厂设计序号（注册号），向全国电工仪器仪表标准化技术委员会申请型号注册，同一注册号不同技术特性的应区别编号或符号。

五、实训的内容和要点

具体的实训内容和实训要点见下表。

任务名称：安装直接接入式三相四线有功电能表　　　　编号：

项目名称	实训内容	实训要点、示意图
1. 准备工作	（1）安全性	① 三相电能表在出厂前已经过检查和认证，并带有铅标记密封，因此可以安装和使用。如果发现电能表带有无铅密封或存储位置已过期，请在安装和使用它之前要求相关部门重新校准它，以确保准确地测量。 ② 如果从原包装中取出电能表，发现内包装或外壳已损坏，请勿安装或打开电能表。请联系产品公司的技术服务部门。 ③ 建议将电能表安装在室内，选择干燥通风的地方。电能表的底板应安装在坚固、防火和防潮的墙壁上。建议电能表的安装高度约为1.8m，必须是垂直的，不能倾斜。 ④ 安装电能表时，请按照指定的相序（正常顺序）安装并更正接线图。接线盒内部的电线必须牢固固定，以防止连接器接触不良而烧坏接线盒。 ⑤ 在经常下雨的地方使用电能表时，必须在安装现场采取防雷措施。 ⑥ 电能表应安装在保护柜中。 ⑦ 三相校准器使用的负载必须在额定负载的5%～150%之内。例如，可以在2～75A的范围内使用50A功率计。 ⑧ 需要有经验的电工或专家来安装电能表。请务必阅读安装手册
	（2）测试物要求	负载连接导线绝缘良好
	（3）三相四线有功电能表完好	三相四线有功电能表工作正常、显示清晰，铭牌清晰、有计量合格证
	（4）三相四线电能表的一般选择	① 需要的负荷功率及主要负载类型：需要从使用负载类型及负荷功率做思考，确定所需电表、电流规格大小及预留空间。 ② 应用场合：不同的应用场合，对电能表的需求是不一样的。例如，商业用电可以选用基础计量+峰谷平功能就可。工厂用电还需要增加智能化功能，电站用电就需要更高精度等级的多功能智能表。 ③ 功能需求：功能需求包括有功、无功计量、多功能各象限无功计量等，还包括RS-485接口、远红外通信接口、modbus通信等需求。 ④ 品牌确定：电能表作为一个长期使用的计量仪表，使用寿命约为5～8年，确定好相应品牌不仅能满足现有的正常使用和系统的正常对接，还需预估后期电能表更换及系统升级的服务保障及售后技术支持
	（5）三相四线电能表电流与精度	① 如果是小型工厂、商业门面或居民建筑，这种场合的用电电压是200V/380V，如果电流在100A以下，则建议选择1.0级精度的三相电能表；

（续表）

项目名称	实训内容	实训要点、示意图
		如果用电设备有电动机，则需要选择1.0级精度的三相智能表，因为使用电动机的负荷，电量有损耗，普通电能表计量不出复杂的电量损耗波形。 ② 如果是大中型工厂的车间，电流一般都超过100A，则需要使用带电流互感器接入式电能表，三相智能表精度应达到0.5S级，这种场合的用电电压也是200V/380V。 ③ 如果是高供高计的用户，则应选择高压电能表，一般是三相三线制的，电压规格是3×100V，电流是1.5(6)A，精度需要达到0.5S级。 ④ 如果是发电厂变电站计量用户，则需要使用0.2S级的电能表，这种电能表称为关口电能表
	（6）三相电能表的规格型号	目前市场上使用的电能表有机械式和电子式两种。机械式电能表具有高过载、价格低等优点，但易受温度、电压、频率等因素影响；电子式电能表利用集成电路将采集到的电脉冲信号进行处理，具有精度高、线性好、工作电压宽等优点。 所以电子式电能表正逐步取代机械式电能表，以后选择电能表应优先选择电子式电能表。 ① 第一个字母D：表示电能表的意思； ② 第二个字母：S表示三相三线、T表示三相四线，三相三线一般是高压电表； ③ 第三个字母表示有功无功：S表示有功、Z表示智能、S表示电子式； ④ 第四个字母一般表示功能：D表示多功能、Y表示预付费、F表示复费率、I表示载波等。DSSD/DTSD开头的为三相电子式多功能电能表。 举例： DSZ/DTZ开头的为三相智能表； DSSX/DTSX开头的为三相有无功电能表； DSSY/DTSY开头的为三相预付费电能表； DSSF/DTSF开头的为三相复费率电能表； DSSI/DTSI开头的为三相载波电能表。 ⑤ 电流规格：1.5(6)A，10(40)A，10(60)A，5(20)A，0.3(1.2)A，20(80)A，15(60)A，30(100)A，1(2)A； ⑥ 电压规格：3×100V，3×57.7V，220V/380V
	（1）接线原则与完好检查	例如，DT-862型的三相四线电能表。其引出端有10个，其中1、4、7为电流线圈的首端，3、6、9为电流线圈的末端（1和3为U相，4和6为V相，7和9为W相）。 2、5、8为电压线圈的首端（相线），10（11号）为电压线圈的末端（零线）。 用万用表的欧姆挡可判断电压线圈和电流线圈的好坏，如电压线圈有约550Ω的阻值（测2-10，5-10，8-10），电流线圈阻值用万用表所测为零。 主线路的检查（断电检查） 1-2 3-4 5-6之间无连接片 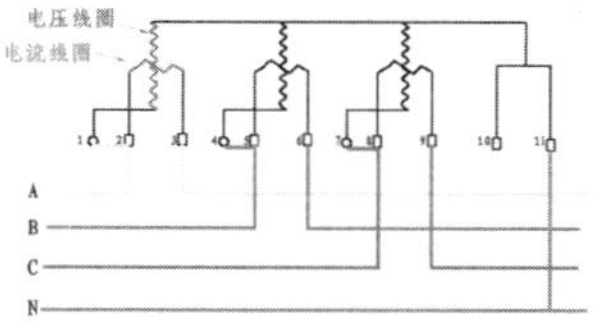 电压线圈 电流线圈 A B C N 1-2 3-4 5-6之间有连接片 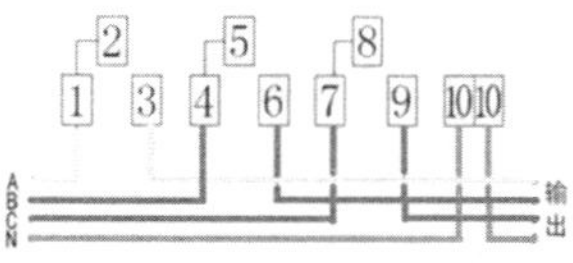 2 5 8 1 3 4 6 7 9 10 10 输入 A B C N 输出

（续表）

项目名称	实训内容	实训要点、示意图	
2. 三相四线机械式有功电能表直接接入的接线	（2）接线	表端子1、2短接，1端子先不压紧	
		表端子4、5短接，4端子先不压紧	
		表端子7、8短接，7端子先不压紧	
		接电源线L1（黄）至表的“1”号接线端子	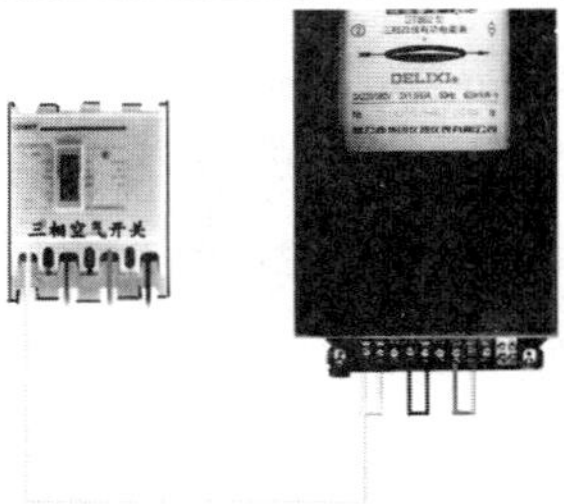

（续表）

项目名称	实训内容	实训要点、示意图	
		接电源线L2（绿）至表的“4”号接线端子	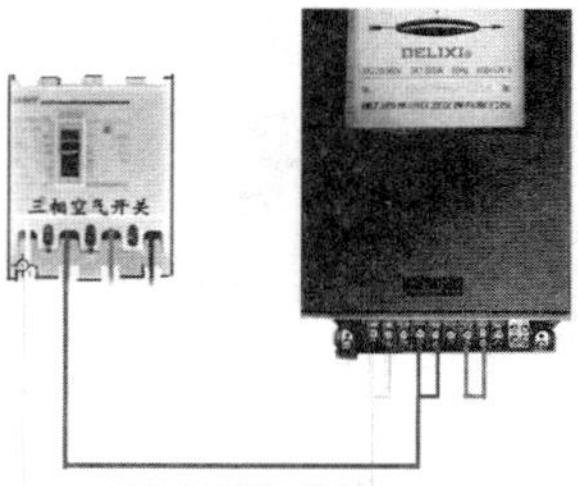 三相空气开关 DELIXI
		接电源线L3（红）至表的“7”号接线端子	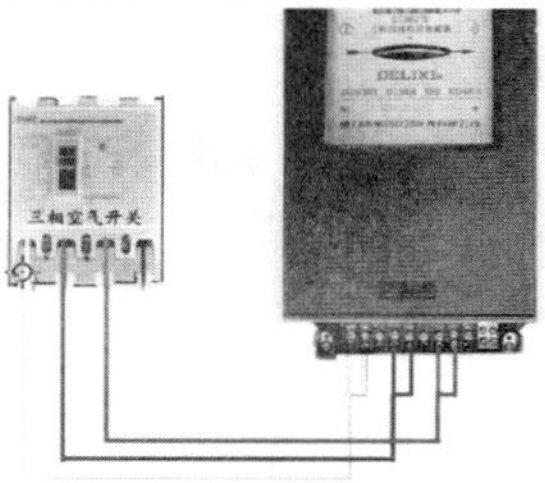 三相空气开关 DELIXI
		电源N线（蓝）输入至三相电能表的“10”号接线端子	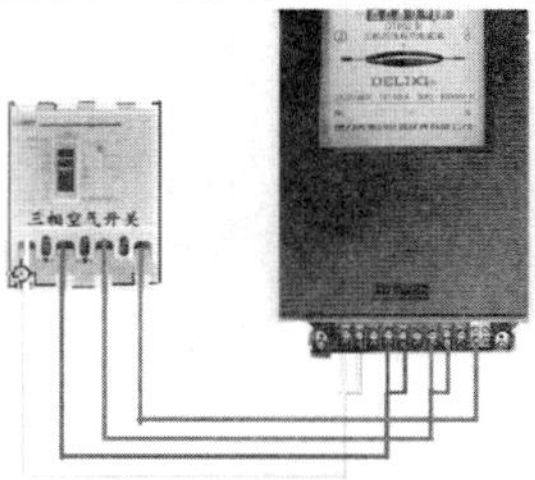 三相空气开关 DELIXI
		表的“3”号接线端子输出至小型断路器（黄）	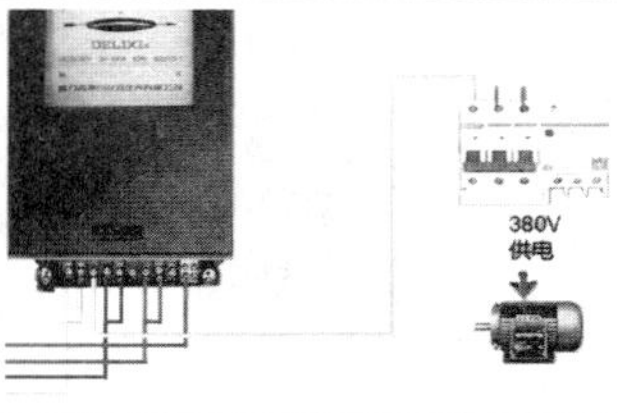 DELIXI 380V 供电
		表的“6”号接线端子输出至小型断路器（绿）	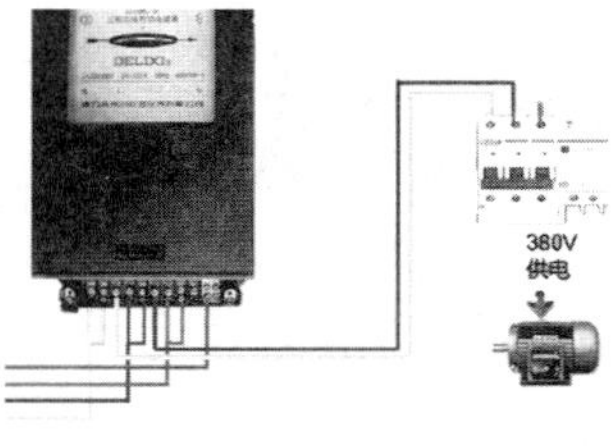 DELIXI 380V 供电
		表的“9”号接线端子输出至小型断路器（红）	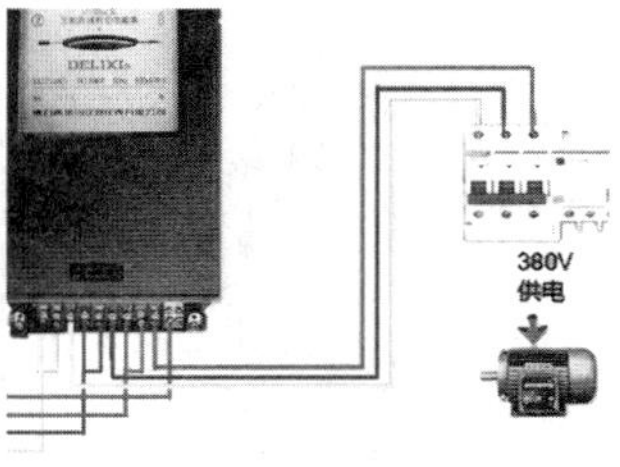 DELIXI 380V 供电

（续表）

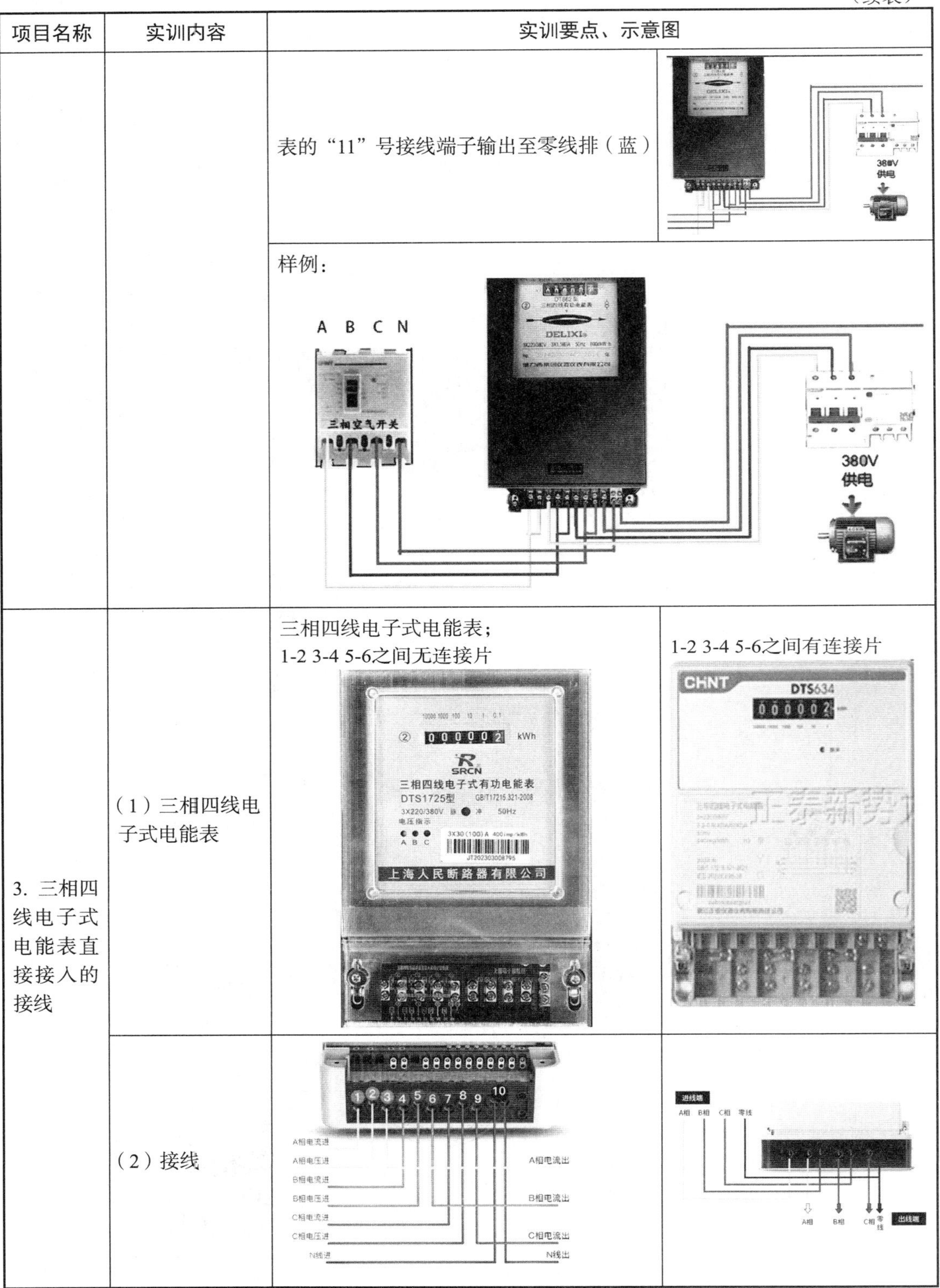

项目名称	实训内容	实训要点、示意图	
		表的“11”号接线端子输出至零线排（蓝）	
		样例：	
3. 三相四线电子式电能表直接接入的接线	（1）三相四线电子式电能表	三相四线电子式电能表； 1-2 3-4 5-6之间无连接片	1-2 3-4 5-6之间有连接片
	（2）接线		

（续表）

<table>
<tr><th>项目名称</th><th>实训内容</th><th colspan="2">实训要点、示意图</th></tr>
<tr><td></td><td></td><td>1-2 3-4 5-6之间无连接片接线，同机械式三相四线有功电能表接法一致</td><td>1-2 3-4 5-6之间有连接片，接线请参考上图的接线图接线</td></tr>
<tr><td rowspan="4">4. 导轨式三相四线有功电能表直接接入的接线</td><td>（1）电能表</td><td colspan="2">导轨式三相四线有功电能表及端子示意图：
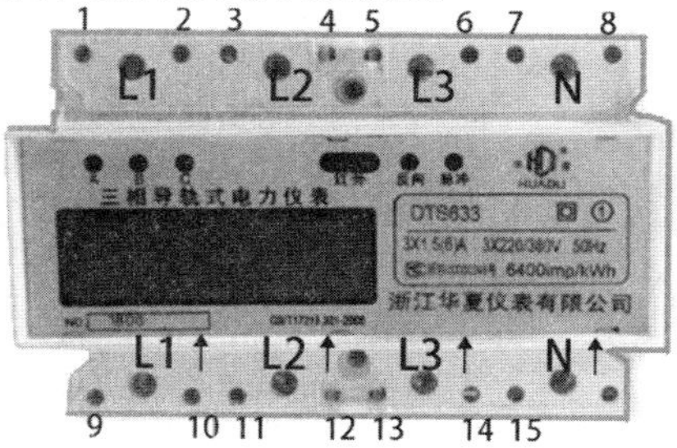

注意箭头指向。
直接接入的接线图：
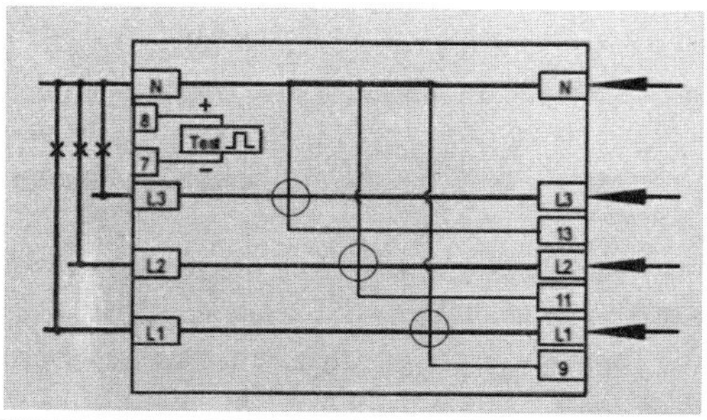
</td></tr>
<tr><td rowspan="3">（2）接线</td><td>电源线L1（黄）接至表端子L1</td><td>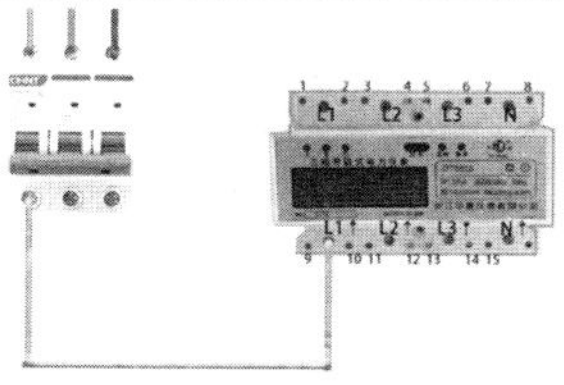</td></tr>
<tr><td>电源线L2（绿）接至表端子L2</td><td>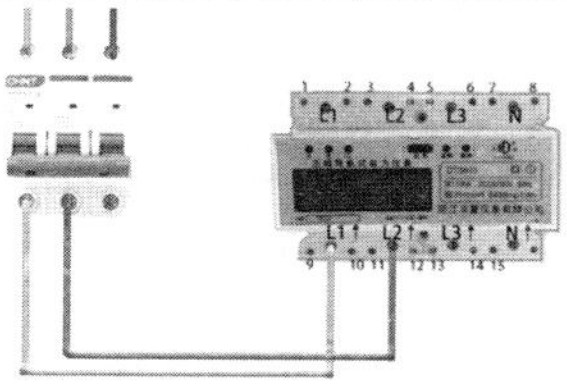</td></tr>
<tr><td>电源线L3（红）接至表端子L3</td><td>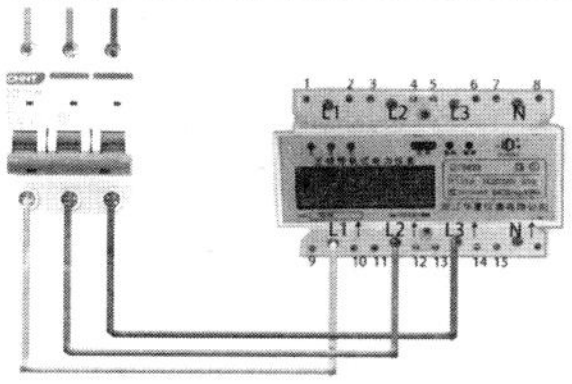</td></tr>
</table>

（续表）

项目名称	实训内容	实训要点、示意图	
		接电源线L1（黄）至表端子9	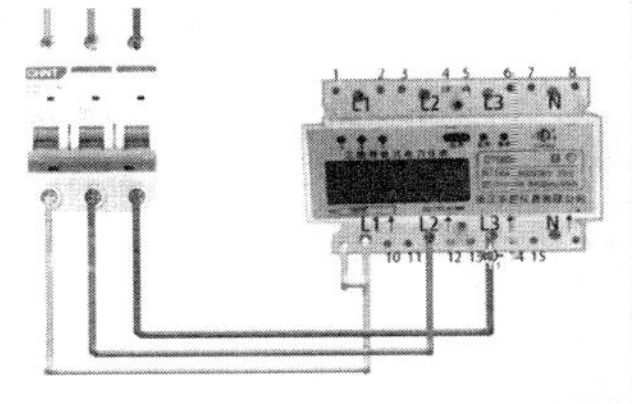
		接电源线L2（绿）至表端子11	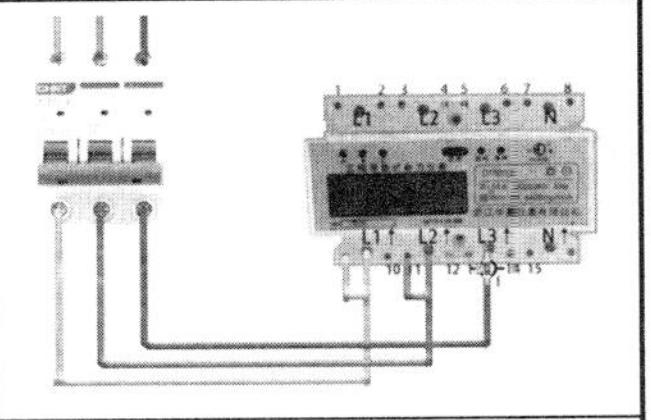
		接电源线L3（红）至表端子13	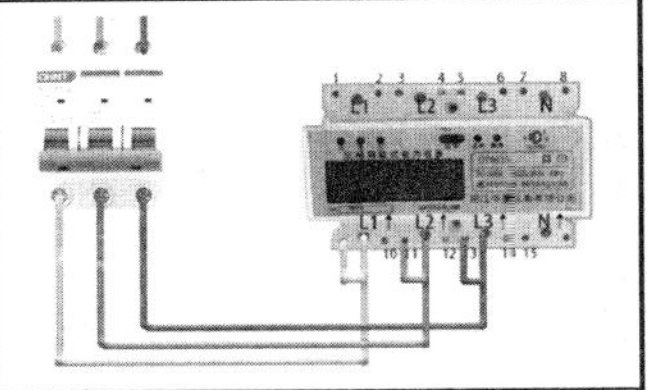
		接电源零线N进线	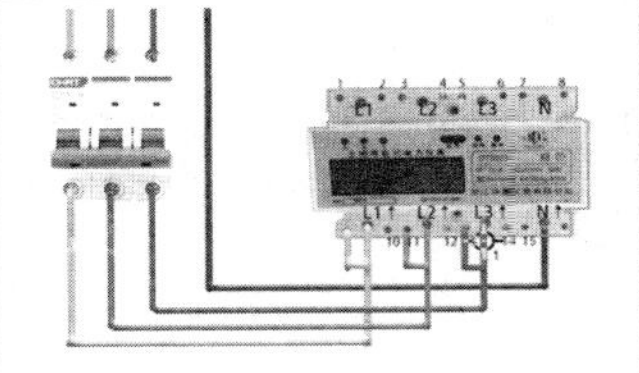
		接电源零线N出线	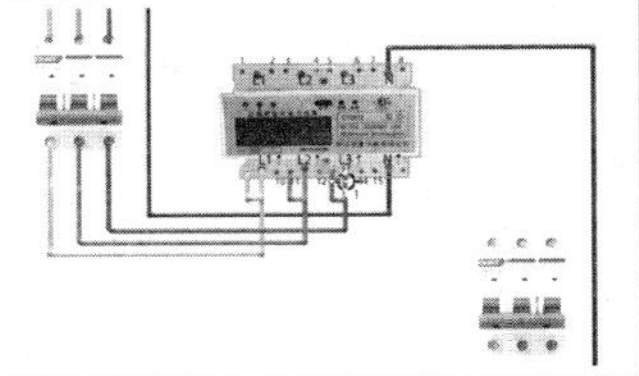
		输出黄线至小型断路器	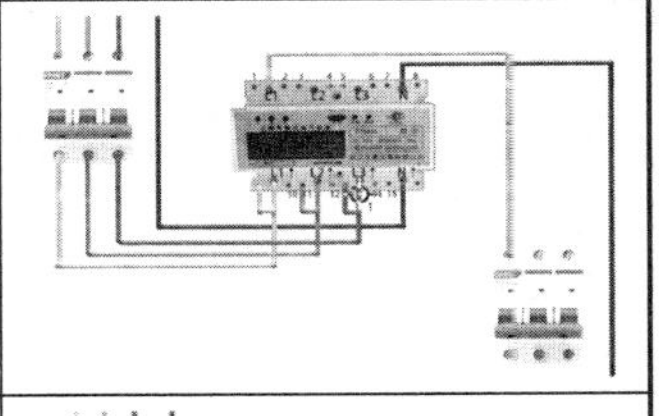
		输出绿线至小型断路器	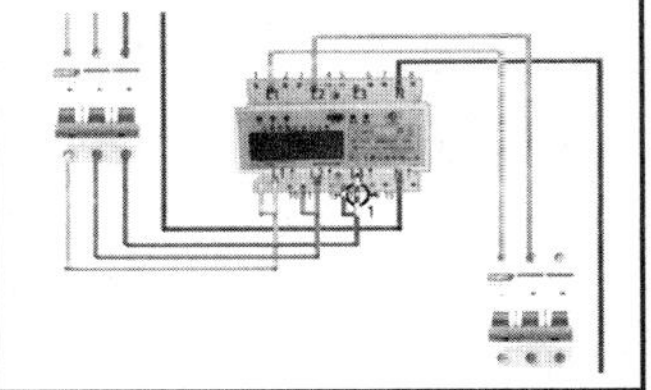

（续表）

项目名称	实训内容	实训要点、示意图	
		输出红线至小型断路器	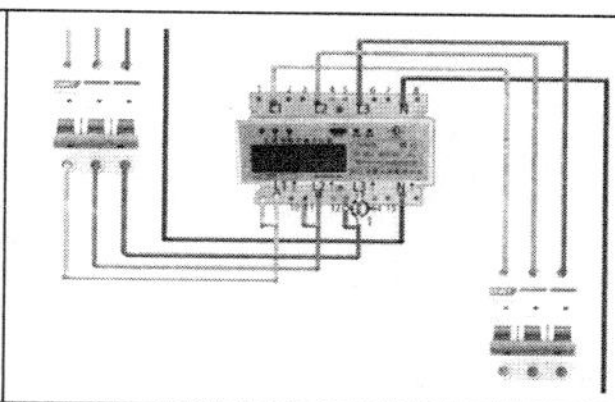
5. 三相四线智能电能表	（1）三相四线智能电能表	电源L1（黄）接到表的2号端子	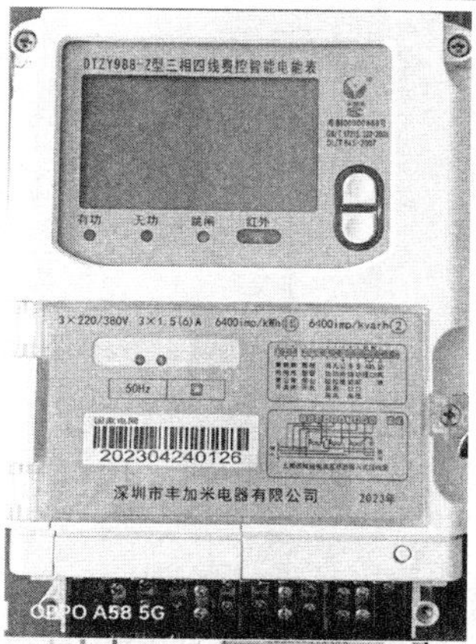 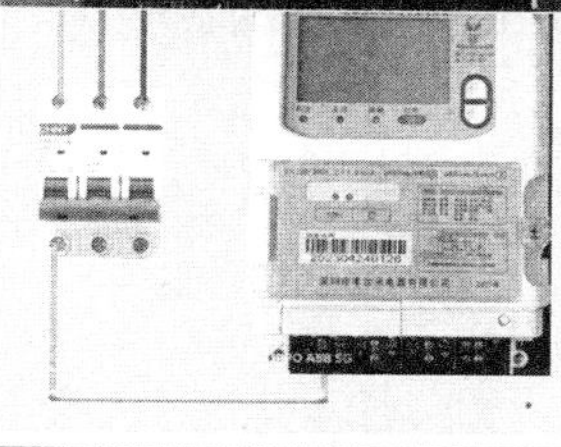 DTZY988-Z型三相四线费控智能电能表 有功 无功 跳闸 红外 3×220/380V 3×1.5(6)A 6400imp/kWh 6400imp/kvarh 50Hz 202304240126 深圳市丰加米电器有限公司 2023年 OPPO A58 5G
	（2）接线	表1号端子连接到表的2号端子	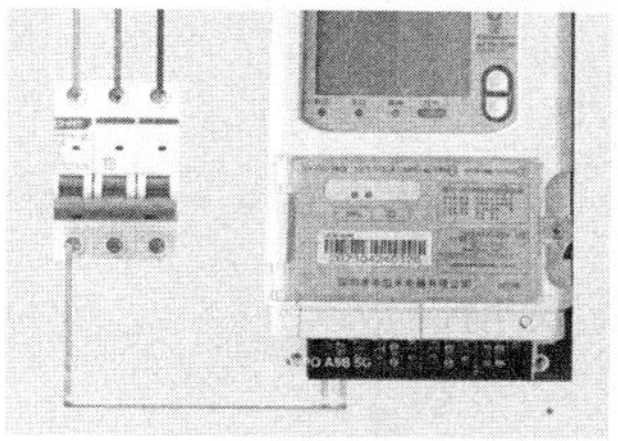
		电源L2（绿）接到表的5号端子	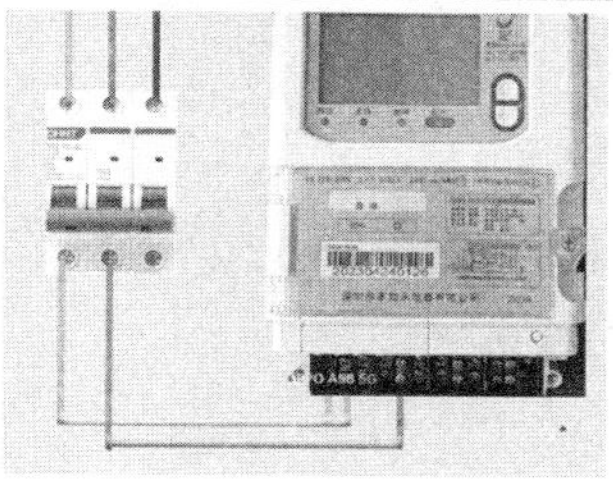

（续表）

项目名称	实训内容	实训要点、示意图	
		表4号端子连接到表的5号端子	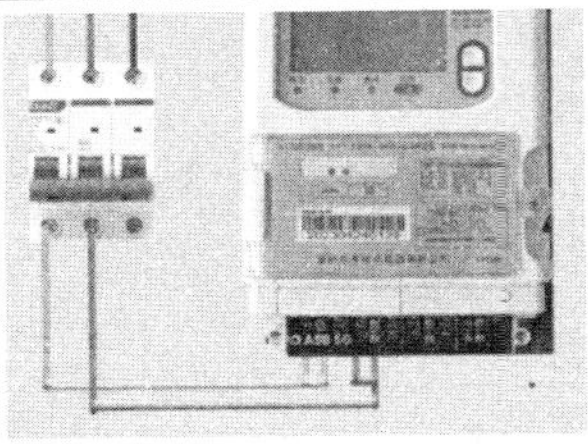
		电源L3（红）接到表的8号端子	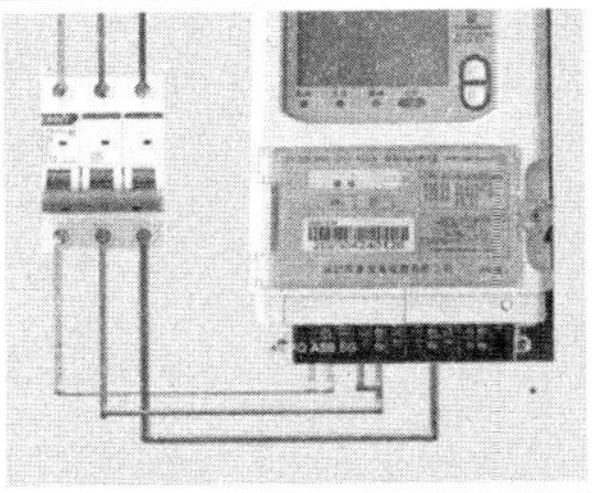
		表7号端子连接到表的8号端子	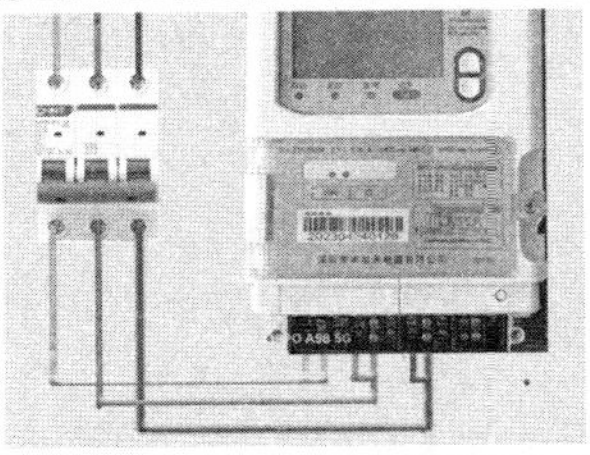
		零线（蓝）接到表的10号端子	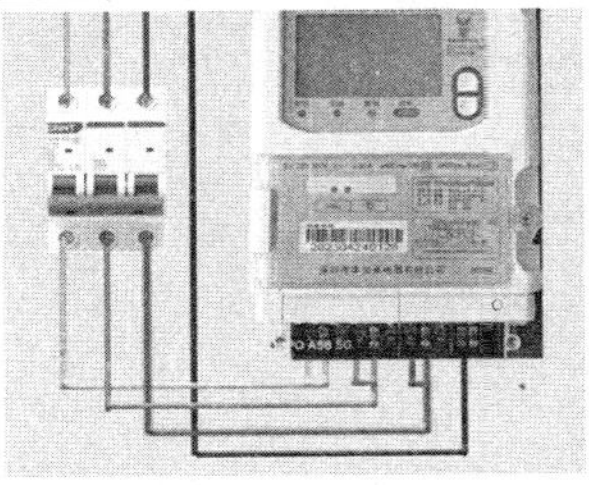
		表的3号端子（黄）输出到出线断路器	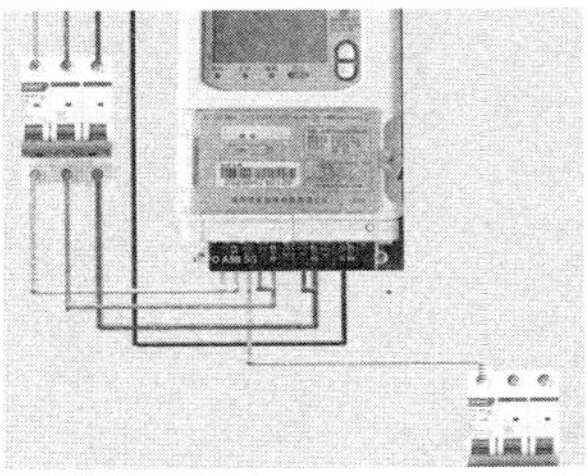
		表的6号端子（绿）输出到出线断路器	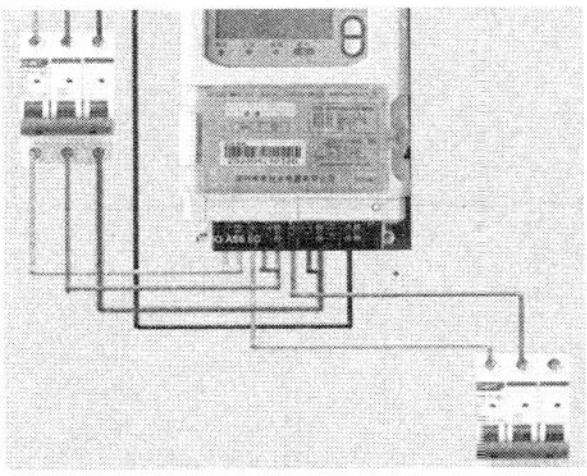

（续表）

项目名称	实训内容	实训要点、示意图			
		表的9号端子（红）输出到出线断路器			
		表的11号端子（蓝）输出			
		样例： 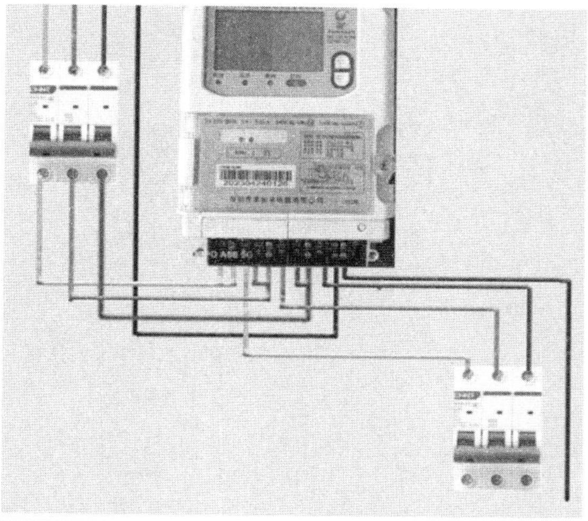			
	注意事项	1. 选择合适的电线规格：根据电流大小和线路长度，选择适当的电线规格。过小的电线可能导致传输损耗过大和线路过热。 2. 保持接线端子的清洁：定期清洁接线端子，以保证良好的接触，避免接触不良或接触电阻过大。 3. 防止接线松动：检查接线端子是否松动，如有松动及时加以固定，以免影响电能表的正常工作。 结论：三相互感器电能表是电力系统中重要的测量仪器，正确的接线方法对于保证电能表的准确度和稳定性至关重要			
6. 7S管理	（1）现场归位	责任人		考核	
	（2）工具归位	责任人		考核	
	（3）仪表放置	责任人		考核	

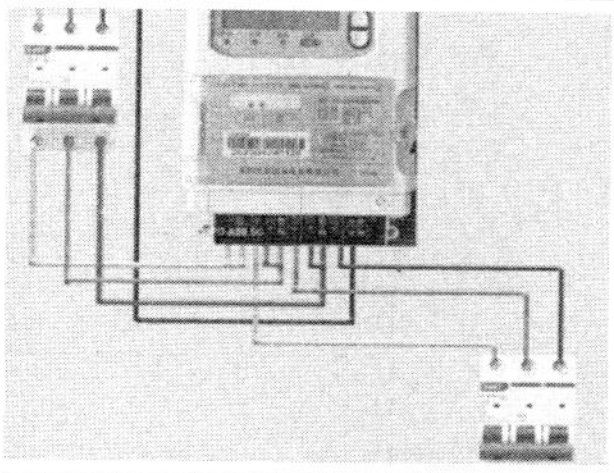

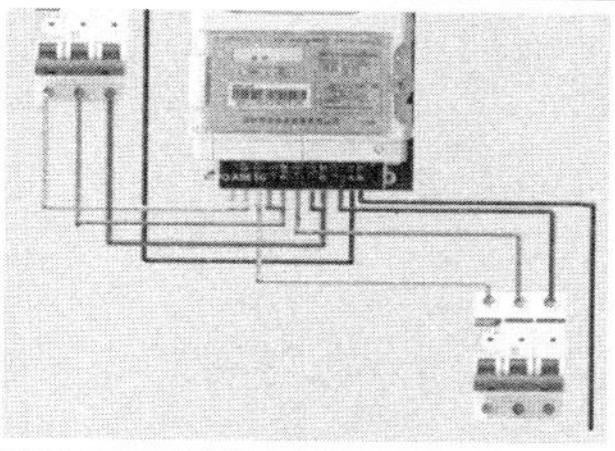

六、总结与反思

本节内容总结	本节重点	
	本节难点	
	疑问	
	思考	
作业		
预习		

任务十四　安装带互感器的三相四线有功电能表

一、实训目标

（1）掌握带互感器CT的机械式三相四线有功电能表接线方法。

（2）掌握带互感器CT的电子式三相四线有功电能表接线方法。

（3）掌握带互感器CT的导轨式三相四线有功电能表接线方法。

（4）掌握带互感器CT的智能三相四线有功电能表接线方法。

二、实训内容

（1）带互感器CT的机械式三相四线有功电能表接线。

（2）带互感器CT的电子式三相四线有功电能表接线。

（3）带互感器CT的导轨式三相四线有功电能表接线。

（4）带互感器CT的智能三相四线有功电能表接线。

三、实训仪器、工具

电工工具、机械式、电子式、导轨式、智能三相四线有功电能表、铅封。

四、相关知识

互感器的作用是将一次回路的高电压和大电流转变为二次回路标准的低电压（100V）和小电流（5A、1A），使测量仪表和保护装置标准化、小型化，并使其结构轻巧、价格便宜和便于屏内安装。使二次设备与高压部分隔离，且互感器二次侧均接地，保证设备和人身安全。

1. 电流互感器（CT）常见形式：单匝式贯穿式、单匝式母线式、单匝式套管式

单匝式 贯穿式

单匝式 母线式

单匝式 套管式

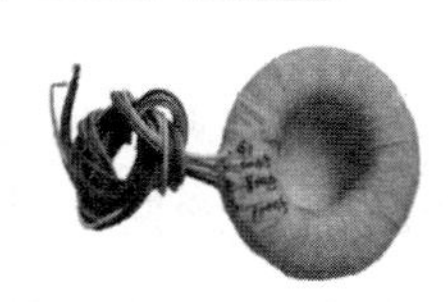

2. 电流互感器原理

（1）依据电磁感应原理，电流互感器是由闭合的铁芯和绕组组成的。

（2）它的一次绕组匝数很少，串联在被测线路中，因此它经常有线路的全部电流流过。

（3）二次绕组匝数比较多，串接在测量仪表和保护回路中。电流互感器在工作时，它的二次回路始终是闭合的，因此测量仪表和保护回路串联线圈的阻抗很小，电流互感器的工作状态接近短路。

3. 名称：CT　TA

图形符号：

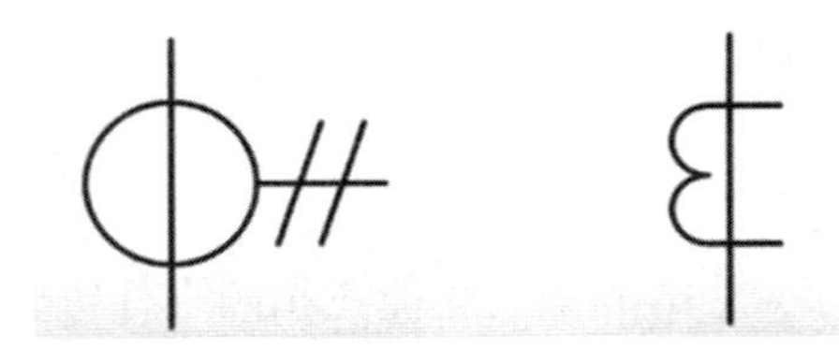

请注意穿线方向！

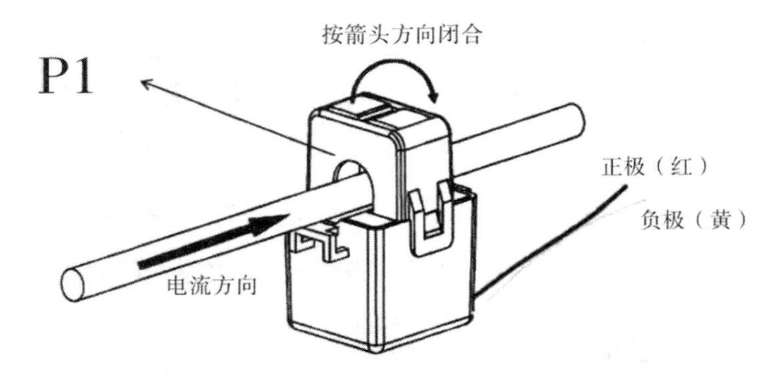

4. 德力西电流互感器铭牌如下：

LMZJ1(LMZ1)-0.5　0.5级

电流比300/5A　穿心1匝

5VA-3.75VA　0.5/3/-kV　50Hz

5. 电流互感器的精度

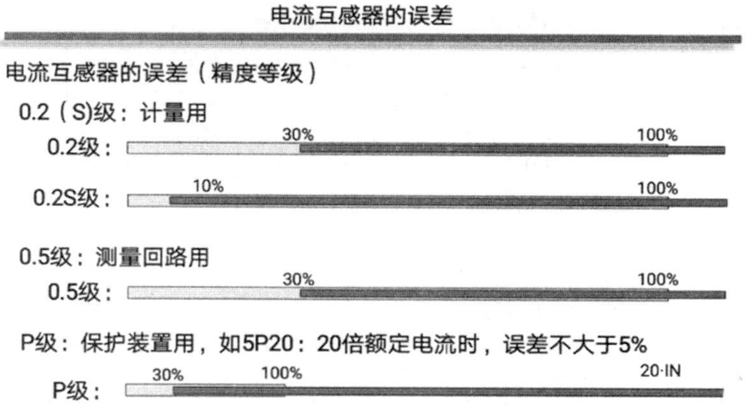

电流互感器的误差

电流互感器的误差（精度等级）

0.2（S)级：计量用

0.2级： 30% 100%

0.2S级： 10% 100%

0.5级：测量回路用

0.5级： 30% 100%

P级：保护装置用，如5P20：20倍额定电流时，误差不大于5%

P级： 30% 100% 20·IN

6. 电流互感器使用注意事项

（1）根据用电设备的实际选择，电流互感器的额定变比、容量、准确度等级及型号，应使电流互感器一次绕组中的电流运行在电流互感器额定电流的1/3～2/3。电流互感器经常运行在其额定电流的30%～120%，否则电流互感器的误差会增大。电流互感器的过负荷运行，电流互感器可以在1.1倍额定电流下长期工作，在运行中如发现电流互感器经常过负荷，应更换。一般允许超过CT额定电流的10%。

（2）电流互感器在接入电路时，必须注意电流互感器的端子符号和其极性。通常用字母L1和L2表示一次绕组的端子，二次绕组的端子用K1和K2表示。一般一次侧电流从L1流入、L2流出时，二次侧电流从K1流出经测量仪表流向K2（此时为正极性），即L1与K1、L2与K2同极性。

（3）电流互感器二次侧必须有一端接地，目的是防止其一次、二次绕组绝缘击穿时，一次侧的高压电传入二次侧，危及人身和设备安全。

（4）电流互感器二次侧在工作时不得开路。当电流互感器二次侧开路时，一次绕组电流全部被用于励磁。二次绕组感应出危险的高电压，其值可达几千伏甚至更高，严重地威胁人身和设备的安全。所以，运行中电流互感器的二次侧绝对不许开路，并注意接线牢靠，不许装接熔断器。

五、实训的内容和要点

具体的实训内容和实训要点见下表。

任务名称：　安装带互感器的三相四线有功电能表　　　　　　　　　　编号：

项目名称	实训内容	实训要点、示意图
1. 准备工作	（1）安全性	① 三相电能表在出厂前已经过检查和认证，并带有铅标记密封，因此可以安装和使用。如果发现电能表带有无铅密封或存储位置已过期，则在安装和使用它之前要求相关部门重新校准它，以确保准确地测量。 ② 如果从原包装中取出电能表，发现内包装或外壳已损坏。请勿安装或打开电能表。请联系产品公司的技术服务部门。 ③ 建议将电能表安装在室内，选择干燥通风的地方。电能表的底板应安装在坚固、防火和防潮的墙壁上。建议电能表的安装高度约为1.8m，必须是垂直的，不能倾斜。 ④ 安装电能表时，请按指定的相序（正常顺序）安装并更正接线图。接线盒内部的电线必须牢固固定，以防止连接器接触不良而烧坏接线盒。 ⑤ 在经常下雨的地方使用电能表时，必须在安装现场采取防雷措施。 ⑥ 电能表应安装在保护柜中。 ⑦ 三相校准器使用的负载必须在额定负载的5%～150%之内。例如，可以在2～75A的范围内使用50A功率计。 ⑧ 需要有经验的电工或专家来安装电能表。请务必阅读安装手册
	（2）测试物要求	负载连接导线绝缘良好
	（3）三柞四线有功电能表、互感器完好	三相四线有功电能表工作正常、显示清晰、铭牌清晰、有计量合格证。互感器完好
2. 三相四线机械式有功电能表+CT接线	（1）接线原则与完好检查	  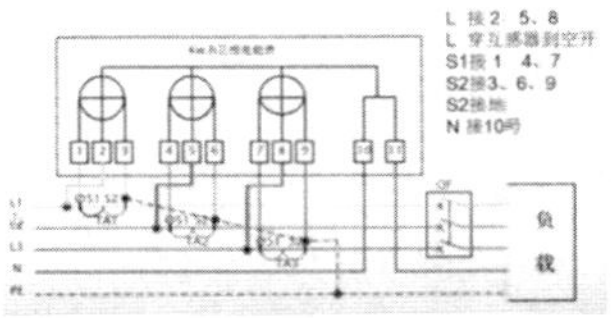 2、5、8、为电压信号表端子，它们与零线（N）表端子10、或11构成三个电压线圈回路L1、L2、L3穿三个互感器（注意P1进）。 1-3、4-6、7-9它们构成了三个电流线圈回路，电流从1、4、7表端子流进，从3、6、9表端子流出。它们通常用来接三个电流互感器。 互感器二次三个S2务必要可靠接地

（续表）

项目名称	实训内容	实训要点、示意图	
	（2）接线	电源断路器L1（黄）接到表端子2	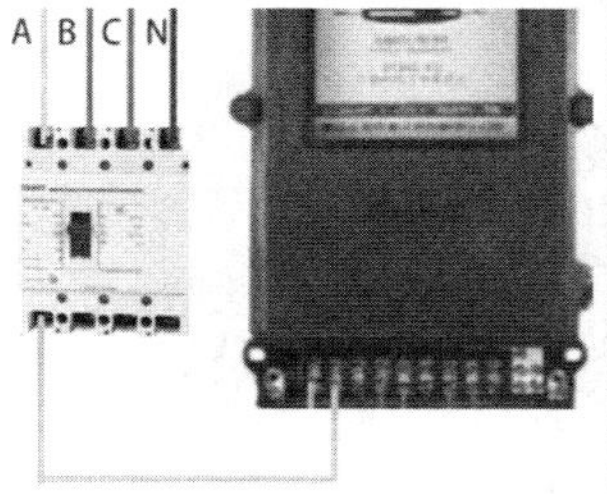 A B C N
		电源断路器L2（绿）接到表端子5	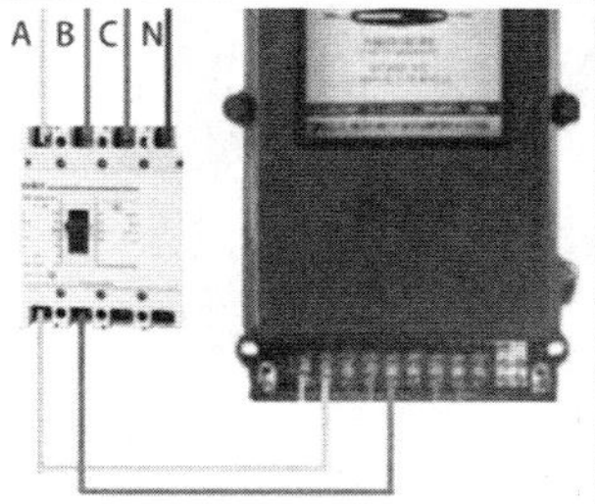 A B C N
		电源断路器L3（红）接到表端子8	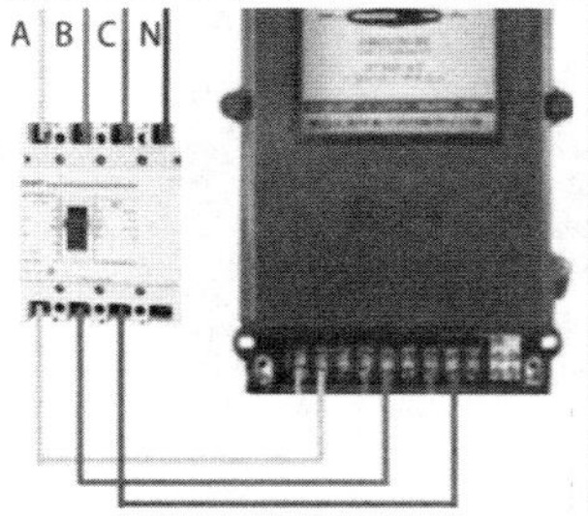 A B C N
		电源断路器N（蓝）接到表端子10	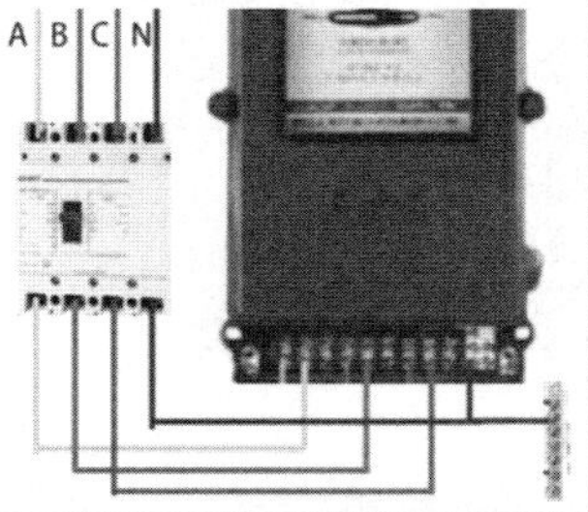 A B C N
		电源断路器L1（黄）穿CT1到出线断路器	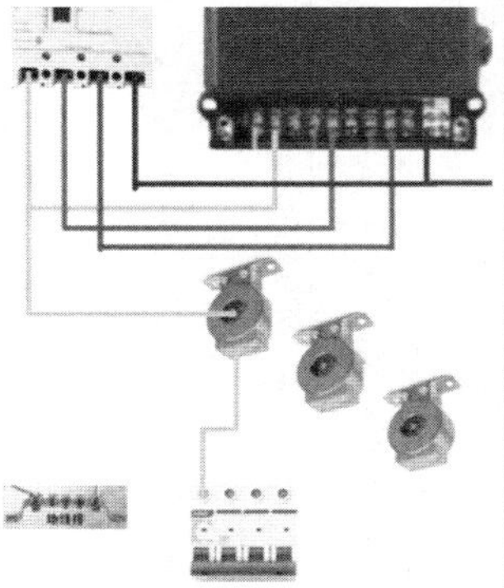

（续表）

项目名称	实训内容	实训要点、示意图	
		电源断路器L2（绿）穿CT2到出线断路器	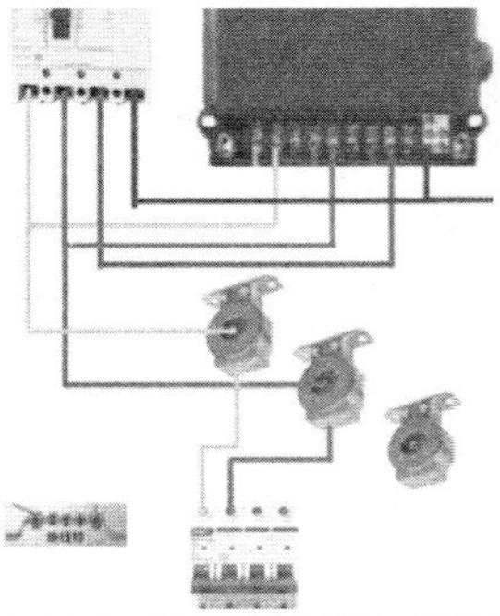
		电源断路器L3（红）穿CT3到出线断路器	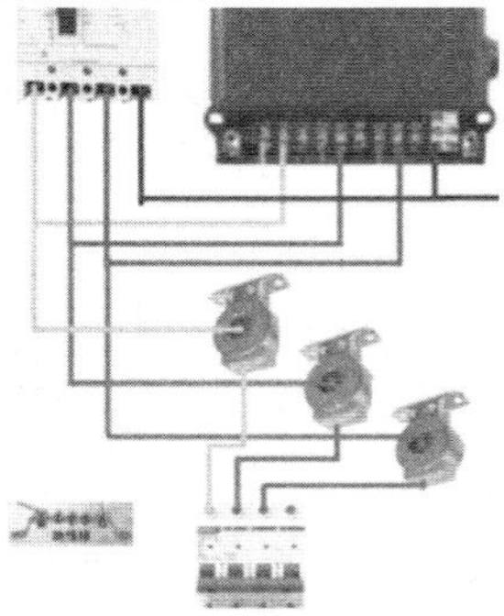
		CT1 K1接到表端子1	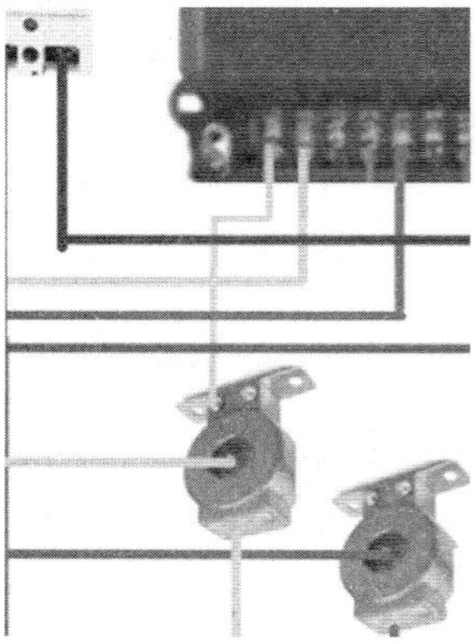
		CT1 K2接到表端子3	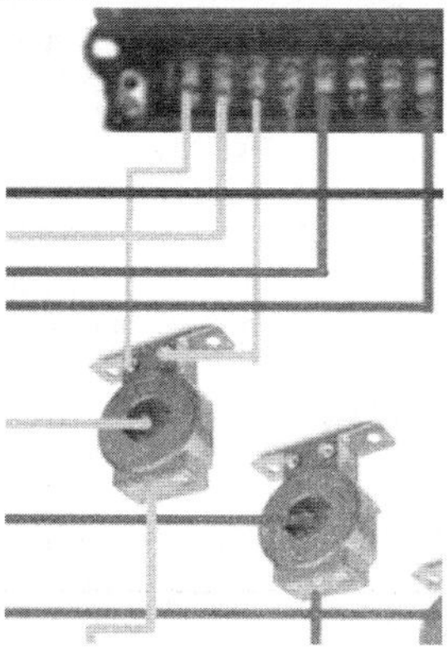

（续表）

项目名称	实训内容	实训要点、示意图	
		CT2 K1接到表端子4	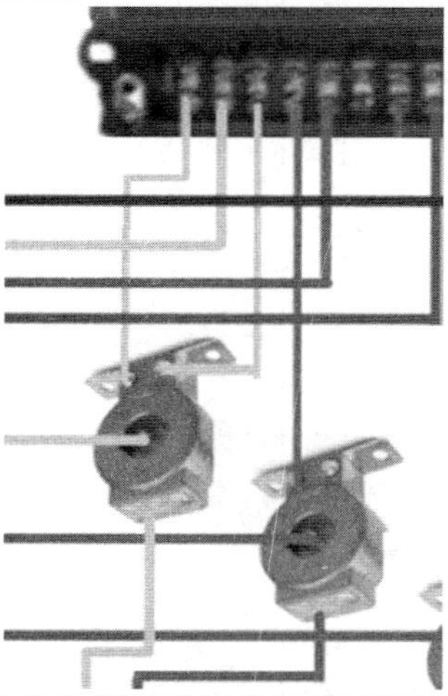
		CT2 K2接到表端子6	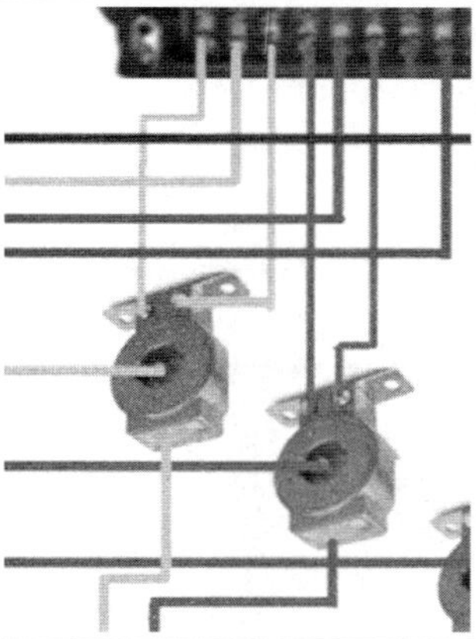
		CT3 K1接到表端子7	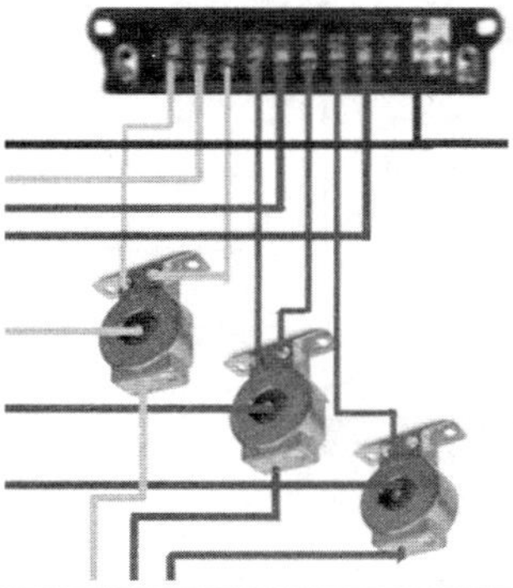

（续表）

项目名称	实训内容	实训要点、示意图
		CT3 K2接到表端子9 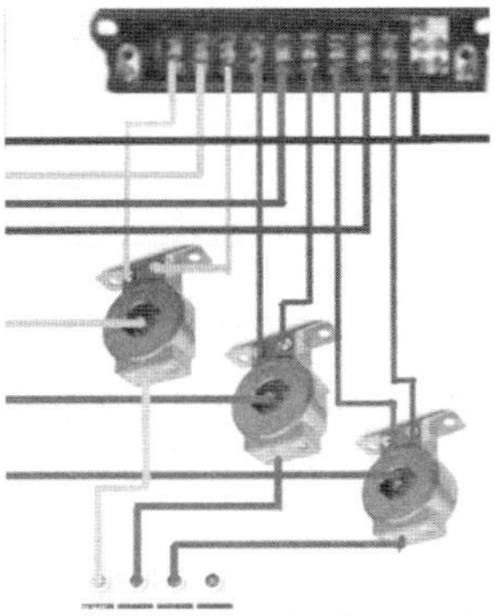
		CT1 K2到CT2 K2到CT3 K2到接地（黑色点是三个CT的K2，连接到一起） 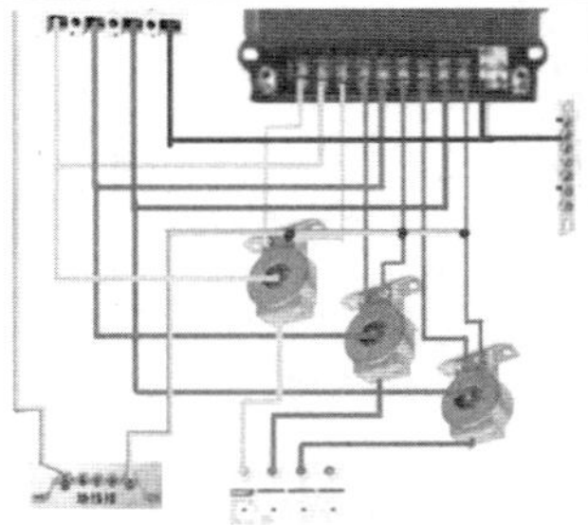
		零线排接到出线断路器 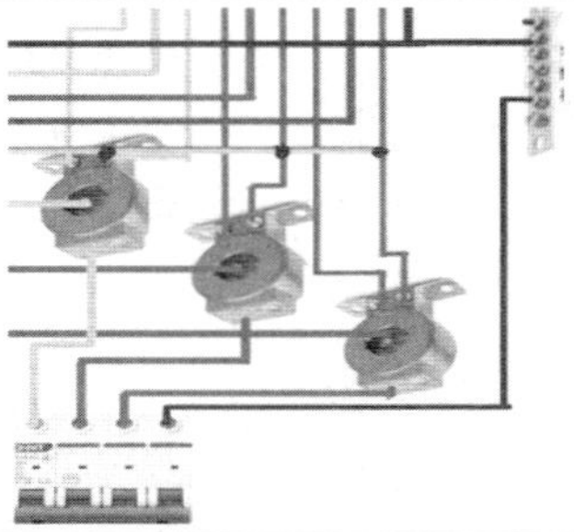
		样例 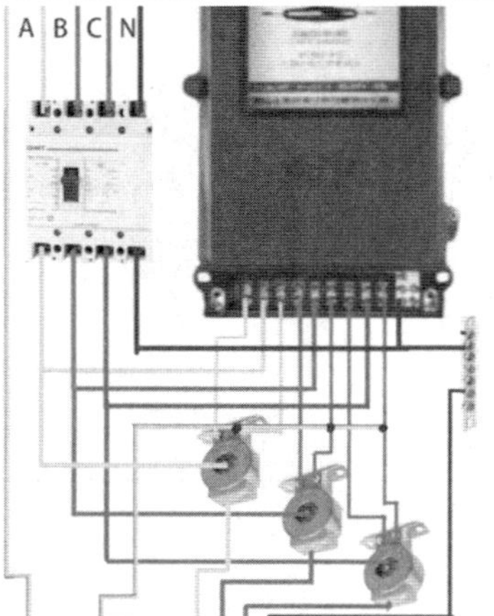

（续表）

项目名称	实训内容	实训要点、示意图
3. 三相四线电子式电能表+CT的接线	（1）准备好三相四线电子式电能表及三个CT	三相四线电子式电能表 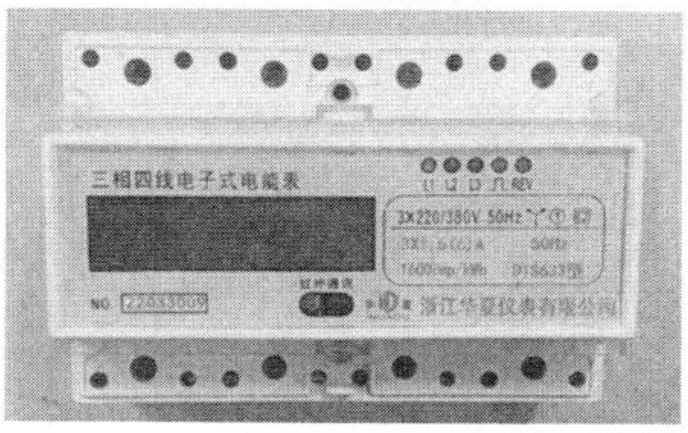 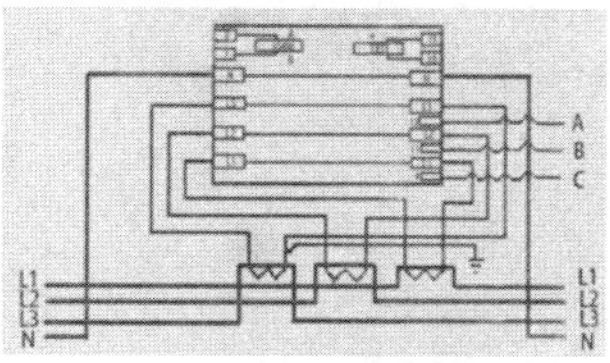
	（2）接线	电源线L1（黄）、L2（绿）、L3（红）穿CT1、CT2、CT3，零线、接地线配好。 注意：图中3个CT接线柱均为左侧S1，右侧S2 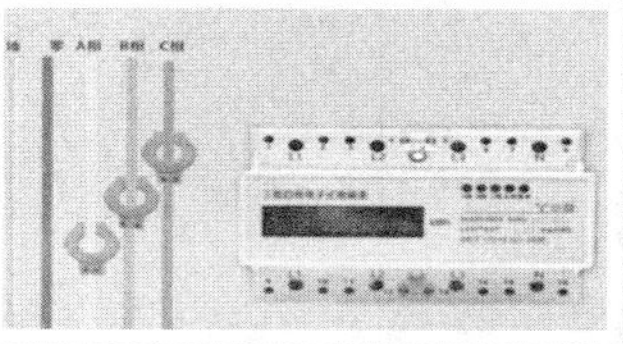
		电源线L1（黄）连接到表的9号端子 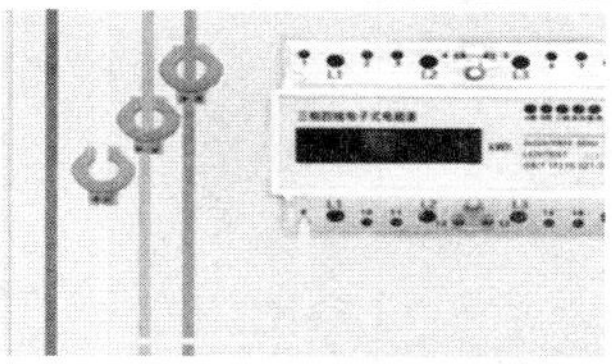
		电源线L2（绿）连接到表的11号端子 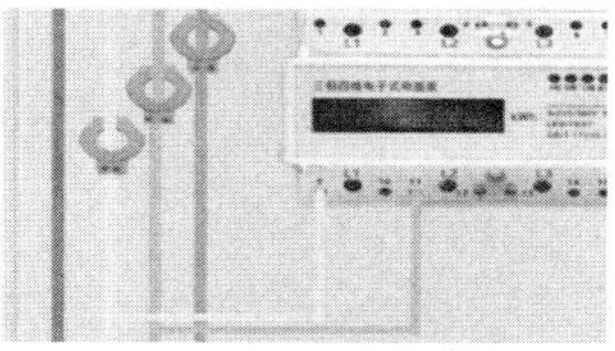
		电源线L3（红）接到表的13号端子 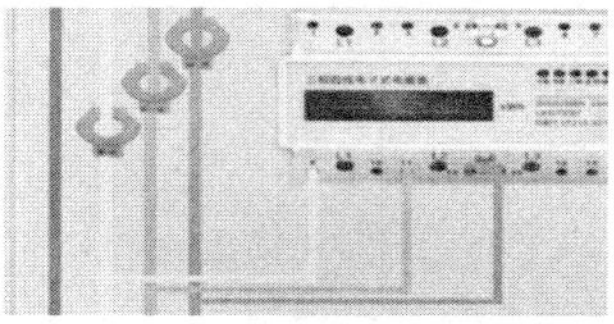
		CT1-S1接到表下方的L1端子 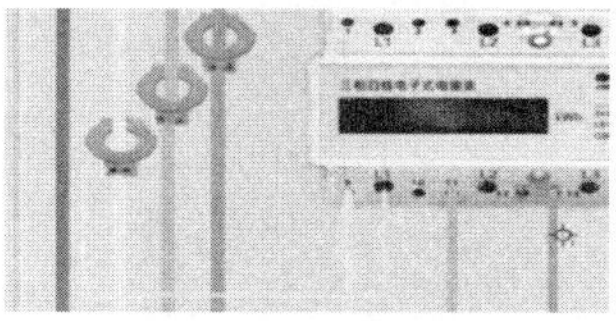
		CT1-S2接到表上方的L1端子 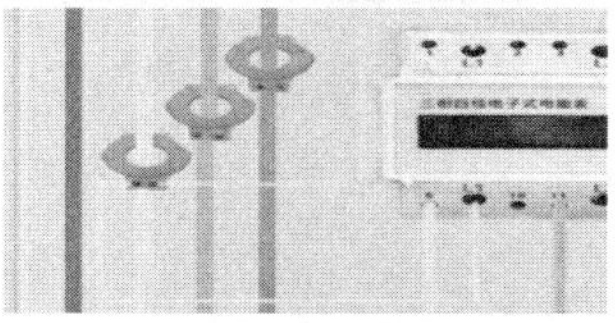

（续表）

项目名称	实训内容	实训要点、示意图	
		CT2-S1接到表下方的L2端子	
		CT2-S1接到表上方的L2端子	
		CT3-S1接到表下方的L3端子	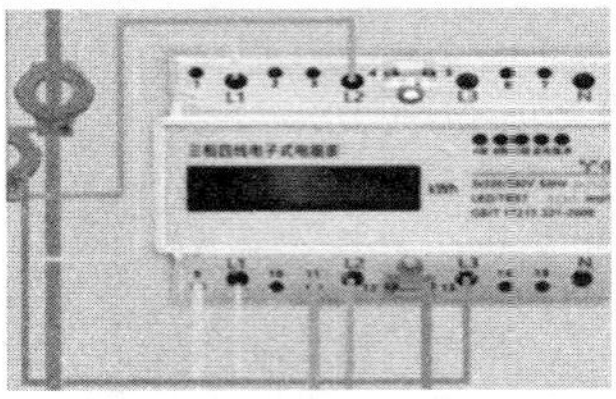
		CT3-S2接到表上方的L3端子	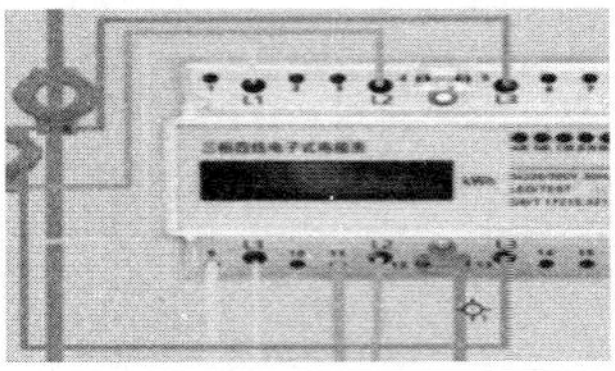
		CT1 K2 到CT2 K2到CT3 K2到接地	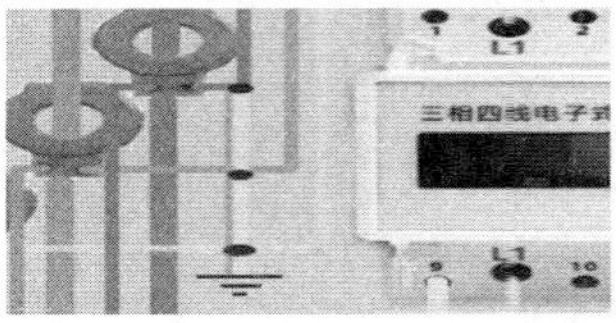
		零线从下方N进，上方N出	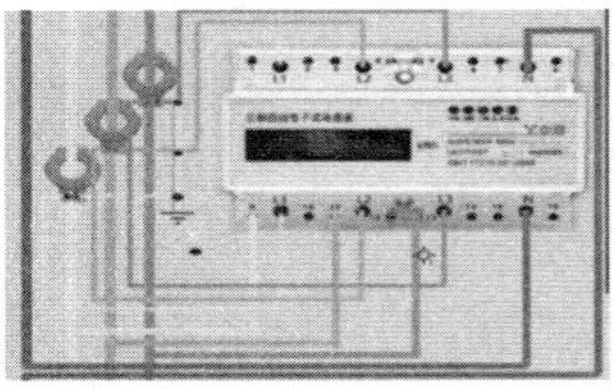

（续表）

项目名称	实训内容	实训要点、示意图
		样例： 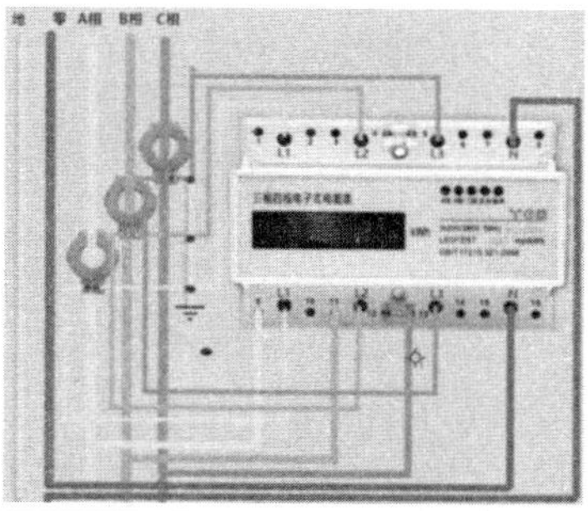
4. 三相四线导轨式电能表+CT的接线	三相四线导轨式电能表+CT的接线同三相四线电子式电能表的接线。请参考本任务前面内容	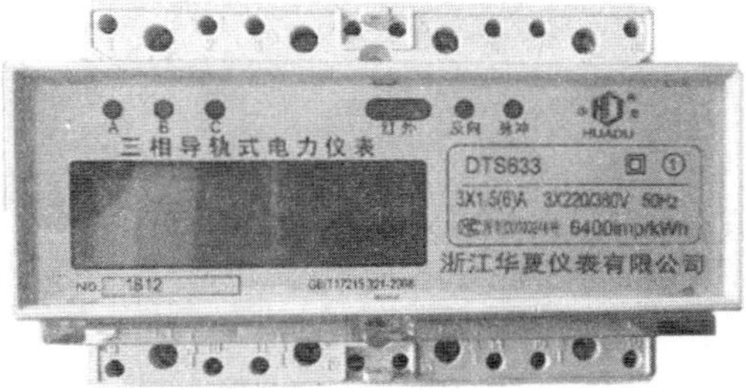 A B C 三相导轨式电力仪表 DTS633 3X1.5(6)A 3X220/380V 50Hz 6400imp/kWh 浙江华夏仪表有限公司 NO. 1812
		DTS633三相四线导轨式电能表的接线图 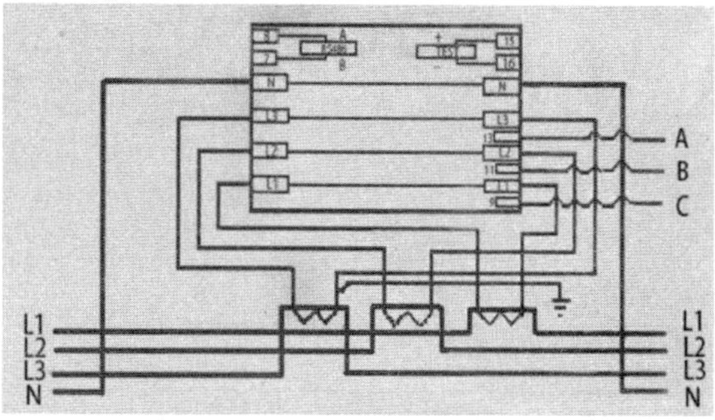 A B C L1 L2 L3 N
5. 智能表的接线	智能表的接线同三相四线机械式电能表+CT的接线。请参考本任务前面内容。	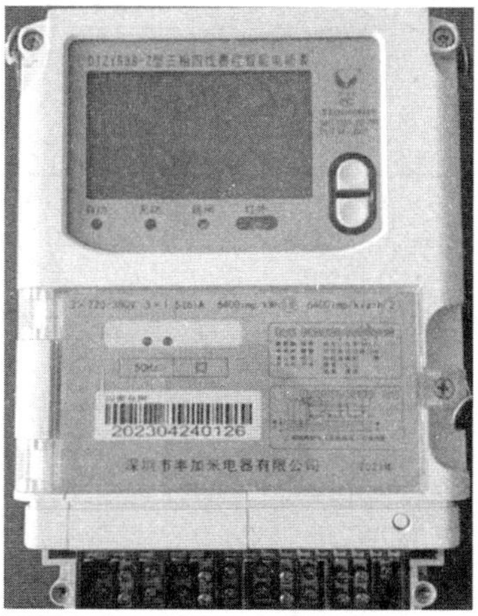 2023042401 26

（续表）

项目名称	实训内容	实训要点、示意图			
		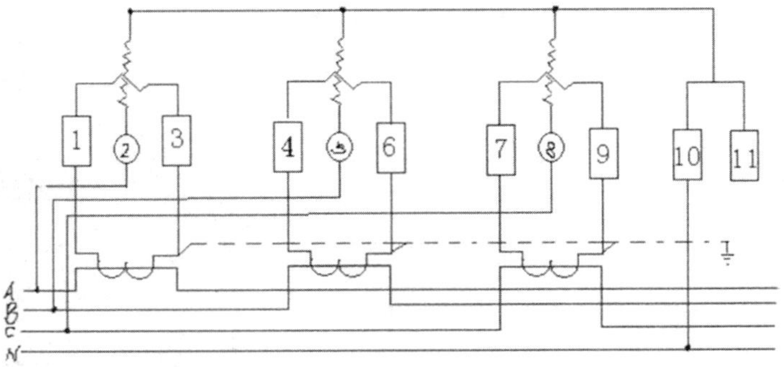			
	样例	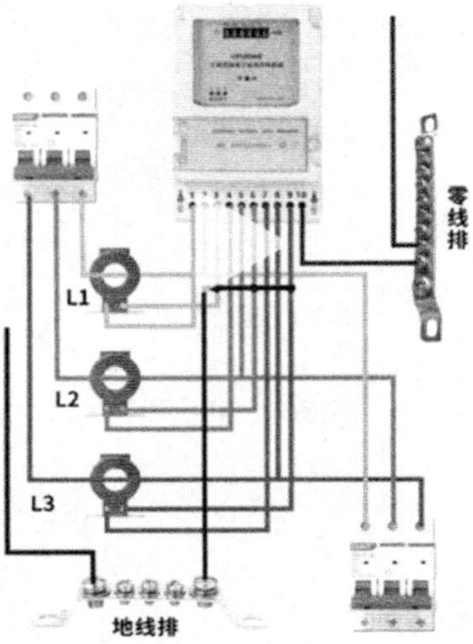			
6. 7S管理	（1）现场归位	责任人		考核	
	（2）工具归位	责任人		考核	
	（3）仪表放置	责任人		考核	

六、总结与反思

本节内容总结	本节重点	
	本节难点	
	疑问	
	思考	
作业		
预习		

任务十五　为 4kW 三相负荷安装三相四线有功电能表

一、实训目标

（1）学会为4kW三相负荷安装三相四线有功电能表的接线方法。

（2）学会为4kW三相负荷安装CT+三相四线有功电能表的接线方法。

二、实训内容

（1）为4kW三相负荷安装三相四线有功电能表接线。

（2）为4kW三相负荷安装CT+三相四线有功电能表接线。

三、实训仪器、工具

万用表、纱手套、验电笔、三相四线有功电能表、CT、常用电工器具，4kW三相交流异步电动机。

四、相关知识

基本要求

（1）电能表的额定电压应与电源电压一致，额定电流应查看电能表铭牌。

（2）要按正相序接线，三相四线有功电能表的零线必须入表，火线、零线不得接反。

（3）电流互感器一次侧额定电流应满足负载额定电流的需要，电流互感器的变化应相同，K2端应接地或接零，为便于接线应选LQG型的，精度应不低于0.5级。电流互感器的极性要连接正确，不能接反。

（4）电流互感器二次侧应使用绝缘铜导线，中间不得有接头。截面：电压回路不小于1.5mm^2，电流回路不小于2.5mm^2，次线按一次侧负荷电流选择。

（5）二次线应排列整齐，两端应穿戴有回路标记和编号的“标志头”。

（6）当计量电流超过250A时，其回路要用专用端子接线，各相导线在专用端子上排列整齐，自上而下、或自左至右为U、V、W、N。

（7）DT型三相四线有功电能表，可对三相四线对称或不对称负载做有功电量的计量；而DS型三相四线有功电能表，仅可对三相三线对称或不对称负载做有功电量的计量。

（8）熔断器接负载侧。

（9）电能表的金属外壳应接地。

（10）三相四线有功电能表接地端钮必须可靠接地或接零。必须安装尾盖，加装铅封。

五、实训的内容和要点

具体的实训内容和实训要点见下表。

任务名称：为4kW三相负荷安装三相四线有功电能表　　　　　　编号：

项目名称	实训内容	实训要点、示意图
1. 准备工作	（1）安全性	在安装、维护电能表时，操作安全应当始终放在首位。 ① 安全用具佩戴齐全，仔细检查工具完好，必要时应设监护人。 ② 工作中不得用手掰或使用钳子等利器触碰表件内部元件。 ③ 表箱进出线必须加装绝缘PVC套管保护。 ④ 禁止非授权人员擅自拆卸、更换电缆线路。 ⑤ 工作期间，禁止在带电情况下进行操作。 ⑥ 表箱进线不应有破口或接头。 ⑦ 二级漏电保护器和电能表之间必须加装隔板
	（2）测试物要求	负载电机符合安全规定
	（3）三相四线有功电能表完好	三相四线有功电能表完好，工作正常，字符显示清晰，接线端子无锈迹，接触面接触良好，端子排盖板无变形，铅封口完好
	（4）安装的技术要求	请参照本任务的相关知识
2. 三相四线有功电能表安装步骤	（1）表箱中固定电能表	同上个任务
	（2）电源-电表箱PVC管线安装	按规范要求安装电表箱PVC管线，横平竖直。请参考绝缘线穿套管进户电表箱安装及配线的要求来配管
	（3）电源进线至电表箱三相四线有功电能表（请参考任务十三）	根据用户用电总负荷情况，合理配置电源进线、电能表导线截面 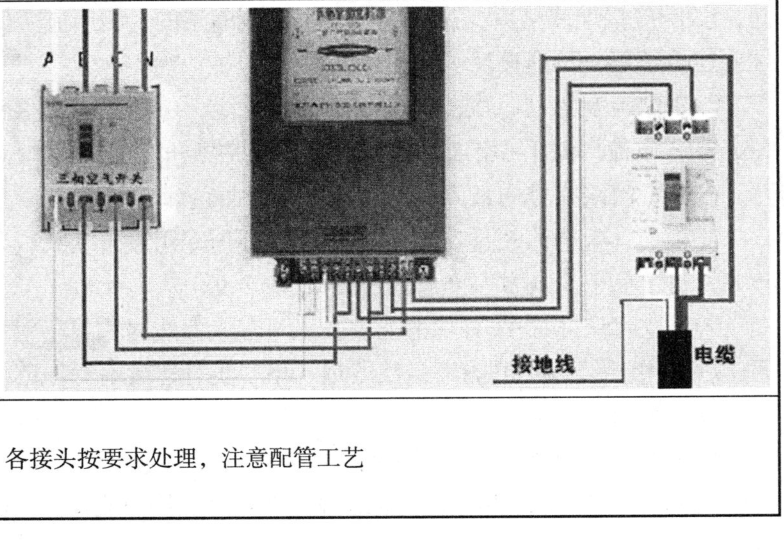
	（4）电表箱至电气控制箱配PVC管	各接头按要求处理，注意配管工艺

（续表）

项目名称	实训内容	实训要点、示意图	
	(5)电气控制箱配线	进线电缆L1（黄）连接到总进线断路器，断路器L1（黄）出连接到1、2、3动力出线断路器	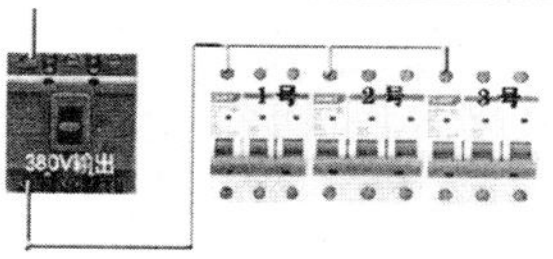
		断路器L1（黄）出连接到4照明出线断路器	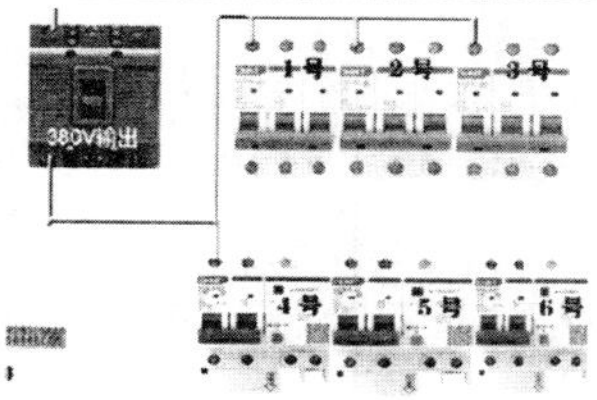
		进线电缆L2（绿）连接到总进线断路器，断路器L2（绿）出连接到1、2、3动力出线断路器	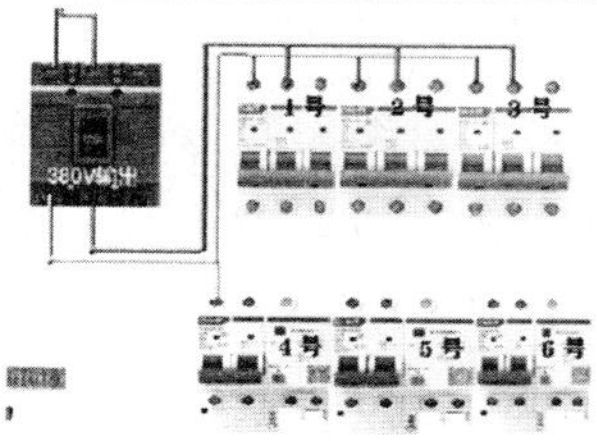
		断路器L2（绿）出连接到5照明出线断路器	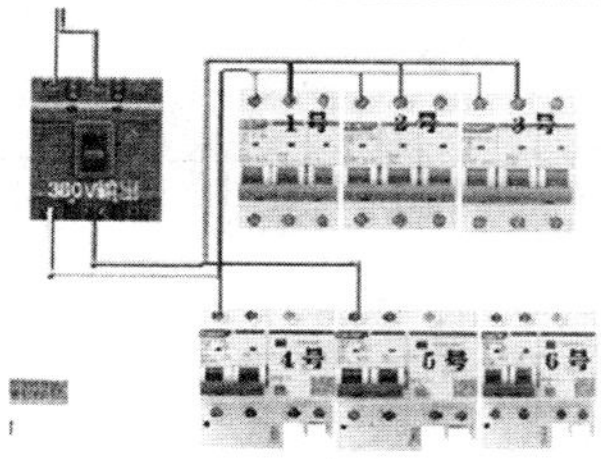
		进线电缆L3（红）连接到总进线断路器，断路器L3（红）出连接到1、2、3动力出线断路器	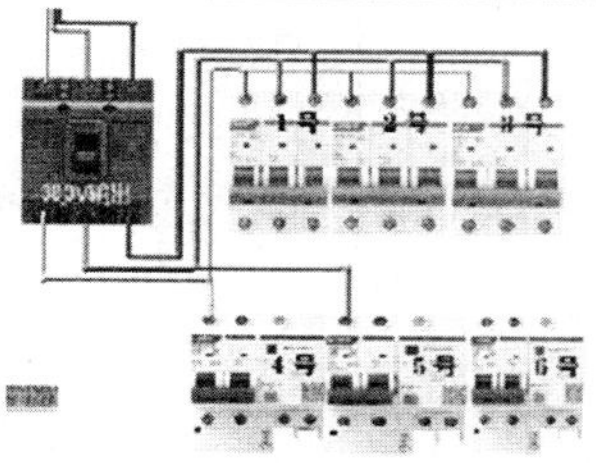
		断路器L3（红）出连接到6照明出线断路器	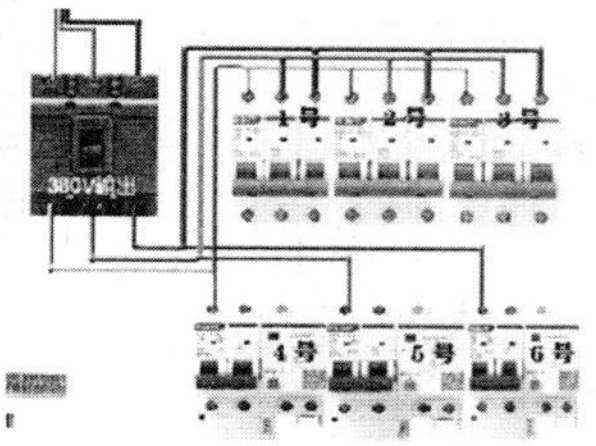

（续表）

<table>
<tr><th>项目名称</th><th>实训内容</th><th colspan="2">实训要点、示意图</th></tr>
<tr><td rowspan="4"></td><td rowspan="3"></td><td>进线电缆N（蓝）连接到零排，零排接线到4、5、6照明断路器</td><td>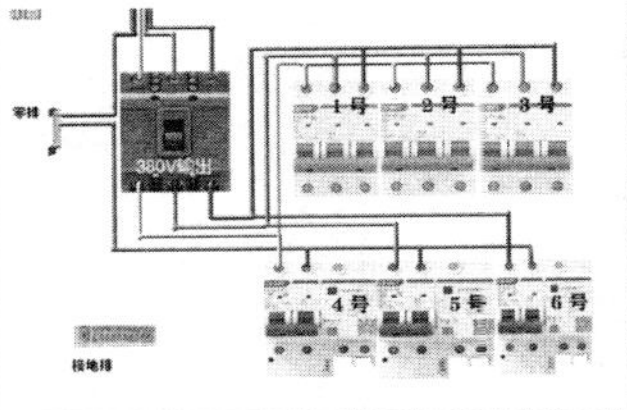
</td></tr>
<tr><td>进线电缆PE（黄绿双色）连接到接地排，从接地排引出线到出线电缆</td><td>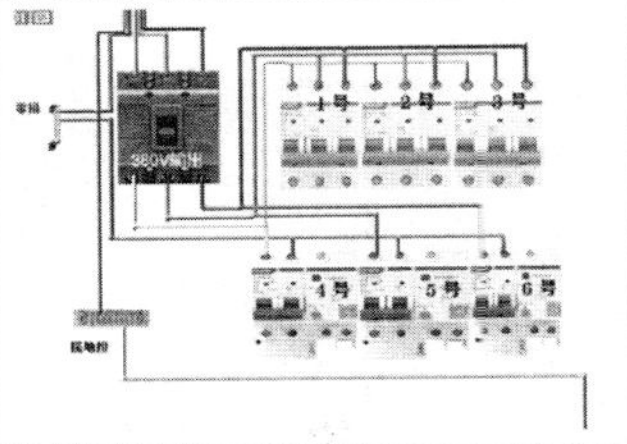
</td></tr>
<tr><td>从3号断路器引出L1（黄）、L2（绿）、L3（红），从零排引出N（蓝）。从接地排引出PE（黄绿双色）到出线电缆</td><td>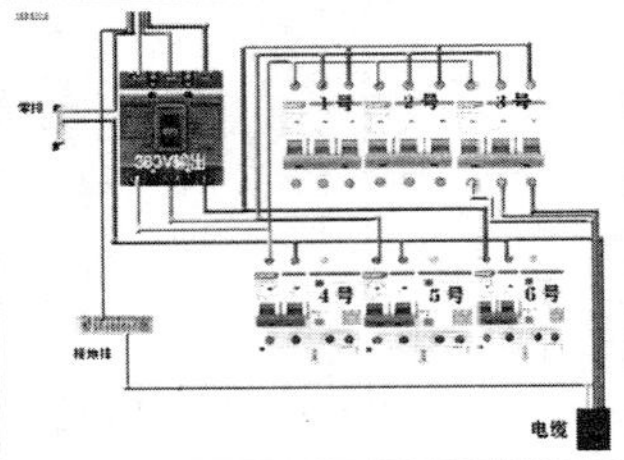
</td></tr>
<tr><td>（6）电气控制箱3号断路器出线电缆到现场起保停控制箱</td><td>3号断路器出线电缆连接到现场起保停控制箱，再通过电缆连接到电动机</td><td>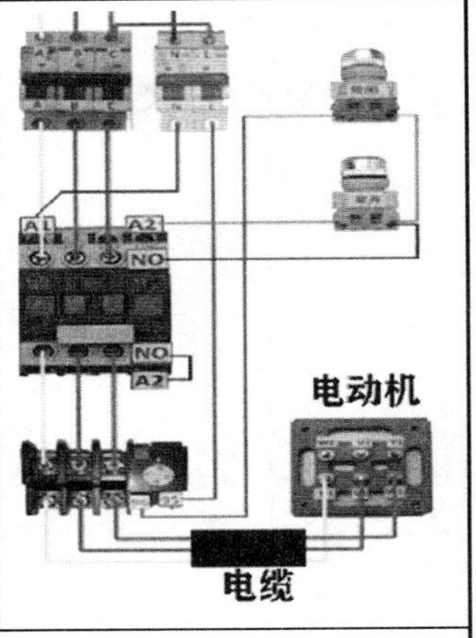
</td></tr>
<tr><td rowspan="6">3. 通电测试</td><td rowspan="4">（1）检查接线</td><td colspan="2">接线务必按规范正确、可靠接线，无短路。重点检查接线有无松动，用手拉扯每根线</td></tr>
<tr><td colspan="2">检查接地线是否可靠连接</td></tr>
<tr><td colspan="2">测量系统的绝缘，黄、绿、红线与N间的绝缘电阻。绝缘电阻不小于5MΩ</td></tr>
<tr><td colspan="2">确认三相异步电动机是否完好</td></tr>
<tr><td rowspan="2">（2）送电</td><td colspan="2">电源断路器合闸</td></tr>
<tr><td colspan="2">电表箱电源断路器合闸</td></tr>
</table>

（续表）

<table>
<tr><th>项目名称</th><th>实训内容</th><th colspan="4">实训要点、示意图</th></tr>
<tr><td rowspan="5"></td><td></td><td colspan="4">控制箱主控断路器合闸</td></tr>
<tr><td rowspan="4">（3）测试</td><td colspan="4">启动电动机观察工作状况</td></tr>
<tr><td colspan="4">用钳形电流表检测电动机工作电流。如果电流小，则将导线在钳口绕5圈，实际电流为测量电流除以5</td></tr>
<tr><td colspan="4">观察三相四线有功电能表的工作状况，表盘的转动情况</td></tr>
<tr><td rowspan="8">4. 收尾</td><td>（1）停电</td><td colspan="4">供电电源断路器拉闸</td></tr>
<tr><td rowspan="2">（2）电表端子</td><td colspan="4">电表端子盖板压好，螺丝上紧到位</td></tr>
<tr><td colspan="4">电表端子盖板打铅封</td></tr>
<tr><td>（3）整理线路，绑扎导线</td><td colspan="4">绑扎过程中严禁出现交叉。扎带的方式是第一条扎带绑紧，从第二条往后的扎带要预留可以活动的空间，便于快速绑扎，平均每7～10cm绑扎一个</td></tr>
<tr><td rowspan="2">（4）电表箱</td><td colspan="4">清理电表箱内异物</td></tr>
<tr><td colspan="4">电表箱上锁</td></tr>
<tr><td>（5）现场</td><td colspan="4">清理工作现场</td></tr>
<tr><td>5. 表箱三相四线有功电能表+CT引出电缆带起保供电路</td><td colspan="5">具体步骤请参考：“三相四线有功电能表+CT”基本任务相关知识的内容。务必要注意电缆截面的要求，选择合适电缆连接可靠</td></tr>
<tr><td>6. 其他要求与注意事项</td><td colspan="5">（1）请注意电流互感器的使用要求，主要是穿一次线的P1、P2一致及接地。
（2）安装前检查三相四线有功电能表的外观、合格证。
（3）检查三相四线有功电能表的参数与安装环境是否匹配。
（4）三相四线电子式有功电能表注意查看脉冲常数，通电后查看指示灯的工作状态。
（5）CT需要检查铭牌型号、准确度等级、电流变比、二次负荷及合格证。
（6）其余各类三相四线电能表的安装、接线请务必仔细查看说明书，以免接错引起事故。
（7）三相用户的三元件电能表或三个单相电能表中性点零线要在计量箱内引接，禁止从计量箱外接入，也不得与其他单相电能表零线共用。
（8）三相用户电能表要有安装接线图，并严格按图施工，一律采用正相序接线，认真做好电能表、电能表箱的铅封、漆封工作，表尾接线完毕要及时封好接线盒盖，并尽量减少进出电能表导线的预留长度</td></tr>
<tr><td rowspan="3">7. 7S管理</td><td>（1）现场归位</td><td>责任人</td><td></td><td>考核</td><td></td></tr>
<tr><td>（2）工具归位</td><td>责任人</td><td></td><td>考核</td><td></td></tr>
<tr><td>（3）仪表放置</td><td>责任人</td><td></td><td>考核</td><td></td></tr>
</table>

六、总结与反思

本节内容总结	本节重点	
	本节难点	
	疑问	
	思考	
作业		
预习		

任务十六　带电检查并更换单相电能表

一、实训目标

学会单相电能表带电更换的方法。

二、实训内容

单相电能表带电更换。

三、实训仪器、工具

电工工具、低压绝缘手套、验电笔或低压验电气表、绝缘胶带、单相电能表、摇表、钳形电流表、万用表。

四、相关知识

1. 当电能表在进入轮换周期、配置不满足要求或者出现计量准确度或功能故障等情况下要对计量电能表予以调换。为了最大限度地减少对用户用电的影响，一般要求实现不断电换表。

2. 低压带电换表是一项风险较大的工作，更换电能表前的准备工作、安全和技术措施、操作流程及相关注意事项如下。

（1）组织现场工作人员学习任务书。作业前要完成培训工作，人员培训要到位，当天的工作内容要清楚，做到心中有数。

（2）人员分工明确，工作场地具备作业条件，填写低压第二种工作票。

（3）施工作业在高处进行时必须使用安全带和安全绳，并在合格可靠的绝缘梯或其他登高工具上工作。

（4）工作人员着装应满足《国家电网公司电力安全工作规程》的要求，还应做到一人操作，一人监护。

（5）换表作业具有可靠的安全操作空间，工作人员不允许接触任何带电物体。

（6）风险辨识及预控措施要落实到位，并由工作人员签字确认。

五、实训的内容和要点

具体的实训内容和实训要点见下表。

任务名称： 带电检查并更换单相电能表　　　　　　　　编号：

项目名称	实训内容	实训要点、示意图	
1. 准备工作	（1）人员要求	① 工作人员应身体健康、精神状态良好。 ② 工作人员应培训考试合格，具备专业技术技能水平。 ③ 工作人员的个人工具和劳动保护用品应准备并佩戴齐全。 ④ 严禁违章指挥、无票作业、野蛮施工。 ⑤ 工作人员应服从指挥、遵守规程规定，文明施工	
	（2）危险点分析	触电、高空坠落、交通事故、其他	
	（3）准备工作	① 工作前应进行现场勘察，按规定提出申请和工作计划，符合低压带电作业安全规程。 ② 开工前准备好需要的工器具，检查工器具是否齐全，是否满足工作需要。工器具要做必要的检查，必须试验合格。 ③ 准备好所需要的装表材料和备品备件，材料和备品备件应充足齐全、合格。 ④ 填写低压带电工作票及风险辨识卡，安全措施要符合现场实际，并按规定正确填写工作票。 ⑤ 工作前按照工作票内容交底、布置安全措施和告知危险点，并履行确认手续。工作人员必须清楚工作任务、安全措施、危险点	
	（4）安全措施	① 作业人员戴安全帽，穿棉质长袖工作服，袖口扣牢，双脚穿电工绝缘靴，戴棉质手套，佩戴防护目镜，站在干燥的绝缘板上，使用合格的绝缘电工工具。电工工具除刀口部位外，其余部位要做好绝缘处理。 ② 低压带电作业应设专人监护，人体不得同时接触两根线头，拆开的线头应采取绝缘包裹措施。 ③ 作业人员在专人监护下进行作业，监护人不得从事其他工作。工作时，应穿绝缘靴和全棉长袖工作服，并戴低压绝缘手套、安全帽和护目镜，站在干燥的绝缘物或绝缘垫上，作业人员应使用有绝缘柄且绝缘合格的工具。 ④ 操作条件，电能表电流回路无电流或电能计量装置二次电流回路能可靠短接，电压回路带电。 ⑤ 对于在金属箱柜安装的电能表，应在电能表下部表与后壁之间垫一块干燥绝缘的板状物（可以用干燥纸板、木质层板或薄的塑料板），防止带电导线拔出后触碰金属物体引起接地短路事故。 ⑥ 工作现场要具有充分的操作空间。必要时，对可能影响换表空间的带电体做临时绝缘隔离。 ⑦ 工作环境应宽敞明亮。光线不足时，应采取其他照明措施，并应防止光线直射作业人员的眼睛	
	（5）作业分工	专责监护人	
		装换表人员	
		辅助工作人员	
	（6）开工作业内容	履行工作许可手续	
		工作负责人按带电工作票内容向工作人员交代工作任务、现场安全措施、	

（续表）

<table>
<tr><th>项目名称</th><th>实训内容</th><th colspan="2">实训要点、示意图</th></tr>
<tr><td rowspan="3"></td><td rowspan="3"></td><td colspan="2">危险点</td></tr>
<tr><td colspan="2">工作人员在清楚工作任务、现场安全措施、危险点等内容后，应签字确认，得到工作负责人的允许，方可开始工作</td></tr>
<tr><td colspan="2">按照工作票所列内容，布置安全措施</td></tr>
<tr><td rowspan="6">2. 操作步骤</td><td rowspan="4">（1）现场检查</td><td colspan="2">安全注意：用低压验电笔检验，现场检查箱外壳是否带电</td></tr>
<tr><td colspan="2">核对用户、电能表的安装地址</td></tr>
<tr><td colspan="2">检查计量装置、计量箱钢封、表封有无破坏痕迹，检查有无窃电现象</td></tr>
<tr><td colspan="2">根据工作凭证核对电能表厂名、厂号、规格、型号</td></tr>
<tr><td rowspan="2">（2）对电能计量装置进行验电</td><td colspan="2">换表前的照片
</td></tr>
<tr><td>使用低压验电笔，根据《国家电网公司电力安全工作规程》的规定做好验电三步骤：
先在有电的电源上测试验电笔正常</td><td>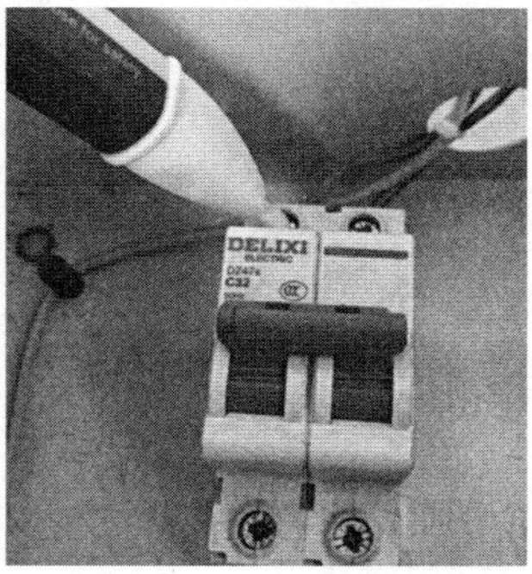
</td></tr>
</table>

（续表）

项目名称	实训内容	实训要点、示意图	
		再对电能计量装置进行试验	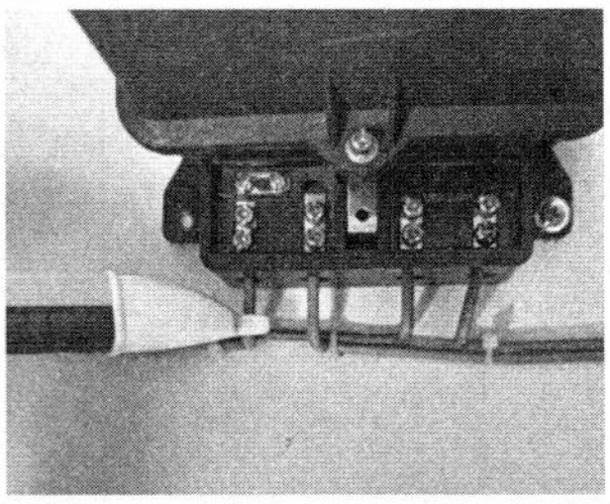
		最后返回到有电的电源确认测试过程中验电笔是否完好。在确保电能表外壳不带电、电能表外观无异常时方可打开表尾接线盒	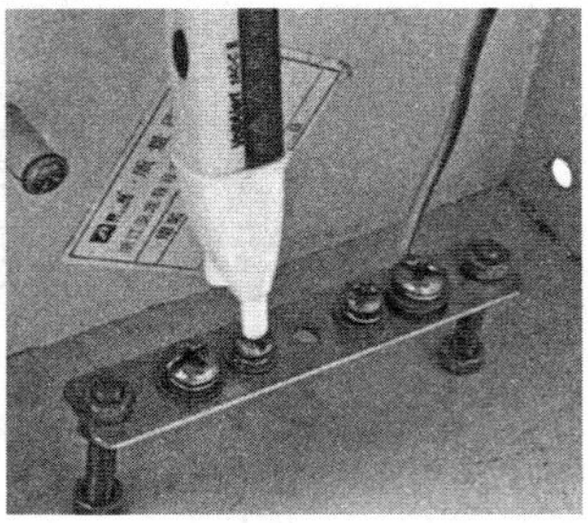
	（3）调换前运行参数的检查	观察电能表的运行状况，用钳形多用表测量电能表的相关参数，如电压、电流等	
		检查电能表在已知负荷条件下，每个功率单元电压、电流、电压和电流的相位关系是否正常	
	（4）拉断负荷侧总开关	切除电气控制箱负载，拉掉出线断路器	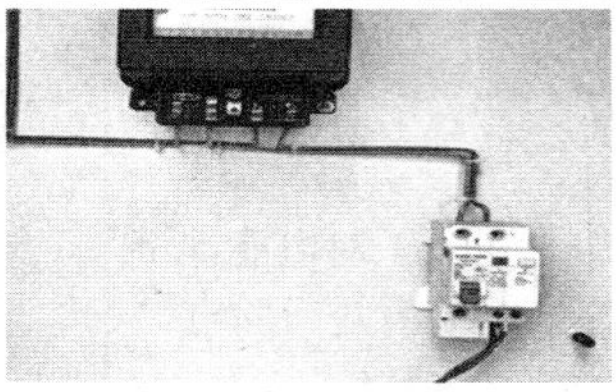
	（5）拆除接表线	进表线火线拆除； 左手在距表尾20～30mm处捏住待拆除的进表导线（不得向下用力）	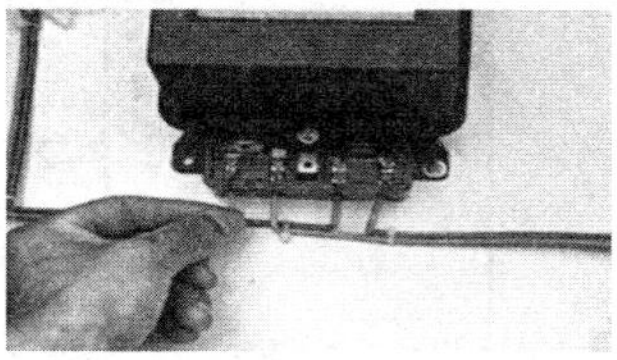
		右手握螺丝刀，旋松两颗压线螺丝	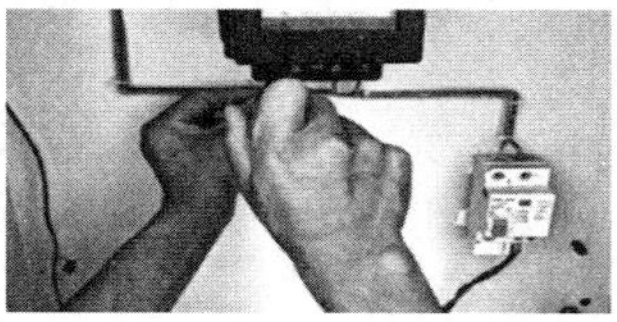
		此时应全神贯注顺势向下轻轻拔出导线	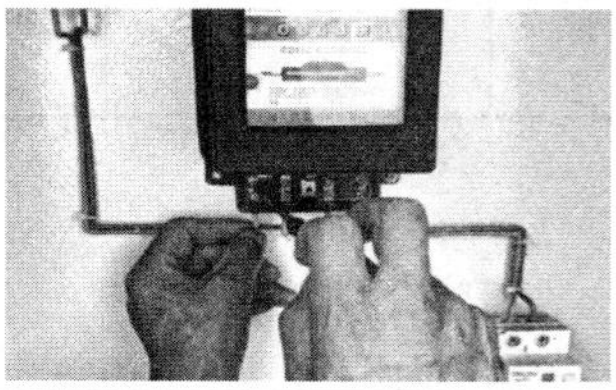

（续表）

项目名称	实训内容	实训要点、示意图	
		当进表线全部脱离表位后，将带电导线线头向操作者方向做90°压弯	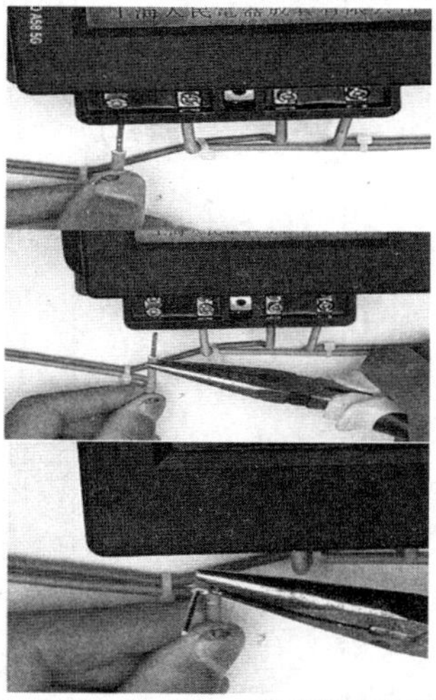
		用电工绝缘胶布（或绝缘套管）将裸露导线做临时包裹，操作者不能接触导线裸露部分	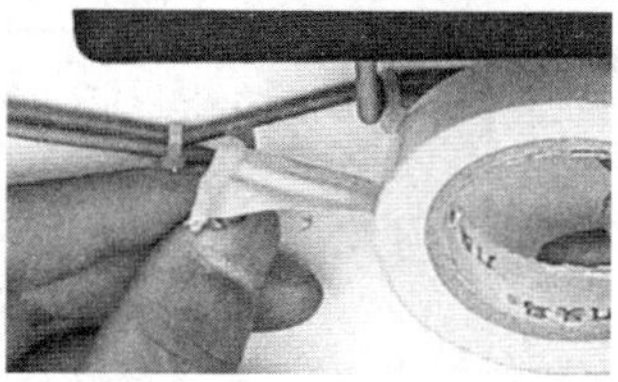
		用同样的方法完成进表线零线的拆除	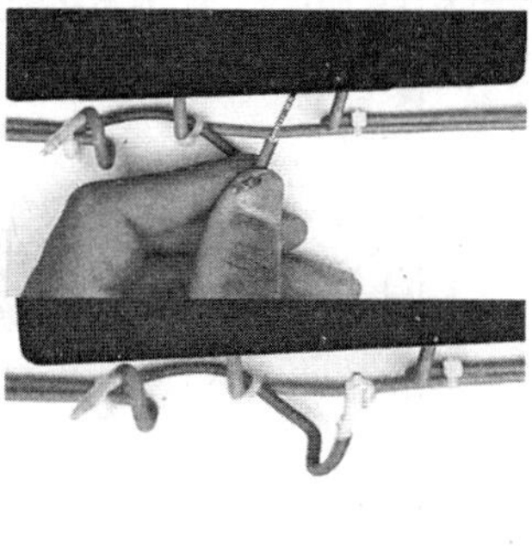
		用同样的方法完成出表火线的拆除	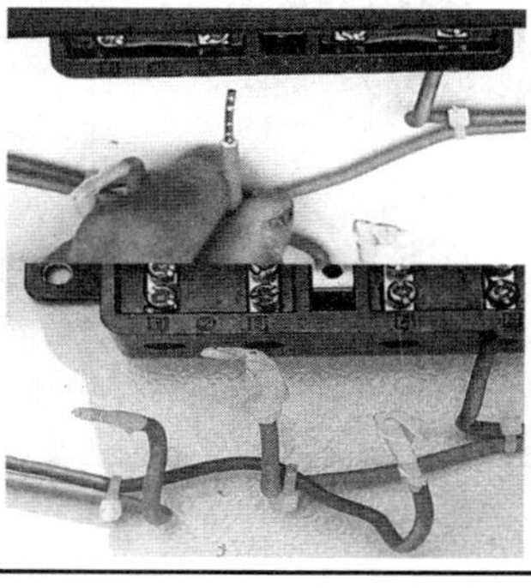

（续表）

项目名称	实训内容	实训要点、示意图	
		用同样的方法完成出表零线的拆除	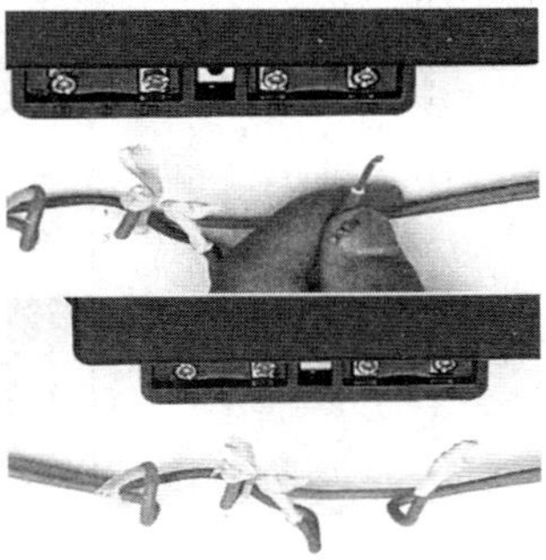
	（6）拆旧装新	拆下旧电能表	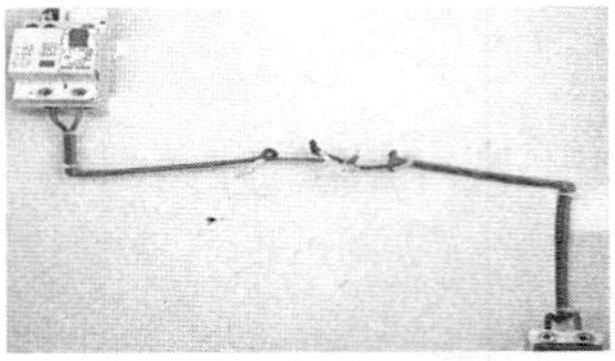
		将新电能表安装固定牢固，倾斜度不应大于1°（铅锤测量）	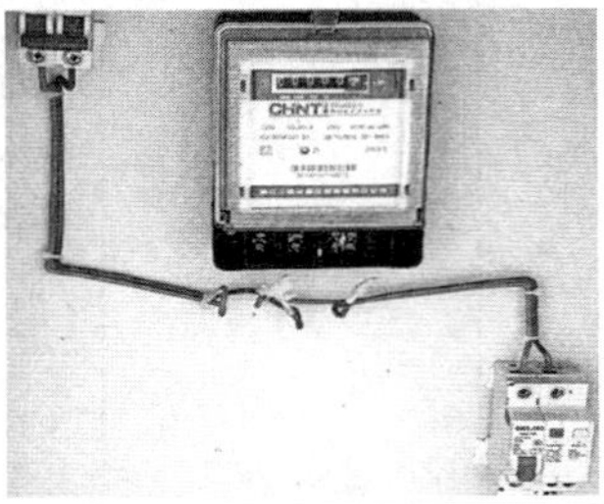
	（7）恢复接线	接出表线零线到电能表4号端子（拆除绝缘包裹，插入、上紧螺丝）	
		接出表线火线到电能表2号端子（拆除绝缘包裹，插入、上紧螺丝）	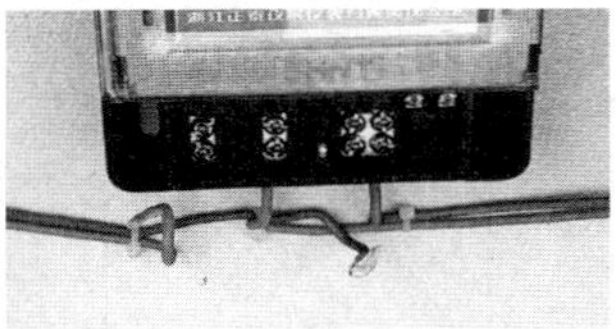
		接进表线零线到电能表3号端子（拆除绝缘包裹，插入、上紧螺丝）	

（续表）

项目名称	实训内容	实训要点、示意图	
		接进表线火线到电能表1号端子。拆除绝缘胶带（这里是带电的，要特别注意安全） 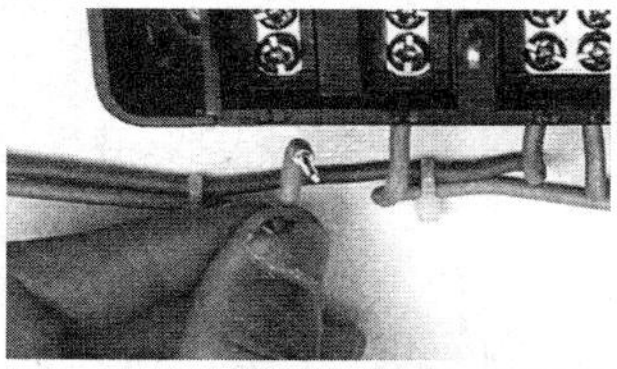	
		将导线对准电能表1号端子接线孔 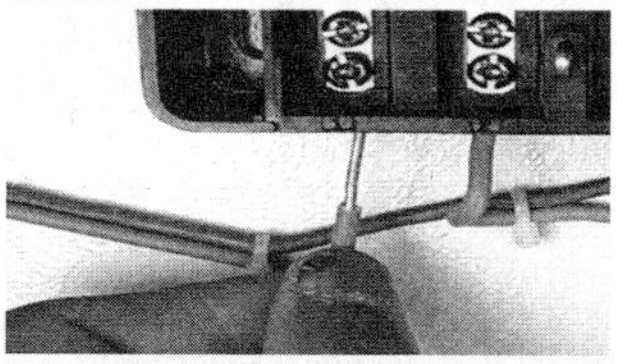	
		向上轻轻将导线插入接线孔 	
		将电能表1号端子螺丝上紧 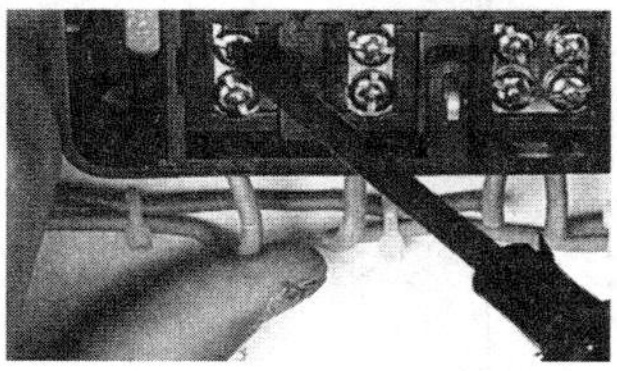	
		换表后的照片 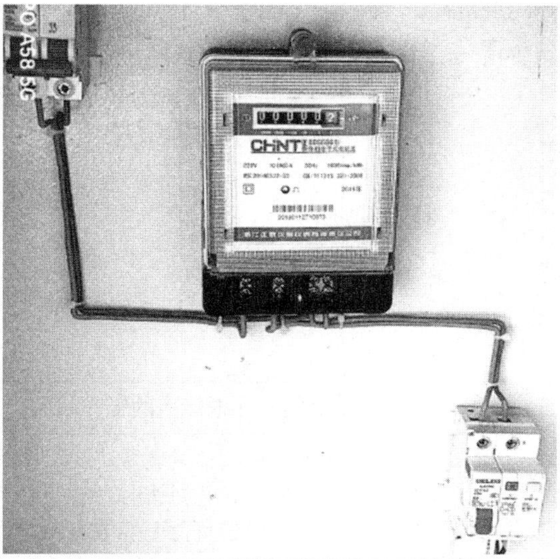	
	（1）检查接线	接线务必按规范正确、可靠接线，无短路。重点检查接线有无松动，用手拉扯每根线	
		检查接地线是否可靠连接	

（续表）

项目名称	实训内容	实训要点、示意图	
3．通电测试		测量系统的绝缘，任意L、N与黄绿线间的绝缘电阻。如图所示接好500V摇表表笔线，然后测量绝缘电阻。 注：绝缘电阻要求不小于0.5MΩ	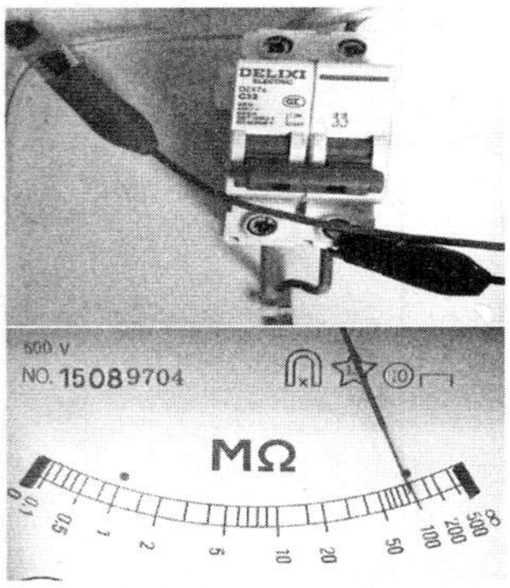
	（2）调换后运行参数的测试检查	同“调换前运行参数”检查	
	（3）运行状态的检查	观察更换后电能表通电后无异常，加负载	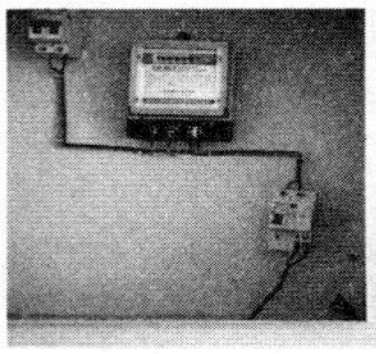 
		用钳形电流表检测工作电流，如果电流小，则将导线在钳口绕5圈，实际电流为测量电流除以5	
		观察单相电能表的工作状况，表盘的转动情况	
	（4）安全注意	① 严格按计量装置接线图核对接线。 ② 使用封丝封钳时严禁触碰带电部位。 ③ 严禁带负荷更换电能表。 ④ 表前接线的导线应无接头。 ⑤ 工作时，应采取防止相间短路和单相接地的措施，并使用可靠的绝缘工具。 ⑥ 低压带电作业应设专人监护。监护范围不得超过一个作业点。	

（续表）

项目名称	实训内容	实训要点、示意图			
		⑦ 电能表的表尾外不能有裸露的线芯，表尾螺丝必须全部紧固到位			
4. 收尾	（1）停电	供电电源断路器拉闸			
	（2）电表端子	电表端子盖板压好，螺丝上紧到位			
		电表端子盖板打铅封			
	（3）整理线路，绑扎导线	绑扎过程中严禁出现交叉，扎带的方式是第一条扎带绑紧，从第二条往后的扎带要预留可以活动的空间，便于快速绑扎，平均每7～10cm绑扎一个			
	（4）电表箱	清理电表箱内异物			
		电表箱上锁			
	（5）现场	清理工作现场			
5. 竣工	（1）验收	计量装置安装更换完毕后，应符合安装标准		负责人签字：	
	（2）记录	填写装换表工作凭证、电能计量装置台账，无误后移交电费核算部门		负责人签字：	
6. 7S管理	（1）现场归位	责任人		考核	
	（2）工具归位	责任人		考核	
	（3）仪表放置	责任人		考核	

六、总结与反思

本节内容总结	本节重点	
	本节难点	
	疑问	
	思考	
作业		
预习		

任务十七　核对380V的供电线路相位

一、实训目标

（1）掌握数显双钳伏安表的使用方法。

（2）掌握智能双钳伏安表的使用方法。

（3）掌握分析正序、负序的方法。

二、实训内容

（1）数显双钳伏安表的使用方法。

（2）智能双钳伏安表的使用方法。

（3）分析正序、负序的方法。

三、实训仪器、工具

剥线钳、尖嘴钳、螺丝刀、UST-ZNXW8090相位伏安表、鹰测SY220B双钳智能相位伏安表、三相交流异步电动机。

四、相关知识

（一）综述

在什么情况下需要核相?

当两个或两个以上的电源，有下列情况之一时需要核相。

（1）两个电源互为备用电源或者有并列运行要求时，投入运行前应核相。

（2）电源系统和设备在维修或改变后，投入运行前应核相。

（3）已经并列经拆相大修之后，投入运行前应核相。

（4）设备经过大修，有可能改变一次相序时，投入运行前应重新核相。

（二）核相过程中应注意的安全问题

（1）正确地选表并做充分的检查。

（2）核相工作属于带电作业应至少两人进行、设监护人；操作人员穿长袖衣裤工作服、戴绝缘手套；室外应穿绝缘靴；操作人员应复讼监护人口令进行，使用核相杆或绝缘杆。

（3）测试线长度应适中，不可过长或过短，测试端裸露的金属部分不可过长。

（4）防止造成相间短路或相对地短路（必要时加屏护）。

（5）核相时应与带电体保持安全距离，人体不得接触被测端、也不得接触电压表上裸露的接线端，禁止手持电压表。

（6）恶劣天气禁止室外作业。

（三）鹰测 SY220B 双钳智能相位伏安表介绍及使用

（1）该仪表可以在被测回路不开路的情况下，同时测量两路交流电压、电流、电压间相位、电流间相位、电压电流间相位、频率、有功功率、无功功率、视在功率、功率因数，电压电流相位图指示，判别变压器接线组别、感性电路、容性电路，测试二次回路和母差保护系统，读出差动保护各组CT之间的相位关系，检查电能表的接线正确与否，检修线路设备等，为用电检查人员提供一种安全、准确、便捷的智能仪表。

（2）用该表可以很方便地在现场测量U-U、I-I及U-I之间的相位，判别感性、容性电路及三相电压的相序。

（3）测量U1-U2之间相位时，两输入回路完全绝缘隔离，因此完全避免了可能出现的误接线造成的被测线路短路以致烧毁测量仪表。

鹰测 SY220B 双钳智能相位伏安表组式

1. 绝缘护套	2. 三位半显示屏	3. ON-OFF按钮
4. 功能量程开关	5. 电流钳插孔（2路）	6. 电压输入插孔（2路）
7. 电流钳钳口	8. 电流钳	9. 电流钳引线
10. 测试鳄鱼夹（4个）	11. 测试线（4根）	12. 短接线（1根）

（4）安全特性。

① 耐压。

电压输入端与表壳之间、钳形电流互感器（电流钳）铁芯与钳柄及副边绕组线圈之间能承受1000V/50Hz，两电压输入端之间能承受500V/50Hz的正弦波交流电压历时1min的试验。

② 绝缘电阻。

仪表线路与外壳之间、两电压输入端之间电阻≥10MΩ。

（5）使用操作（UST-ZNXW8090相位伏安表）。

按下ON-OFF按钮，旋转功能量程开关正确选择测试参数及量限。

① 测量交流电压。

将功能量程开关拨至参数U1对应的500V量程，将被测电压从U1插孔输入即可进行测量。若测量值小于200V，则可直接旋转开关至U1对应的200V量程测量，以提高测量准确性。两通道具有完全相同的电压测试特性，故亦可将开关拨至参数U2对应的量限，将被测电压从U2插孔输入进行测量。

② 测量交流电流。

将旋转开关拨至参数I1对应的10A量限，将标号为I1的钳形电流互感器副边引出线插头插入I1插孔，钳口卡在被测线路上即可进行测量。同样，若测量值小于2A，则可直接旋转开关至I1对应的2A量限测量，提高测量准确性。

测量电流时，亦可将旋转开关拨至参数I2对应的量限，将标号为I2的测量钳接入I2插孔，其钳口卡在被测线路上进行测量。注意钳口标识的电流方向箭头。

③ 测量两电压之间的相位角。

测量U2滞后U1的相位角时，将开关拨至参数 U1U2。测量过程中可随时顺时针旋转开关至参数U1各量限，测量U1输入电压，或逆时针旋转开关至参数U2各量限，测量U2输入电压。

注意：测相时电压输入插孔旁边符号U1、U2及钳形电流互感器红色“*”符号为相位同名端。

④ 测量两电流之间的相位角。

测量I2滞后I1的相位角时，将开关拨至参数I1I2。同样测量过程中可随时顺时针旋转开关至参数I1各量限，测量I1输入电流，或逆时针旋转开关至参数I2各量限，测量I2输入电流。

⑤ 测量电压与电流之间的相位角。

将电压从U1输入，用I2测量钳将电流从I2输入，开关旋转至参数U1I2位置，测量电流滞后电压的角度。测试过程中可随时顺时针旋转开关至参数I2各量限测量电流，或逆时针旋转开关至参数U1各量限测量电压。

也可将电压从U2输入，用I1测量钳将电流从I1输入，开关旋转至参数I1U2位置，测量电压滞后电流的角度。同样，测量过程中可随时旋转开关，测量I1或U2之值。

⑥ 三相三线配电系统相序判别。

开关旋转至参数U1U2位置。将三相三线系统的A相接入U1插孔，B相同时接入与U1对应的 ± 插孔及与U2对应的 ± 插孔，C相接入U2插孔。若此时测得相位值为300°左右，则被测系统为正相序；若测得相位值为60°左右，则被测系统为负相序。

换一种测量方式，将A相接入U1插孔，B相同时接入与U1对应的黑插孔及U2插孔，C相接入与U2对应的黑插孔。这时若测得的相位值为120°，则为正相序；若测得的相位值为240°，则为负相序。

⑦ 三相四线系统相序判别。

开关旋转至参数U1U2位置。将A相接U1插孔，B相接U2插孔，零线同时接入两输入回路的黑插孔。若相位值显示为120°左右，则为正相序；若相位值显示为240°左右，则为负相序。

⑧ 感性、容性负载判别。

开关旋转至参数U1I2位置。将负载电压接入U1输入端，负载电流经测量钳接入I2插孔。若相位值显示在0°～90°范围，则被测负载为感性；若相位值显示在270°～360°范围，则被测负载为容性。

⑨ 电池更换。

当仪表液晶屏上出现欠电指示符号时，说明电池电量不足，此时应更换电池。更换电池时，必须断开输入信号，关闭电源。将后盖螺钉旋出，取下后盖后即可更换9V专用电池。

警告：

a 不得在输入被测电压时在表壳上拔插电压、电流测试线，不得用手触及输入插孔表面，以免触电！

b 测量电压不得高于500V。

c 仪表后盖未固定好时切勿使用。

d 请勿随便改动、调整内部电路。

注：实际主接线图和功能端子接线图以表计端盖上的图为准。

五、实训的内容和要点

具体的实训内容和实训要点见下表。

任务名称：核对380V的供电线路相位　　　　编号：

项目名称	实训内容	实训要点、示意图
1. 准备工作	（1）人员要求	① 工作人员应身体健康、精神状态良好。 ② 工作人员应培训考试合格，具备专业技术技能水平。 ③ 工作人员的个人工具和劳动保护用品应准备并佩戴齐全。 ④ 严禁违章指挥、无票作业、野蛮施工。 ⑤ 工作人员应服从指挥、遵守规程规定，文明施工
	（2）危险点分析	触电
	（3）准备工作	① 工作前应进行现场勘察，按规定提出申请和工作计划，要符合低压带电作业安全规程。 ② 开工前准备好需要的工器具，检查工器具是否齐全，是否满足工作需要。工器具必须试验合格，要做必要的检查。 ③ 准备好所需要的装表材料和备品备件，材料和备品备件应充足齐全、合格。 ④ 工作前按照工作票内容交底、布置安全措施和告知危险点，并履行确认手续。工作人员必须清楚工作任务、安全措施、危险点
	（4）安全措施	① 作业人员戴安全帽，穿棉质长袖工作服，袖口扣牢，双脚穿电工绝缘靴，戴棉质手套，佩戴护目镜，站在干燥的绝缘板上，使用合格的绝缘电工工具。电工工具除刀口部位外，其余部位要做好绝缘处理。 ② 低压带电作业应设专人监护，人体不得同时接触两根线头，拆开的线头应采取绝缘包裹措施。 ③ 作业人员在专人监护下进行作业，监护人不得从事其他工作。工作时，应穿绝缘靴和全棉长袖工作服，并戴低压绝缘手套、安全帽和护目镜，站在干燥的绝缘物或绝缘垫上，作业人员应使用有绝缘柄且绝缘合格的工具。 ④ 工作现场要具有充分的操作空间。必要时，对可能影响换表空间的带电体做临时绝缘隔离。 ⑤ 工作环境应宽敞明亮。光线不足时，应采取其他照明措施，并应防止光线直射作业人员的眼睛

（续表）

项目名称	实训内容	实训要点、示意图	
	（5）作业分工	专责监护人	
		装换表人员	
		辅助工作人员	
	（6）开工作业内容	履行工作许可手续	
		工作负责人按带电工作票内容向工作人员交代工作任务、现场安全措施、危险点	
		工作人员在清楚工作任务、现场安全措施、危险点等内容后，并签字确认，得到工作负责人的允许，方可开始工作	
		按照工作票所列内容，布置安全措施	
2．UST-ZNXW8090 相位伏安表的测量过程	UST-ZNXW8090相位伏安表	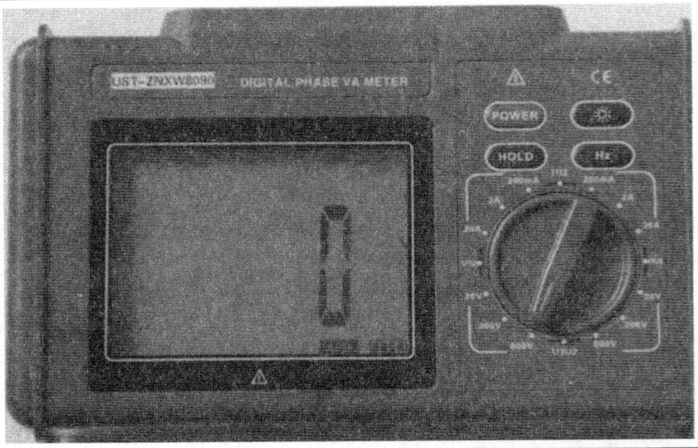	
	（1）测量电压	挡位开关切换到U1，600V挡位	
		将U1红表笔、U1黑表笔插入表对应口	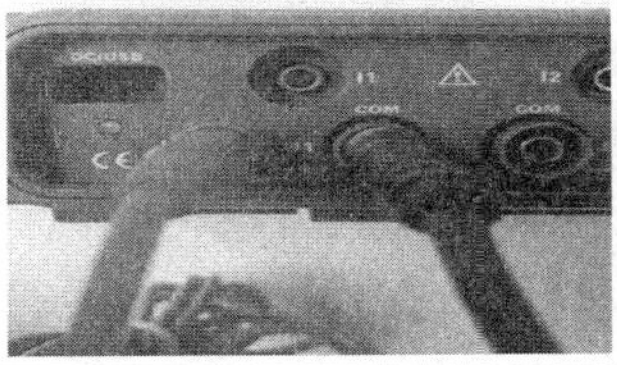

（续表）

项目名称	实训内容	实训要点、示意图	
		A相电压信号接U1红表笔、零线接U1黑表笔（相电压）；也可以U1红表笔接A相，U1黑表笔接B相（线电压）	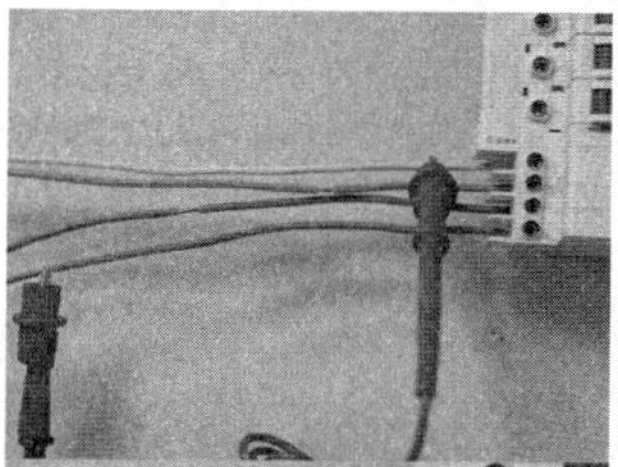 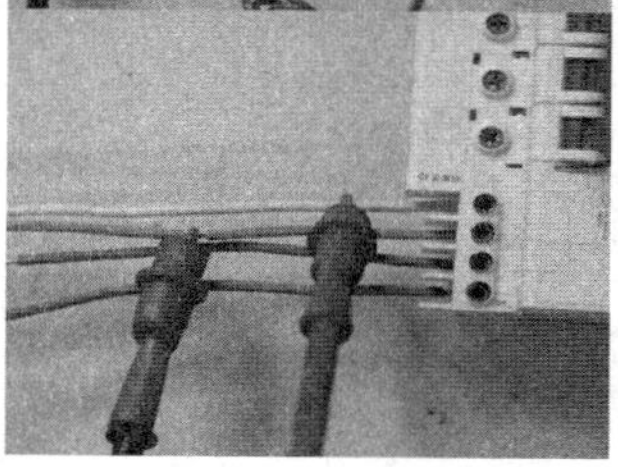
		显示窗口的示值即为所测电压值	相电压  224 APO 线电压  395 APO
	（2）测量电流	挡位开关切换I1、20A挡位	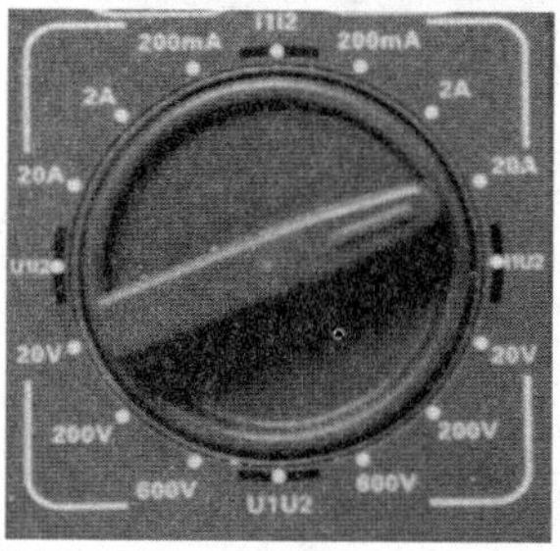 I1I2 200mA 200mA 2A 2A 20A 20A U1U2 U1U2 20V 20V 200V 200V 600V 600V U1U2
		将I1测量钳插入表对应口	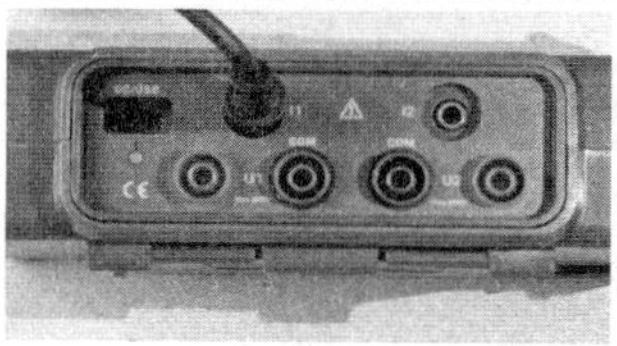

（续表）

项目名称	实训内容	实训要点、示意图	
		将一相线放入I1测量钳口（电流太小时绕5圈）。 注意：电压的假设正方向由左端到右端	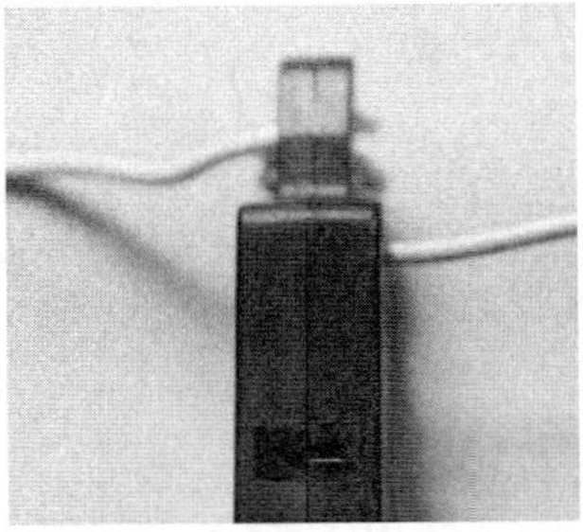
		显示窗口的示值即为所测电流值	
	（3）测量两电压之间的相位	将量程打在U1U2挡上	
		将表笔分别插在表U1红表笔、U1黑表笔、U2红表笔、U2黑表笔上	
		U1红表笔接A相电压信号，U2红表笔接B相电压信号，U1黑表笔、U2黑表笔接到零线N	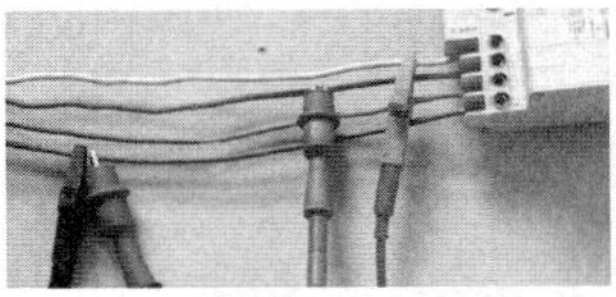
		显示窗口的示值即为U1超前U2的相位角	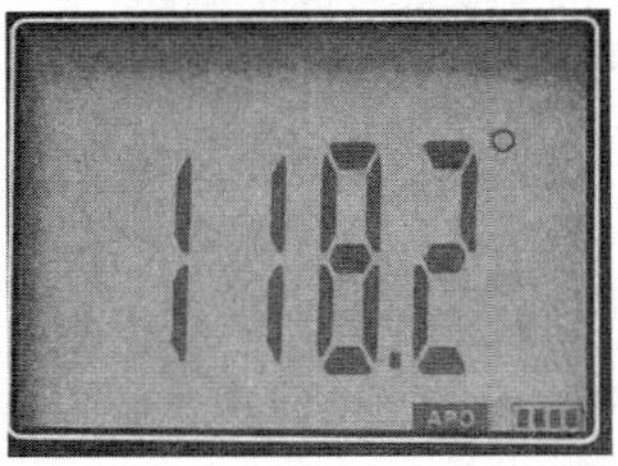

（续表）

项目名称	实训内容	实训要点、示意图
	（4）测量两电流之间的相位	将量程打在I1I2挡上 
		两电流钳形插入I1、I2孔 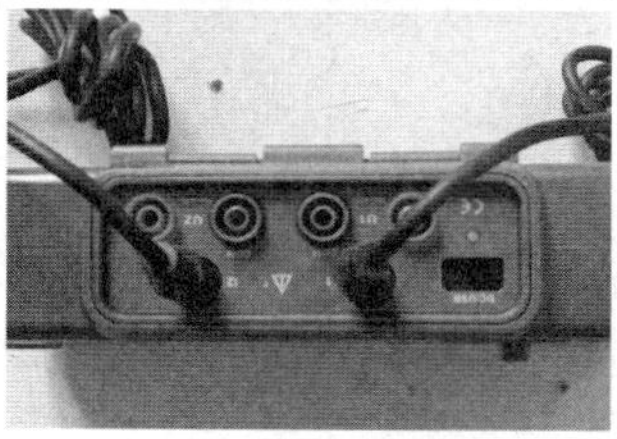
		将A相、B相电流信号通过卡钳钳口（电流太小时可绕5圈）。 注意：电流的假设正方向从卡钳箭头方向流入 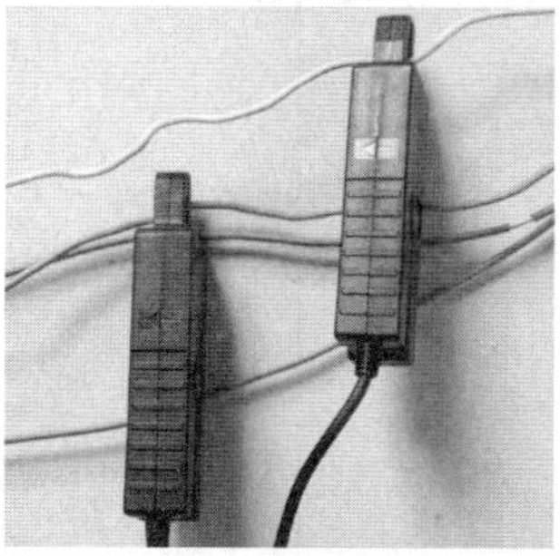
		显示窗口的示值为I1超前I2的相位角 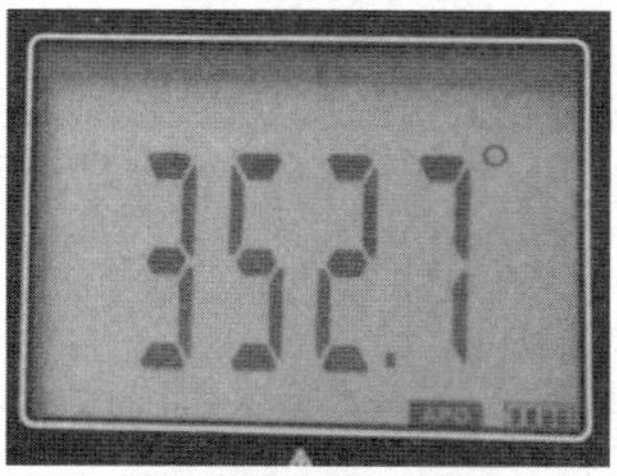
	（5）测量电压与电流之间的相位	将量程打在U1I2挡上 

（续表）

项目名称	实训内容	实训要点、示意图	
		把表笔接在U1红、U1黑和I2	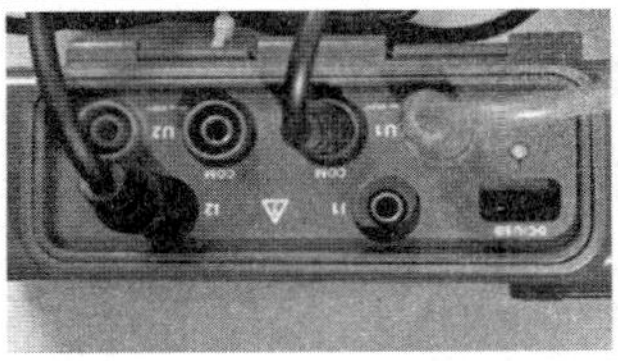
		将A相电压信号输入到U1，B相电流信号输入到I2	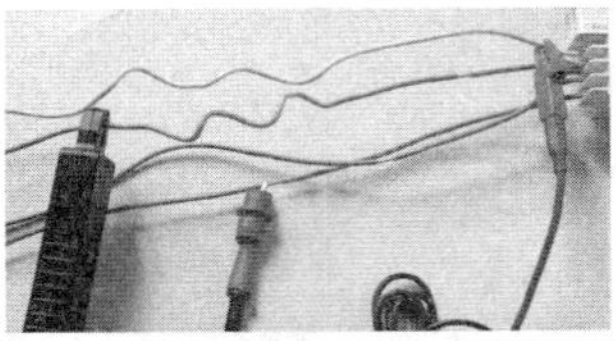
		显示窗口的示值即为I路超前II路的相位角。 若测得相位小于90°，则电路为感性；若测得相位大于270℃，则电路为容性	
	（6）三相四线系统相序判别	开关旋转至参数U1U2位置	
		将表笔分别插在U1红表笔、U1黑表笔、U2红表笔、U2黑表笔上	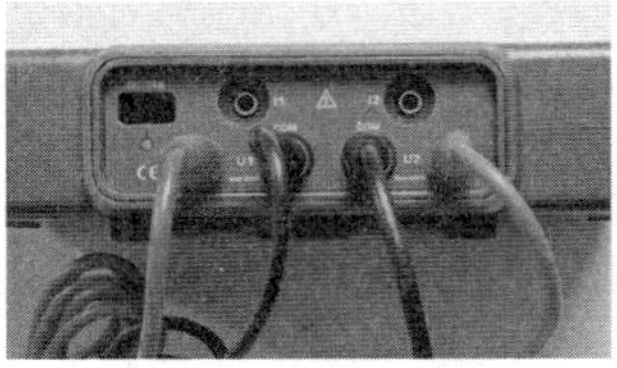
		U1红表笔接A相电压信号； U1黑表笔接B相电压信号； U2红表笔接C相电压信号； U2黑表笔接B电压信号	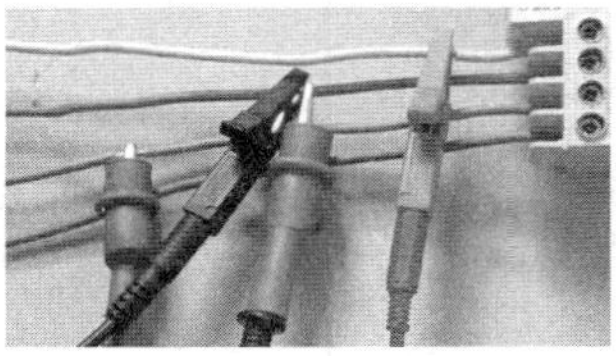

（续表）

项目名称	实训内容	实训要点、示意图
		若相位显示为120°左右，则为正相序 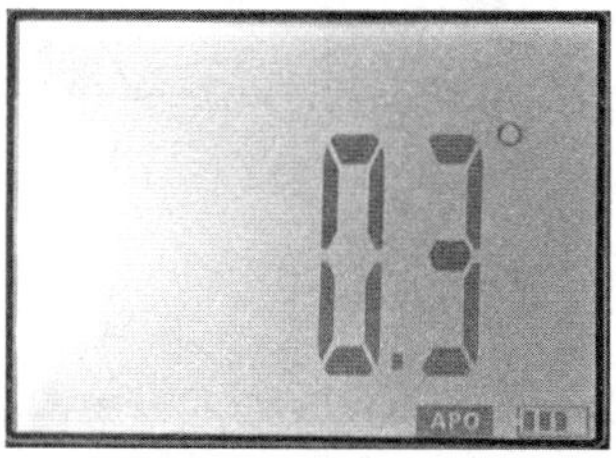
3. 鹰测SY220B智能伏安表的测量过程	（1）鹰测SY220B智能伏安表	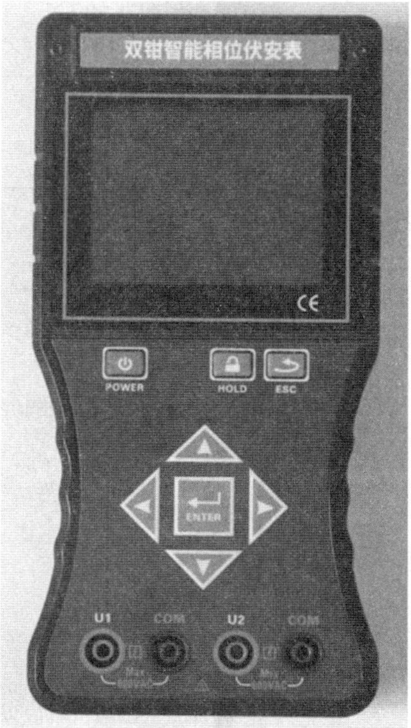
	（2）电压表笔与电流钳的安装	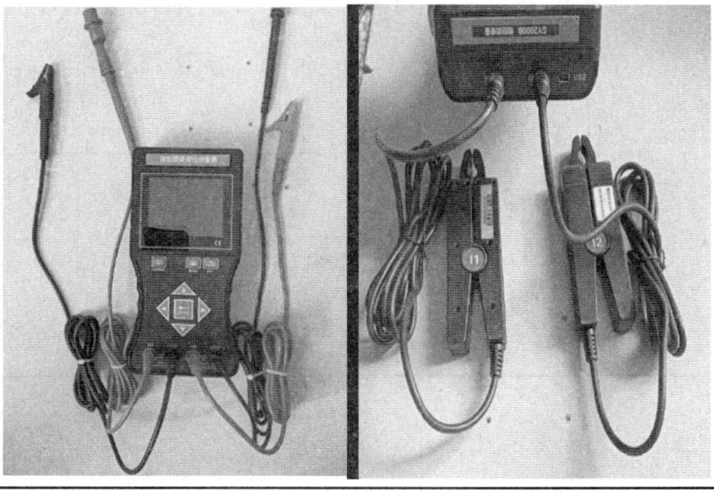

（续表）

项目名称	实训内容	实训要点、示意图	
		注：U1红表笔、U1黑表笔；U2红表笔，U2黑表笔；I1 I2	
	（3）测量电压	电压信号从U1红表笔、U1黑表笔接入，上面的图是相电压，下面的图是线电压	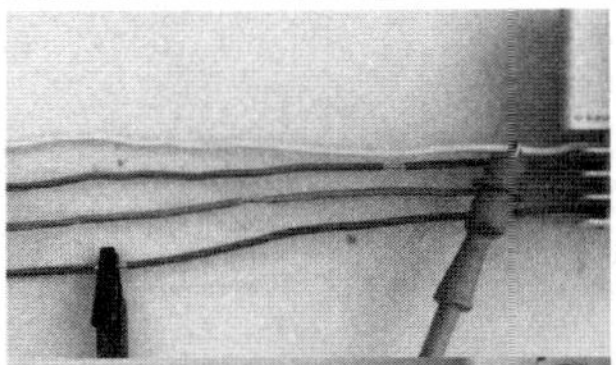 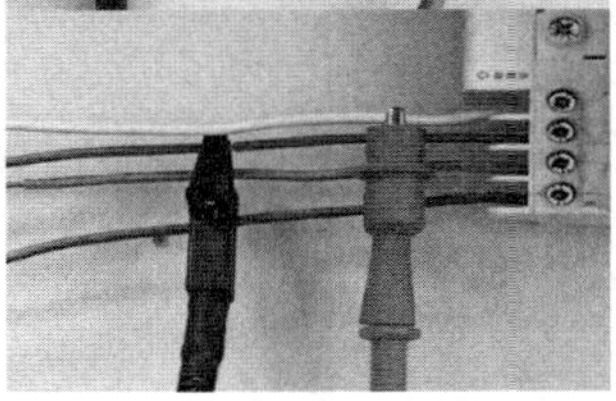
		显示窗口的示值即为所测电压值	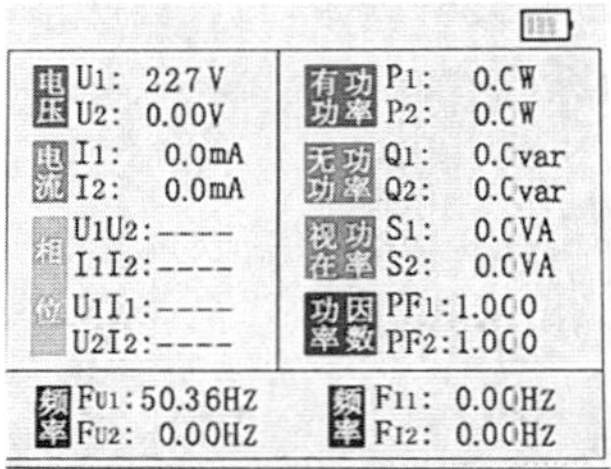 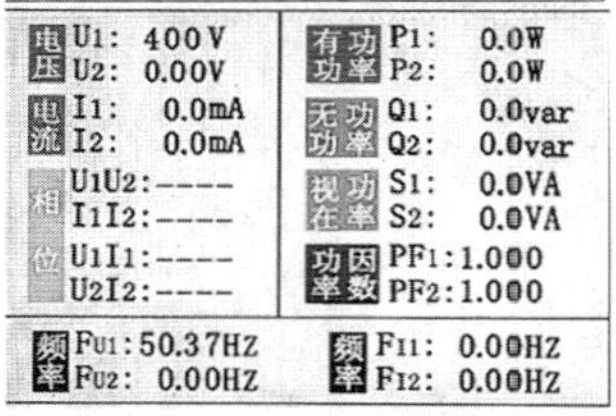 电压 U1: 227V U2: 0.00V 电流 I1: 0.0mA I2: 0.0mA 相位 U1U2:---- I1I2:---- U1I1:---- U2I2:---- 有功功率 P1: 0.0W P2: 0.0W 无功功率 Q1: 0.0var Q2: 0.0var 视在功率 S1: 0.0VA S2: 0.0VA 功率因数 PF1:1.000 PF2:1.000 频率 Fu1:50.36HZ Fu2: 0.00HZ 频率 FI1: 0.00HZ FI2: 0.00HZ 电压 U1: 400V U2: 0.00V 电流 I1: 0.0mA I2: 0.0mA 相位 U1U2:---- I1I2:---- U1I1:---- U2I2:---- 有功功率 P1: 0.0W P2: 0.0W 无功功率 Q1: 0.0var Q2: 0.0var 视在功率 S1: 0.0VA S2: 0.0VA 功率因数 PF1:1.000 PF2:1.000 频率 Fu1:50.37HZ Fu2: 0.00HZ 频率 FI1: 0.00HZ FI2: 0.00HZ
	（4）测量电流	将I1测量钳插入对应口。 将一相线放入I1测量钳口（电流太小时绕5圈）。 注意：电压的假设正方向由左端到右端	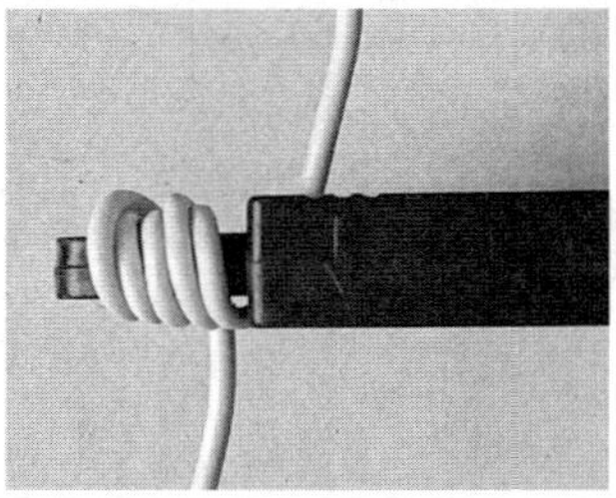
		显示窗口的示值即为所测电流值	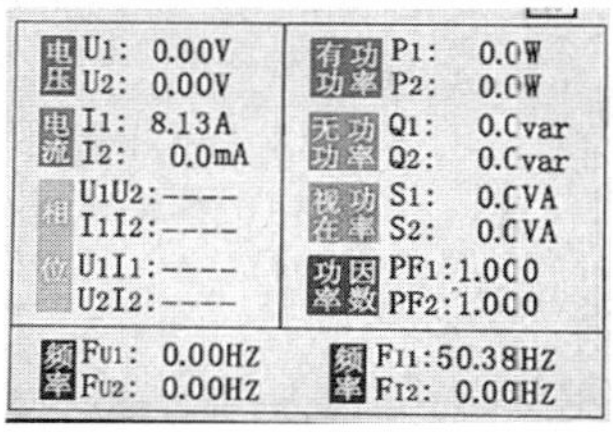 电压 U1: 0.00V U2: 0.00V 电流 I1: 8.13A I2: 0.0mA 相位 U1U2:---- I1I2:---- U1I1:---- U2I2:---- 有功功率 P1: 0.0W P2: 0.0W 无功功率 Q1: 0.0var Q2: 0.0var 视在功率 S1: 0.0VA S2: 0.0VA 功率因数 PF1:1.000 PF2:1.000 频率 Fu1: 0.00HZ Fu2: 0.00HZ 频率 FI1:50.38HZ FI2: 0.00HZ

（续表）

项目名称	实训内容	实训要点、示意图	
	（5）测量两电压之间的相位	将表笔分别插在U1红表笔、U1黑表笔、U2红表笔、U2黑表笔上，U1红表笔接A相电压信号，U2红表笔接B相电压信号，U1黑表笔、U2黑表笔接到零线N	
		显示窗口的示值即为U1超前U2的相位角	电压 U1: 228V U2: 230V 有功功率 P1: 0.0W P2: 0.0W 电流 I1: 0.0mA I2: 0.0mA 无功功率 Q1: 0.0var Q2: 0.0var 相位 U1U2:119.7° I1I2:---- U1I1:---- U2I2:---- 视在功率 S1: 0.0VA S2: 0.0VA 功率因数 PF1:1.000 PF2:1.000 频率 FU1:50.34HZ FU2:50.34HZ 频率 FI1: 0.00HZ FI2: 0.00HZ
	（6）测量两电流之间的相位	将A相、B相电流信号通过卡钳钳口（电流太小时可绕5圈）。 注意：电流的假设正方向从卡钳箭头方向流入	
		显示窗口的示值为I1超前I2的相位角	电压 U1: 0.00V U2: 0.00V 有功功率 P1: 0.0W P2: 0.0W 电流 I1: 2.24A I2: 2.21A 无功功率 Q1: 0.0var Q2: 0.0var 相位 U1U2:---- I1I2:123.7° U1I1:---- U2I2:---- 视在功率 S1: 0.0VA S2: 0.0VA 功率因数 PF1:1.000 PF2:1.000 频率 FU1: 0.00HZ FU2: 0.00HZ 频率 FI1:50.33HZ FI2:50.38HZ
		向量图	I1 I2
	（7）测量电压与电流之间的相位	把表笔接在U1红表笔、U1黑表笔和I1，将A相电压信号输入到U1红表笔，B相电流信号输入到I2	

（续表）

项目名称	实训内容	实训要点、示意图	
		显示窗口的示值即为I路超前II路的相位角	电压 U1: 227V U2: 0.00V 电流 I1: 0.0mA I2: 2.21A 相位 U1U2:---- I1I2:---- U1I1:---- U2I2:---- 有功功率 P1: 0.0W P2: 0.0W 无功功率 Q1: 0.0var Q2: 0.0var 视在功率 S1: 0.0VA S2: 0.0VA 功率因数 PF1:1.000 PF2:1.000 频率 FU1:50.32HZ FU2: 0.00HZ FI1: 0.00HZ FI2:50.27HZ
	（8）三相四线系统相序判别	AB相间：将表笔分别插在表U1红表笔、U1黑表笔、U2红表笔、U2黑表笔上，U1红表笔接A相电压信号，U1黑表笔接N信号，U2红表笔接B相电压信号，U2黑表笔接N信号	
		显示	电压 U1: 228V U2: 230V 电流 I1: 0.0mA I2: 0.0mA 相位 U1U2:119.7° I1I2:---- U1I1:---- U2I2:---- 有功功率 P1: 0.0W P2: 0.0W 无功功率 Q1: 0.0var Q2: 0.0var 视在功率 S1: 0.0VA S2: 0.0VA 功率因数 PF1:1.000 PF2:1.000 频率 FU1:50.34HZ FU2:50.34HZ FI1: 0.00HZ FI2: 0.00HZ
		向量图	U1 U2
		BC相间： U1红表笔接B相电压信号； U1黑表笔接N信号； U2红表笔接C相电压信号； U2黑表笔接N信号	
		显示	电压 U1: 231V U2: 230V 电流 I1: 0.0mA I2: 0.0mA 相位 U1U2:239.9° I1I2:---- U1I1:---- U2I2:---- 有功功率 P1: 0.0W P2: 0.0W 无功功率 Q1: 0.0var Q2: 0.0var 视在功率 S1: 0.0VA S2: 0.0VA 功率因数 PF1:1.000 PF2:1.000 频率 FU1:50.30HZ FU2:50.31HZ FI1: 0.00HZ FI2: 0.00HZ

（续表）

项目名称	实训内容	实训要点、示意图	
		向量图： 若相位显示为120°左右，则为正相序	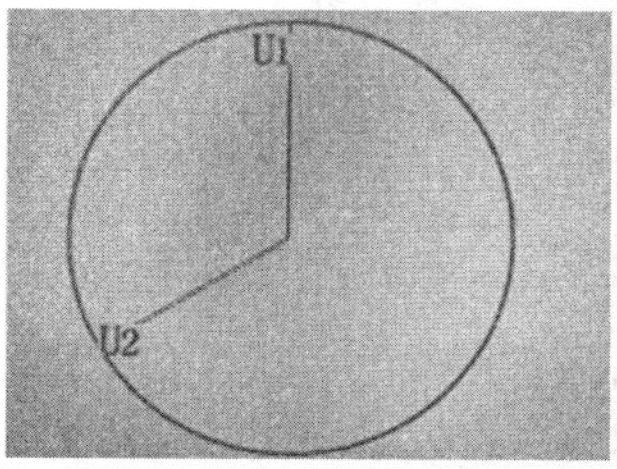
		AC相间： U1红表笔接A相电压信号； U1黑表笔接N信号； U2红表笔接C相电压信号； U2黑表笔接N信号	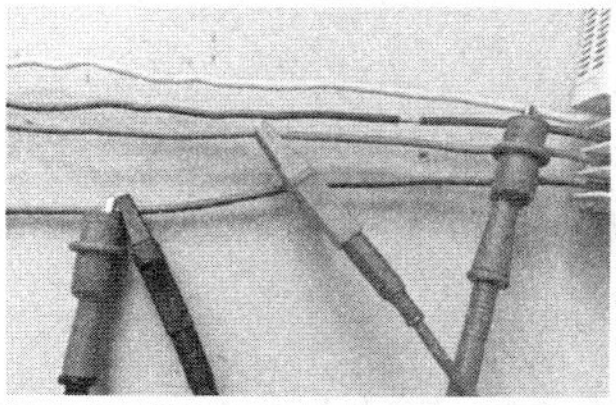
		显示	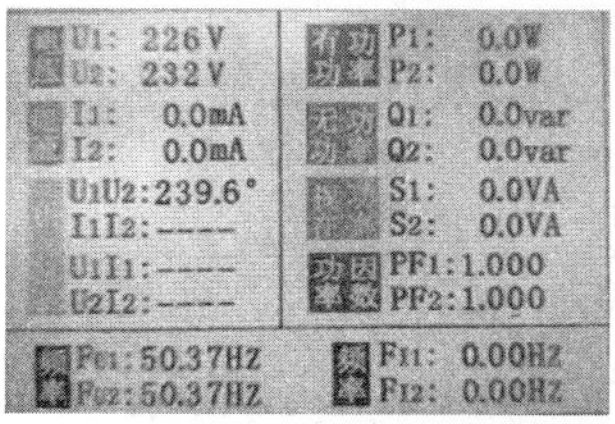
		向量图	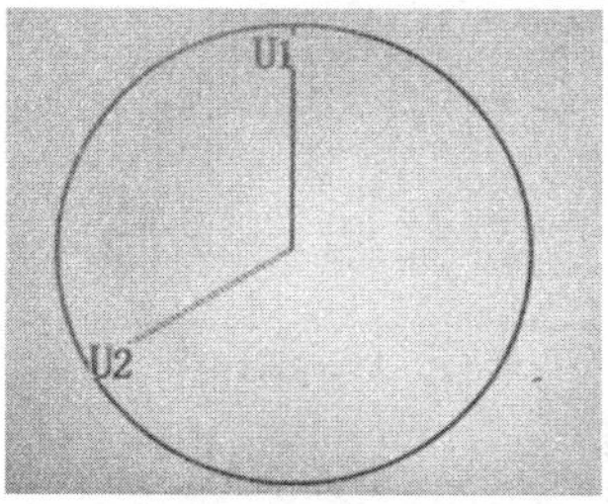
4. 收尾	（1）工具、仪表	工具归位、仪表装箱	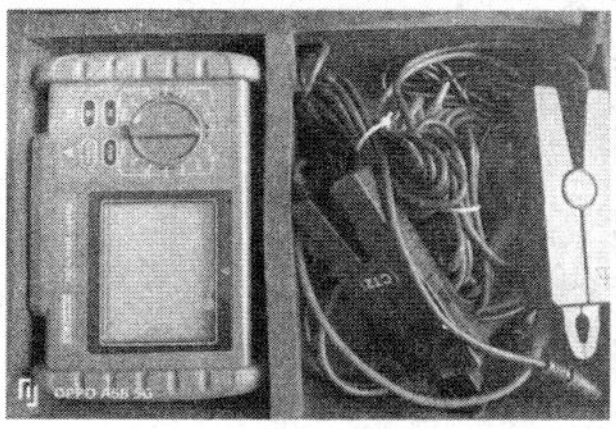

（续表）

<table>
<tr><th>项目名称</th><th>实训内容</th><th colspan="4">实训要点、示意图</th></tr>
<tr><td rowspan="2"></td><td></td><td colspan="2"></td><td colspan="2">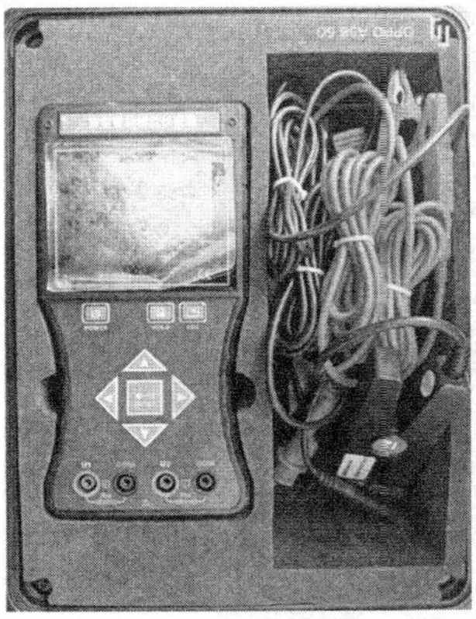</td></tr>
<tr><td>（2）现场</td><td colspan="2">清理工作现场</td><td colspan="2"></td></tr>
<tr><td rowspan="3">5. 7S管理</td><td>（1）现场归位</td><td>责任人</td><td></td><td>考核</td><td></td></tr>
<tr><td>（2）工具归位</td><td>责任人</td><td></td><td>考核</td><td></td></tr>
<tr><td>（3）仪表放置</td><td>责任人</td><td></td><td>考核</td><td></td></tr>
</table>

六、总结与反思

<table>
<tr><td rowspan="4">本节内容总结</td><td>本节重点</td><td></td></tr>
<tr><td>本节难点</td><td></td></tr>
<tr><td>疑问</td><td></td></tr>
<tr><td>思考</td><td></td></tr>
<tr><td>作业</td><td></td><td></td></tr>
<tr><td>预习</td><td></td><td></td></tr>
</table>

任务十八　计量装置安装后送电前的检查

一、实训目标

学会电能表现场校验的方法。

二、实训内容

电能表现场校验。

三、实训仪器、工具

SY3002H高低压用电检查综合测试仪、电工工具、封印钳、安全帽、万用表、电能表电池、计量专用封条或封印、封线。

四、相关知识

（一）综述

电能计量装置是供用电双方进行电能公平买卖的测量工具。因此电能计量装置的准确性直接关系到供用电双方的经济利益。经检定符合准确度等级的电能表和互感器其基本误差一般很小，但错误的接线所带来的计量误差很高，故电能计量装置安装接线完工后须进行验收检查。

1. 铅封

电能表铅封，顾名思义，是一种用铅材料制成的封装物，用于封闭电能表、电能表盖或相关设备的安全防护部分，以确保其完整性和安全性。电能表铅封通常由一个铅封和一个封尾组成，封尾通常带有一次性编号或标识，以确保封尾的安全性。

2. 种类

（1）传统型电能表铅封：传统型电能表铅封由铅材料制成，铅封的形状可以是线条状、环状或其他形式。这种铅封的优点是制作简单、成本低廉，并且易于使用。

（2）电子型电能表铅封：电子型电能表铅封采用了先进的电子技术，通常配备了RFID芯片或其他无线通信技术，可以实现对电能表的实时监控和远程管理。这种铅封的优点是安全性高、防伪性好，能够提供更多的功能和数据。

3. 使用方法

（1）取出RFID电子封印及封线。

（2）将封线穿过被封物品，插入锁定孔。

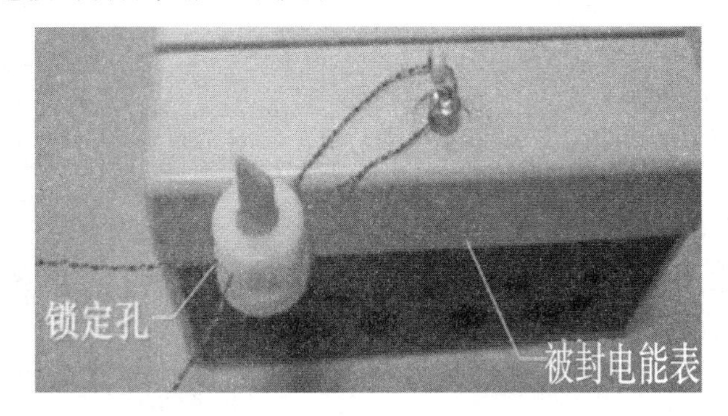

（3）顺时针旋转锁定手柄，将封线收紧到合适长度。

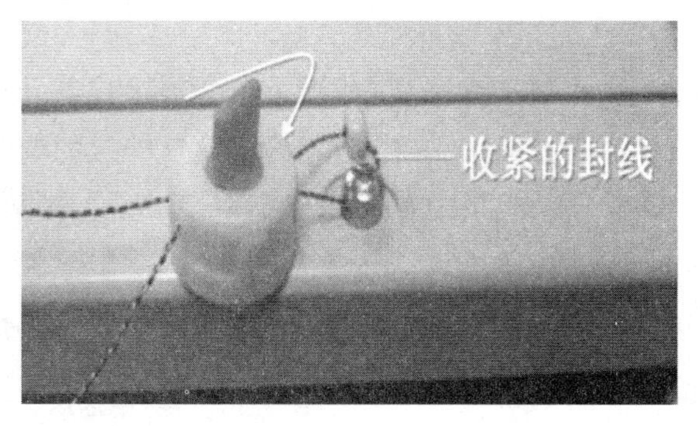

（4）横向推手柄，手柄断裂，施封完成。

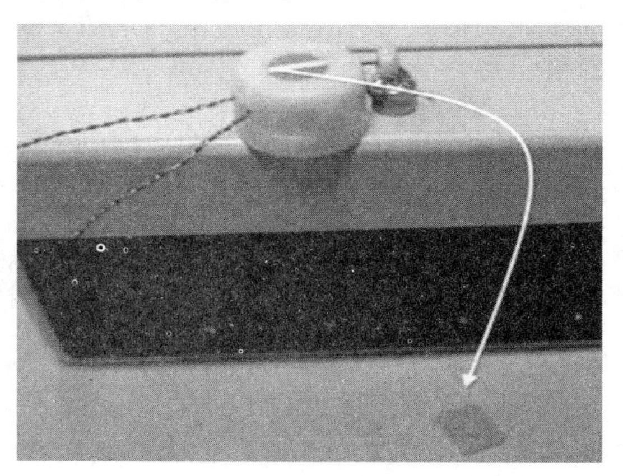

其他种类的封印请认真阅读相关说明书。

（二）在现场检验电能表时应检查的不合理的计量方式

依据：《电能计量装置现场检验规程》SD 109—83，4，4，2

（1）电流互感器的变比过大，致使电能表经常在1/3标定电流以下运行；电能表与其他二次设备共用一组电流互感器。

（2）电压与电流互感器分别接在电力变压器不同的电压侧；不同的母线共用一组电压互感器。

（3）无功电能表与双向计量的有功电能表无止逆器。

（4）电压互感器的额定电压与线路额定电压不相符。

（三）电能表计量不准的原因

电能表计量不准的原因一般有以下几种。

（1）电能表老旧损坏，一般为2～10年的使用周期。

（2）超出测量范围。

（3）电磁干扰。

（4）接线错误。

（5）计量元件故障。

（6）外界环境的变化，如温度、湿度、震动。

（7）安装问题，即安装方式和位置有变化需要校验。

（四）误差与精确度

电能表的等级是用来表示电能表的精确度的。我国规定电能表分为七个等级：0.1、0.2、0.5、1.0、1.5、2.5、5.0级。等级数值越小，电能表的精确度越高。通常所用电能表的等级都在电能表的度盘上标出。电能表的等级能反映电能表的准确度是因为电能表的等级是由电能表的测量误差决定的。

用电能表进行测量时，电能表的指示值X与被测量的实际值X_0之间的差值ΔX，称为电表测量的绝对误差。绝对误差值与电能表的量程X_n之比，以百分数表示出来的值称为电能表的引用误差E_n，即$E_n = (\Delta X/X_n) \times 100\%$

用电能表进行测量时，将所得到的最大引用误差Enm。去掉%号，就定为该电表的等级。如果所得结果，在两个规定的等级数值之间，则此时电能表的等级定为低精确度的一级。例如，某一电表测量所得最大引用误差值为0.7%，该表的等级就定为1.0级，而不能定为0.5级。测量时，知道所用电能表的等级及电能表的量程，就可算出被测量的最大绝对误差，从而估计出测量的准确程度。

常用有功电能表有0.5、1.0、2.0三个准确度等级。0.5级电能表允许误差在±0.5%以内；1.0级电能表允许误差在±1%以内；2.0级电能表允许误差在±2%以内。

一般居民用户为Ⅴ类电能计量装置，使用的有功电能表的准确度等级不低于2.0级；而月平均用电量在100万kWh及以上的大电力用户为Ⅰ类电能计量装置，使用的有功电能表的准确度等级不低于0.5级。

五、实训的内容和要点

具体的实训内容和实训要点见下表。

任务名称：计量装置安装后送电前的检查　　　　　　　　　　　　编号：

项目名称	实训内容	实训要点、示意图
1. 准备工作	（1）人员要求	① 工作人员应身体健康、精神状态良好。 ② 工作人员应培训考试合格，具备专业技术技能水平。 ③ 工作人员的个人工具和劳动保护用品应准备并佩戴齐全。 ④ 严禁违章指挥、无票作业、野蛮施工。 ⑤ 工作人员应服从指挥、遵守规程规定，文明施工
	（2）危险点分析	危险点分析：触电、高空坠落、交通事故、其他
	（3）准备工作	① 工作前应进行现场勘察，按规定提出申请和工作计划，要符合低压带电作业安全规程。 ② 开工前准备好需要的工器具，检查工器具是否齐全，是否满足工作需要。工器具必须试验合格，要做必要的检查。 ③ 准备好所需要的装表材料和备品备件，材料和备品备件应充足齐全、合格。 ④ 填写低压带电工作票及风险辨识卡，安全措施要符合现场实际，并按规定正确填写工作票。 ⑤ 工作前按照工作票内容交底，布置安全措施和告知危险点，并履行确认手续，工作人员必须清楚工作任务、安全措施、危险点
	（4）安全措施	① 作业人员要穿戴防护用品。 ② 低压带电作业应设专人监护，人体不得同时接触两根线头，拆开的线头应采取绝缘包裹措施。 ③ 操作条件：电能表电流回路无电流或电能计量装置二次电流回路能可靠短接，电压回路带电。 ④ 工作现场要具有充分的操作空间。必要时，对可能影响换表空间的带电体做临时绝缘隔离。 ⑤ 工作环境应宽敞明亮。光线不足时，应采取其他照明措施，并应防止光线直射作业人员的眼睛
	（5）作业分工	专责监护人
		装换表人员
		辅助工作人员
	（6）开工作业内容	履行工作许可手续
		工作负责人按带电工作票内容向工作人员交代工作任务、现场安全措施、危险点

（续表）

<table>
<tr><th>项目名称</th><th>实训内容</th><th>实训要点、示意图</th></tr>
<tr><td rowspan="2"></td><td rowspan="2"></td><td>工作人员在清楚工作任务、现场安全措施、危险点等内容后，应签字确认，得到工作负责人的允许，方可开始工作</td></tr>
<tr><td>按照工作票所列内容，布置安全措施</td></tr>
<tr><td rowspan="7">2. 送电前的检查项目</td><td colspan="2">（1）检查电压、电流互感器安装是否牢固，安全距离是否达到规程要求，各处螺丝是否紧固</td></tr>
<tr><td colspan="2">（2）检查电压、电流互感器一、二次极性与电能表的进出线端钮、相别是否对应，二次侧与外壳是否接地等</td></tr>
<tr><td colspan="2">（3）检查电能表的接线螺丝是否紧固，线头是否外露</td></tr>
<tr><td colspan="2">（4）核对计量装置的倍率、表计底码并抄录在工作票上</td></tr>
<tr><td colspan="2">（5）检查熔丝端弹簧铜片夹的弹性及接触面是否良好</td></tr>
<tr><td colspan="2">（6）检查所有封印是否齐全，有无遗漏情况</td></tr>
<tr><td colspan="2">（7）检查所使用的工具、剩余的材料是否归位，不得遗留在设备上</td></tr>
<tr><td rowspan="3">3. 试验项目</td><td rowspan="3">（1）接线</td><td>测试仪：</td></tr>
<tr><td>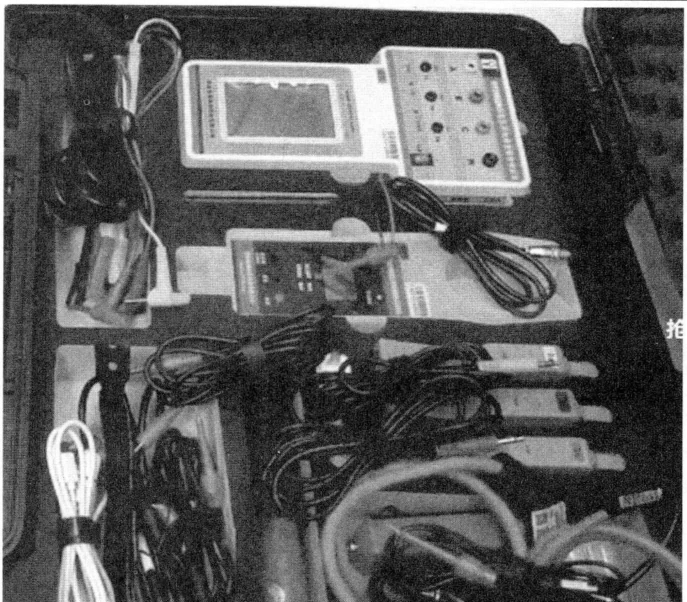</td></tr>
<tr><td>主要配件：电压测试线、电流测试线、脉冲测试线、485测试线</td></tr>
</table>

（续表）

项目名称	实训内容	实训要点、示意图
		插入电压测试线，将黄、绿、红、黑测试线插到对应的插孔
		电压测试线鳄鱼夹依次夹到电能表，将黄、绿、红、黑测试线夹到对应的电能表电压端子
		电流测试线一头插入电流钳，3个电流钳黄、绿、红对应插好

（续表）

项目名称	实训内容	实训要点、示意图	
		电流测试线另一头插入测试仪，黄、绿、红对应插好	
		3根电流测试线对应测试仪插孔颜色插好	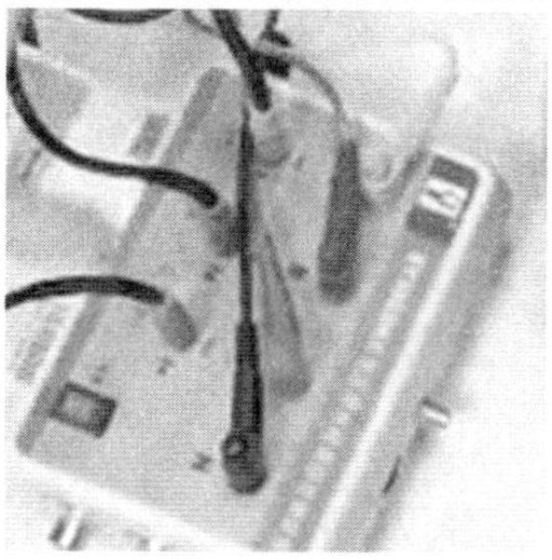
		注意电流钳的电流方向，按箭头方向钳入电流	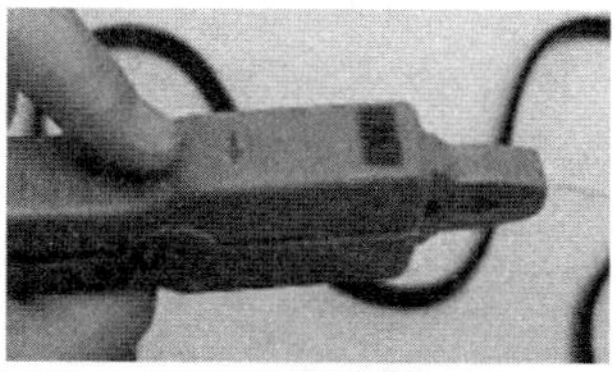
		3个电流钳	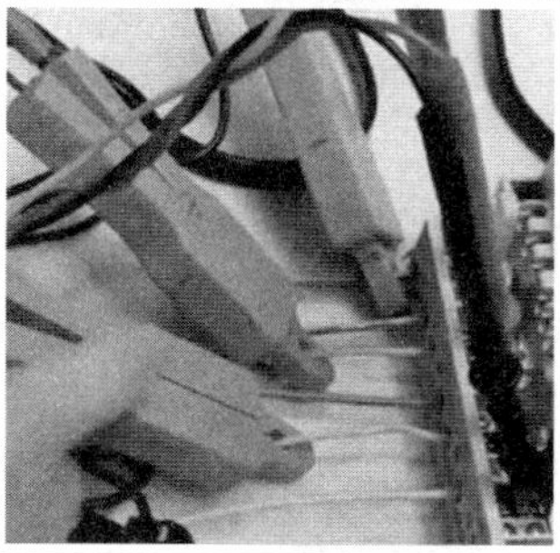
		脉冲输出线连接。 一头插测试仪主脉冲口，注意插孔的方向；另一头红色放在在有功小标端子上，黑色放在在公共端子上	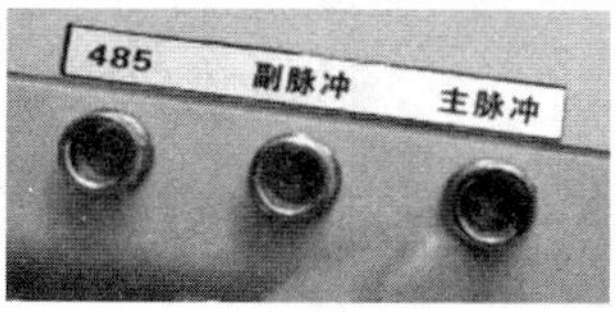

（续表）

项目名称	实训内容	实训要点、示意图	
			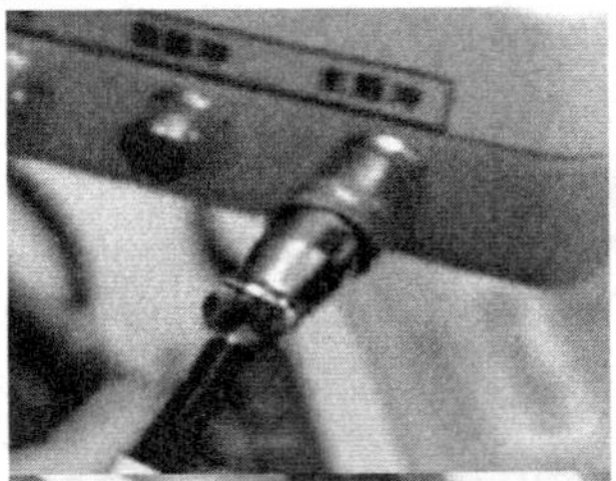 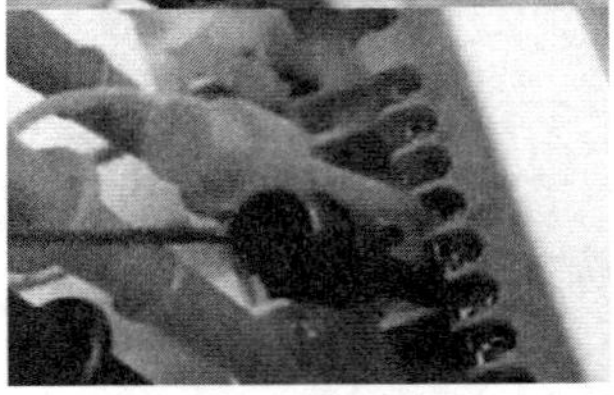
		485线：一头插在485口，另一头放在在电能表485红表笔、黑表笔对应端子上	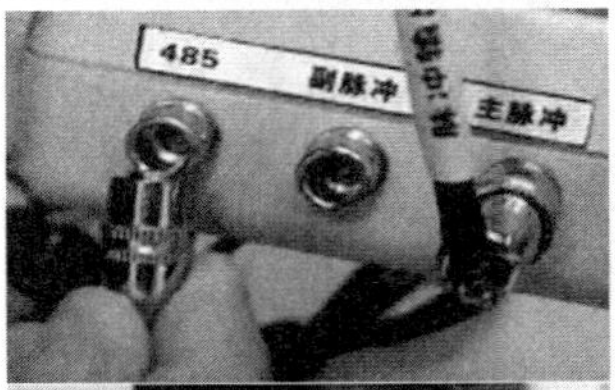 
	（2）测试仪测试	测试仪开机，选择电能表效验，选择接线为三相四线（也可选485线）	
		点击设置，输入标号（表地址），表号在电能表的面板上，条形码上面，NO：后面的数字。 输入表常数：1600r/kWh 电流选择：有无CT、5A、60A	
		开始测试，一般测试仪测试3次，误差取平均值，查看电能表的精确度等级，如0.2S，误差小于表的精确度，该表合格	
		测试完拆线，注意要先拆电压线（防止触电），其余测试线的拆除无特殊要求	
	（3）安全措施	① 严禁电流互感器二次侧开路。 ② 严禁电压互感器二次侧短路或接地	
	（4）恢复试验接线	恢复电流试验连片，同时通过现场检验仪监视电流的大小，以保证短路可靠	
		恢复后，依次拆除被检电能表侧的光电采样连接线、电压线、电流线	
		检查恢复后一次功率与电能表二次功率乘倍率后是否相符	

（续表）

<table>
<tr><th>项目名称</th><th>实训内容</th><th colspan="4">实训要点、示意图</th></tr>
<tr><td rowspan="6">4. 通电后应检查的项目</td><td colspan="5">（1）用相序表检查电能表所接相序是否正确</td></tr>
<tr><td colspan="5">（2）用测电笔检查电能表的零线与相线是否正确接线，外壳、零线上是否有电压</td></tr>
<tr><td colspan="5">（3）检查电能表空载时是否潜动</td></tr>
<tr><td colspan="5">（4）带负荷检查电能表运转是否正常，有无反转或停转现象</td></tr>
<tr><td colspan="5">（5）用现场检验设备测量计量装置的综合误差是否超差</td></tr>
<tr><td colspan="5">（6）检查电能</td></tr>
<tr><td rowspan="6">5. 装置加封</td><td rowspan="4">（1）装置加封</td><td colspan="4">① 送电完成后，应对运行计量装置进行施封</td></tr>
<tr><td colspan="4">② 使用计量专用编号封印，封印应压实，印模清晰，封丝无松动情况</td></tr>
<tr><td colspan="4">③ 封印情况及加封位置应逐一记录在运行台账本，并请用户核对后签字</td></tr>
<tr><td colspan="4">④ 拆下的旧封印统一登记回收</td></tr>
<tr><td rowspan="2">（2）安全措施</td><td colspan="4">① 注意加封过程中封丝、封钳与带电部分的距离</td></tr>
<tr><td colspan="4">② 注意柜门加封后，检查封印的可靠性</td></tr>
<tr><td rowspan="6">6. 检查运行电能表</td><td colspan="5">（1）检查多功能电能表时间、日期是否正确，与北京时间相差不应超过5分钟</td></tr>
<tr><td colspan="5">（2）检查多功能电能表电池是否低电压</td></tr>
<tr><td colspan="5">（3）检查各费率电量与总电量是否清零</td></tr>
<tr><td colspan="5">（4）检查多功能电能表参数（时钟、电池、失压记录、时段、最大需量、循显项目）</td></tr>
<tr><td colspan="5">（5）检查一次功率与二次功率是否相符</td></tr>
<tr><td colspan="5">（6）检查电能信息采集终端运行是否正常，核对每个被测计量点功率与测量模块显示功率是否一致</td></tr>
<tr><td rowspan="5">7. 收尾</td><td>（1）停电</td><td colspan="4">供电电源断路器拉闸</td></tr>
<tr><td rowspan="2">（2）封印检查</td><td colspan="4">① 电能表表尾盖板封印</td></tr>
<tr><td colspan="4">② 电表箱封印</td></tr>
<tr><td>（3）电表箱</td><td colspan="4">清理电表箱内异物</td></tr>
<tr><td>（4）现场</td><td colspan="4">清理工作现场</td></tr>
<tr><td rowspan="2">8. 竣工</td><td colspan="3">（1）计量装置安装更换完毕后，应符合安装标准</td><td>负责人签字：</td><td></td></tr>
<tr><td colspan="3">（2）填写装换表工作凭证、电能计量装置台账，无误后移交电费核算部门</td><td>负责人签字：</td><td></td></tr>
<tr><td rowspan="3">9. 7S管理</td><td>（1）现场归位</td><td>责任人</td><td></td><td>考核</td><td></td></tr>
<tr><td>（2）工具归位</td><td>责任人</td><td></td><td>考核</td><td></td></tr>
<tr><td>（3）仪表放置</td><td>责任人</td><td></td><td>考核</td><td></td></tr>
</table>

六、总结与反思

<table>
<tr><td rowspan="4">本节内容总结</td><td>本节重点</td><td></td></tr>
<tr><td>本节难点</td><td></td></tr>
<tr><td>疑问</td><td></td></tr>
<tr><td>思考</td><td></td></tr>
<tr><td>作业</td><td></td><td></td></tr>
<tr><td>预习</td><td></td><td></td></tr>
</table>

任务十九　检查并修正用户计量装置的错误接线

一、实训目标

学会检查并修正用户计量装置的错误接线的方法。

二、实训内容

检查并修正用户计量装置的错误接线。

三、实训仪器、工具

十字起子、一字起子、斜口钳、尖嘴钳、封印钳、录音笔、安全帽、万用表、电能表电池、计量专用封条或封印、封线。

四、相关知识

（一）电能计量装置的接线方式

1. 电能计量方式的类型

（1）按照电力用户受电端电压的不同，分为高供高计、高供低计、低供低计3种。

（2）按照电力用户用电设备的不同，分为单相、三相三线、三相四线。

（3）按电压等级和电流大小的不同，分为高压计量和低压计量、直接接入和经互感器接入方式。

2. 电能计量装置的接线方式

（1）中性点绝缘系统是指一个系统，除通过具有高阻抗的指示、测量仪表或保护装置接地外，无其他接地的连接。接入中性点绝缘系统的电能计量装置，应采用三相三线有功、无功电能表。接入非中性点绝缘系统的，应采用三相四线有功、无功电能表或三个感应式无止逆单相电能表。

（2）接入中性点绝缘系统的2台电压互感器，35kV及以下的宜采用V/N方式接线；接入非中性点绝缘系统的3台电压互感器，35kV及以上的宜采用y0/y0方式接线。其一次侧接线方式和系统接地方式相一致。

（3）低压供电：负荷电流为50A及以下时，宜采用直接接入式电能表；负荷电流为50A以上的，宜采用经互感器接入的接线方式。

（4）对三相三线制接线的电能计量装置，其2台电流互感器二次绕组与电能表之间宜采用四线连接。对三相四线制接线的电能计量装置，其3台电流互感器二次绕组与电能表之间宜采用六线连接。

3. 电能计量方式供电线路分为单相电路、三相四线电路和三相三线电路

那么，与之对应的电能表也有单相电能表、三相四线电能表和三相三线电能表。所谓计量方式并非按电能表分类，而是按电能计量装置相对供电变压器的位置不同来区分。图中的A、B、C分别是计量装置的安装点。

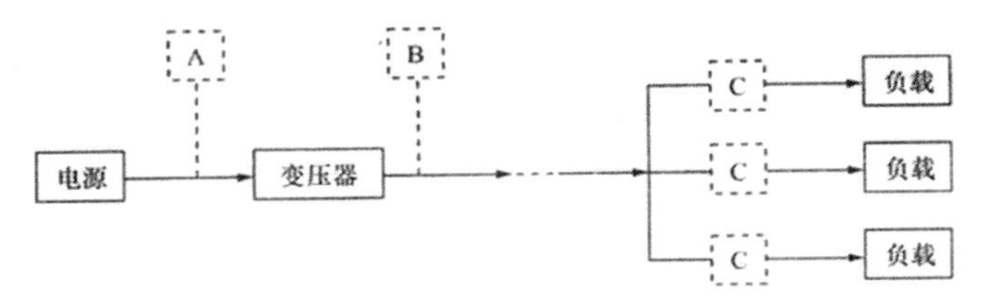

（二）电能计量装置的分类

根据《电能计量装置技术管理规程》规定，运行中的电能计量装置按其所计量电能的多少和计量对象的重要程度分五类（Ⅰ、Ⅱ、Ⅲ、Ⅳ、Ⅴ）进行管理。

（1）Ⅰ类电能计量装置为月平均用电量500万kWh及以上或变压器容量为10000kVA及以上的高压计费用户、200MW及以上发电机、发电企业上网电量、电网经营企业之间的电量交换点、省级电网经营企业与供电企业的供电关口计量点的电能计量装置。

（2）Ⅱ类电能计量装置为月平均用电量100万kWh及以上或变压器容量为2000kVA及以上的高压计费用户、100MW及以上发电机、供电企业之间的电量交换点的电能计量装置。

（3）Ⅲ类电能计量装置为月平均用电量10万kWh及以上或变压器容量为315kVA及以上的计费用户、100MW以下发电机、发电企业厂（站）用电量、供电企业内部用于承包考核的计量点、考核有功电量平衡的110kV及以上的送电线路电能计量装置。

（4）Ⅳ类电能计量装置为负荷容量为315kVA以下的计费用户、发供电企业内部经济技术指标分析、考核用的电能计量装置。

（5）Ⅴ类电能计量装置为单相供电的电力用户计费用电能计量装置。

（三）计量器具准确度等级的选择

各类电能计量装置所用的电能表、互感器准确度等级、电压互感器二次回路电压降不应低于表的要求。电能计量装置所用电能表、互感器的准确度等级如下表。

类别	准确度等级			
	有功电能表	无功电能表	电压互感器、二次回路电压降	电流互感器
Ⅰ	0.2SA或0.5S	2.0	0.2、0.2%	0.2S或0.2
Ⅱ	0.5S或0.5S	2.0	0.2、0.2%	0.2S或0.2
Ⅲ	1.0	2.0	0.5、0.5%	0.5S
Ⅳ	2.0	3.0	0.5、0.5%	0.5S
Ⅴ	2.0			0.5S

（四）一般电能计量装置错误接线的类型

（1）缺相。电压、电流量或一部缺失、或全部缺失，如电压开路、电流开（短）路等。

（2）接反。电压、电流互感器极性接反或电流接反。

（3）移相。进电能表的电压、电流不是电能表接线规则中所需要的电压、电流。电能计量装置的接线检查分停电检查和带电检查。停电检查主要是依据接线图纸排查互感器、二次接线、电能表接线是否正确，特别是在安装接线前检查互感器的极性，以免电能计量装置安装后再重新安装。

带电检查是在计量装置投入使用后的整组定期检查，当发现电能计量装置错误接线后，除更正错误接线外，还应进行退补电量。

（五）三相四线电能计量装置的接线，在实际运行中可能出现的几种情况

（1）有正常的电压、电流输出，但计量元件的电压、电流组合错误，或电压、电流互感器反极性连接。

（2）计量接线造成电压或电流缺相运行；不同计量元件接入同一相电压。关于电压互感器的反极性连接，本部分只讨论三个电压互感器中最多出现一只反极性连接的情况，因为多只电压互感器出现反极性现象，判断起来可取的答案太多。

五、实训的内容和要点

具体的实训内容和实训要点见下表。

任务名称：检查并修正用户计量装置的错误接线　　　　　　　　　　　编号：

项目名称	实训内容	实训要点、示意图
1. 准备工作	（1）人员要求	① 工作人员应身体健康、精神状态良好。 ② 工作人员应培训考试合格，具备专业技术技能水平。 ③ 工作人员的个人工具和劳动保护用品应准备并佩戴齐全。 ④ 严禁违章指挥、无票作业、野蛮施工。 ⑤ 工作人员应服从指挥、遵守规程规定，文明施工
	（2）危险点分析	危险点分析：触电、高空坠落、交通事故、其他
	（3）准备工作	① 工作前应进行现场勘察，按规定提出申请和工作计划，要符合低压带电作业安全规程。 ② 开工前准备好需要的工器具，检查工器具是否齐全，是否满足工作需要，工器具必须试验合格，要做必要的检查。 ③ 准备好所需要的装表材料和备品备件，材料和备品备件应充足齐全、合格。 ④ 填写低压带电工作票及风险辨识卡，安全措施要符合现场实际，并按规定正确填写工作票。

（续表）

项目名称	实训内容	实训要点、示意图	
		⑤ 工作前按照工作票内容交底、布置安全措施和告知危险点，并履行确认手续，工作人员必须清楚工作任务、安全措施、危险点	
	（4）安全措施	① 作业人员穿戴好防护用品，站在干燥的绝缘板上。 ② 低压带电作业应设专人监护，人体不得同时接触两根线头，拆开的线头应采取绝缘包裹措施。 ③ 操作条件。电能表电流回路无电流或电能计量装置二次电流回路能可靠短接，电压回路带电。 ④ 工作现场要具有充分的操作空间。必要时，对可能影响换表空间的带电体做临时绝缘隔离。 ⑤ 工作环境应宽敞明亮。光线不足时，应采取其他照明措施，并应防止光线直射作业人员的眼睛	
	（5）作业分工	专责监护人	
		装换表人员	
		辅助工作人员	
	（6）开工作业内容	履行工作许可手续	
		工作负责人按带电工作票内容向工作人员交代工作任务、现场安全措施、危险点	
		工作人员在清楚工作任务、现场安全措施、危险点等内容后，签字确认并得到工作负责人的允许，方可开始工作	
		按照工作票所列内容，布置安全措施	
2. 三相四线错误接线检查	（1）电压测量	测量$U1$对地电压	
		测量$U2$对地电压	
		测量$U3$对地电压	

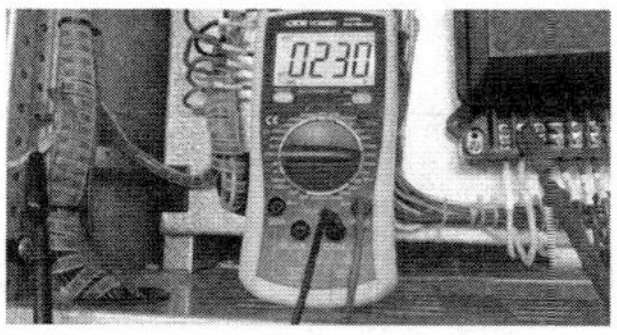

（续表）

项目名称	实训内容	实训要点、示意图	
		测量$U1$对N电压	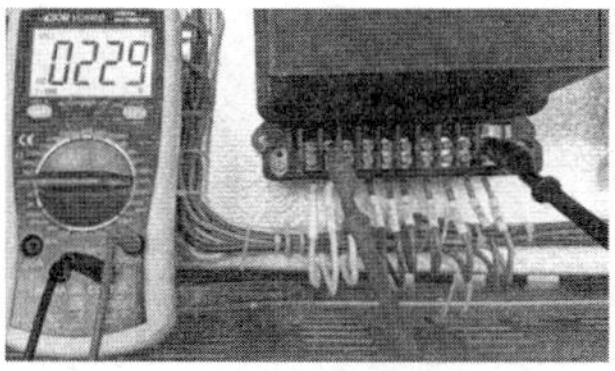
		测量$U2$对N电压	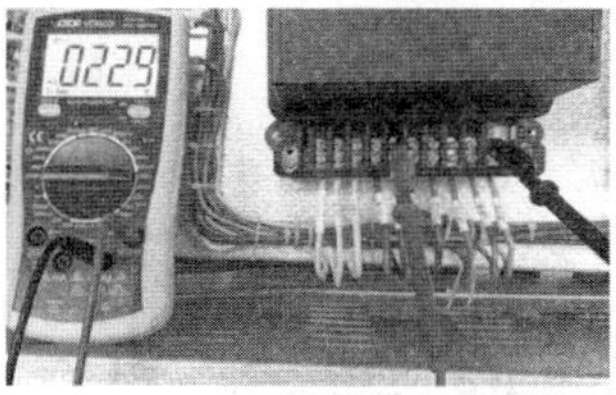
		测量$U3$对N电压	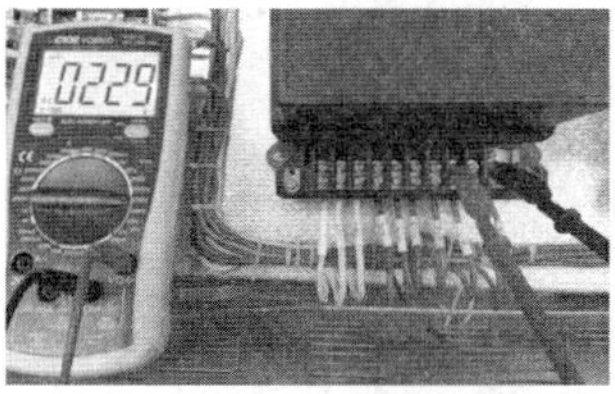
		测量UAB	
		测量UBC	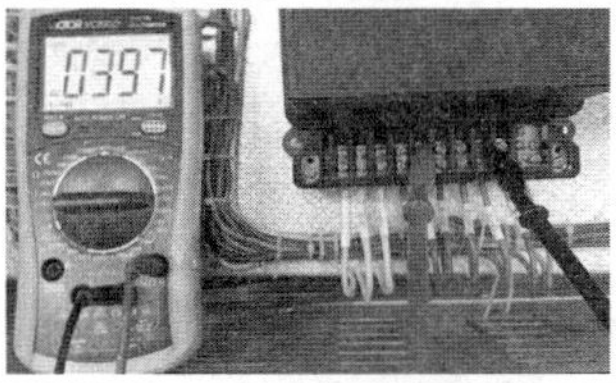
		测量UAC	
	（2）原理	三相四线电能表电压接线端子设定以$U1$、$U2$、$U3$排序，测量$U1$、$U2$、$U3$相对地电压。还应测量线电压。目的是检查各元件是否为同一相电压，是否有电压互感器反极性连接的情况。 A．假设三相对称，则有：$U1=U2=U3=Uph$，线电压$U12=U23=U31=\sqrt{3Uph}$。 B．$U12=0$，$U23=U31=\sqrt{3Uph}$，这时$U1$和$U2$同相位；	

（续表）

项目名称	实训内容	实训要点、示意图
		$U23=0$，$U12=U31=\sqrt{3Uph}$，这时$U2$和$U3$同相位； $U31=0$，$U12=U23=\sqrt{3Uph}$，这时$U1$和$U3$同相位。 C、$U12=U31=Uph$，$U23=\sqrt{3Uph}$，$U1$为反极性TV电压； $U12=U23=Uph$，$U31=\sqrt{3Uph}$，$U2$为反极性TV电压； $U23=U31=Uph$，$U12=\sqrt{3Uph}$，$U3$为反极性TV电压。 D、$U12=U31=Uph$，$U23=\sqrt{3Uph}$，$U1=0$，$U1$为断； $U12=U23=Uph$，$U31=\sqrt{3Uph}$，$U2=0$，$U2$为断； $U23=U31=Uph$，$U12=\sqrt{3Uph}$，$U3=0$，$U3$为断
	（3）柜量图绘制	电能表现场校验仪用$\dot{U}a$、$\dot{U}b$、$\dot{U}c$表示电源进线，用颜色表示所接入端子的位置。例如： 从图中我们可以看出是逆相序（即Ub和Uc接错相），第三元件Ic反接。 Ic应该在现位置的反方向。 我们做相量图无法用颜色区分，只能用a、b、c表示电源进线，用1、2、3表示所接入的位置，1表示电能表的第一元件，2表示电能表的第二元件，3表示电能表的第三元件
	（4）相序测量	$\dot{U}1$设定在0°位置，可标注为$\dot{U}a$，以元件一为基准电压（找基准电压，如果设备有$\dot{U}a$为基准点，测量$\dot{U}a$对其他各元件电压，电压为0的即是$\dot{U}a$，假设在元件2，那么$\dot{U}2$（a）设定在0°位置）
		顺相序时：设定$\dot{U}2$在120°位置，可标注为$\dot{U}2$（b），$\dot{U}3$设定在240°位置，可标注为$\dot{U}3$（c）
		逆相序时：设定$\dot{U}2$在240°位置，可标注为$\dot{U}2$（c），设定$\dot{U}3$在120°位置，可标注为$\dot{U}3$（b）
		计量元件没有电压或电流的用虚线做出其相量。
	（5）电压相量图	顺相序：（$U1$-$U2$-$U3$）逆相序：（$U1$-$U3$-$U2$）

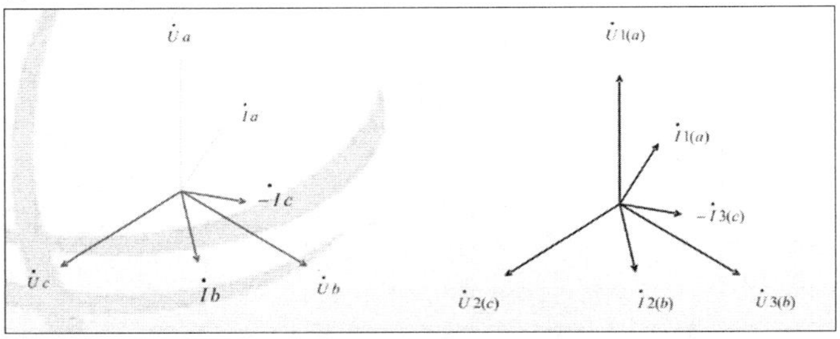

（续表）

项目名称	实训内容	实训要点、示意图		
	的制作	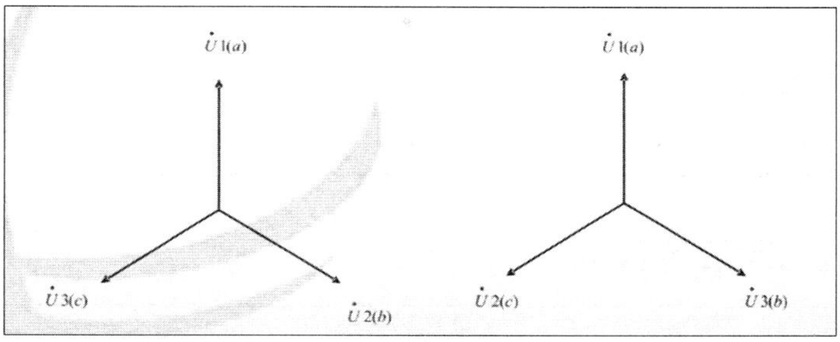		
		U_2无电压：$\dot{U}_2=0$，U_1和U_2同相位：$U_{12}=0$ 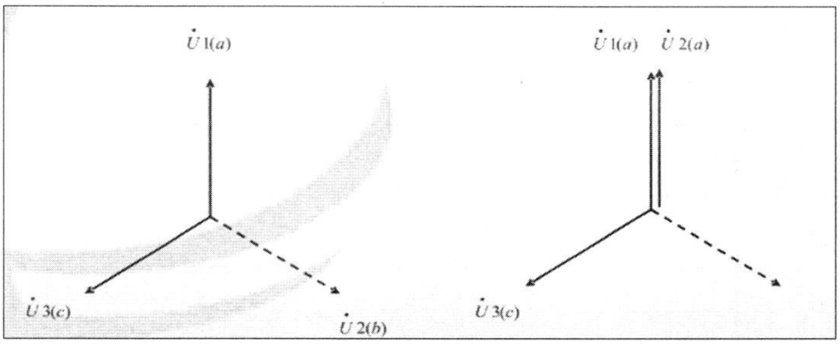		
	（6）电流相位测量和相量图	测量11、l2、13电流。以$\dot{U}_1$为参照，若$\dot{U}_1$无电压，则以$\dot{U}_2$为参照		
		测量$\dot{U}_1$对$\dot{I}_1$，$\dot{U}_1$对$\dot{I}_2$，$\dot{U}_1$对$\dot{I}_3$各相位角并做记录		
		感性负荷的情况下，电流滞后电压；容性负荷的情况下，电流超前电压。请提交结果		
	（7）根据测量数据绘制相量图	写出错误接线和正确接线的功率表达式，求出更正系数		
	（8）更正接线	如果有U相断或短，则确定所断和短，在设备上复位		
	（9）画出错误接线	在表格中把错误接线画出，再改错		
3. 收尾	（1）停电	供电电源断路器拉闸		
	（2）封印检查	电能表表尾盖板封印		
		电表箱封印		
	（3）电表箱	清理电表箱内异物		
	（4）现场	清理工作现场		
4. 竣工	（1）验收	计量装置安装更换完毕后，应符合安装标准	负责人签字：	
	（2）记录	填写装换表工作凭证、电能计量装置台账，无误后移交电费核算部门	负责人签字：	

（续表）

项目名称	实训内容	实训要点、示意图			
5. 7S管理	（1）现场归位	责任人		考核	
	（2）工具归位	责任人		考核	
	（3）仪表放置	责任人		考核	

六、总结与反思

本节内容总结	本节重点	
	本节难点	
	疑问	
	思考	
作业		
预习		

附：朗信电子LCT-CX321三相电能表现场校验仪或LCT-CX320+三相用电检查仪使用简介。

首先，把设备端接好，左侧插电压线，右侧插钳表笔，注意颜色对应。下侧插脉冲接受线，以三相四线表为例介绍。

（1）先把钳表笔依次加在各项电流出线黄、绿、红上（注意电流的方向，在钳表笔上有标识）。

（2）把脉冲线黄夹子加到智能表有功校表高端子19，脉冲线黑夹子接表上公共地21。

（3）把电压线夹到各项电压端子上，注意先接零线、后接火线。

（4）开机，按压或拨动开关。

（5）打开平板电脑现场校验仪App，自动连接（第一次需要配对），显示设备编号说明连接成功。

用户信息
电表表号：000000000001
用户名称：用户名称
设备编号：lxdz35211037

（6）参数设置如下。

（7）完成后单击下面的功能菜单。

① 伏安测量界面显示出来。

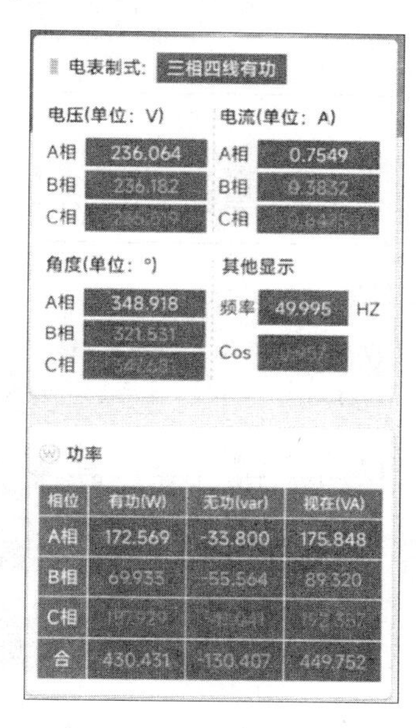

② 接线判别界面显示向量图。感性负载功率因数大于0.5。

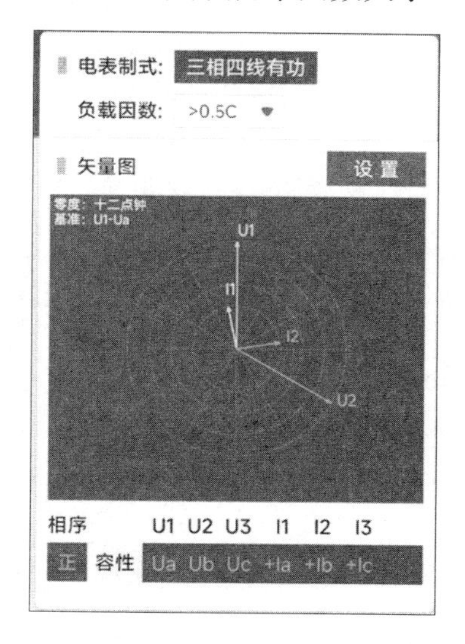

③ 判别的接线图。

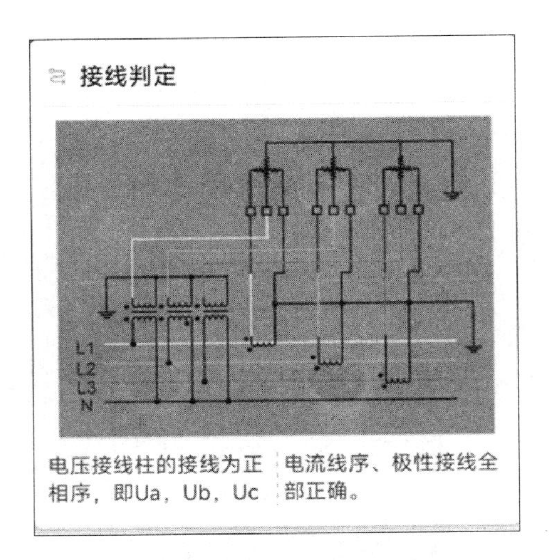

④ 误差检测界面：由于第一个脉冲不完整，第一次测试结果不同。

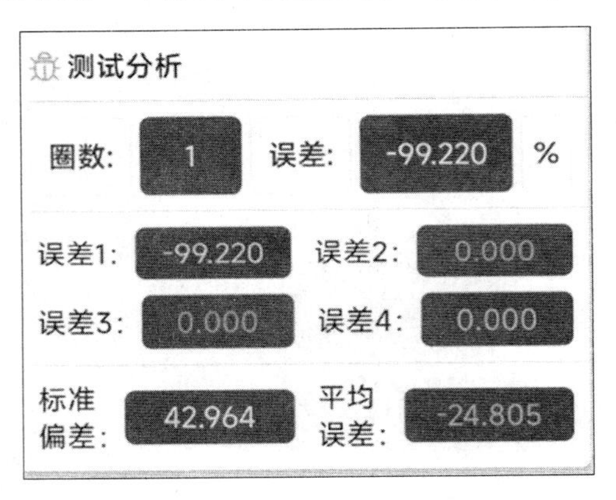

任务二十　联合接线盒的操作及校表

一、实训目标

（1）掌握联合接线盒的使用方法。

（2）掌握利用联合接线盒不停电换表的使用方法。

二、实训内容

（1）联合接线盒的使用。

（2）联合接线盒不停电换表。

三、实训仪器、工具

电能表、CT、联合接线盒、电工工具。

四、相关知识

（1）接线盒如下图所示，在电力行业应用十分广泛，利用它能够将仪器或仪表接入运行中的二次回路，完成多种不同项目的测试。在电能计量方面，使用试验接线盒可以实现带负荷现场校表及带负荷现场换表等。试验接线盒适用于用电负荷较大，如电流互感器或带电压、电流互感器的电能计量装置，需要对计量装置进行定期现场检验和定期轮换（更换），以检定电能表来保证其准确运行的计费用户。

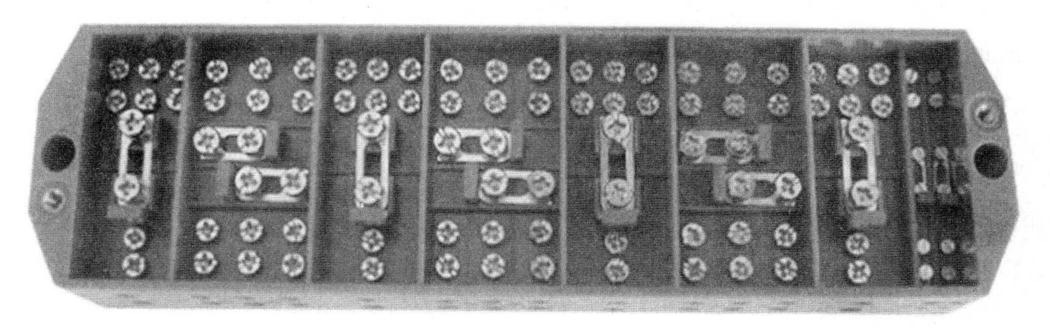

（2）以三相四线接线盒为例加以分析。

三相四线接线盒结构示意图如下图所示。共由7组端子构成。

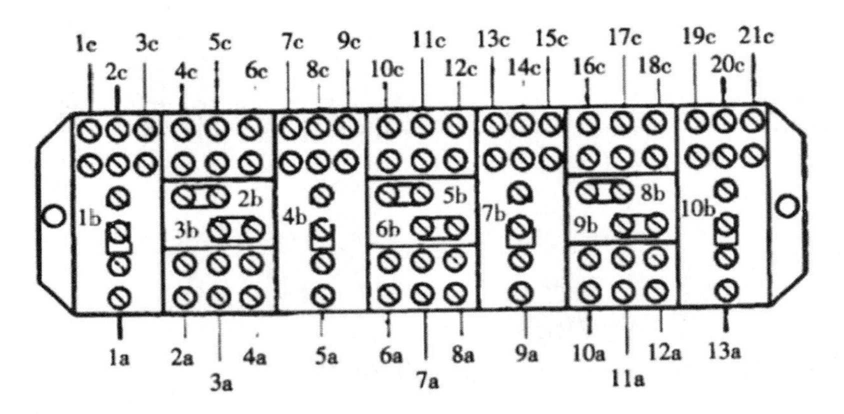

接线盒的接线端子排列原则：自上至下或自左至右。从左边起：一、二格（1c-6c）为A相所设；三、四格（7c-12c）为B相所设；五、六格（13c-18c）为C相所设；第七格（19-21c）为电压中性点，连接的中线应接地。

其中，电压线路为：1a（通过1b连接端子与1c、2c、3c连通）5a（通过4b连接端子与7c、8c、8c连通）9a（通过7b连接端子与13c、14c、15c连通）13a（通过10b连接端子与19c、20c、21c连通）。

电流线路用3组（2a-4a、6a-8a、10a-12a），每组有3只接线端子，每只端子上下是一个整体，左右（1a、5a、9a、13a）是断开的，端子间用连片进行连接或断开。电压线路用4组，每组有3个接线孔，它们是一个整体，左右是连通的，上下是断开的，采用连片进行连接或断开。

1b、4b、7b、10b为电压连接端子，运行时接通。

2b、3b、5b、6b、8b、9b为电流连接端子，运行时2b、5b、8b接通，3b、6b、9b断开。

（3）试验接线盒应安装在电能计量柜内部。一般安装在电能表位置正下方，与电能表底部距离为100～200mm，以方便电能表及试验接线盒二次接线且不影响现场检验或用电检查时安全操作为原则。

（4）接线以A相为例，如下图所示，左边一格为电压接线盒，其中间的连接片可以方便地接通和断开A相电压二次线。当连接片接通时，上端3个接线孔1、2、3都与下端进线孔同电位，可分别接向电能表的各A相电位进线端。右边为电流接线盒，其中每个竖行各螺钉间分别连通，中间的两个短路片，上短路片为常闭状态平常接通左边两竖行；下短路片为常开状态（更换电能表之前，要先右移该短路片直接短接右边两竖行，从而短接TA，保证更换电能表时TA不开路）。

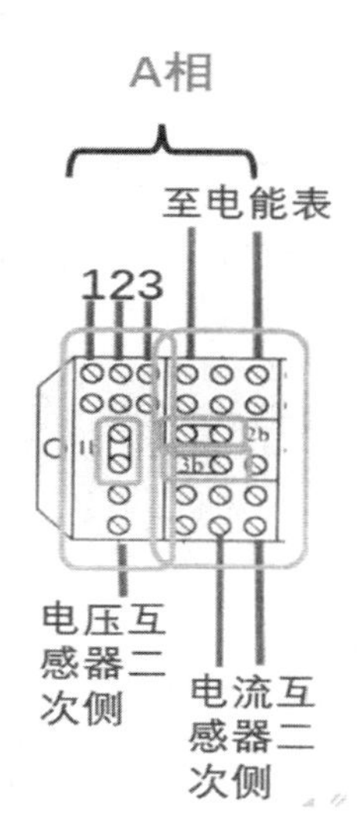

（5）与电能表接线时接线盒若为水平放置，则其下端（a端子）接线由CT、PT二次侧接入，上端（c端子）接线至电能表的接线端子。若为垂直放置，则其左侧（a端子）接线由CT、PT二次侧接入，右侧（c端子）接线至电能表的接线端子。

（6）低压三相四线计量装置正常运行时的接线。三相电源电压并接试验接线盒电压接线端子进线端（a端），出线端（c端）与电能表电压端钮并接。每相电流互感器出线端由试验接线盒中2b、5b、8b连接片流入电能表后回到末端，构成闭合回路。以A相为例，电压信号由1a接入，1c-3c任意一端子接出至电能表A相电压端子，电流信号由CT K1接入3a，经2b连接端子，由4c接出至电能表A相电流输入端子，电能表A相电流输出端子连接至6c，由4a接回到CT K2，从而构成完整回路。

注意：所有的CT K2要连接到一起并接地。

五、实训的内容和要点

具体的实训内容和实训要点见下表。

任务名称：联合接线盒的操作　　　　　　　　　　　　编号：

项目名称	实训内容	实训要点、示意图
1. 准备工作	（1）人员要求	① 工作人员应身体健康、精神状态良好。 ② 工作人员应培训考试合格，具备专业技术技能水平。 ③ 工作人员的个人工具和劳动保护用品应准备并佩戴齐全。 ④ 严禁违章指挥、无票作业、野蛮施工。 ⑤ 工作人员应服从指挥、遵守规程规定，文明施工
	（2）危险点分析	触电、高空坠落、交通事故、其他
	（3）准备工作	① 工作前应进行现场勘查，按规定提出申请和工作计划，要符合低压带电作业安全规程。

（续表）

项目名称	实训内容	实训要点、示意图	
		② 开工前准备好需要的工器具，检查工器具是否齐全，是否满足工作需要。工器具必须试验合格，要做必要的检查。 ③ 准备好所需要的装表材料和备品备件，材料和备品备件应充足齐全、合格。 ④ 填写低压带电工作票及风险辨识卡，安全措施要符合现场实际，并按规定正确填写工作票。 ⑤ 工作前按照工作票内容交底、布置安全措施和告知危险点，并履行确认手续。工作人员必须清楚工作任务、安全措施、危险点	
	（4）安全措施	① 作业人员戴安全帽，穿棉质长袖工作服，袖口扣牢，双脚穿电工绝缘靴，戴棉质手套，佩戴防护目镜，站在干燥的绝缘板上，使用合格的绝缘电工工具。电工工具除刀口部位外，其余部位要做好绝缘处理。 ② 低压带电作业应设专人监护，人体不得同时接触两根线头，拆开的线头应采取绝缘包裹措施。 ③ 作业人员在专人监护下进行作业，监护人不得从事其他工作。工作时，应穿绝缘靴和全棉长袖工作服，并戴低压绝缘手套、安全帽和护目镜，站在干燥的绝缘物或绝缘垫上，作业人员应使用有绝缘柄且绝缘合格的工具。 ④ 梯子与地面的角度为60°左右。登梯子工作时，采取可靠防滑和摔跌措施，并有人扶持。作业人员不得蹬在距梯顶1m以内的梯蹬上工作，梯上作业人员和所携带的工器具不得超过梯子所能承受的总重量。 ⑤ 操作条件。电能表电流回路无电流或电能计量装置二次电流回路能可靠短接，电压回路带电。 ⑥ 对于在金属箱柜安装的电能表，应在电能表下部表与后壁之间垫一块干燥绝缘的板状物（可以用干燥纸板、木质层板或薄的塑料板），防止带电导线拔出后触碰金属物体引起接地短路事故。 ⑦ 工作现场要具有充分的操作空间。必要时，对可能影响换表空间的带电体做临时绝缘隔离。 ⑧ 工作环境应宽敞明亮。光线不足时，应采取其他照明措施，并应防止光线直射作业人员的眼睛	
	（5）作业分工	专责监护人	
		装换表人员	
		辅助工作人员	
	（6）开工作业内容	履行工作许可手续	
		工作负责人按带电工作票内容向工作人员交代工作任务、现场安全措施、危险点	
		工作人员在清楚工作任务、现场安全措施、危险点等内容后，应签字确认，得到工作负责人的允许，方可开始工作	
		按照工作票所列内容，布置安全措施	

（续表）

项目名称	实训内容	实训要点、示意图
2. 接线盒接线操作步骤	（1）现场检查	安全注意：用低压验电笔检验，现场检查箱外壳是否带电
		核对用户、电能表的安装地址
		检查计量装置、计量箱钢封、表封有无破坏痕迹，检查有无窃电现象
		根据工作凭证核对电能表厂名、厂号、规格、型号
	（2）对电能计量装置进行验电	使用低压验电笔，根据《国家电网公司电力安全工作规程》的规定做好验电三步骤：先在有电的电源上测试验电笔正常 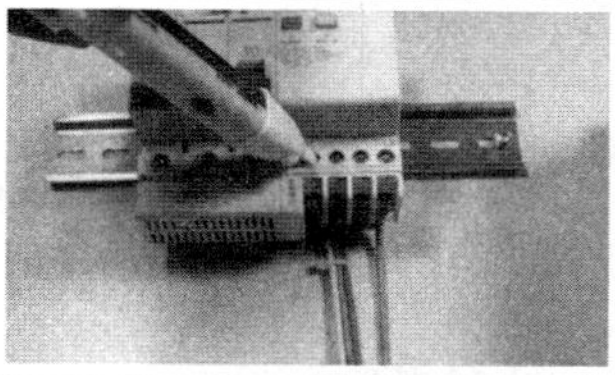
		再对电能计量装置进行试验 
		最后返回到有电的电源确认测试过程中验电笔完好，在确保电能表外壳不带电、电能表外观无异常时方可打开表尾接线盒
	（3）联合接线盒下端接线	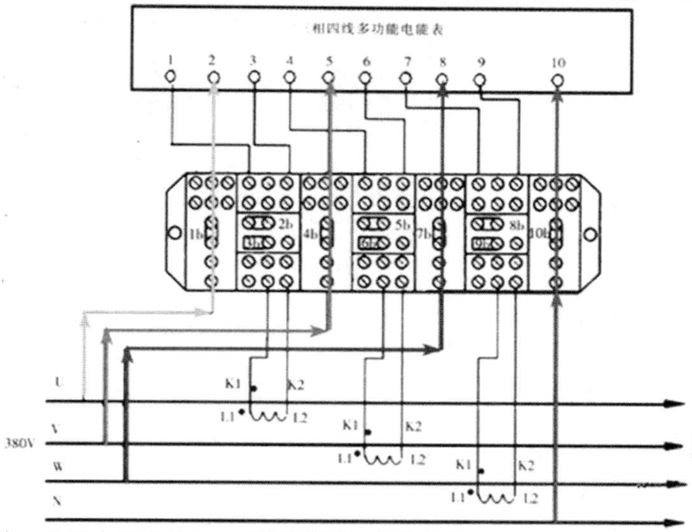 注意：此图中所有的CT K2要连接到一起并接地

（续表）

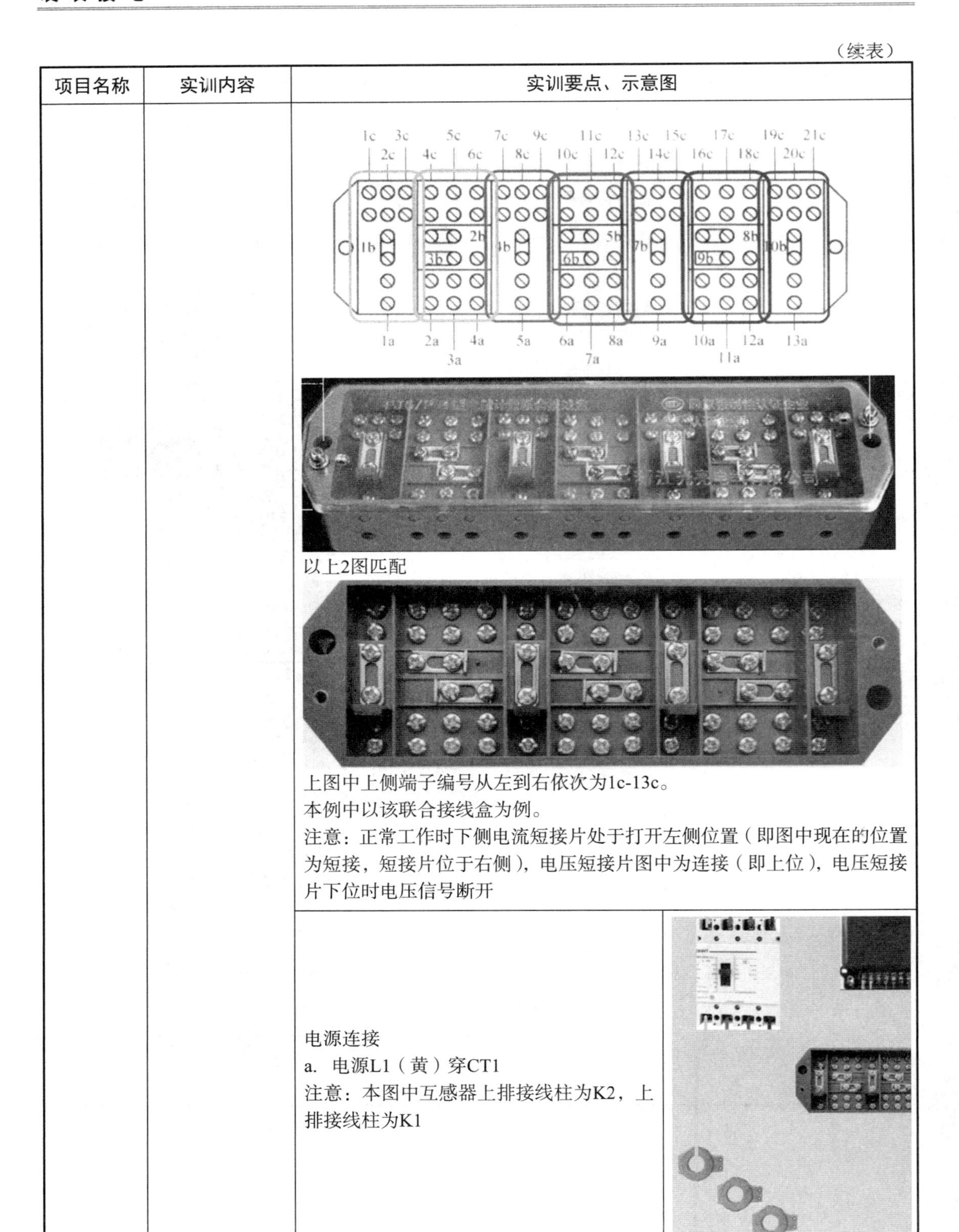

项目名称	实训内容	实训要点、示意图	
		以上2图匹配 上图中上侧端子编号从左到右依次为1c-13c。 本例中以该联合接线盒为例。 注意：正常工作时下侧电流短接片处于打开左侧位置（即图中现在的位置为短接，短接片位于右侧），电压短接片图中为连接（即上位），电压短接片下位时电压信号断开	
		电源连接 a. 电源L1（黄）穿CT1 注意：本图中互感器上排接线柱为K2，上排接线柱为K1	

（续表）

项目名称	实训内容	实训要点、示意图	
		b. 电源L1（黄）至接线盒1a下	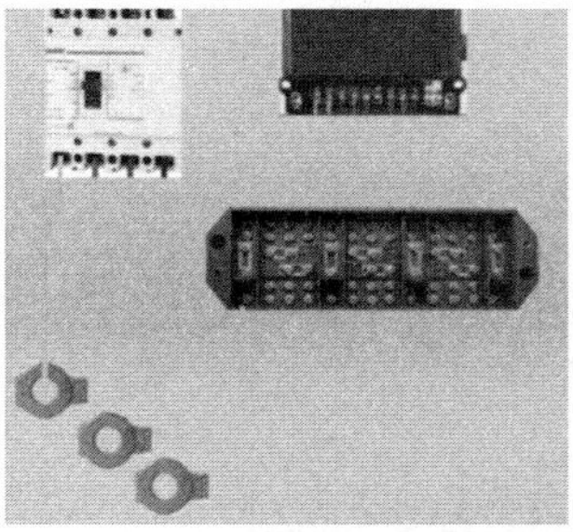
		c. 电源L2（绿）穿CT2	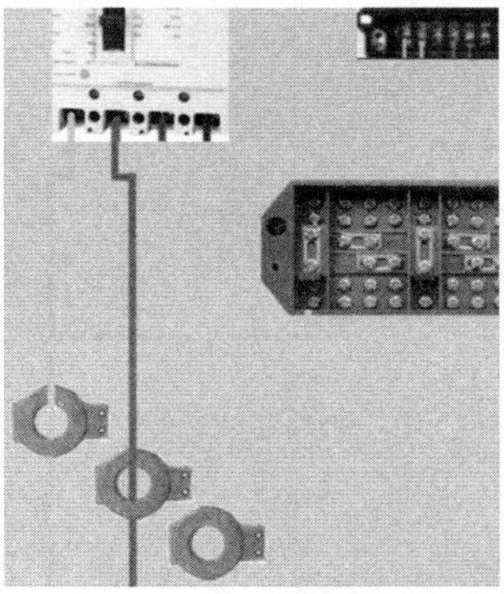
		d. 电源L2（绿）至接线盒5a下	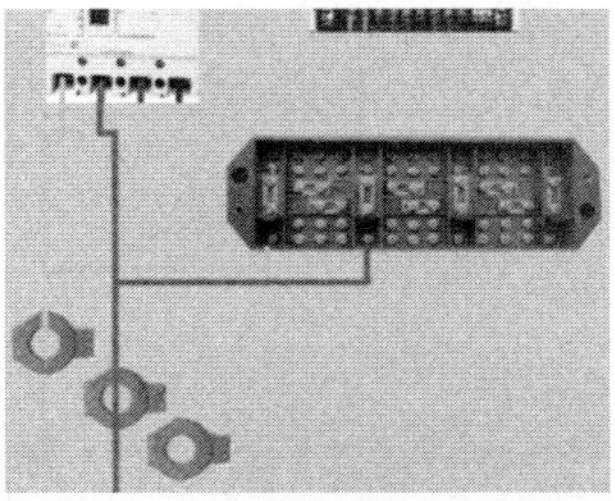
		e. 电源L3（红）穿CT3	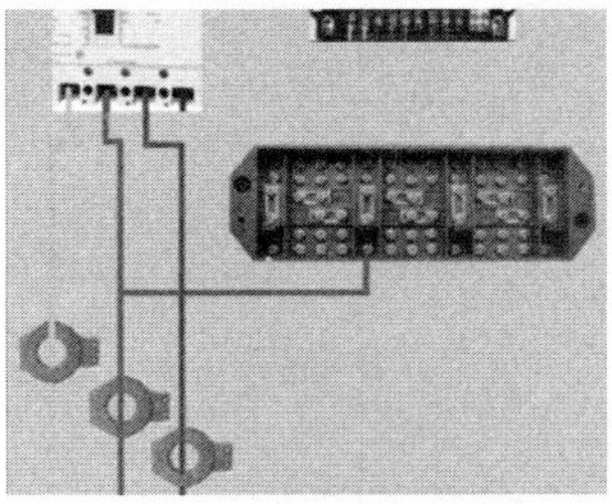
		f. 电源L3（红）至接线盒9a下	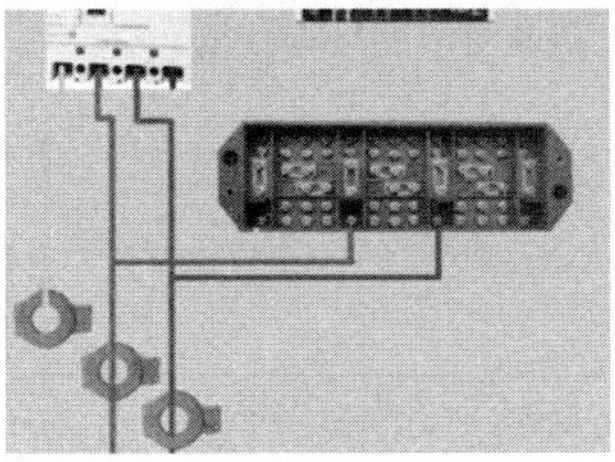

（续表）

项目名称	实训内容	实训要点、示意图	
		g. 电源N（蓝）至接线盒13a下	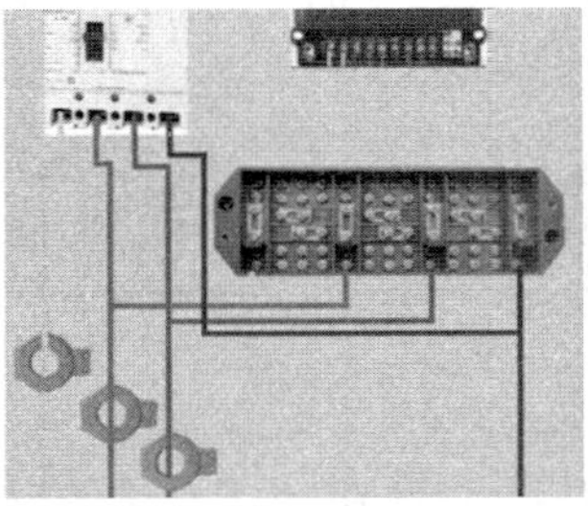
		CT-接线盒 CT1：K1-2a	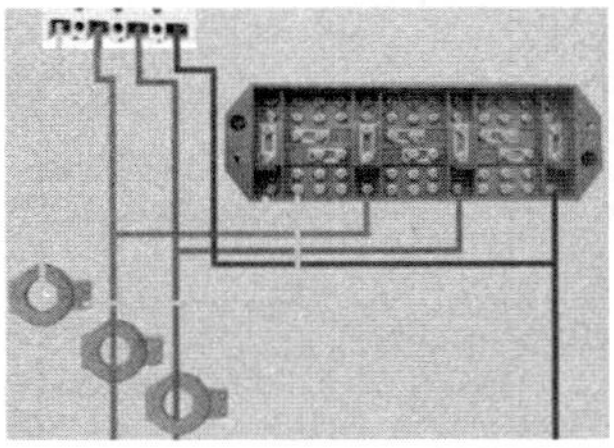
		CT1：K2-4a	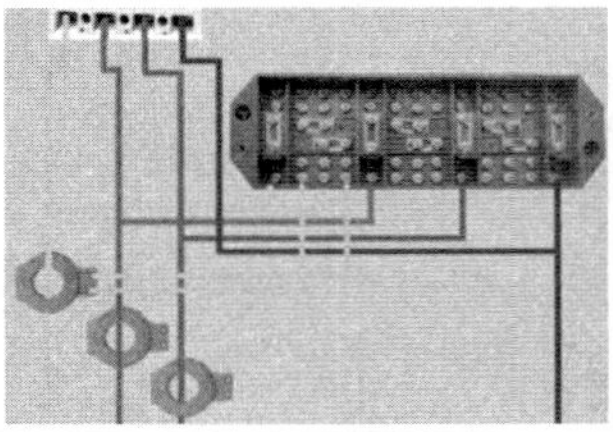
		CT2：K-1-6a	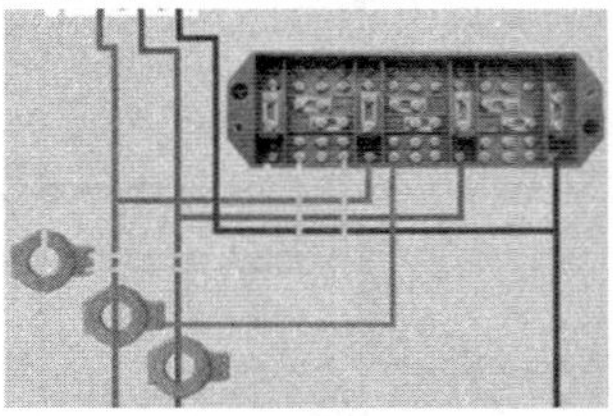
		CT2：K2-8a	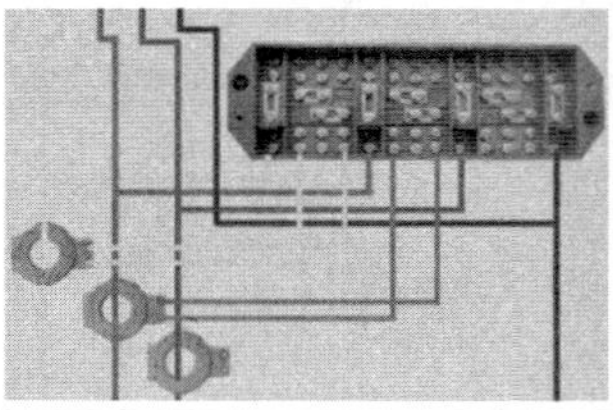
		CT3：K1-10a	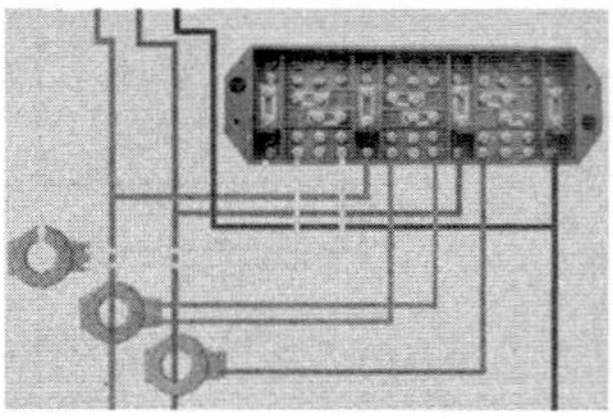

（续表）

项目名称	实训内容	实训要点、示意图	
		CT3：K2-12a	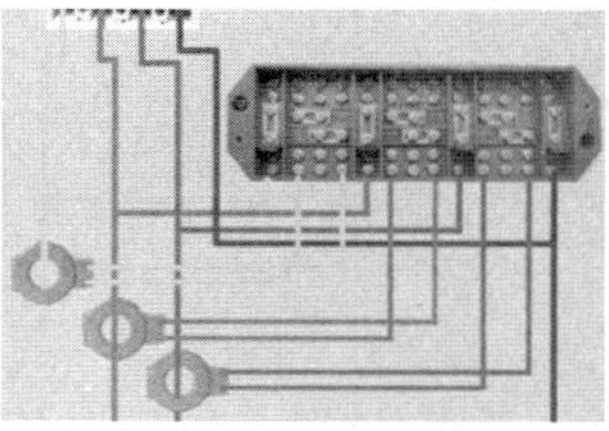
		3个K2连接到一起，并接地	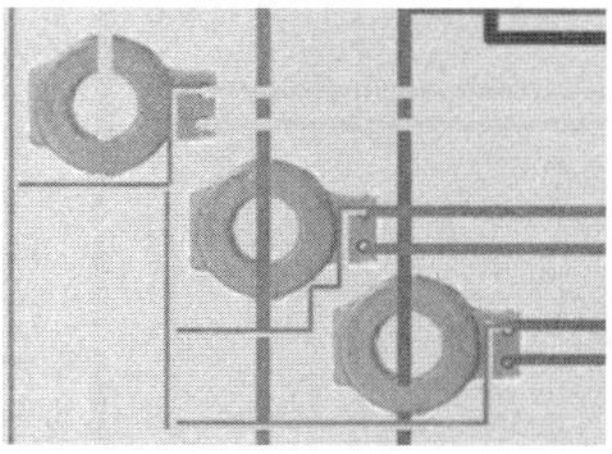
	（4）联合接线盒上端接线	 图中上侧端子编号从左到右依次为1c-13c	
		1c—电能表2	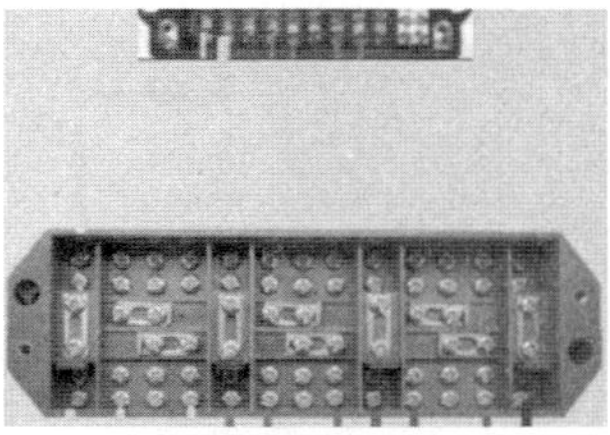
		5c—电能表5	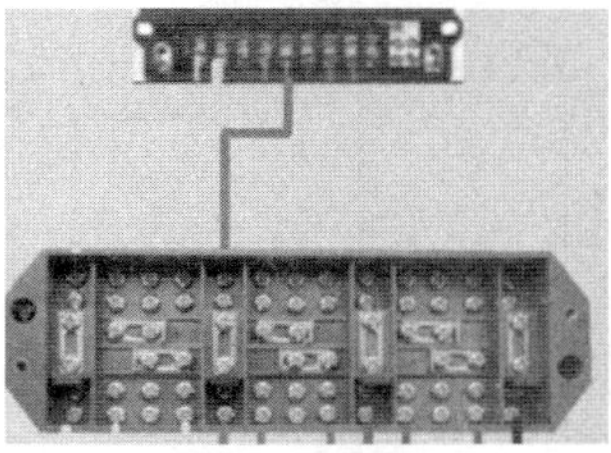
		9c—电能表8	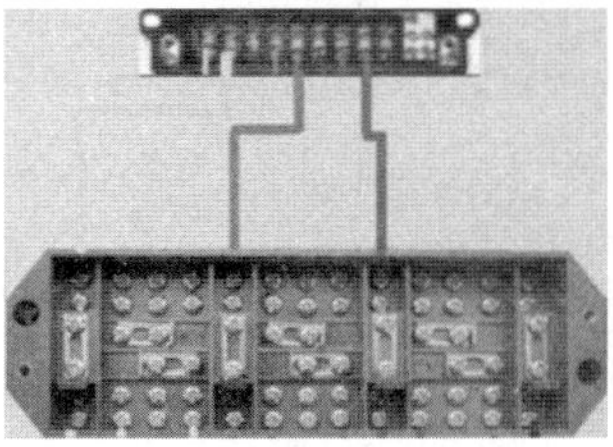

（续表）

项目名称	实训内容	实训要点、示意图	
		13c—电能表10	
		3c—电能表1	
		4c—电能表3	
		7c—电能表4	
		8c—电能表6	
		11c—电能表7	

（续表）

项目名称	实训内容	实训要点、示意图
		12c—电能表9
		样例： 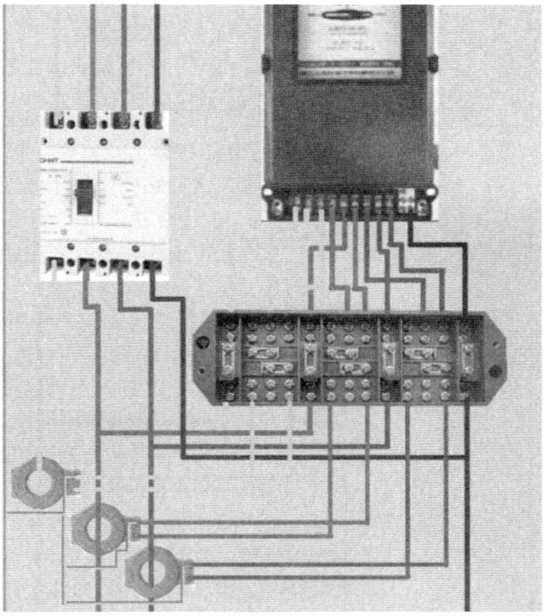
3. 带负荷现场换表	（1）拆旧表前接线盒的操作	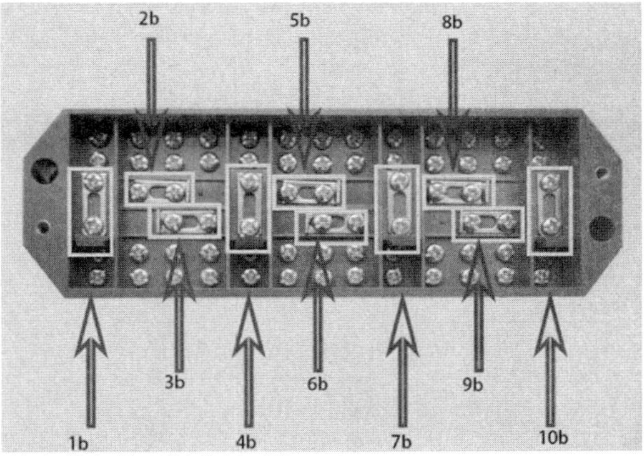 用试验接线盒带负荷现场进行更换。 将电流接线端子（3b、6b、9b）上面连接片从左侧移到右侧（即图中右侧位置），短接电流互感器二次侧接线，使二次电流可靠短路
		将试验接线盒三相电压接线端子（1b、4b、7b、10b）连接片拨开，使电能表接线端无电压；如图所示。验明无电压后就可以进行带电更换电表

（续表）

项目名称	实训内容	实训要点、示意图
	（2）拆表，换表	拆下旧表，换上新表
	（3）装新表后接线盒的操作	先接通：电压信号短接片1b、4b、7b、10b，逐相都要闭合，紧固好螺栓
		再断开：电流信号短接片3b、6b、9b，三相都要断开，恢复到原运行状态，以保证其正常运行
		原因：电流互感器的二次回路严禁开路，断电时首先要短接电流连接片，为了防止先断开电压连接片，电能表失去电压，可能造成的电流互感器回路开路运行。恢复时也是为了确保电能表在带电的情况下，恢复原正常运行状态，不至于使电流互感器的二次回路开路运行。 特别提醒：连接片连接好之后一定要测量一下连通情况，确保其连接可靠
	（4）安全注意	① 所有电能表的接线方式在联合接线中仍然适用，且所有的电流线圈串联在电流二次回路中，电压线圈应并联。 ② 电压、电流互感器二次回路须有专用的试验端子，装设专用的试验接线盒，以便带负荷校表、换表、换接线，防止电压互感器二次回路短路或电流互感器二次回路开路。 ③ 计量互感器二次回路或专用的二次绕组不得接入与电能计量无关的装置。 ④ 电压、电流互感器应有足够的容量和准确度，以保证计量的准确。 ⑤ 电压、电流互感器使用注意事项在联合接线中仍然适用。 ⑥ 电压互感器应接在电流互感器的电源侧。 ⑦ 电压互感器熔断器的安装、互感器二次回路的导线连接问题，均要规范配置。 ⑧ 互感器二次回路导线颜色：相线A、B、C分别采用黄、绿、红分色线，中性线采用黑色线，接地线采用带有透明塑料护套的铜软线。 ⑨ 联合接线中采用的多只电能表，更换为电子式多功能电能表或四象限多功能电能表或目前大力推广应用的智能电能表
4. 收尾	（1）停电	供电电源断路器拉闸
	（2）电能表端子	电能表表尾盖板压好，螺丝上紧到位 电能表表尾盖板打铅封
	（3）整理线路，绑扎导线	绑扎过程中严禁出现交叉，扎带的方式是第一条扎带绑紧，从第二条往后的扎带要预留可以活动的空间，便于快速绑扎，平均每7～10cm绑扎一个
	（4）电表箱	清理电表箱内异物
		电表箱上锁
	（5）现场	清理工作现场

（续表）

项目名称	实训内容	实训要点、示意图			
5. 竣工	（1）验收	计量装置安装更换完毕后，应符合安装标准		负责人签字：	
	（2）记录	填写装换表工作凭证、电能计量装置台账，无误后移交电费核算部门		负责人签字：	
6. 7S管理	（1）现场归位	责任人		考核	
	（2）工具归位	责任人		考核	
	（3）仪表放置	责任人		考核	

六、总结与反思

本节内容总结	本节重点	
	本节难点	
	疑问	
	思考	
作业		
预习		

任务二十一　三相四线有功、无功电能表与TA联合接线

一、实训目标

掌握三相四线有功、无功电能表与TA、联合接线盒的接线方法。

二、实训内容

三相四线有功、无功电能表与TA、联合接线盒的接线。

三、实训仪器、工具

电工工具、机械式、三相四线有功、无功电能表、铅封。

四、相关知识

1. 有功功率（P）：指电阻或动力设备消耗或发出的电量

有功功率是保持用电设备正常运行所需要的电功率，也就是将电能转换为其他形式能量（机械能、光能、热能）的电功率。比如白炽灯，能把电能直接转换为光能。有功功率就是用电设备真正消耗的电能，包括电能表后的线路上的电损。

在交流电路中，每个瞬时的有功功率是不同的，且不断变化，一般用平均有功功率（一个周期内功率的平均值）来度量电路中消耗能量的情况。

对于三相交流电路，计算公式为

$$P=\sqrt{3UI\cos\varphi}$$

式中，P—有功功率（W）；

U—交流电压有效值（V）；

I—交流电流有效值（A）；

$\cos\varphi$—负载的功率因数；

有功功率的单位是瓦（W）或千瓦（kW）、兆瓦（MW）。

2. 无功功率（Q）：指蓄能设备，如电容、电感吸收或释放的电量

无功功率比较抽象，它是用于电路中电场与磁场间的交换，并用来在电气设备中建立和维持磁场的电功率。它不对外直接做功，而是转换为其他形式的能量。它是用于电路内电场与磁场的交换，并用来在电气设备中建立和维持磁场的电功率。比如一台三相交流异步电动机，电能转换为机械能输出的是有功功率，但要想电机转动，还需要消耗一部分能

量来建立旋转磁场，这部分能量就是无功功率。

无功功率并不表示是没用的电能，这一部分电能，设备并不消耗，只是在设备间进行能量转换。它是三相交流异步电动机等感性设备在运行时必不可少的功率。为了衡量交换能量的情况，人们用能量交换过程中功率的最大值（瞬时功率的最大值）来表示无功功率。

根据公式推导，无功功率Q的计算公式为

$$Q=\sqrt{3}UI\sin\varphi$$

式中，$\sin\varphi$—交流电压与电流相位差的正弦值；

无功功率的单位是乏（var）或千乏（kvar）、兆乏（Mvar）。

3. 视在功率

在一般交流电路中，输送的电功率中既有有功成分，又有无功成分，因此其电压有效值与电流有效值的乘积，既不是有功功率，也不是无功功率，而是它们的合成量，这个合成量就叫视在功率，用字母S表示，计算公式为

$$S=\sqrt{3}UI$$

视在功率的单位为伏安（VA），或千伏安（kVA）、兆伏安（MVA）。

视在功率S、有功功率P、无功功率Q三者之间的数量关系，恰好相当于直角三角形的三边关系，S相当于斜边，P和Q相当于两条直角边，称为功率三角形，如下图所示。

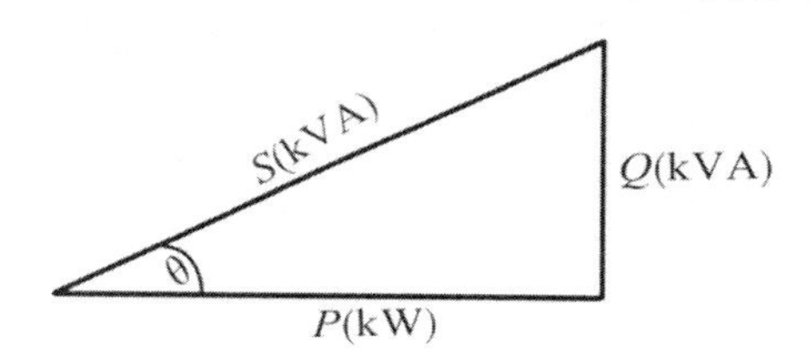

其换算公式如下：

$$S^2=Q^2+P^2$$

4. 无功功率的产生

无功功率也是从发电机发出来的电能。如一台发电机可以发电200kW，若它带了10kvar的无功功率，那么有功功率就只能带190kW了。无功功率带得少则有功功率就可以多带，发电机的效率就高。无功功率在输送线路上同样要占线容量，同样有损耗。

无功功率是不计算电费的，但抄下无功功率，就可以知道企业内的功率因数。电力公司要求企业的功率因数一般不低于0.9，否则电力公司会开罚单。

抄表抄的不是功率，功率是个瞬时值，抄的是有功电量和无功电量，算电费的是有功电量。无功电量不计费，如果无功功率过大，则会出现以下情况。

（1）会导致电流增大和视在功率增加，从而使电气设备容量和导线容量增加。

（2）使线路及变压器的电压降增大，导致电网电压波动，供电质量降低，严重影响区

域电网的整体稳定运行。

（3）无功功率增加会使总电流增大，设备及线路的损耗也随之增大。

大部分企业的负载主要是电动机，是感性负载，感性负载消耗的无功功率只能从电网中获取，显然就加大了电网的损耗。解决的方式是企业安装车间就地、配电室分散、变电站集中三种方式的补偿装置。一般用电负荷较大的单位才考虑计量无功电量。

5. 电量的计算

总电量有两种，即有功总电量和无功总电量。

有功总电量=正向有功+反向有功

无功总电量=正向无功+反向无功

6. 三相四线无功电能表 DX864-4 型如右图所示。

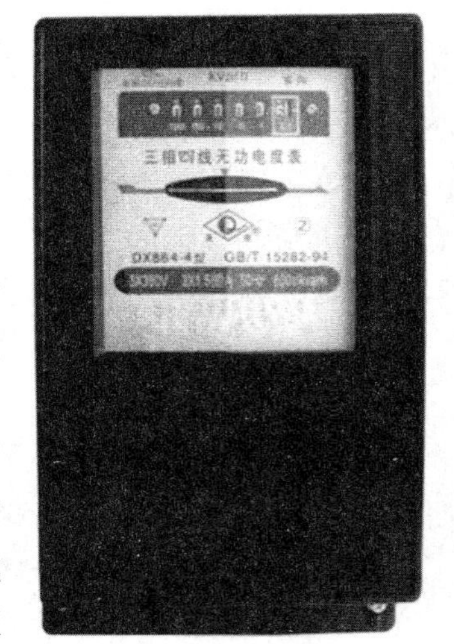

7. 三相四线无功电能表的原理

（1）交流电在加载感性或者容性负载时，电压和电流之间存在相位差，这个相位差的余弦乘上电压、电流算作有功功率，正弦乘上电压、电流算作无功功率。

（2）通过电压表、电流表和功率表的指示值，可以计算出功率因数，或用功率因数表进行监视。但这只能测量到某一时刻功率因数的瞬时值，而用户的功率因数是随着有功负载和无功负载的变化而变化的。为了测量用户在一个月的平均功率因数，规定以用户在一个月内有功和无功负载的累积量来计算。

$$\cos\varphi=W_P/\sqrt{(W_P^2+W_Q^2)}$$

无功功率公式：

$$Q=U_I\sin\varphi$$

三相电路的无功功率：

$$Q_S=Q_A+Q_B+Q_C=U_AI_A\sin\varphi A+U_BI_B\sin\varphi B+U_cI_c\sin\varphi C$$

三相电压对称时：

$$U_A=U_B=U_C=U_P$$

$$Q_S=U\text{p}\,(I_A\sin\varphi_A+I_B\sin\varphi B+I_C\sin\varphi C)$$

三相电路对称时：

$$Q_S=\sqrt{3U_LI_L\sin\varphi}$$

（3）无功电能表正确计量无功的条件。

① 电流元件产生的磁通正比于电流。

② 电压元件产生的磁通正比于电压。

（4）无功电能表的分类

① 正弦型无功电能表目前较少采用。

② 跨相90°无功电能表利用有功电能表采用不同接线方式可以测量无功电量。

③ 跨相60°无功电能表被广泛采用。

8. 接线

DX—862型的三相四线无功电能表，其引出端有9个，其中1、4、7为电流线圈的首端，3、6、9为电流线圈的末端（1和3为U相，4和6为V相，7和9为W相），2、5、8为电压线圈的连接端。

用万用表的欧姆挡可判断电压线圈和电流线圈的好坏，如测量2-5、5-8、8-2之间，约有1500Ω的阻值，电流线圈阻值用万用表所测为零。

9. 无功电能表的读数用电量

$$(\text{kvar})=(\text{本月行度数}-\text{上月行度数})\times K\text{i}$$

式中，Ki为电流互感器的变比；

本月行度数：本月抄表数；

上月行度数：上月抄表数。

10. 有功电能表的读数用电量

$$(\text{度})=(\text{本月行度数}-\text{上月行度数})\times K\text{i}$$

式中，Ki为电流互感器的变比；

本月行度数：本月抄表数；

上月行度数：上月抄表数。

11. 有功、无功、CT联合接线原则

有功电能表的电流线圈首端1、4、7分别接U相、V相、W相互感器的二次侧k1，其末端3、6、9分别依次与无功电能表电流线圈的首端1、4、7相串联，无功电能表的电流线圈的末端3、6、9分别接到互感器的二次侧k2，且k2接地（此处的接地线为PE线，实际为3、6、9接在PE线上）。有功电能表的零线端10号接在工作零线（N）上。两表电压线圈的2、5、8分别依次接在U、V、W相上。

五、实训的内容和要点

具体的实训内容和实训要点见下表。

任务名称：三相四线有功、无功电能表与TA、联合接线盒的接线　　　　编号：

项目名称	实训内容	实训要点、示意图	
1. 准备工作	(1) 安全性	① 三相电能表在出厂前已经过检查和认证，并带有铅标记密封，因此可以安装和使用。如果发现电能表带有无铅密封或存储位置已过期，则在安装和使用它之前要求相关部门重新校准它，以确保准确地测量。 ② 建议将电能表安装在室内，选择干燥通风的地方。电能表的底板应安装在坚固、防火和防潮的墙壁上。建议电能表的安装高度约为1.8m，必须是垂直的，不能倾斜。 ③ 安装电能表时，请按照指定的相序（正常顺序）安装并更正接线图。接线盒内部的电线必须牢固固定，以防止连接器接触不良而烧坏接线盒。 ④ 电能表应安装在保护柜中	
	(2) 测试物要求	负载连接导线绝缘良好	
	(3) 三相四线电能表完好	电能表工作正常、显示清晰、铭牌清晰、有计量合格证	
2. 三相四线有功、无功电能表配合CT的接线	(1) 三相四线有功、无功电能表	型号图片	
	(2) 接线原则	① 三相四线有功、无功电能表及互感器联合接线，就是一个互感器带两个电能表。接法是：三相四线有功、无功电能表的电压线圈分别并联在A、B、C相线上，两块电能表接地端要可靠。 ② 三相四线有功、无功电能表的电流线圈串联后接到对应的A、B、C相的互感器次级L2，每个电流互感器次级的一端必须接地（零）。 ③ 按方向将电源母线穿过互感器。 ④ 无功电能表也可不接零线（三相电压对称自然形成中性点零电压）	

（续表）

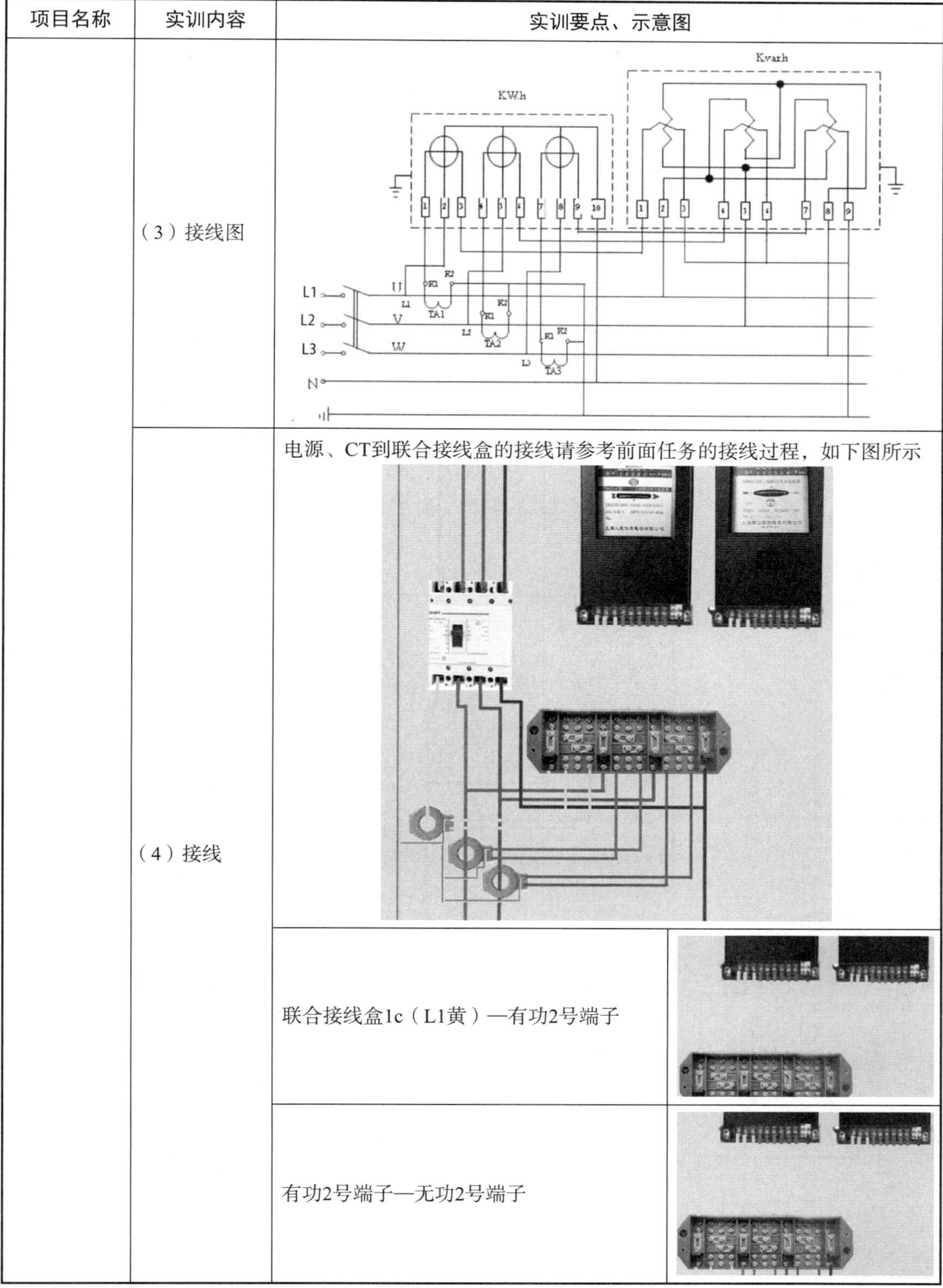

<table>
<tr><th>项目名称</th><th>实训内容</th><th colspan="2">实训要点、示意图</th></tr>
<tr><td rowspan="4"></td><td>（3）接线图</td><td colspan="2">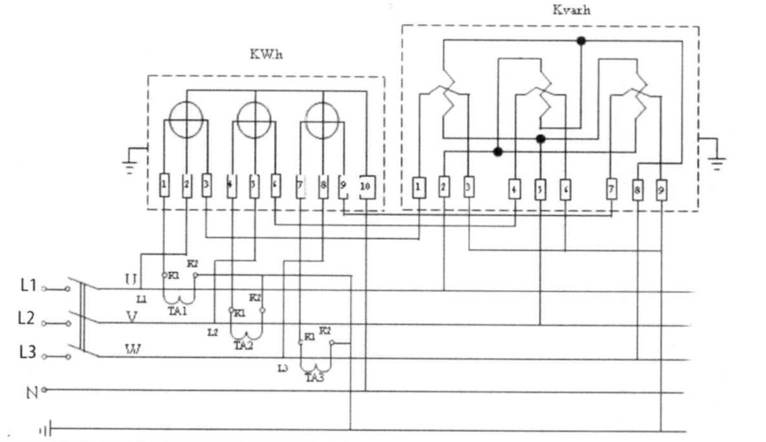
</td></tr>
<tr><td rowspan="3">（4）接线</td><td colspan="2">电源、CT到联合接线盒的接线请参考前面任务的接线过程，如下图所示
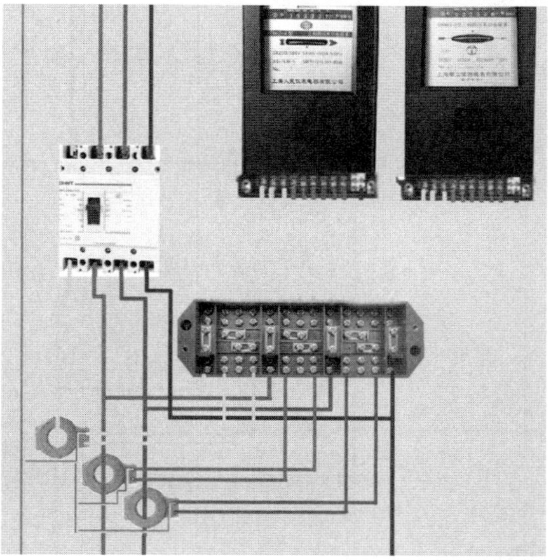</td></tr>
<tr><td>联合接线盒1c（L1黄）—有功2号端子</td><td></td></tr>
<tr><td>有功2号端子—无功2号端子</td><td>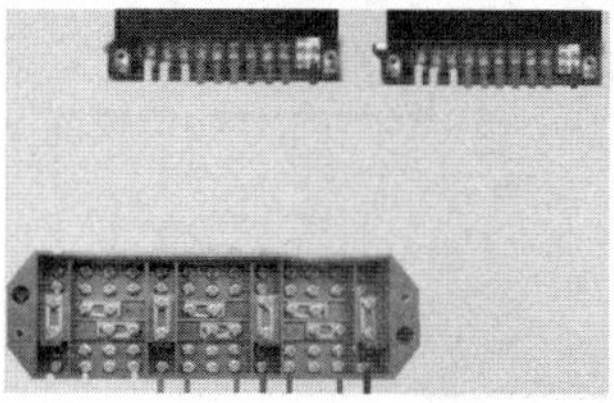</td></tr>
</table>

（续表）

项目名称	实训内容	实训要点、示意图	
		联合接线盒4c（L2绿）—有功5号端子	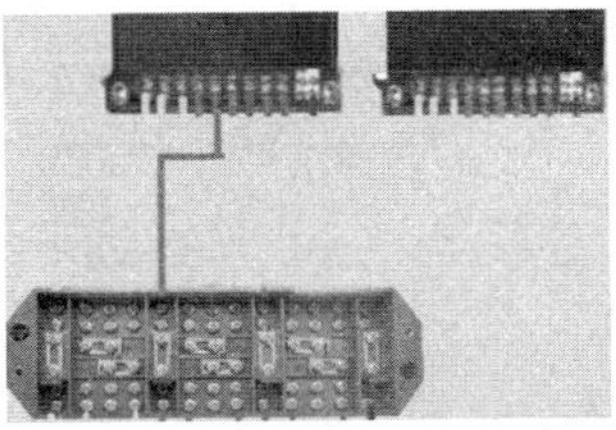
		有功5号端子—无功5号端子	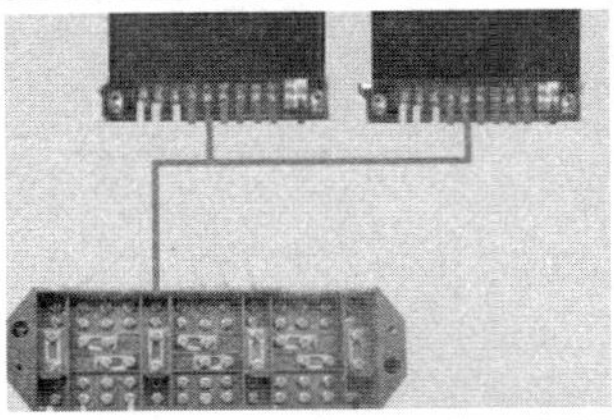
		联合接线盒7c（L3红）—有功7号端子	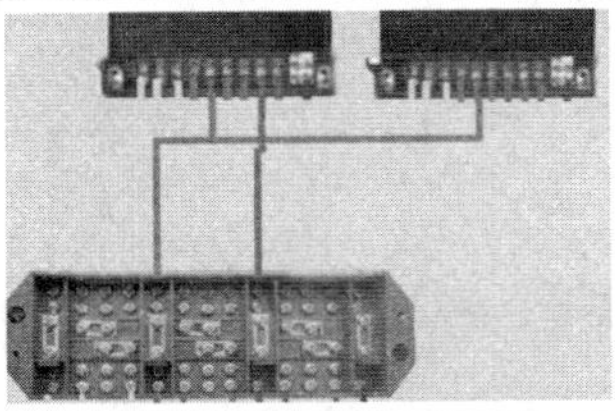
		有功7号端子—无功7号端子	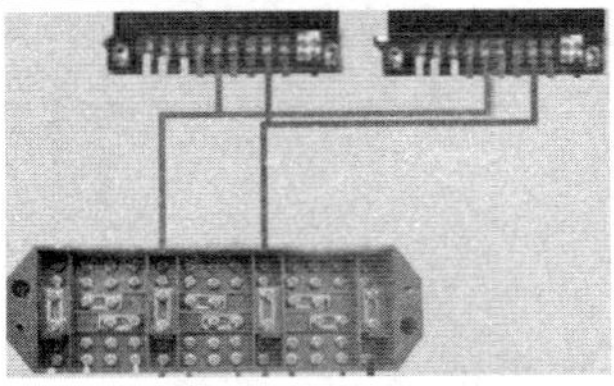
		联合接线盒13c（零、蓝）—有功10号端子	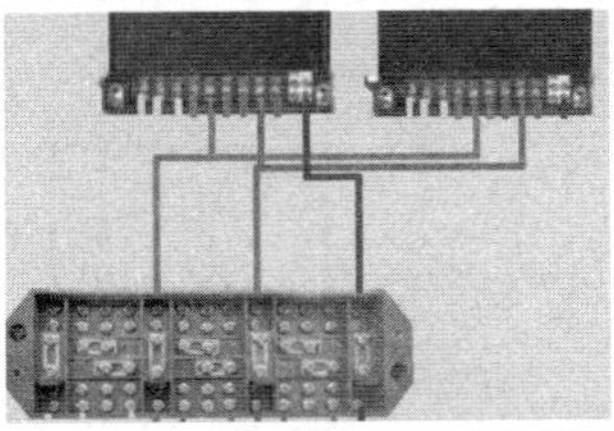
		联合接线盒3c（CT1-K1黄）—有功1号端子	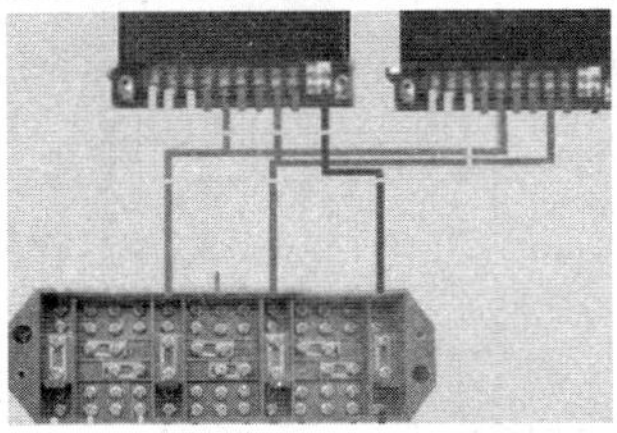
		有功3号端子—无功1号端子	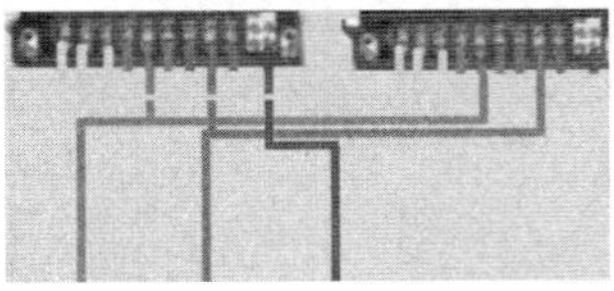

（续表）

项目名称	实训内容	实训要点、示意图	
		无功3号端子—联合接线盒4c（CT1-K2黄）	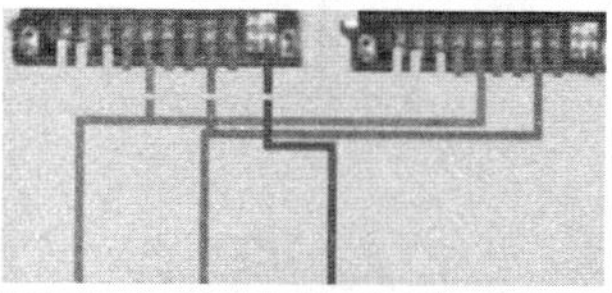
		联合接线盒7c（CT2-K1绿）—有功4号端子	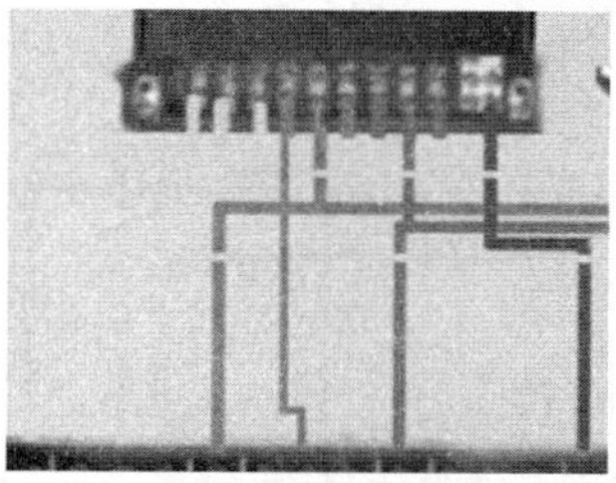
		有功4号端子—无功4号端子	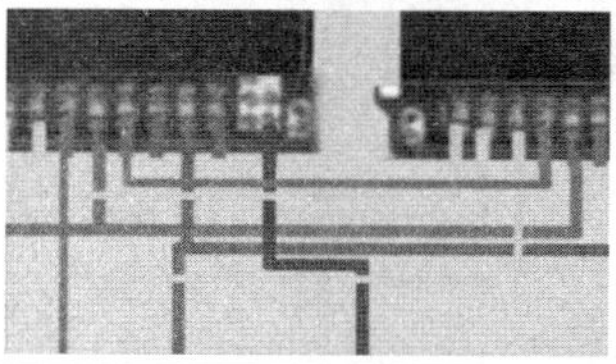
		无功7号端子—联合接线盒8c（CT2-K2绿）	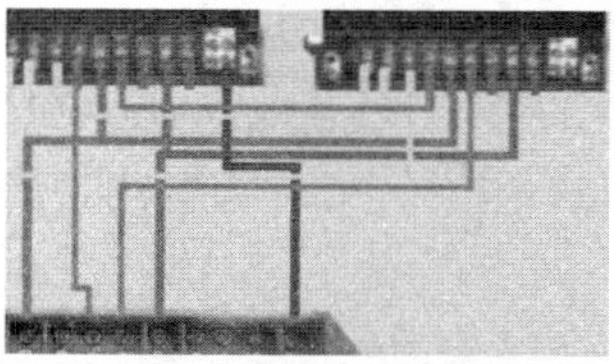
		联合接线盒11c（CT3-K1红）—有功7号端子	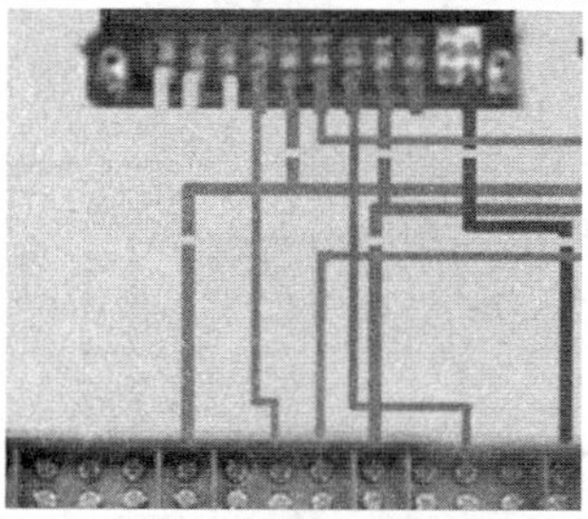
		有功9号端子—无功7号端子	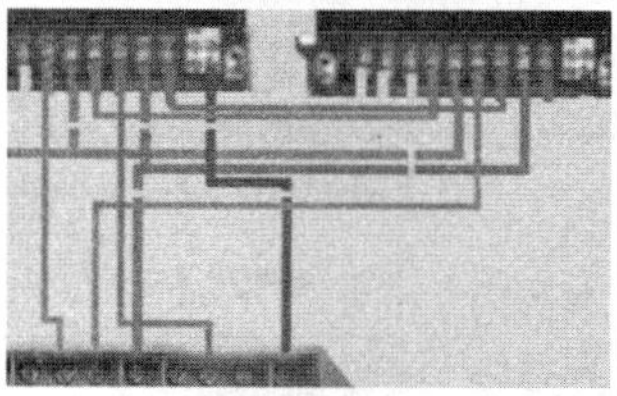
		无功9号端子—联合接线盒12c（CT3-K2红）	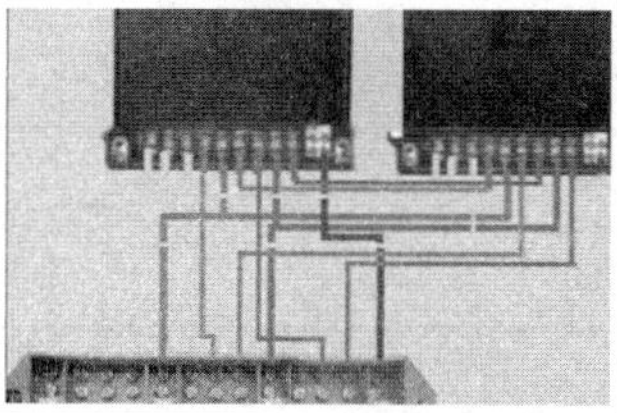

（续表）

<table>
<tr><th>项目名称</th><th>实训内容</th><th colspan="4">实训要点、示意图</th></tr>
<tr><td></td><td></td><td colspan="4">样例： 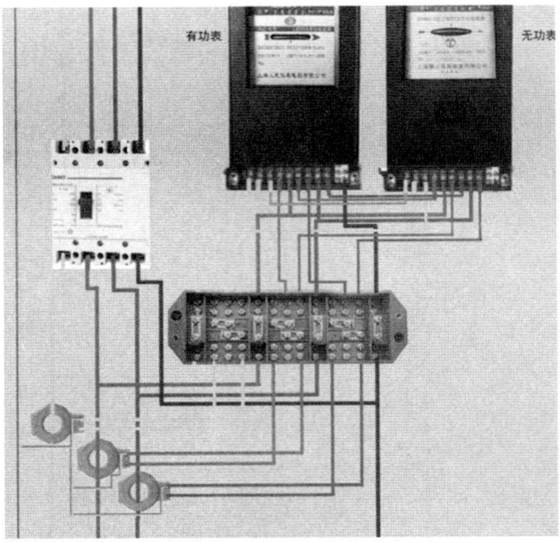
电压信号送到有功、无功电能表的2、5、8端子；
电流信号以L1（黄）为例：联合接线盒1c（CT1-K（1）到有功电能表1号端子进，有功电能表3号端子出线到无功电能表1号端子进，无功电能表3号端子出线到联合接线盒4C（CT1-K（1），有功电能表1号端子和3号端子是有功电能表电流线圈，无功电能表1号端子和3号端子是无功电能表电流线圈，K1、K2是互感器二次绕组的两个端子，从而构成了完整的电流回路
CT1-K1—有功1—有功3—无功1—无功3—CT1-K2—CT1-K1
线圈 线圈 线圈</td></tr>
<tr><td rowspan="3">3. 7S管理</td><td>（1）现场归位</td><td>责任人</td><td></td><td>考核</td><td></td></tr>
<tr><td>（2）工具归位</td><td>责任人</td><td></td><td>考核</td><td></td></tr>
<tr><td>（3）仪表放置</td><td>责任人</td><td></td><td>考核</td><td></td></tr>
</table>

六、总结与反思

<table>
<tr><td rowspan="4">本节内容总结</td><td>本节重点</td><td></td></tr>
<tr><td>本节难点</td><td></td></tr>
<tr><td>疑问</td><td></td></tr>
<tr><td>思考</td><td></td></tr>
<tr><td>作业</td><td></td><td></td></tr>
<tr><td>预习</td><td></td><td></td></tr>
</table>

任务二十二　三相四线智能电表与 TA 联合接线

一、实训目标

（1）掌握三相四线智能电表与TA的接线方法。

（2）学会三相四线智能电表的基本操作。

二、实训内容

（1）三相四线智能电表与TA的接线方法。

（2）三相四线智能电表的基本操作。

三、实训仪器、工具

电工工具、三相四线智能电表、CT、铅封。

四、相关知识

三相智能电表（智能电表亦称智能电能表）是以单相智能电表为基础，可以简单地看作由两个或三个智能电表组成，多个部件共用一个转轴，拥有两组或三组电磁元件，采用交流采样技术，可以测量电网中的三相电流参数，对各种有功、无功电能表进行计算，自带事件记录、通信、数据显示、存储、传递等功能，广泛应用于各种预付费管理系统、能耗监测系统中，是供电部门计量电量的理想产品。

下面介绍三相四线费费控智能电表具有的优势。

1. 精确电能测量

三相四线费控智能电表采用先进的电力测量技术，确保电能计量的精确性。它能够准确捕捉三相电流和电压的变化，提供精确的电能数据，为用户和电力公司提供有力的用电管理和决策支持。

2. 高效远程抄表

三相四线费控智能电表支持无线通信技术，实现远程抄表功能，大大提高了抄表的效率和准确性。电力公司无须派人上门抄表，减少了人力资源的浪费，同时确保抄表数据的实时性和准确性。

3. 分时段计量管理

三相四线费控智能电表具备分时段计量功能，能够按照不同的时段累计和存储电能数据。这有助于用户合理安排用电时间，避开用电高峰时段，降低用电成本，并促进电力资源的合理利用。

4. 费控功能保障

三相四线费控智能电表通过主站/售电系统进行远程控制和参数设置，实现费控功能。当用户欠费时，电表能够自动断电，确保电费回收的及时性。用户缴费后，电表可迅速恢复供电，无须人工干预，提高了用户用电的便捷性。

5. 用电数据分析和处理

三相四线费控智能电表能够将电能数据传输至远程抄表系统，进行数据汇总、分析和处理。系统可自动生成可视化用电数据报表，为用户提供直观、全面的用电情况分析。这有助于用户发现用电规律，优化用电结构，提高用电效率。

综上所述，三相四线费控智能电表在精确电能测量、高效远程抄表、分时段计量管理、费控功能保障及用电数据分析和处理等方面具有显著优势。

（一）原理组成

以三相四线智能电表为例原理如下图所示，由电流互感器、计量芯片、微控制器、电压、分压电路等组成。

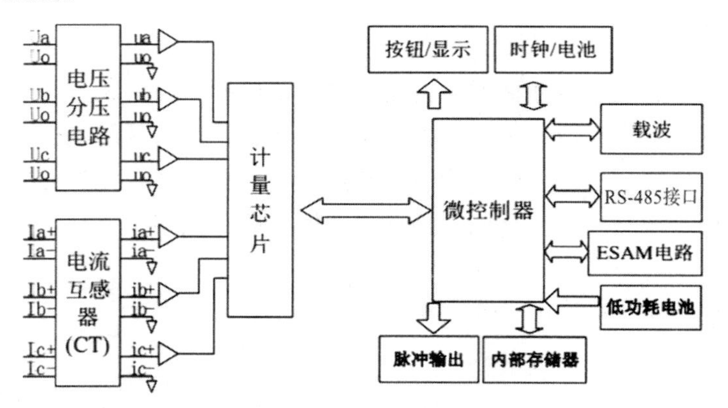

（二）参数

1. 技术参数如下表所示

项目	技术要求
参比电压	直接接入式：3×220/380V 互感器接入式：3×57.7/100V，3×100V
表计电压工作范围	规定工作范围：$0.9U_n$～$1.1U_n$ 扩展工作范围：$0.8U_n$～$1.15U_n$ 极限工作范围：$0.0U_n$～$1.15U_n$
电流测量范围	直接接入式：5(60)A、10(100)A 互感器接入式：0.3(1.2)A、1.5(6)A

（续表）

项目	技术要求
准确度等级	有功：0.2S级、0.5S级、1级 无功：2级
工作温度	–25℃～+60℃
极限工作温度	–45℃～+70℃
大气压力	63kPa～106.0kPa（海拔4000m及以下），特殊订货要求除外

2. 选择

（1）需要的负荷功率及主要负载类型。需要从使用负载类型及负荷功率做思考，确定所需电表、电流、规格、大小及预留空间。

（2）应用场合。不同的应用场合，对电表的需求是不一样的，例如，商业用电选用基础计量+峰谷平功能就可以，工厂用电还需要增加智能化功能，电站用电需要更高精度等级的多功能智能电表。

（3）功能需求。功能需求包括有功、无功计量，多功能各象限无功计量等，还包括RS-485接口、远红外通信接口、modbus通信等需求。

（4）品牌。确定电表作为一个长期使用的计量仪表，使用寿命约为5～8年，确定好相应品牌不仅能满足现有的正常使用和系统的正常对接，还需预估后期电表更换及系统升级的服务保障及售后技术支持。

3. 电流与精度

电流100A以下：适用于小型工厂、商业门面、居民建筑等场合，用电电压为220V/380V，如果电流在100A以下，建议选择1.0级精度的三相电能表更合适。若用电设备有电动机，由于电动机存在负荷，电量有损耗，普通电子表计量不出复杂的电量损耗波形，需要选择1.0级精度的三相智能电表。

电流100A以上：适用于用电电压为200V/380V，电流超过100A的中型/大型工厂车间，需要使用带电流互感器接入式电能表，应选择精度达到0.5S级的三相智能电表。高供高计用户，一般选择三相三线制的高压电能表，电压规格为3×100V，电流为1.5(6)A，精度需要达到0.5S级。

发电厂/变电站：适用于发电厂/变电站计量用户，使用0.2S级的电表，即关口电表。

（三）三相四线智能电表接线图、主端子与功能端子

1．三相四线智能电表接线图如下图所示

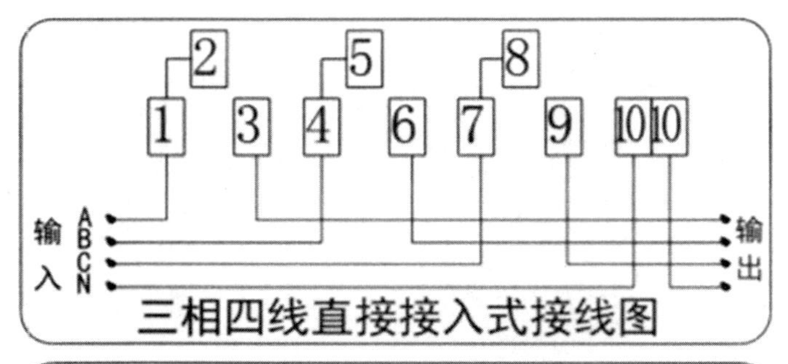

三相四线直接接入式接线图

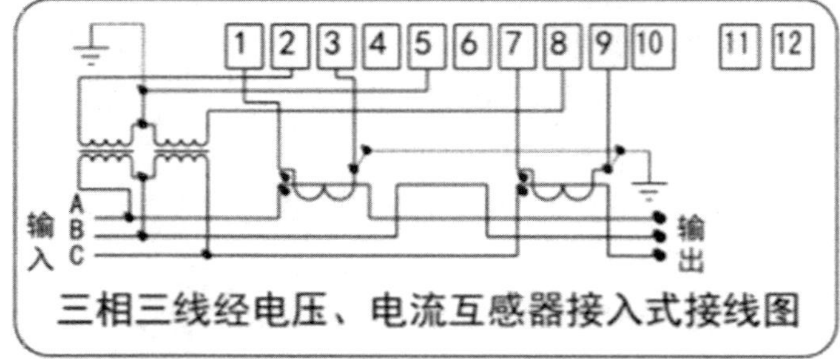

三相三线经电压、电流互感器接入式接线图

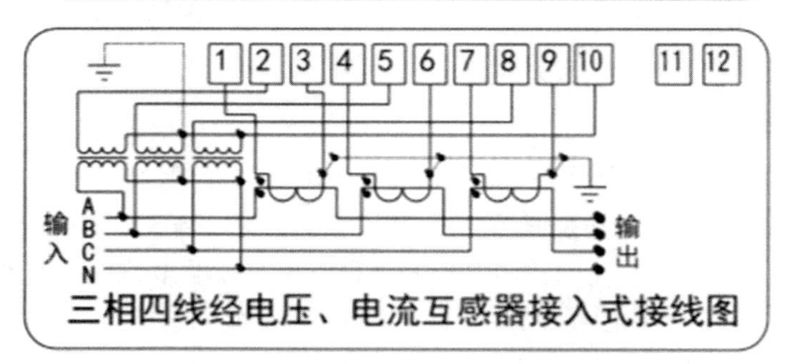

三相四线经电压、电流互感器接入式接线图

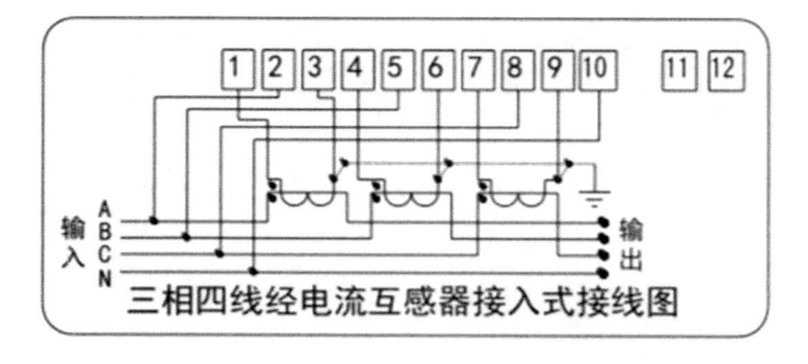

三相四线经电流互感器接入式接线图

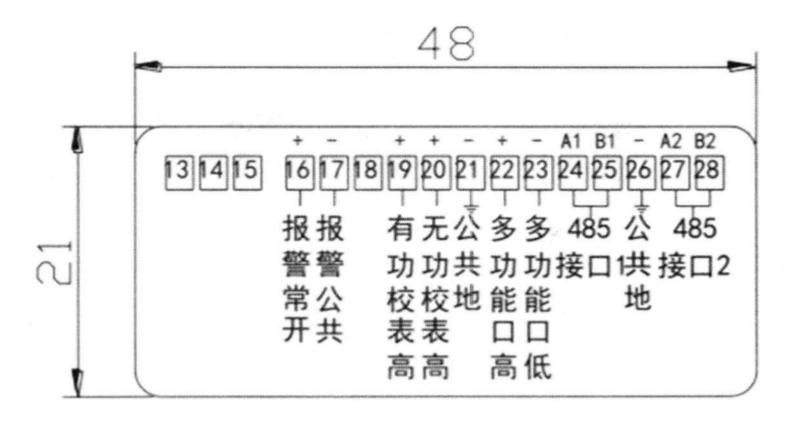

2. 三相四线费控智能电表

接线图同三相四线智能电表，端子有变化，如下图所示。

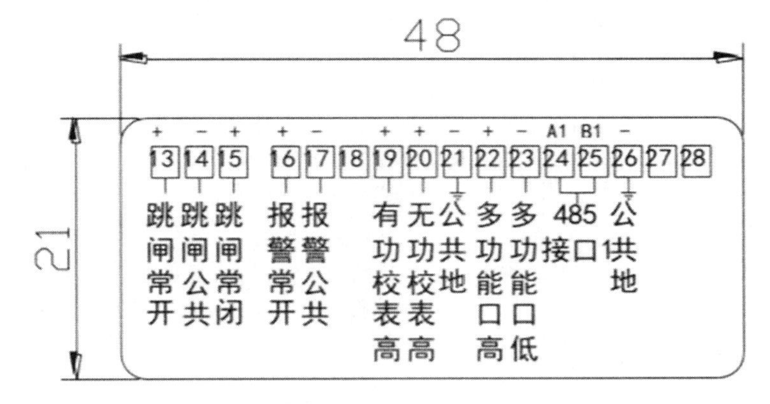

注：实际主接线图和功能端子接线图以表计端盖上的图为准。

五、实训的内容和要点

具体的实训内容和实训要点见下表。

任务名称：　三相四线智能电表与TA联合接线　　　　　　　　　　编号：

<table>
<tr><th>项目名称</th><th>实训内容</th><th colspan="2">实训要点、示意图</th></tr>
<tr><td rowspan="7">1. 准备工作</td><td>（1）人员要求</td><td colspan="2">① 工作人员应身体健康、精神状态良好。
② 工作人员应培训考试合格，具备专业技术技能水平。
③ 工作人员的个人工具和劳动保护用品应准备并佩戴齐全。
④ 严禁违章指挥、无票作业、野蛮施工。
⑤ 工作人员应服从指挥、遵守规程规定，文明施工</td></tr>
<tr><td>（2）危险点分析</td><td colspan="2">触电、高空坠落、交通事故、其他</td></tr>
<tr><td>（3）准备工作</td><td colspan="2">① 工作前应进行现场勘察，按规定提出申请和工作计划，要符合低压带电作业安全规程。
② 开工前准备好需要的工器具，检查工器具是否齐全，是否满足工作需要。工器具必须试验合格，要做必要的检查。
③ 准备好所需要的装表材料和备品备件，材料和备品备件应充足齐全、合格。
④ 填写低压带电工作票及风险辨识卡，安全措施要符合现场实际，并按规定正确填写工作票。
⑤ 工作前按照工作票内容交底、布置安全措施和告知危险点，并履行确认手续，工作人员必须清楚工作任务、安全措施、危险点</td></tr>
<tr><td>（4）安全措施</td><td colspan="2">① 作业人员戴安全帽，穿棉质长袖工作服，袖口扣牢，双脚穿电工绝缘靴，戴棉质手套，佩戴防护目镜，站在干燥的绝缘板上，使用合格的绝缘电工工具。电工工具除刀口部位外，其余部位要做好绝缘处理。
② 低压带电作业应设专人监护，人体不得同时接触两根线头，拆开的线头应采取绝缘包裹措施。
③ 作业人员在专人监护下进行作业，监护人不得从事其他工作。工作时，应穿绝缘靴和全棉长袖工作服，并戴低压绝缘手套、安全帽和护目镜，站在干燥的绝缘物或绝缘垫上，作业人员应使用有绝缘柄且绝缘合格的工具。
④ 梯子与地面的角度为60°左右。登梯子工作时，采取可靠防滑和摔跌措施，并有人扶持。作业人员不得蹬在距梯顶1m以内的梯蹬上工作，梯上作业人员和所携带的工器具不得超过梯子所能承受的总重量。
⑤ 操作条件。电能表电流回路无电流或电能计量装置二次电流回路能可靠短接，电压回路带电。
⑥ 对于在金属箱柜安装的电能表，应在电能表下部表与后壁之间垫一块干燥绝缘的板状物（可以用干燥纸板、木质层板或薄的塑料板），防止带电导线拔出后触碰金属物体引起接地短路事故）。
⑦ 工作现场要具有充分的操作空间。必要时，对可能影响换表空间的带电体做临时绝缘隔离。
⑧ 工作环境应宽敞明亮。光线不足时，应采取其他照明措施，并应防止光线直射作业人员的眼睛</td></tr>
<tr><td rowspan="3">（5）作业分工</td><td>专责监护人</td><td></td></tr>
<tr><td>装换表人员</td><td></td></tr>
<tr><td>辅助工作人员</td><td></td></tr>
</table>

（续表）

项目名称	实训内容	实训要点、示意图	
	（6）开工作业内容	履行工作许可手续	
		工作负责人按带电工作票内容向工作人员交代工作任务、现场安全措施、危险点	
		工作人员在清楚工作任务、现场安全措施、危险点等内容后，签字确认并得到工作负责人的允许，方可开始工作	
		按照工作票所列内容，布置安全措施	
2．DTZY988-Z三相四线费控智能电表的接线	（1）接线图	其中1、4、7为电流线圈的首端；3、6、9为电流线圈的末端（1和3为U相，4和6为V相，7和9为W相）；2、5、8为电压线圈的首端（相线）；10、11号为电压线圈的末端（零线）。 本次实训不用联合接线盒	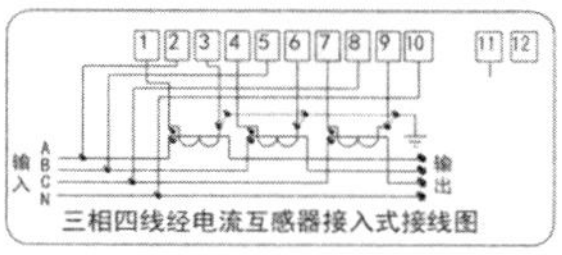 三相四线经电流互感器接入式接线图
	（2）接线	电源L1黄—穿CT1	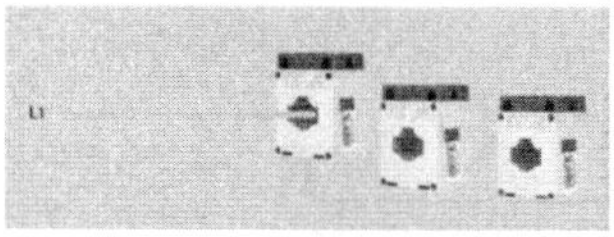
		电源L1黄—表2	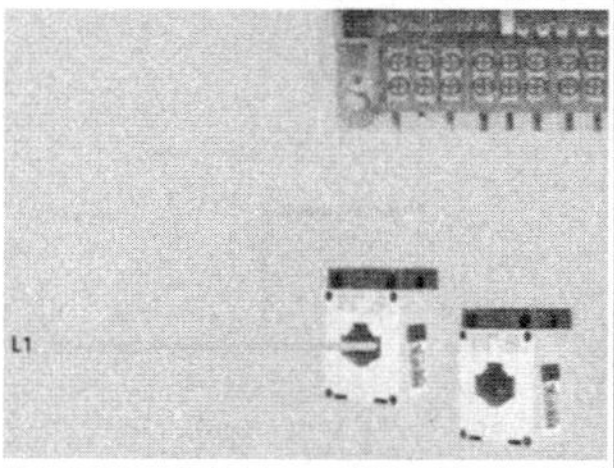
		电源L2绿—穿CT2	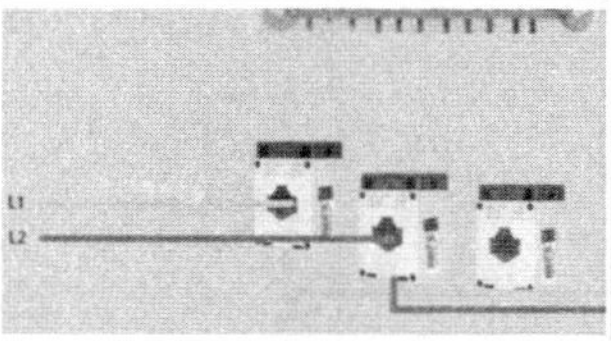
		电源L2绿—表5	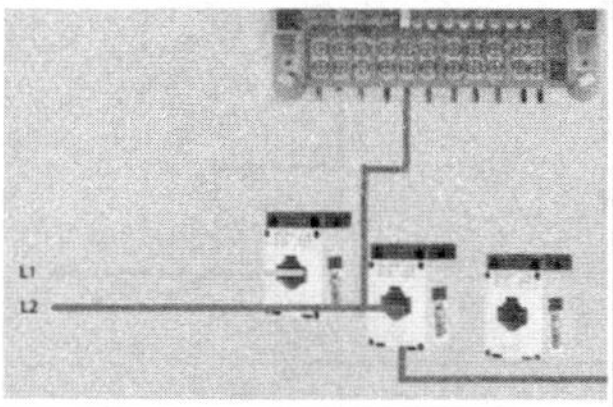
		电源L3红—穿CT3	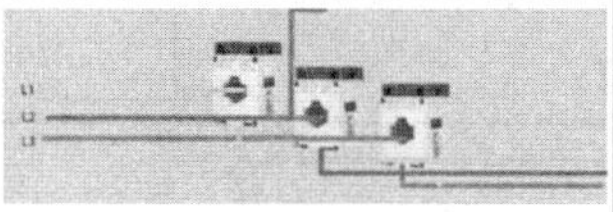

（续表）

项目名称	实训内容	实训要点、示意图	
		电源L3红—表8	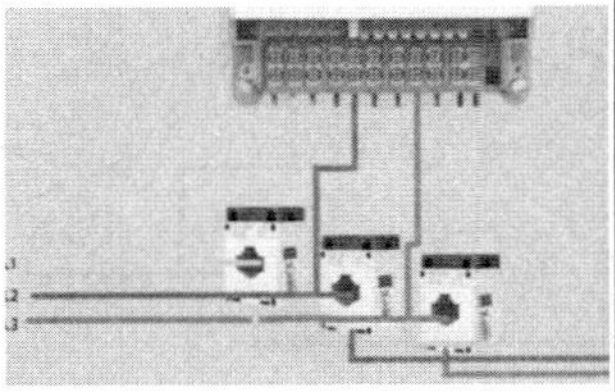
		电源N蓝—表10	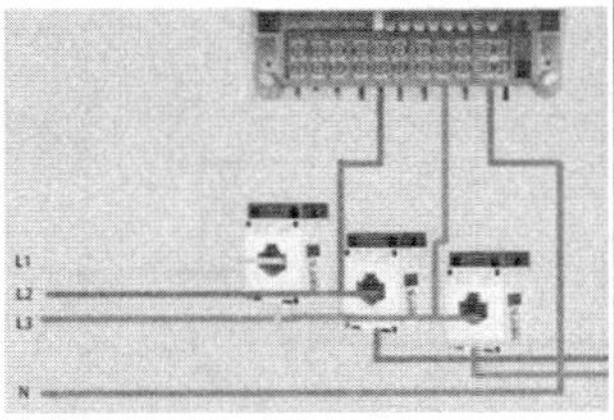
		CT1：K1—表1	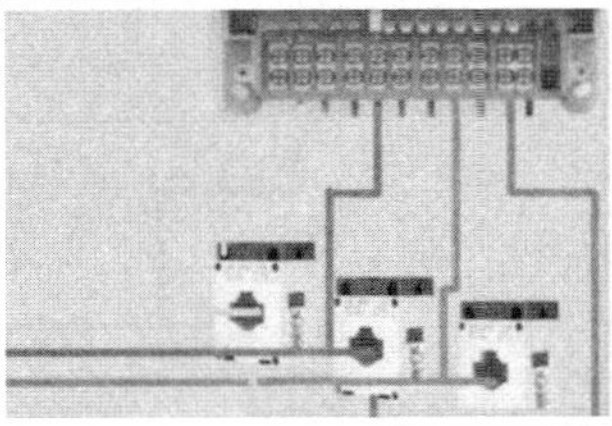
		CT1：K2—表3	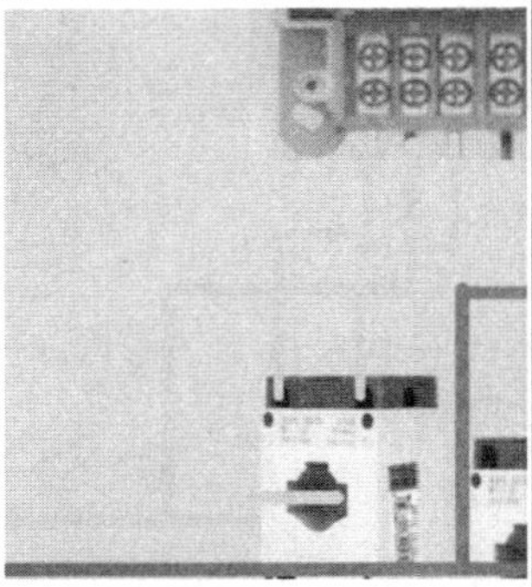
		CT2：K1—表4	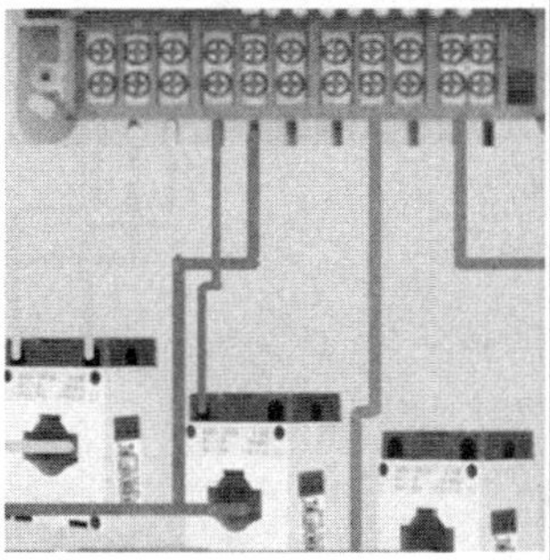

（续表）

项目名称	实训内容	实训要点、示意图
		CT2：K2—表6 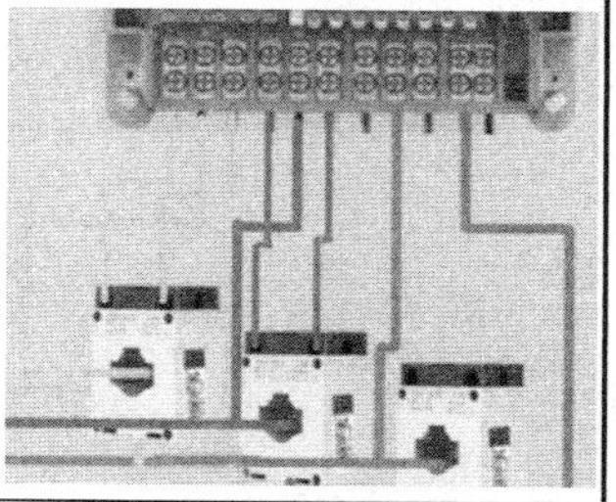
		CT3：K1—表7 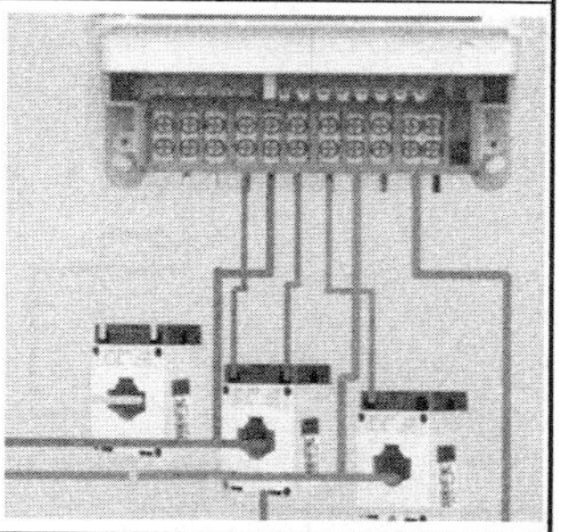
		CT3：K2—表9 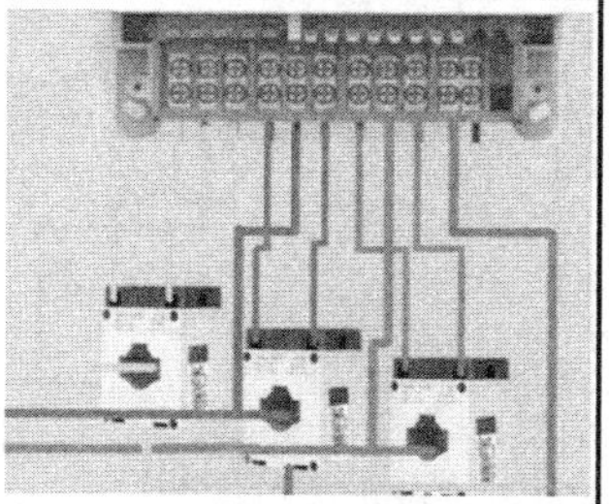
		CT1：K2—CT2：K2 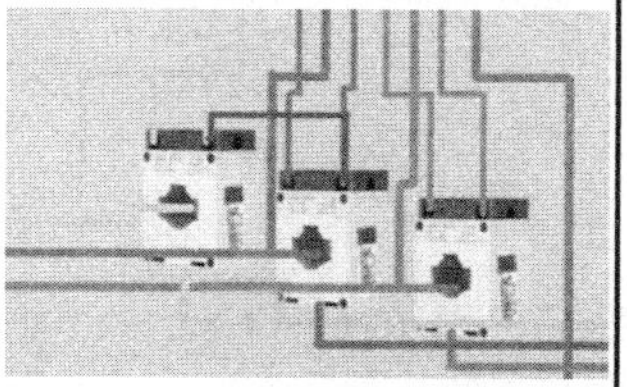
		CT2：K2—CT3：K2 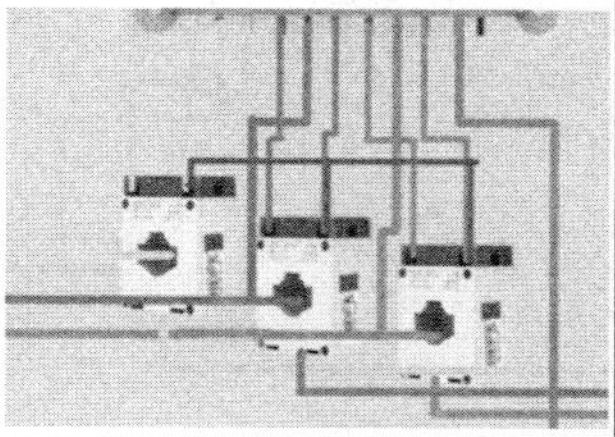
		CT3：K2—接地汇流排 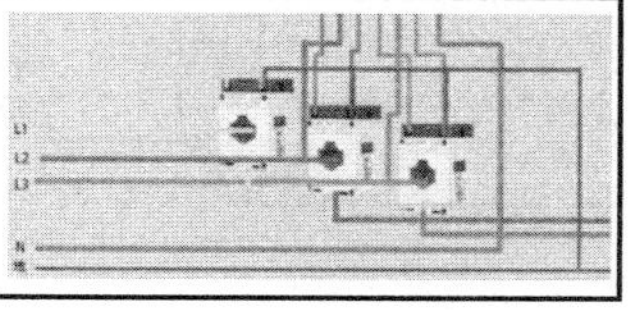

（续表）

项目名称	实训内容	实训要点、示意图
		零线从表11出
	（3）注意事项	① 选择合适的电线规格：根据电流大小和线路长度，选择适当的电线规格，过小的电线可能导致传输损耗增加和线路过热。 ② 保持接线端子的清洁：定期清洁接线端子，以保证其有良好的接触，避免接触不良或接触电阻过大。 ③ 防止接线松动：检查接线端子是否松动，如有松动应及时加以固定，以免影响电表的正常工作。 结论：三相互感器电表是电力系统中重要的测量仪器，正确的接线方法对于保证电表的准确度和稳定性至关重要
3. 智能电表通电操作（请参照具体智能电表说明书进行操作）	（1）实时计量	智能电表能够实时监测并计量家庭或企业的用电量，并能够通过某些渠道（如手机App）进行查询和分析
	（2）多时段计费	智能电表具有多种计费方式，能够根据具体情况对用电实行不同的计费方式，如峰谷分时电价等
	（3）远程监测	智能电表能够通过互联网将家庭或企业用电情况传输到电力公司，从而进行实时监测、分析和调整。同时，用户也能够通过手机App等远程查看用电情况
	（4）负荷控制	智能电表能够通过自动控制和调节，提供提前提醒和逐步限电等方式，以避免因用电过载导致的跳闸情况
	（5）数据统计和分析	智能电表通过互联网可以将家庭或企业用电情况进行数据记录和分析，以便用电决策时能更好地了解用电情况，并为之后的用电决策提供参考
	（6）报警提示	智能电表具有监测用电设备状态的功能，当出现异常情况时，智能电表能够及时报警提示，确保用电安全
4. 收尾	（1）停电	供电电源断路器拉闸
	（2）电表端子	电表表尾盖板压好，螺丝上紧到位
		电表表尾盖板打铅封
	（3）整理线路，绑扎导线	绑扎过程中严禁出现交叉，扎带的方式是第一条扎带绑紧，从第二条往后要为扎带预留可以活动的空间，便于快速绑扎，平均每7～10cm绑扎一个
	（4）电表箱	清理电表箱内异物
		电表箱上锁
	（5）现场	清理工作现场

（续表）

项目名称	实训内容	实训要点、示意图			
5. 竣工	（1）验收	计量装置安装更换完毕后，应符合安装标准		负责人签字：	
	（2）记录	填写装换表工作凭证、电能计量装置台账，无误后移交电费核算部门		负责人签字：	
6. 7S管理	（1）现场归位	责任人		考核	
	（2）工具归位	责任人		考核	
	（3）仪表放置	责任人		考核	

六、总结与反思

本节内容总结	本节重点	
	本节难点	
	疑问	
	思考	
作业		
预习		

任务二十三　为 10kV 400kVA 变压器安装计量装置

一、实训目标

学会用工程的方法为10kV 400kVA变压器低压侧安装CT+有功+无功计量装置。

二、实训内容

用工程的方法为10kV 400kVA变压器低压侧安装CT+有功+无功计量装置。

三、实训仪器、工具

低压进线柜、电工工具、三相四线有功电能表、三相四线无功电能表、CT、万用表、钳形电流表、摇表。

四、相关知识

在电力生产及营销中，电能计量是重要的环节。同时，电能计量也是确保电网运行安全的重要环节，其管理及技术水平不仅对电能结算是否公正、准确有直接影响，也对电力系统供电线路损耗有直接影响。这不仅与电力工业发展相关，同时也与国家、电力用户合法权益息息相关，因此选择适合的高压供电计量方式非常重要。

（一）高供高计与高供低计的概念

高供高计指的是高压侧供电、高压侧计量；高供低计则是指高压侧供电、低压侧计量，“高供低计”“高供高计”均是供给用户的电力是高压，比如10kV，仅是安装计量装置的位置有区别。高供高计是高压供电至电力用户，在电力用户变压器的高压侧安装电能计量装置，对电力用户用电情况进行计量。此种计量方式主要是电力变压器所产生的电能损耗表现在计量装置后面，同时已经涵盖在计量数据中。高供低计是高压供电至电力用户，在电力用户变压器的低压侧安装电能计量装置，对电力用户用电情况进行计量。此种计量方式主要指电力变压器所产生的电能损耗表现在计量装置前面，并未涵盖在计量数据中，需要将变压器产生的电能损耗补充在结算电量中。

（二）高供高计与高供低计的特点

1. 高供高计的特点

高供高计计量装置位于变压器高压侧，由变压器所产生的电能损耗已经涵盖在装置记录电量中，不需要对变压器所产生的电能损耗进行专门计算，可以精确掌握损耗电能。一般转变用户采用高供高计计量，优点是减少计量管理工作量，可最大限度地满足计量要求，如果电力用户变压器数量在2台及以上，此种计量方式的优势更加明显，因此这种计量方式只安装一套装置，而高供低计的方式则需要安装与变压器台数相等的装置，由此可见此种计量方式可以使经济成本减少，同时对维护和管理计量装置也比较方便，计量工作量减少，使计量需求得到满足，具有较高的可控制性。

高供高计特点主要体现在以下几个方面。

（1）不需要对变损进行专门的计算。在变压器高压侧安装计量装置，抄见电量已经涵盖变损，所以不需要对变损进行专门的计算，可以确定精确的变损值。

（2）电价分类要求无法满足。若用电类别、性质有电价差异，负荷不同需要分别装表计费，对于此高供高计的计量方式则无法满足这一要求。

（3）电流互感器与实际用电负荷匹配，无法达到计量要求。电流互感器一次电流应达到额定电流的30%～100%。因部分负荷峰谷差较大，而且用电同时率相对较低，对于一些经济水平欠发达地区，非连续性生产企业存在较大的昼夜负荷波动，用电负荷存在不均衡问题。这也使得电流互感器的匹配无法达到计量要求。如果电流互感器倍率增加，则电能计量表将会出现失真或停走现象。相反若电流互感器倍率减少，则容易损坏电流互感器，对计量准确性产生影响。可在电力用户低压侧增加安装电能表的方式，对比高压计量装置数据、低压计量装置数据，确保计量结果的准确性，可以对窃电、装置故障等问题予以及时发现。

2. 高供低计的特点

高供低计计量装置位于变压器低压侧，装置抄见电量不涵盖变损，需要对变损进行专门计算。此种计量方式是在受电设施处安装计量装置，因此产权所有者不仅需要负责配电线路有功电量，还需要负责变压器损耗有功电量。

高供低计计量的特点主要涉及以下几个方面。

（1）具有较高的经济性。如果采用高供低计方式计量，则计量装置不需要安装计量电压互感器，相比于高供高计，可以使电力用户一次性投资减少，对单个受电点而言，此种计量方式具有较高的经济性，这也是电力用户广泛应用高供低计计量的原因。

（2）配电线路、变损电量估算不符合实际值。据统计发现，在高供低计电力用户的总用电量中，变损电量占6%～7%，而电费计算以变压器低压侧抄见电量为依据加变损产生费用，而变损是以变压器千伏安数量与相关系数相乘的结果，这一计算方式所得结果属于估算值，因此与实际值之间肯定会存在一定的偏差，而这一偏差的大小则需要根据设计是否合理、电力用户应用等情况确定。

（3）存在严重窃电现象。现阶段，高供低计计量方式主要包括三种，一是低压计量柜，二是柱上计量，三是变压器桩头计量，这三种方式在实际应用中均有一定的不足和缺陷，这也给电力用户窃电等不良行为提供了机会。其中，在低压计量柜应用中，电力用户可于低压侧裸露导线上接入导线，或在变压器低压侧桩头处接入导线，在低压计量柜之前接入，低压计量柜则无法计量其输出功率。在柱上计量应用中，变压器桩头暴露了四根电压线，且无法加封处理，其中任意一根电压线断开均会导致电能表无法正常运行，也存在一定漏洞。为避免窃电等不良现象，可用专用工具对变压器低压接线桩头进行封闭处理，低压线出来后直接进入全封闭低压计量箱，将计量表和互感器集中封闭在表箱中，并加封条和铅封，或改造计量装置，在保证计量准确性的同时，避免窃电等行为的出现。

（4）影响用户增容。高供低计的电力用户，一台变压器对应安装一套计量装置，如果电力用户需要增容，若计量点不增加，则变压器数量也无法增加，只能选择更大容量的变压器才能达到增容的目的，这将影响其经济性，造成一定的浪费。

本任务以高供低计来讨论其接线。采用有功表DT862、无功表DX864加TA做计量。

五、实训的内容和要点

具体的实训内容和实训要点见下表。

任务名称：为10kV 400kVA变压器安装计量装置　　　　编号：

项目名称	实训内容	实训要点、示意图
1. 准备工作	（1）人员要求	① 工作人员应身体健康、精神状态良好。 ② 工作人员应培训考试合格，具备专业技术技能水平。 ③ 工作人员的个人工具和劳动保护用品应准备并佩戴齐全。 ④ 严禁违章指挥、无票作业、野蛮施工。 ⑤ 工作人员应服从指挥、遵守规程规定，文明施工
	（2）危险点分析	触电、高空坠落、交通事故、其他
	（3）准备工作	① 工作前应进行现场勘察，按规定提出申请和工作计划，要符合低压带电作业安全规程。 ② 开工前准备好需要的工器具，检查工器具是否齐全，是否满足工作需要。工器具必须试验合格，要做必要的检查。 ③ 准备好所需要的装表材料和备品备件，材料和备品备件应充足齐全、合格。 ④ 填写低压带电工作票及风险辨识卡，安全措施要符合现场实际，并按规定正确填写工作票。 ⑤ 工作前按照工作票内容交底、布置安全措施和告知危险点，并履行确认手续，工作人员必须清楚工作任务、安全措施、危险点
	（4）安全措施	① 作业人员戴安全帽，穿棉质长袖工作服，袖口扣牢，双脚穿电工绝缘靴，戴棉质手套，佩戴防护目镜，站在干燥的绝缘板上，使用合格的绝缘电工工具。电工工具除刀口部位外，其余部位要做好绝缘处理。 ② 低压带电作业应设专人监护，人体不得同时接触两根线头，拆开的线头应采取绝缘包裹措施。 ③ 作业人员在专人监护下进行作业，监护人不得从事其他工作。工作时，应穿绝缘靴和全棉长袖工作服，并戴低压绝缘手套、安全帽和护目镜，站在干燥的绝缘物或绝缘垫上，作业人员应使用有绝缘柄且绝缘合格的工具。 ④ 梯子与地面的角度为60°左右。登梯子工作时，采取可靠防滑和摔跌措施，并有人扶持。作业人员不得蹬在距梯顶1m以内的梯蹬上工作，梯上作业人员和所携带的工器具不得超过梯子所能承受的总重量。

（续表）

<table>
<tr><th>项目名称</th><th>实训内容</th><th colspan="2">实训要点、示意图</th></tr>
<tr><td rowspan="8"></td><td></td><td colspan="2">⑤ 操作条件。电能表电流回路无电流或电能计量装置二次电流回路能可靠短接，电压回路带电。
⑥ 对于在金属箱柜安装的电能表，应在电能表下部表与后壁之间垫一块干燥绝缘的板状物（可以用干燥纸板、木质层板或薄的塑料板），防止带电导线拔出后触碰金属物体引起接地短路事故）。
⑦ 工作现场要具有充分的操作空间。必要时，对可能影响换表空间的带电体做临时绝缘隔离。
⑧ 工作环境应宽敞明亮。光线不足时，应采取其他照明措施，并应防止光线直射作业人员的眼睛</td></tr>
<tr><td rowspan="3">（5）作业分工</td><td>专责监护人</td><td></td></tr>
<tr><td>装换表人员</td><td></td></tr>
<tr><td>辅助工作人员</td><td></td></tr>
<tr><td rowspan="4">（6）开工作业内容</td><td colspan="2">履行工作许可手续</td></tr>
<tr><td colspan="2">工作负责人按带电工作票内容向工作人员交代工作任务、现场安全措施、危险点</td></tr>
<tr><td colspan="2">工作人员在清楚工作任务、现场安全措施、危险点等内容后，应签字确认，得到工作负责人的允许，方可开始工作</td></tr>
<tr><td colspan="2">按照工作票所列内容，布置安全措施</td></tr>
<tr><td rowspan="2">2. 有功表DT862、无功表DX864、加TA</td><td rowspan="2">（1）电源、TA到联合接线盒</td><td colspan="2"> </td></tr>
<tr><td>3个电压信号接到接线盒：L1、L2、L3到接线盒1a、5a、9a</td><td> 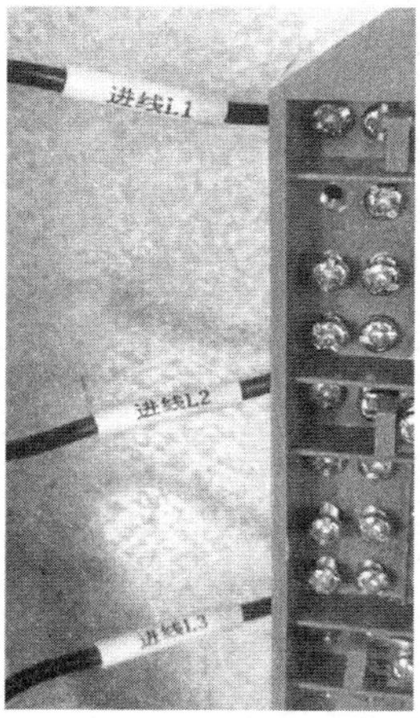</td></tr>
</table>

（续表）

项目名称	实训内容	实训要点、示意图
		1TA—K1接到接线盒3a、1TA—K2接到接线盒4a
		2TA—K1接到接线盒7a、2TA—K2接到接线盒8a
		3TA—K1接到接线盒11a、3TA—K2接到接线盒12a 注意：不要忘记3个TA的K2接地
	（2）联合接线盒到有功、无功表	特别注意： 联合接线盒端子排代号：JX 有功表DT862端子排代号：PJ1 无功表DX864端子排代号：PJ2 线号说明举例： ① 接线盒JX-1（1c）连接2根线，线号为PJ1-2和PJ2-2。 接线盒JX-1（线号PJ1-2、PJ2-2）第一根线连接到有功表PJ1的2号端子（线号为JX-1），第二根线连接到无功表PJ2的2号端子（线号为JX-1）  端子排号：JX

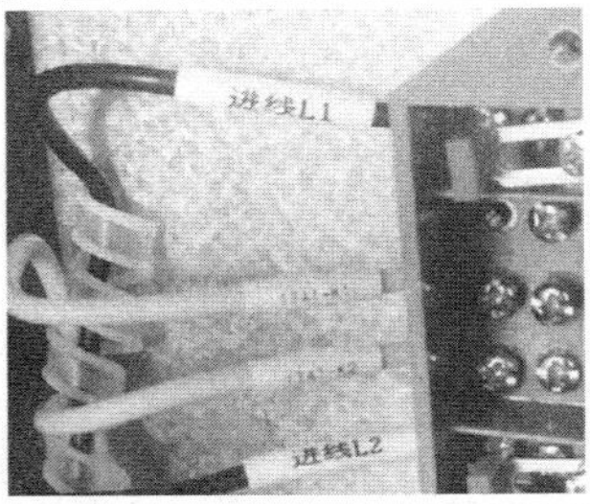

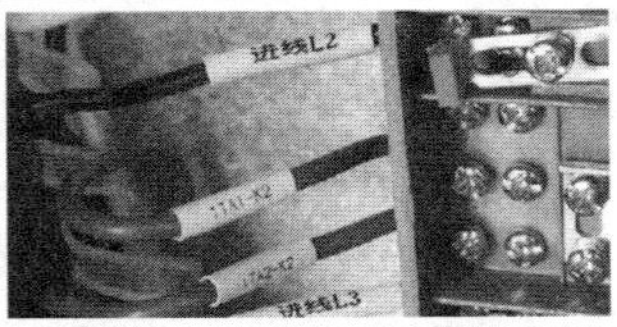

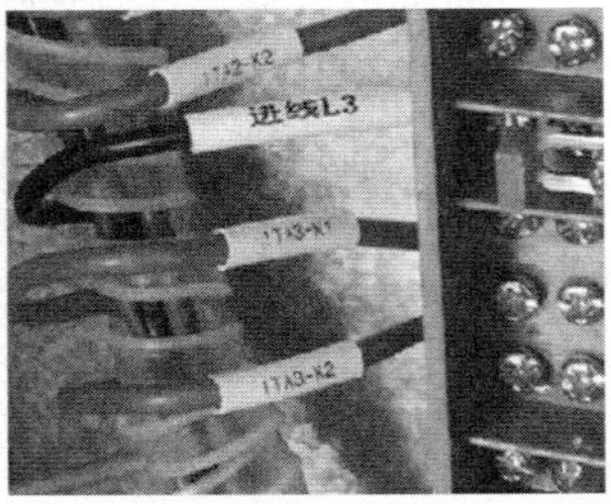

（续表）

<table>
<tr><th>项目名称</th><th>实训内容</th><th>实训要点、示意图</th></tr>
<tr><td>3. 相位的测量</td><td></td><td> 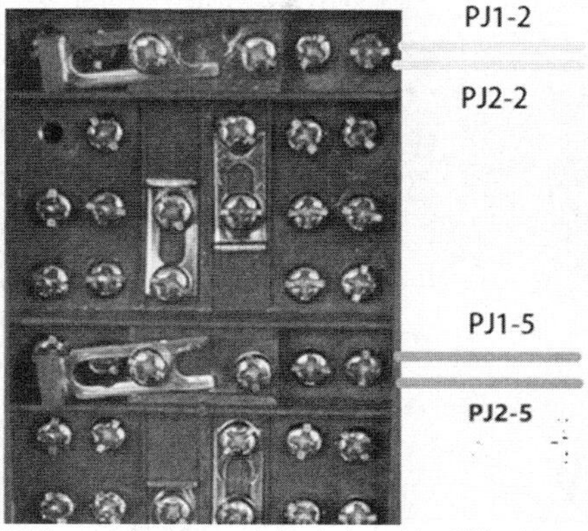PJ1-2
PJ2-2
PJ1-5
PJ2-5
图中：1c引出2根线，一根去PJ1（有功表）端子排2号电压端子，另一根去PJ2（无功表）端子排2号电压端子。
4c引出2根线，一根去PJ1（有功表）端子排5号电压端子，另一根去PJ2（无功表）端子排5号电压端子。
② 另一种联合接线盒，1a对应1c、2c、3c（它们之间是全通的）。
JX-1连接PJ1-2，JX-2连接PJ2-2：
接线盒1c（线号PJ1-2）到有功表PJ1的端子排2号（线号为JX-1）；
接线盒2c（线号PJ2-2）到无功表PJ2的端子排2号（线号为JX-2）
（注意：接线盒1a与3个端子1c、2c、3c直通）  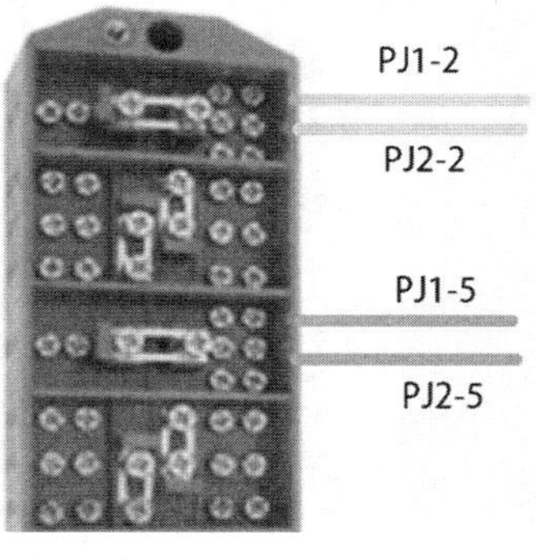
PJ1-2
PJ2-2
PJ1-5
PJ2-5
端子排号：JX
1c引出1根线，去PJ1（有功表）端子排2号电压端子；
2c引出1根线，去PJ2（无功表）端子排2号电压端子。
③ 工程上接线图线号互写举例。
接线盒端子排JX 9号出线2根，一根去PJ1（有功表）端子排8号电压端子，另一根去PJ2（无功表）端子排8号电压端子；</td></tr>
</table>

（续表）

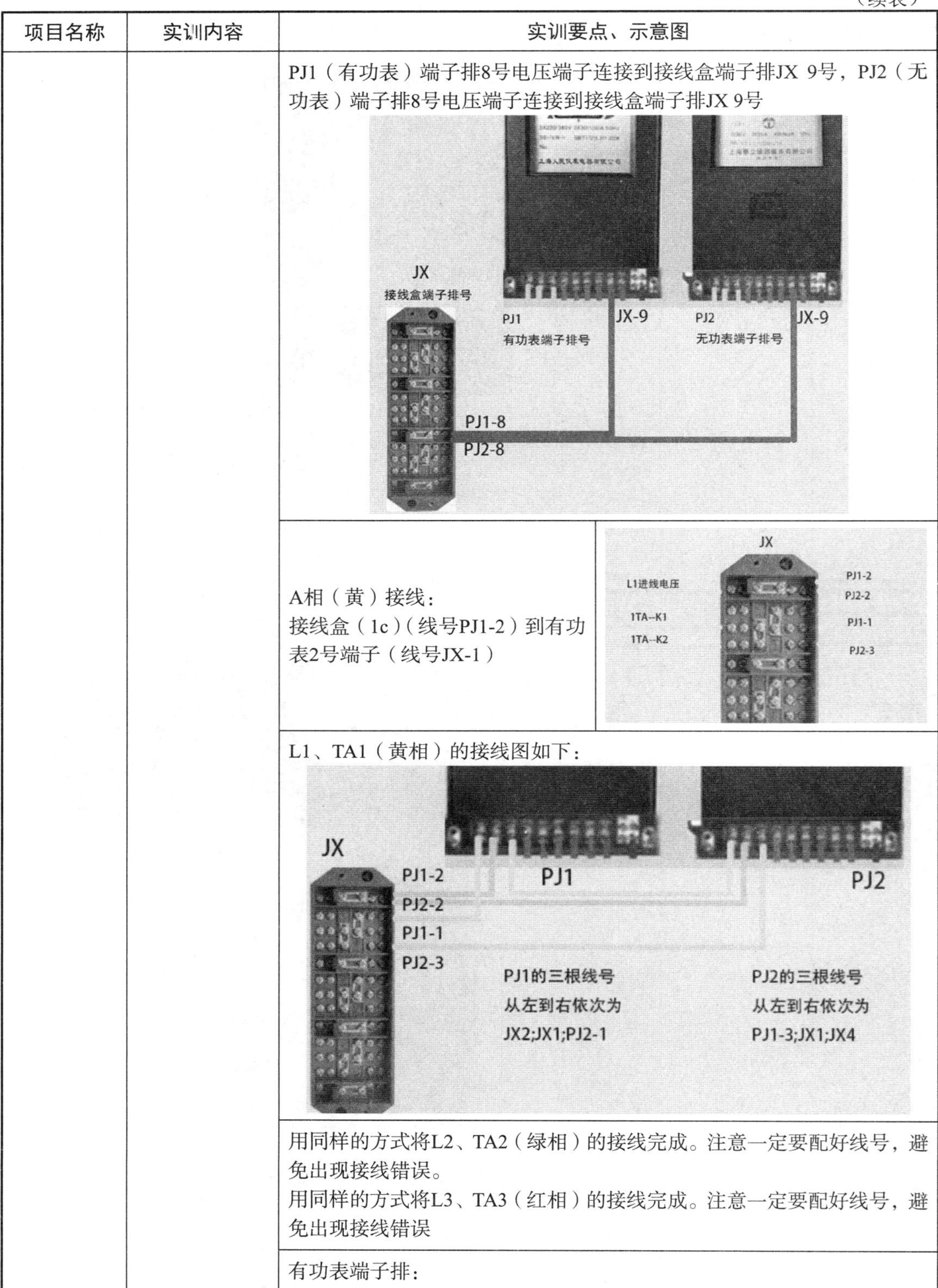

项目名称	实训内容	实训要点、示意图
		PJ1（有功表）端子排8号电压端子连接到接线盒端子排JX 9号，PJ2（无功表）端子排8号电压端子连接到接线盒端子排JX 9号
		A相（黄）接线： 接线盒（1c）（线号PJ1-2）到有功表2号端子（线号JX-1）
		L1、TA1（黄相）的接线图如下：
		用同样的方式将L2、TA2（绿相）的接线完成。注意一定要配好线号，避免出现接线错误。 用同样的方式将L3、TA3（红相）的接线完成。注意一定要配好线号，避免出现接线错误
		有功表端子排：

（续表）

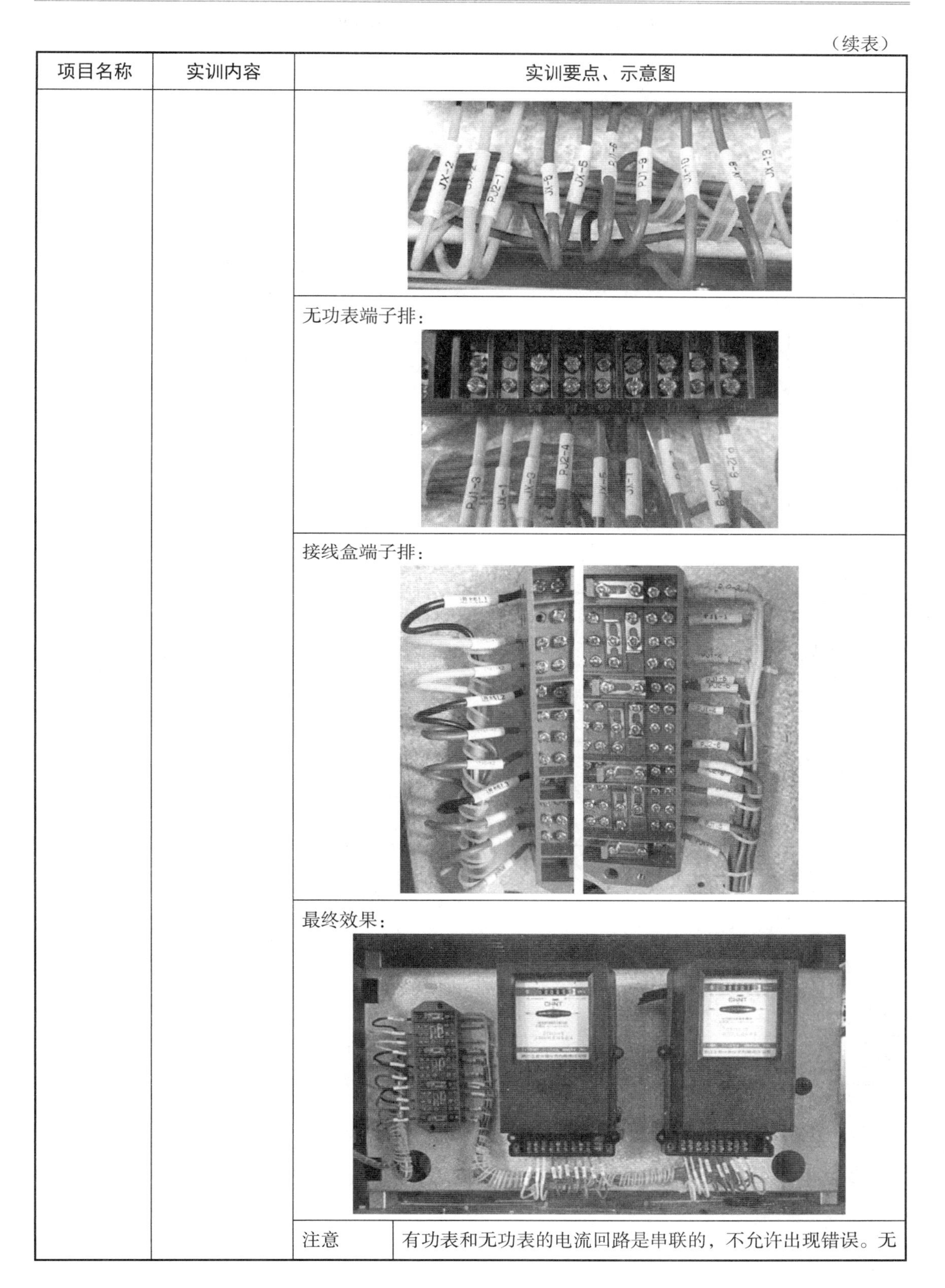

项目名称	实训内容	实训要点、示意图	
		无功表端子排：	
		接线盒端子排：	
		最终效果：	
		注意	有功表和无功表的电流回路是串联的，不允许出现错误。无

（续表）

项目名称	实训内容	实训要点、示意图			
			功表DX864不用接零线		
4. 收尾	（1）停电	供电电源断路器拉闸			
	（2）电表端子	电表端子盖板压好，螺丝上紧到位			
		电表端子盖板打铅封			
	（3）整理线路，绑扎导线	绑扎过程中严禁出现交叉，扎带的方式是第一条扎带绑紧，从第二条往后要给扎带预留可以活动的空间，便于快速绑扎，平均每7～10cm绑扎一个			
	（4）电表箱	清理电表箱内异物			
		电表箱上锁			
	（5）现场	清理工作现场			
5. 竣工	（1）验收	计量装置安装更换完毕后，应符合安装标准		负责人签字：	
	（2）记录	填写装换表工作凭证、电能计量装置台账，无误后移交电费核算部门		负责人签字：	
6. 7S管理	（1）现场归位	责任人		考核	
	（2）工具归位	责任人		考核	
	（3）仪表放置	责任人		考核	

六、总结与反思

本节内容总结	本节重点	
	本节难点	
	疑问	
	思考	
作业		
预习		

任务二十四　检测三相四线有功、无功电能表的接线

一、实训目标

学会三相四线有功、无功电能表在不通电、通电两种情况下的检测方法和步骤。

二、实训内容

三相四线有功、无功电能表在不通电、通电两种情况下的检测方法和步骤。

三、实训仪器、工具

电工工具、三相四线有功、无功电能表、万用表、钳形电流表、摇表、相位表。

四、相关知识

（一）综述

三相四线有功电能表在低压系统电能计量中应用较为普遍，其接线方式主要有直接接入和经过电流互感器间接接入两种方式，直接接入法主要用于负荷电流较小的用户，负荷较大的用户一般采用经电流互感器间接接入法。采用电流互感器间接接入时，在实际接线中经常会出现电流互感器接反、电流电压不同相、电压回路断线等造成电能表不能准确计量等现象。

具有3个元件的三相四线有功电能表，最适应用于中性点直接接地的三相四线制的电路中，不论电压是否对称，负载是否平衡，都不会引起线路附加误差，均能正确计量有功电能。因此，它的使用十分广泛。此接线方式应注意，应按正确相序A、B、C接线，N线（中线）与A、B、C相线不允许颠倒，否则导致错误计量和使电压线圈承受线电压而烧坏。

电能表错误接线的主要表现形式为电能表反转、不转、转速变慢等。由于电能表计量装置是由电能表、互感器、二次回路等多种元件构成的，因此，电能表的错误计量及其更正也呈多样性变化。公平、公正、合理计量电能，及时、快捷、准确诊断错误接线及采取有效的防范措施是一个重要的课题。

在电能表各元件电压线圈公共端点O至中线N间的连接线，如果没有连接或者因某种原因而断线，并在三相电压和电流都不对称的情况下，电能表则不能正确计量有功电能。

三相四线有功电能表，实际上是3个单相有功电能表的有机组合，如果将3个电压端子和3个电流端子在电能表内部不按正确的接线方式连接，则电能表可能会出现不转、转速度慢或反转的情况发生，引起不应有的线路附加误差，其附加误差y可达-150%～-50%，这

是绝对不允许的。

不计量电能或少计电能说明计量电路工作不正常，查找原因如下。

（1）接入电压是否正常。电流接线是否符合要求（某一相或二相电流进出线是否接反）。

（2）有条件的用户可用现场校验仪对电表精度进行检测。

（3）通过估算用户电气的用电负荷，并对照电能表显示的功率相比较，如相差不大，仪表计量应该没什么问题。

（4）接线盒或计量柜内的端子排上电流短接线是否取下（此现象在新装表或更换电能表后出现）。

（二）电能计量装置的接线检查

电能计量装置的接线正确与否不仅直接影响电能计量结果的正确性，甚至会影响到相关仪表、仪器及人身的安全。所以，必须按设计的要求和规程的规定进行正确接线。

接线的正确与否，必须要采取一定的测试手段，进行必要的检查才能判断。仅仅通过电能表圆盘转速或转向的变化来判断接线的正确与否显然是不准确的。因为，从电能表的工作原理和接线分析可以知道，对有功电能表在接线正确的情况下，只要功率方向不变，则不论相序如何，也不论负载是感性的还是容性的，电能表圆盘都是正转的。又如，当用两只或三只单相表计量三相三线电路或三相四线电路有功电能时，如果在相间接有电焊机等功率因数较低的负载时，则其中某相电能表圆盘可能会反转，这也是正常现象。

对于无功电能表，其圆盘的转向除了与功率方向有关外，还与负载的性质和相序有关。例如，当带附加电流线圈的无功电能表和60°无功电能表在正相序情况下负载变为容性或在逆相序情况下负载变为感性，电能表都要反转，这是正常现象而不是接线错误。此外，在同一线路中有功功率和无功功率的传送方向有时是不同的，因此，同一线路中有功电能表和无功电能表的转向不同也是正常现象。由此可见，不能以有功、无功电能表圆盘的转向不同从而判断电能表接线错误。

在实际接线时，常常会由于工作人员的粗心大意、水平低、设计图纸有错误（端子标注混乱等）、运行方式改变（如切换母线）等原因造成接线错误。单相电能表的接线错误较少，即使接错了影响也不太大，且错误容易被发现和改正。而三相三线电能表的接线易错，且错误不容易被发现，影响也比较大。

（三）电能计量装置及错误接线类型

电能计量装置包括电能表、互感器和附件、失压计时仪和二次回路部分。

电能计量装置接线错误有很多，但一般可直接或间接地反映至电能表上，所以可以用电能表部分来分析，一般分为以下几类。

1. 计量单相电路有功电能的错误接线类型

（1）相线与零线接反。

（2）进出线接反。

（3）电流线圈与电源短路。

（4）电压钩连片未连。

（5）用一只220V单相电能表读数乘以2的方法计量380V单相负载的电能。

2. 计量三相四线电路有功电能的错误接线类型

（1）三相四线有功电能表电压线圈中线断线。

（2）三相四线有功电能表经两台电流互感器接入电路。

（3）用三相三线两元件有功电能表计量三相四线电路有功电能。

3. 计量三相三线电路有功电能的错误接线类型

（1）电流端子进出线接反。

（2）电压端子接线顺序不对。

（3）电压与电流相位不对应等。

（四）对电能计量装置的要求

为准确计量电能，电能计量装置必须达到以下要求。

（1）电能表、互感器误差合格。

（2）互感器的变比、极性、组别，以及电能表的倍率要正确。

（3）电能表的铭牌数据与线路的电压、电流、频率、相序等要相一致。

（4）电流、电压互感器的二次负载应不超过其铭牌上规定的额定值；电压互感器二次导线压降应不超过额定电压的0.5%。

（5）根据线路实际情况选择合理的接线方式。

（6）接线必须要正确。

（五）互感器接错线的分析

1. 互感器接错线对有功电能计量造成的影响

常出现的影响举例说明如下。

（1）其中一相电流互感器二次极性接反。假设其中A相电流互感器二次极性接反，则计量装置只记录了1/3的有功电能。

（2）其中两相电流元件接错，则有功电能表不转。

（3）两相电压元件接错，则有功电能表不转。

2. 互感器接错线对无功电能计量造成的影响

常出现的互感器接线对无功电能计量的影响举例说明如下。

（1）三相电流互感器二次极性全接反，则无功电能表反转，其计量数值与正常计量数值基本相等。

（2）两相电压元件接错（以三相四线90°无功表为例）。假设A、C两相电压元件接错，则无功电能表不转。

（3）两相电流元件接错（以三相四线90°无功表为例）。假设A、C两相电流元件接错，则无功电能表不转。

（4）两相电流元件与电压元件同时接错。假设A、C两相电流元件与电压元件同时接错，则无功电能表以正常转速相同的速度反转。

（5）三相电压A、B、C依次错接成B、C、A相，无功电能表反转。

（6）三相电压A、B、C依次错接成C、A、B相，则当 ϕ_a>30°时，无功电能表少计量电能；ϕ_a<30°时，无功电能表多计量电能；ϕ_a=60°时，无功电能表不转；ϕ_a>60°时，无功电能表反转。

五、实训的内容和要点

具体的实训内容和实训要点见下表。

任务名称：　检测三相四线有功、无功电能表的接线　　　　　　编号：

项目名称	实训内容	实训要点、示意图
1. 准备工作	（1）人员要求：	① 工作人员应身体健康、精神状态良好。 ② 工作人员应培训考试合格，具备专业技术技能水平。 ③ 工作人员的个人工具和劳动保护用品应准备并佩戴齐全。 ④ 严禁违章指挥、无票作业、野蛮施工。 ⑤ 工作人员应服从指挥、遵守规程规定，文明施工
	（2）危险点分析：	触电、高空坠落、交通事故、其他
	（3）准备工作	① 工作前应进行现场勘查，按规定提出申请和工作计划，要符合低压带电作业安全规程。 ② 开工前准备好需要的工器具，检查工器具是否齐全，是否满足工作需要。工器具必须试验合格，要做必要的检查。 ③ 准备好所需要的装表材料和备品备件，材料和备品备件应充足齐全、合格。 ④ 填写低压带电工作票及风险辨识卡，安全措施要符合现场实际，并按规定正确填写工作票。 ⑤ 工作前按照工作票内容交底、布置安全措施和告知危险点，并履行确认手续，工作人员必须清楚工作任务、安全措施、危险点
	（4）安全措施	① 作业人员戴安全帽，穿棉质长袖工作服，袖口扣牢，双脚穿电工绝缘靴，戴棉质手套，佩戴防护目镜，站在干燥的绝缘板上，使用合格的绝缘电工工具。电工工具除刀口部位外，其余部位要做好绝缘处理。 ② 低压带电作业应设专人监护，人体不得同时接触两根线头，拆开的线头应采取绝缘包裹措施。 ③ 作业人员在专人监护下进行作业，监护人不得从事其他工作。工作时，应穿绝缘靴和全棉长袖工作服，并戴低压绝缘手套、安全帽和护目镜，站在干燥的绝缘物或绝缘垫上，作业人员应使用有绝缘柄且绝缘合格的工具。

（续表）

项目名称	实训内容	实训要点、示意图
		④ 操作条件。电能表电流回路无电流或电能计量装置二次电流回路能可靠短接，电压回路带电。 ⑤ 对于在金属箱柜安装的电能表，应在电能表下部表与后壁之间垫一块干燥绝缘的板状物（可以用干燥纸板、木质层板或薄的塑料板），防止带电导线拔出后触碰金属物体引起接地短路事故。 ⑥ 工作现场要具有充分的操作空间。必要时，对可能影响换表空间的带电体做临时绝缘隔离。 ⑦ 工作环境应宽敞明亮。光线不足时，应采取其他照明措施，并应防止光线直射作业人员的眼睛
	（5）作业分工	专责监护人
		装换表人员
		辅助工作人员
	（6）开工作业内容	履行工作许可手续
		工作负责人按带电工作票内容向工作人员交代工作任务、现场安全措施、危险点
		工作人员在清楚工作任务、现场安全措施、危险点等内容后，应签字确认，得到工作负责人的允许，方可开始工作
		按照工作票所列内容，布置安全措施
2. 电能表接线检查	（1）停电检查	停电检查就是在电能表非计量状态下，对其接线是否正确所进行的检查。电能计量装置在安装竣工后，或检修后重新投入运行之前都要进行停电检查
		样例： 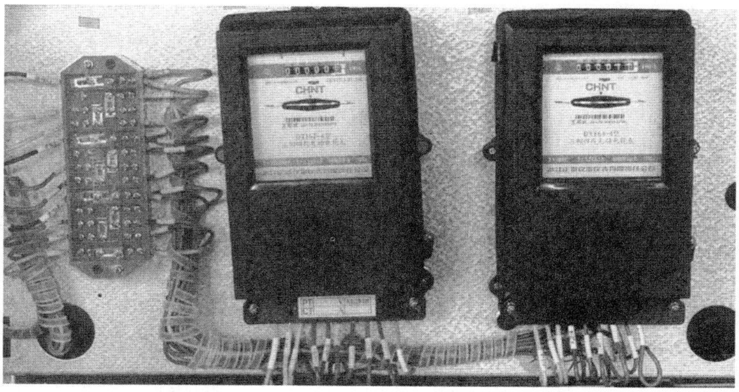

（续表）

项目名称	实训内容	实训要点、示意图	
		互感器的极性（各CT的P1、P2、K1、K2是否一致）	
		三相电压互感器的组别（PT的输出接线端子）	因为是在低压下作业，我们没有用到PT
		核对端子标志（包括核对相别和端子标号）；电压信号三相中每个CT对应的回路必须正确，拍一相的接线情况即可	 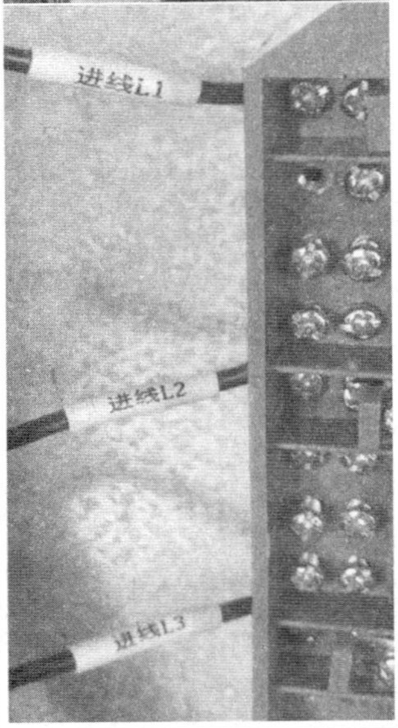
		1CT（TA）K1、K2正确接线位置	
		2CT（TA）K1、K2正确接线位置	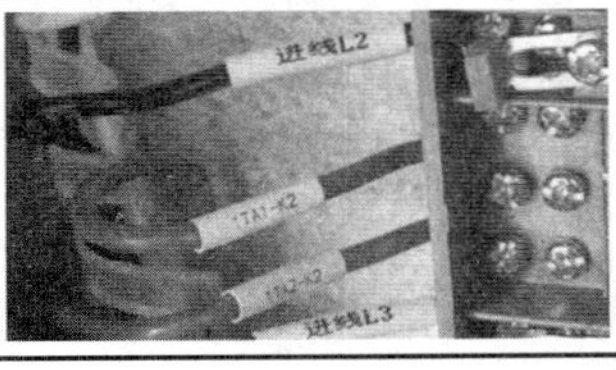

（续表）

项目名称	实训内容	实训要点、示意图	
		3CT（TA）K1、K2正确接线位置	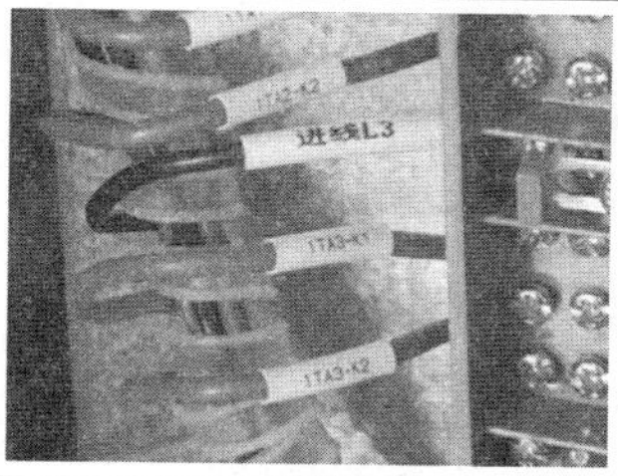
		有功电能表端子接线正确	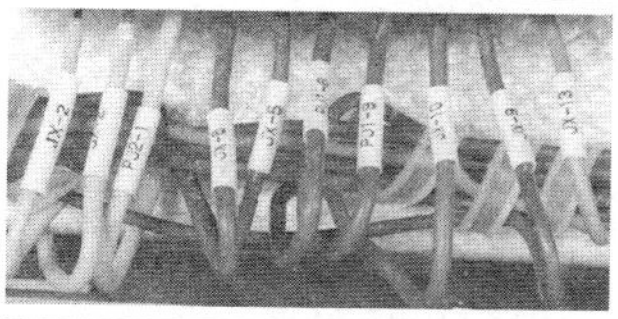
		无功电能表端子接线正确	
		联合接线盒接线正确	
		检查二次回路的导通情况。 用万用表测K1、K2出发的两根线，构成通路（挡位：200Ω）	

（续表）

项目名称	实训内容	实训要点、示意图	
		二次回路的绝缘试验。注意要打开CT1、CT2、CT3 接地。 a．电压端子对地绝缘：进线L1对地绝缘  	
		b．1CT（TA）K1端子对地绝缘 	

（续表）

<table>
<tr><th>项目名称</th><th>实训内容</th><th colspan="2">实训要点、示意图</th></tr>
<tr><td rowspan="9"></td><td></td><td></td><td></td></tr>
<tr><td rowspan="8">（2）带电检查电压回路</td><td colspan="2">检查电压互感器接线的正确性。
主要检查电压互感器一、二次侧有无断线或极性搞错</td></tr>
<tr><td colspan="2">测各线间电压，根据测得的电压值、接线方式、二次负载情况等判断接线的正确性</td></tr>
<tr><td>线电压：电能表2、5号端子（交流750V挡）</td><td></td></tr>
<tr><td>线电压：电能表5、8号端子</td><td></td></tr>
<tr><td>线电压：电能表2、8号端子</td><td></td></tr>
<tr><td>注意</td><td>正常情况下线电压为380V；若非380V，则需检查接线是否反接、接线是否牢固</td></tr>
<tr><td>相电压：表2号端子和零端子（红表笔接的是零线N）</td><td> 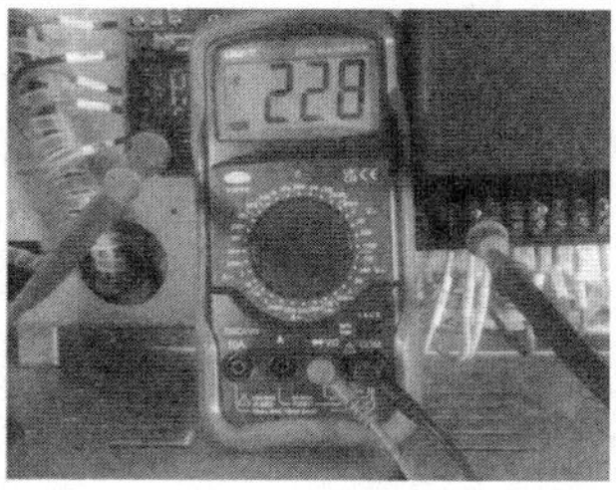</td></tr>
</table>

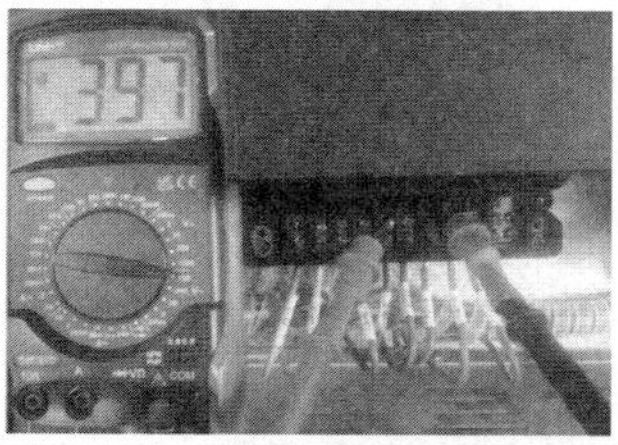

（续表）

项目名称	实训内容	实训要点、示意图	
		对地电压：电能表2号端子和地端子（红表笔接的是接地铜编带）	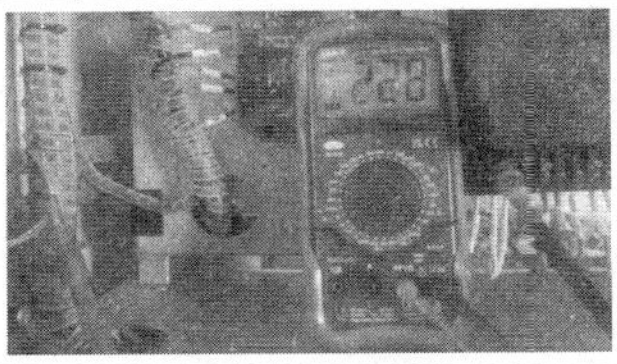
		相电压：电能表5号端子和零端子	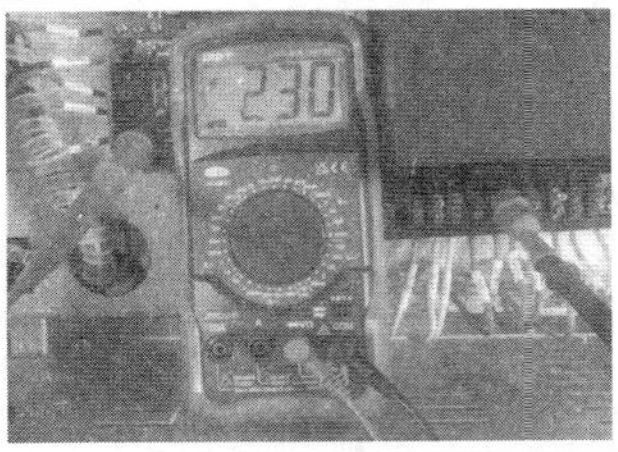
		对地电压：电能表5号端子和地端子	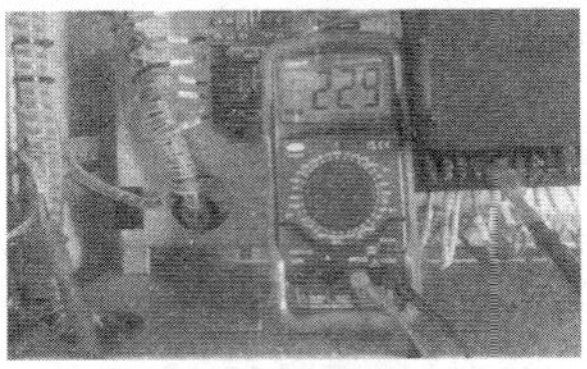
		相电压：电能表8号端子和零端子	
		对地电压：电能表8号端子和地端子	
		注意	正常情况下相电压为220V；若出现0V或非全电压，则可判断为断相
		确定相序。用相序表测量相序，应注意的是，正相序有A-B-C、B-C-A和C-A-B3种情况	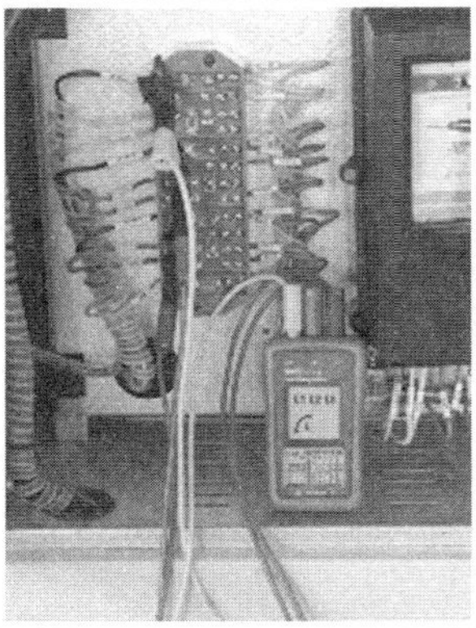

（续表）

项目名称	实训内容	实训要点、示意图	

		注意	必须事先确定好接地的B相，才能确定出所需要的A-B-C正相序（这里也可以用伏安表来测）
	(3)带电检查电流回路:测量相电流	在带电检查电压回路和电流回路接线时，一定要严格遵守计量装置的现场安全工作规定，要特别注意防止在检查接线中造成电压互感器二次绕组短路或接地及电流互感器二次绕组开路	
		测量电能表1号端子进电流，此时万用表挡位为交流2A，注意红表笔的插孔	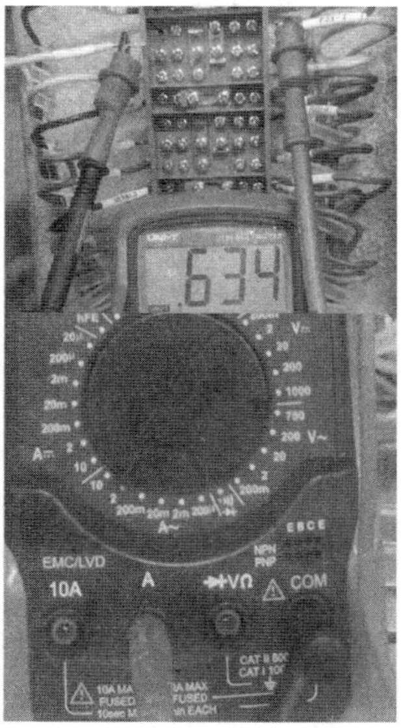

（续表）

项目名称	实训内容	实训要点、示意图	
		测量电能表4号端子进电流	
		测量电能表7号端子进电流	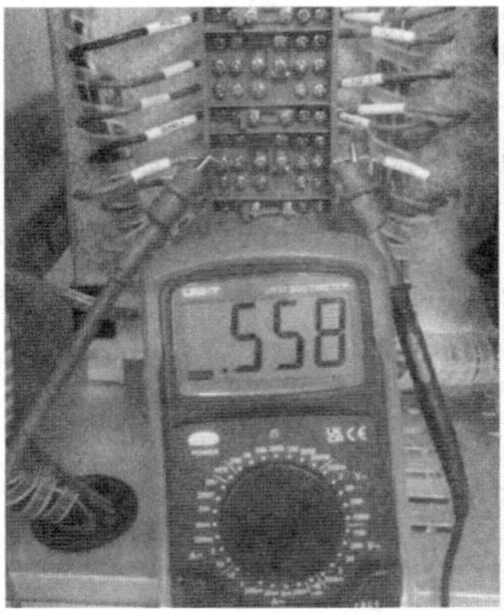
		注意	正常情况下，带CT的电流回路测量值一般为0～5A。若非此范围，则可考虑为电流回路异常
	（4）测量相序	相序表型号：UT261A相序指示仪U1、U2夹角测量。 U2、U3夹角测量。 U3、U1夹角测量	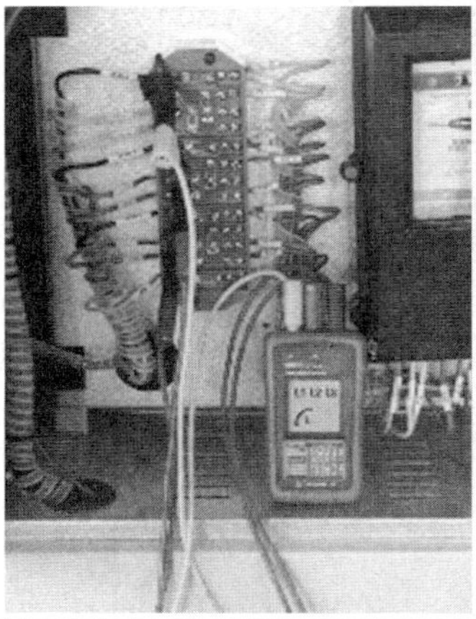

（续表）

项目名称	实训内容	实训要点、示意图	
		注意	正常情况下，夹角为120°为正相序；夹角为240°为逆相序。如在PT反接的情况下，夹角大于180°为正相序、夹角小于180°为逆相序
	（5）测量表尾和CT的高低端	测量电能表1、3号端子电压	
		测量电能表4、6号端子电压	
		测量电能表7、9号端子电压	
		注意	测量表尾和CT的高低端。使用伏安相位表对电能表的电流进线端子、出线端子对接地端子进行电压测量。正常情况下，高端电压大于低端电压，接线正确。如果高端电压小于低端电压，则该相接反
	对测量数据进行分析： 为具体说明分析方法和步骤，使用以下实例数据进行分析。 如某三相四线有功电能表测量数据如下： （1）U_{12}=380V；U_{13}=380V；U_{23}=380V； （2）U_{10}=220V；U_{20}=220V；U_{30}=220V； （3）U_{1A}=380V；U_{2A}=0V；U_{3A}=380V； （4）I_1=1.5A；I_2=1.5A；I_3=1.5A； （5）$\angle U_{10}I_1$=315°；$\angle U_{20}I_2$=135°；$\angle U_{30}I_3$=135°； （6）$\angle U_{10}U_{20}$=240°。 如根据上述测量数据，由第（3）点可知，电能表第2元件接入为A相。同时，由第（6）点可知三相电压为逆相序。因此判断接入电能表的相序为B-A-C。		

（续表）

项目名称	实训内容	实训要点、示意图
	根据上述分析及测量数据，可绘制相量图如下： 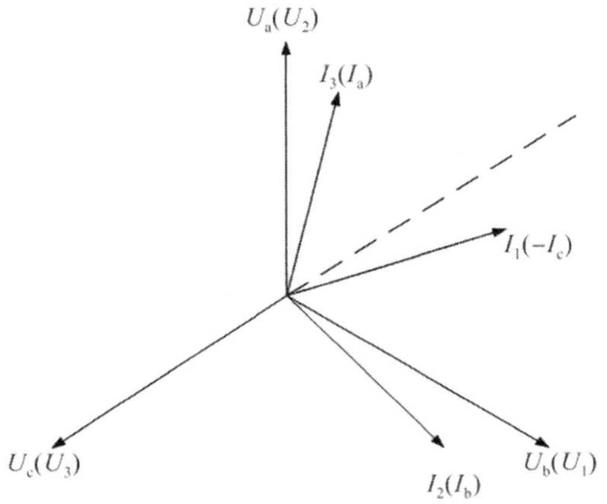 根据同一相的电压与电流相位相近且电流在电压后一点的原则，由上图可知，第1元件：电压端子接U_b，电流进线端接$-I_c$；第2元件：电压端子接U_a，电流进线端接I_b；第3元件：电压端子接U_c，电流进线端接I_a。至此，可以根据以上信息更正电能表接线	
3．用三相电能表校验仪来测试接线是否正确		请参看任务十九
4．错误接线的防范对策		由于三相四线电能表在供用电中使用较多，供用电负荷较大，公平、公正地计量电能十分重要。为此，建议采用以下错接线的防范措施： （1）提高装表接电人员的技术素质，严格按三相四线电能表的接线图进行接线，并由另外的检查人员进行复核检查，以避免装表时发生错接线问题。 （2）深入开展用电营业大普查，对运行中的电能表，对其电压、电流、相序逐一核对，发现问题，及时处理。 （3）采用新的现场校验设备，测量电压值、电流值、相位角，以实测数据与电能表运行数据比较，以便快捷、正确地判断其错接线原因，更正错误接线，合理、准确地计量电能。 （4）针对上表所举例的错误接线，宜举办各种类型的学习班和研讨班，结合电能表的运行实际，有针对性地对失压（欠压）、断流（分流）、相序（相角）的异常拟订防范措施，以消防违章、错接线为目标，杜绝和减少计量差错，达到用户满意、企业增效的目的
5．收尾	（1）停电	供电电源断路器拉闸
	（2）电表表尾	电表表尾盖板压好，螺丝上紧到位
		电表表尾盖板打铅封
	（3）整理线路，绑扎导线	绑扎过程中严禁出现交叉，扎带的方式是第一条扎带绑紧，从第二条往后的扎带要预留可以活动的空间，便于快速绑扎，平均每7～10cm绑扎一个

（续表）

<table>
<tr><th>项目名称</th><th>实训内容</th><th colspan="4">实训要点、示意图</th></tr>
<tr><td rowspan="3"></td><td rowspan="2">（4）电表箱</td><td colspan="4">清理电表箱内异物</td></tr>
<tr><td colspan="4">电表箱上锁</td></tr>
<tr><td>（5）现场</td><td colspan="4">清理工作现场</td></tr>
<tr><td rowspan="2">6. 竣工</td><td>（1）验收</td><td colspan="2">计量装置安装更换完毕后，应符合安装标准</td><td>负责人签字：</td><td></td></tr>
<tr><td>（2）记录</td><td colspan="2">填写装换表工作凭证、电能计量装置台账，无误后移交电费核算部门</td><td>负责人签字：</td><td></td></tr>
<tr><td rowspan="3">7. 7S管理</td><td>（1）现场归位</td><td>责任人</td><td></td><td>考核</td><td></td></tr>
<tr><td>（2）工具归位</td><td>责任人</td><td></td><td>考核</td><td></td></tr>
<tr><td>（3）仪表放置</td><td>责任人</td><td></td><td>考核</td><td></td></tr>
</table>

六、总结与反思

<table>
<tr><td rowspan="4">本节内容总结</td><td>本节重点</td><td></td></tr>
<tr><td>本节难点</td><td></td></tr>
<tr><td>疑问</td><td></td></tr>
<tr><td>思考</td><td></td></tr>
<tr><td>作业</td><td></td><td></td></tr>
<tr><td>预习</td><td></td><td></td></tr>
</table>

任务二十五　带电更换三相四线智能电表

一、实训目标

学会直接接入三相四线智能电表带电换表方法。

二、实训内容

直接接入三相四线智能电表带电换表。

三、实训仪器

电工工具、三相四线智能电表。

四、相关知识

电能计量装置的现场检验与周期轮换。

（1）新投运或改造后的Ⅰ、Ⅱ、Ⅲ类高压电能计量装置应在一个月内进行首次现场检验。

（2）Ⅰ类电能表至少每三个月现场检验一次；Ⅱ类电能表至少每六个月现场检验一次；Ⅲ类电能表至少每年现场检验一次。

（3）运行中的Ⅰ、Ⅱ、Ⅲ类电能表的轮换周期一般为3～4年；运行中的Ⅳ类电能表的轮换周期一般为4～6年。

本次实训为直接接入三相四线智能电表带电换表。

五、实训的内容和要点

具体的实训内容和实训要点见下表。

任务名称：　带电更换三相四线智能电表　　　　　　　　　　　编号：

<table>
<tr><th>项目名称</th><th>实训内容</th><th colspan="2">实训要点、示意图</th></tr>
<tr><td rowspan="3">1. 准备工作</td><td>（1）人员要求</td><td colspan="2">① 工作人员应身体健康、精神状态良好。
② 工作人员应培训考试合格，具备专业技术技能水平。
③ 工作人员的个人工具和劳动保护用品应准备并佩戴齐全。
④ 严禁违章指挥、无票作业、野蛮施工。
⑤ 工作人员应服从指挥、遵守规程规定，文明施工</td></tr>
<tr><td rowspan="2"></td><td rowspan="2">防电弧烧伤控制措施</td><td>必须穿长袖工作服和绝缘靴，且上衣袖口纽扣应扣好</td></tr>
<tr><td>必须使用护目镜或防护面罩等防护设备</td></tr>
</table>

（续表）

项目名称	实训内容	实训要点、示意图	
			新电能表在运输等过程中应避免掉落摔坏，防止造成内部短路而危及作业人员安全
	（2）危险点分析及控制措施	防高处坠物控制措施	正确使用安全帽
			应有防止材料小物件工器具及设备掉落的防范措施
			除工作人员外，他人不得在工作地点的下方通行或逗留
			所用登高工具应检查合格且使用规范。如梯子应有可靠防滑装置及明显的限高标志，梯子上下两端应有防止散架的紧固措施，超过1.5m要有安全带等
		防触电伤害控制措施	应做好各相的绝缘隔离措施，防止发生相间短路和单相接地故障，避免人员触电伤害
			应使用有绝缘保护的工具，且绝缘部位应完好。绝缘螺丝刀和验电笔金属裸露长度应小于5mm
			作业人员应检查绝缘靴合格并系好鞋带
			作业人员应戴好绵纱手套，防止手部误触电
			人体不得同时接触两根线头
		防误接线控制措施	作业人员应根据电能表安装接线规则规范操作，并经现场监护人员核对无误
		其他危险点	在室外雨天工作时，禁止进行带电更换直接接入式三相四线电能表作业
			禁止带负荷更换直接接入式三相四线电能表
			带电更换直接接入式三相四线智能电表，应使用现场工作任务派工单，禁止无单作业
	（3）准备工作	接线图识读： 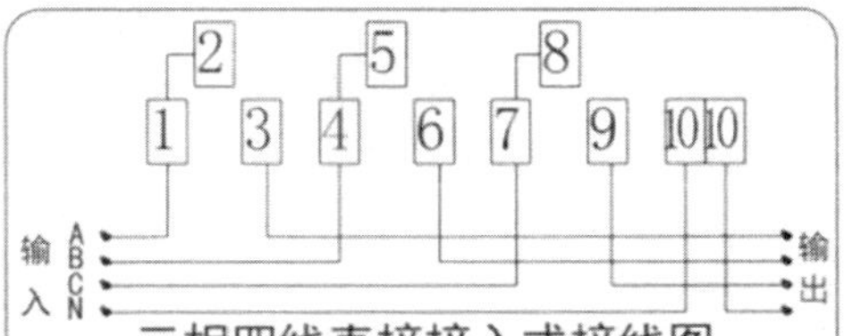 1 2 3 4 5 6 7 8 9 10 10 输入 A B C N　输出 三相四线直接接入式接线图 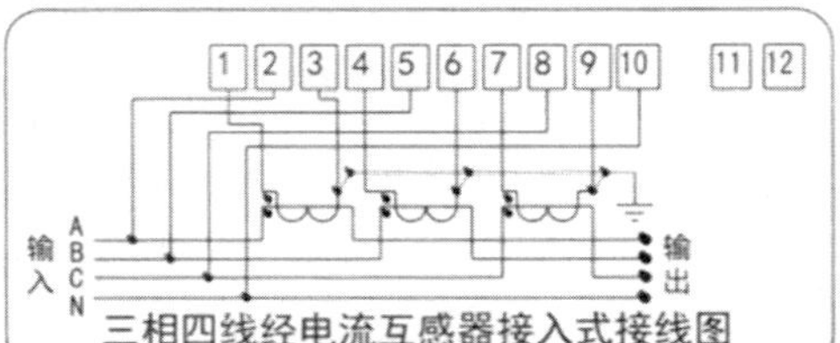 1 2 3 4 5 6 7 8 9 10 11 12 输入 A B C N　输出 三相四线经电流互感器接入式接线图	

（续表）

<table>
<tr><th>项目名称</th><th>实训内容</th><th colspan="3">实训要点、示意图</th></tr>
<tr><td rowspan="14"></td><td rowspan="7"></td><td rowspan="2">着装检查</td><td colspan="2">包括检查安全帽合格并佩戴规范，检查工作服穿戴整齐并扣好衣扣和袖口，检查绝缘靴合格并系好鞋带</td></tr>
<tr><td colspan="2">检查绵纱手套无破损并佩戴规范，检查并戴好防护面罩或护目镜</td></tr>
<tr><td rowspan="2">工具检查</td><td colspan="2">工具种类。所需工具清单：安全帽合格；验电笔0.4kV；带电作业专用工具低压；工作手套纱线；防护面罩（护目镜）；绝缘毯低压；拍照相机</td></tr>
<tr><td colspan="2">工具检查。逐件检查所需工器具，确保安全可用。注意：验电笔使用时应采用验电三步骤</td></tr>
<tr><td rowspan="2">设备检查</td><td colspan="2">设备种类。直接接入式三相四线智能电表</td></tr>
<tr><td colspan="2">设备检查。包括核对新电能表型号、资产编号、校验周期和表壳封印、电能表外观有无损坏、接线端子的螺丝是否齐全、内部有无异响等</td></tr>
<tr><td>精神状态检查</td><td colspan="2">作业前应检查作业人员的精神状态是否良好，有无影响作业安全的异常状况</td></tr>
<tr><td rowspan="3">（4）作业分工</td><td colspan="2">专责监护人</td><td></td></tr>
<tr><td colspan="2">装换表人员</td><td></td></tr>
<tr><td colspan="2">辅助工作人员</td><td></td></tr>
<tr><td rowspan="4">（5）开工作业内容</td><td colspan="3">履行工作许可手续</td></tr>
<tr><td colspan="3">工作负责人按带电工作票内容向工作人员交代工作任务、现场安全措施、危险点</td></tr>
<tr><td colspan="3">工作人员在清楚工作任务、现场安全措施、危险点等内容后，应签字确认，得到工作负责人的允许，方可开始工作</td></tr>
<tr><td colspan="3">按照工作票所列内容，布置安全措施</td></tr>
<tr><td rowspan="6">2. 直接接入式智能电表的更换</td><td>（1）对表箱进行验电</td><td colspan="2">接触表箱验明箱体对地确实无电，验明箱体对地确实无电压后再接触表箱。验电过程应规范，人体应与表箱保持足够的安全距离</td><td></td></tr>
<tr><td rowspan="5">（2）核对待拆电能表</td><td colspan="3">核对待拆电能表的型号和资产编号</td></tr>
<tr><td colspan="3">检查电能表外观、表壳封印有无异常</td></tr>
<tr><td colspan="3">记录电能表的示数</td></tr>
<tr><td colspan="3">检查电能表进、出线有无接反等异常情况</td></tr>
<tr><td colspan="3">登记缺陷情况</td></tr>
</table>

（续表）

<table>
<tr><th>项目名称</th><th>实训内容</th><th colspan="2">实训要点、示意图</th></tr>
<tr><td rowspan="10"></td><td></td><td colspan="2">拍照留存等</td></tr>
<tr><td rowspan="3">（3）断开负荷侧开关</td><td colspan="2">使负荷侧开关各相均已断开</td></tr>
<tr><td colspan="2">验电确认</td></tr>
<tr><td colspan="2">如表箱内装有电源侧开关，也应断开，并核对原相序。人体应避免碰触带电裸露部分，必要时进行绝缘隔离</td></tr>
<tr><td rowspan="6">（4）拆除进线</td><td colspan="2">原图：
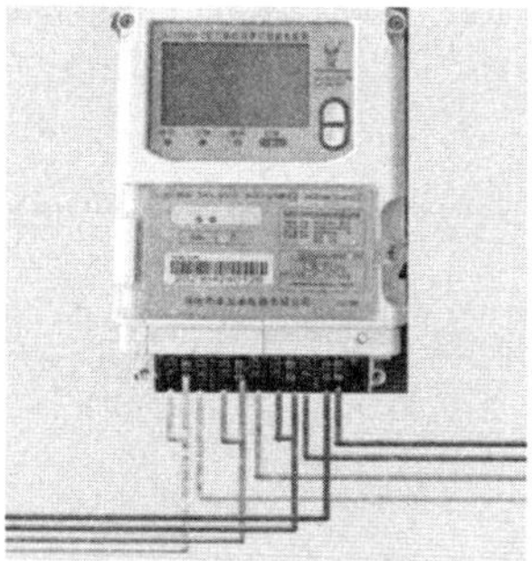 </td></tr>
<tr><td colspan="2">检查各接线端子有无烧焦等异常情况，按U相→V相→W相→零线从左至右的顺序检查。绝缘胶带的缠绕请看相关任务</td></tr>
<tr><td>拆除2号端子L1相（黄）进线、胶布缠绕隔离</td><td>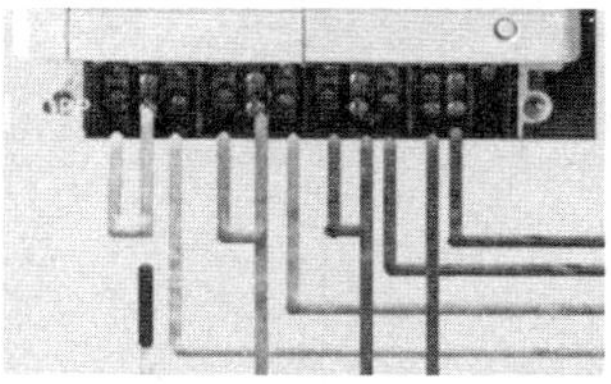</td></tr>
<tr><td>拆除5号端子L2相（绿）进线、胶布缠绕隔离</td><td>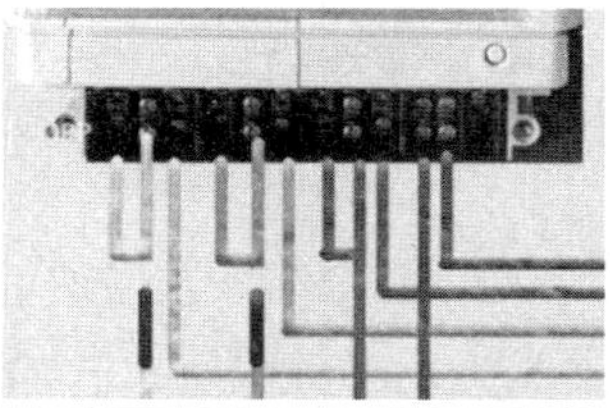</td></tr>
<tr><td>拆除8号端子L3相（红）进线、胶布缠绕隔离</td><td>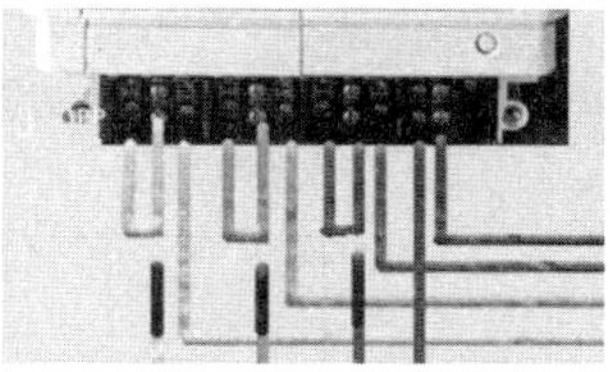</td></tr>
<tr><td>拆除10号端子N相（蓝）进线、胶布缠绕隔离</td><td>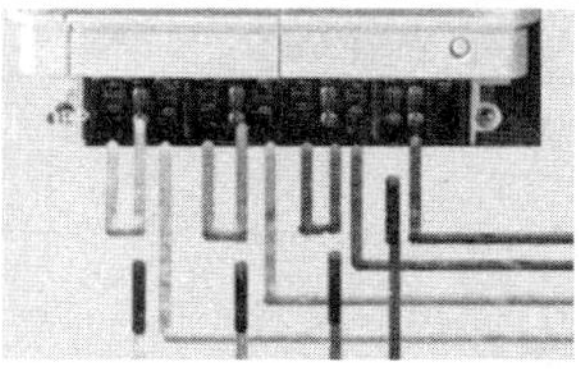</td></tr>
</table>

（续表）

项目名称	实训内容	实训要点、示意图	
	（5）拆除出线	拆除3号端子L1相（黄）出线、胶布缠绕隔离	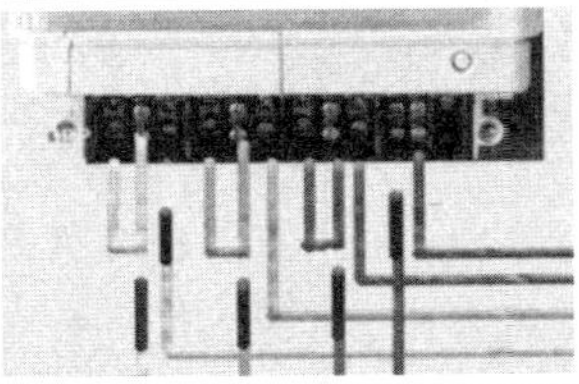
		拆除6号端子L2相（绿）出线、胶布缠绕隔离	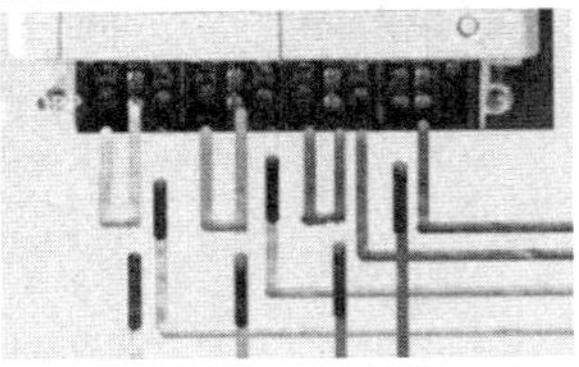
		拆除9号端子L3相（红）出线、胶布缠绕隔离	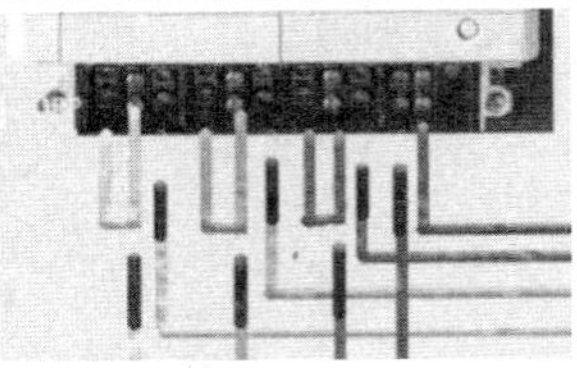
		拆除11号端子N相（蓝）出线、胶布缠绕隔离	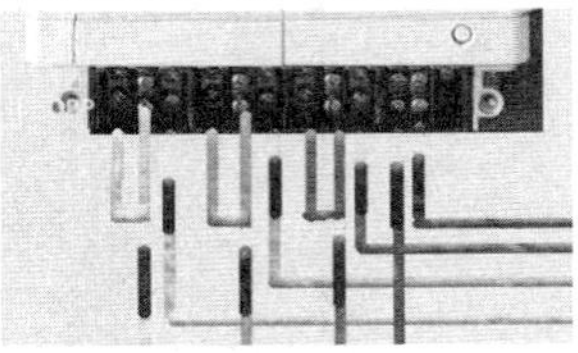
		拆除1-2、4-5、7-8 的短接线	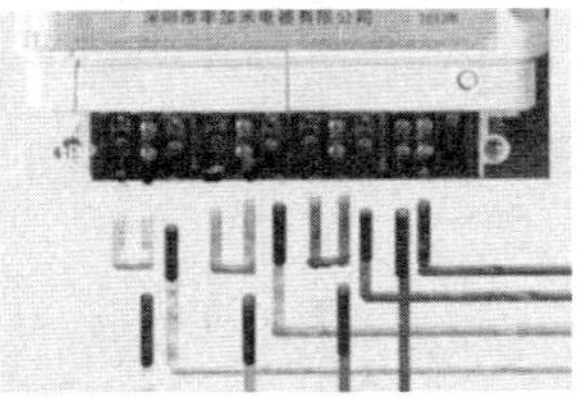
	（6）拆除旧电能表	拆除旧电能表	
		记录旧电能表各项数据 型号、表号、度数等记录并上报	
	（7）安装固定新电能表	电能表安装必须垂直牢固，表中心线向各方向的倾斜不大于1°	
		记录旧电能表各项数据	型号、表号、度数等记录并上报
	（8）接出线	按中性线N→L3相→L2相→L1相从右至左的顺序接入N相（蓝）出线至11号端子，连接紧固	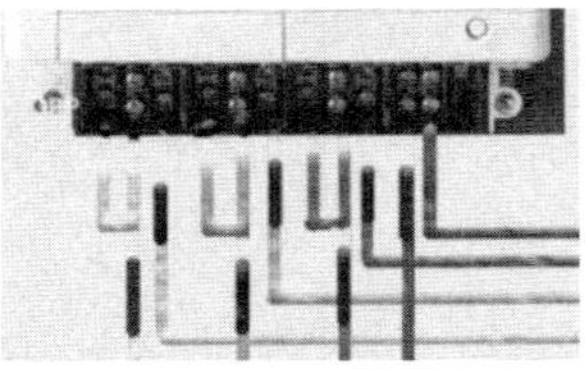

（续表）

项目名称	实训内容	实训要点、示意图	
		接入L3相（红）出线至9号端子，连接紧固	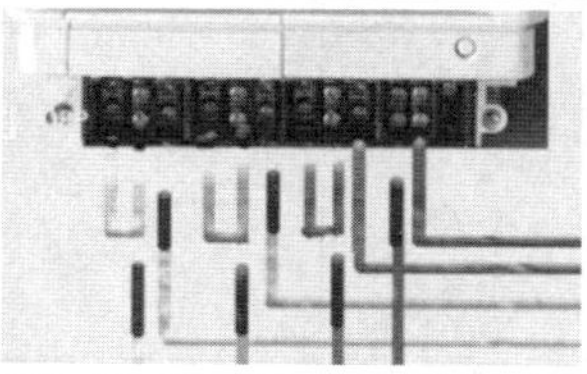
		接入L2相（绿）出线至6号端子，连接紧固	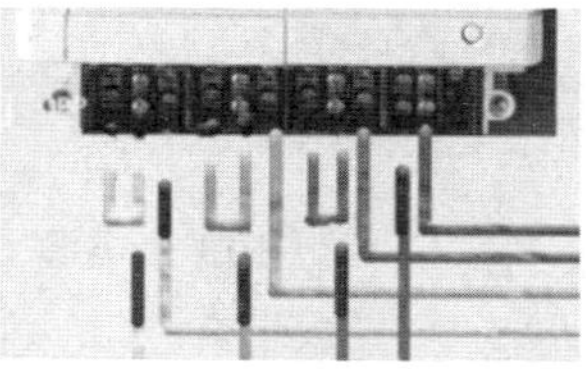
		接入L1相（黄）出线至3号端子，连接紧固	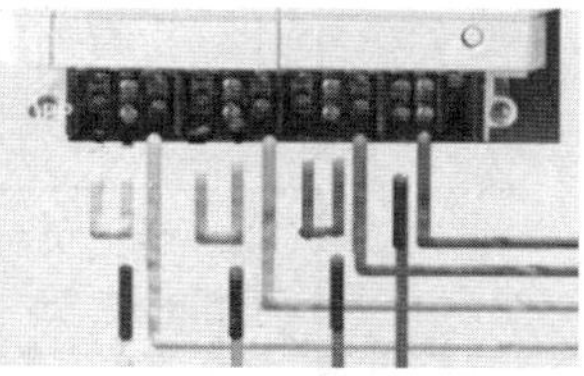
		注意	逐相接入电能表出线，确保原有相序不变，与接线端子连接紧固
	（9）接进线	接入N相（蓝）进线到10号端子，连接紧固	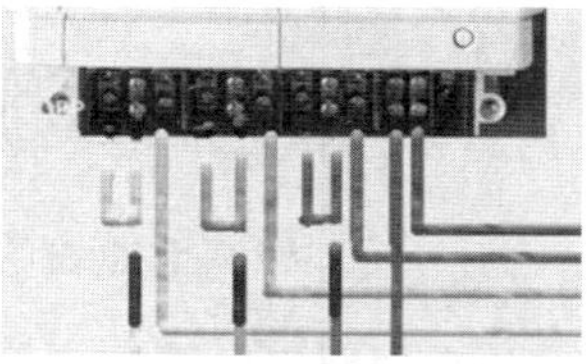
		紧固7-8短接线的7号，短接线8号插入，先不固定。接入L3相（红）进线到8号，2根线一起连接紧固	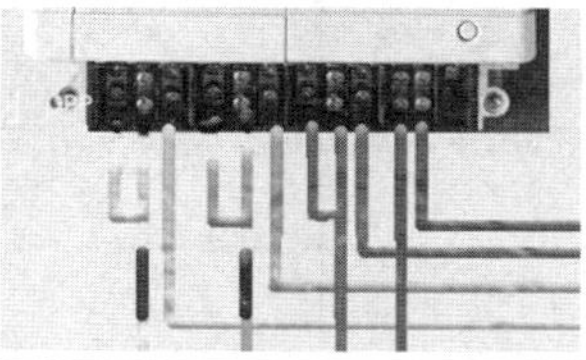
		紧固4-5短接线的4号，短接线5号插入，先不固定。接入L2相（绿）进线到5号，2根线一起连接紧固	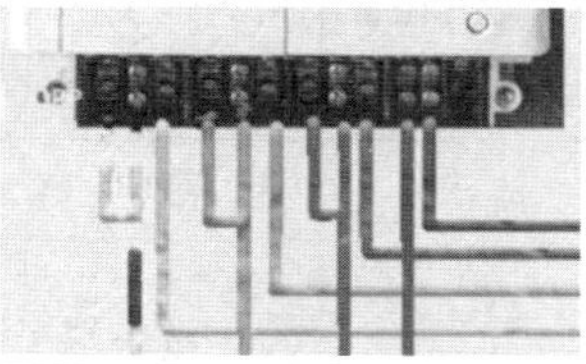
		紧固1-2短接线的1号，短接线2号插入，先不固定。接入L1相（黄）进线到2号，2根线一起连接紧固	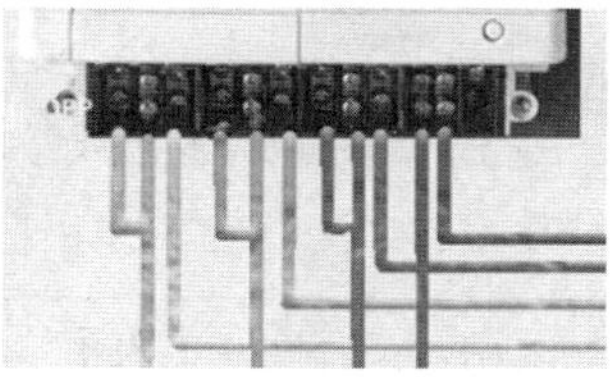

（续表）

项目名称	实训内容	实训要点、示意图	
		注意	按中性线→L3相→L2相→L1相从右至左的顺序逐相接入电能表进线，确保原有相序不变，与接线端子连接紧固。接线时应先旋紧端子内侧螺丝，再旋紧外侧螺丝。 确保导线与接线端子连接紧固。接线正确且与原相序一致。盖上电能表表盖并加装封印
	（10）合电源开关	拆除其余绝缘毯，合上电能表电源侧开关，并验电确认	
		检查电能表显示屏无异常	
	（11）合上负荷侧开关	使负荷侧开关各相均正常合上，并验电确认	
3. 带CT智能电表的更换		请参考任务联合接线盒的操作	
4. 检查验收	检查电能表的装设	接线及运行情况，必要时可带载试运行。 核对新装电能表型号和资产编号无误	
		检查电能表外观、显示屏、表壳封印无异常	
		检查电能表端子螺丝无压住导线绝缘层	
		导线端头金属部分无外露	
		记录电能表的示数等数据	
		登记消缺情况	
5. 文明施工	文明施工	作业过程中应避免工具、电能表以及螺丝等小物件的损伤及掉落	
		安装完成后应对作业现场的工器具及材料等进行清理归位。检查工作现场确无遗留工具及材料等物件	
6. 收尾	（1）停电	供电电源断路器拉闸	
	（2）电表端子	电表表尾盖板压好，螺丝上紧到位	
		电表表尾盖板打铅封	
	（3）整理线路，绑扎导线	绑扎过程中严禁出现交叉，扎带的方式是第一条扎带绑紧，从第二条往后的扎带要预留可以活动的空间，便于快速绑扎，平均每7～10cm绑扎一个	
	（4）电表箱	清理电表箱内异物	

（续表）

项目名称	实训内容	实训要点、示意图		
		电表箱上锁		
	（5）现场	清理工作现场		
7. 竣工	（1）验收	计量装置安装更换完毕后，应符合安装标准	负责人签字：	
	（2）记录	填写装换表工作凭证、电能计量装置台账，无误后移交电费核算部门	负责人签字：	
8. 7S管理	（1）现场归位	责任人		考核	
	（2）工具归位	责任人		考核	
	（3）仪表放置	责任人		考核	

六、总结与反思

本节内容总结	本节重点	
	本节难点	
	疑问	
	思考	
作业		
预习		

任务二十六　智能电表与集中器

一、实训目标

（1）学会智能电表与集中器的连接方法。

（2）掌握智能电表欠费停电的控制方法。

二、实训内容

（1）智能电表与集中器的连接方法。

（2）智能电表欠费停电的控制方法。

三、实训仪器、工具

智能电表若干、集中器、可控接触器、导线若干、电工工具。

四、相关知识

（一）综述

1. 电表的抄表方案

目前国内的智能电表的远程抄表方式分为有线抄表和无线抄表两种。应用最广泛的是RS-485有线远程抄表方案；无线抄表有NB-IoT/4G无线抄表、LoRa无线抄表和电力线载波抄表三种不同方案。

（1）RS-485有线远程抄表方案。

现在的智能电表都自带RS-485接口，然后利用RS-485传输线就可以将多台智能电表直接与集中器连接起来，建立数据传输网络。因为需要传输线，为节省成本，此方案适用于电表集中安装的出租房、住宅楼宇、写字楼、酒店公寓等场景。优点：智能电表自带RS-485接口，无须额外配置昂贵的成本模块，硬件成本低；集中器已实现模块化，一个集中器模块可抄读256台电表；数据稳定性高、传输速度快。

（2）NB-IoT/4G无线抄表方案。

智能电表内置NB-IoT/4G模块，前端采集到电表数据之后，通过无线网络将数据传输到服务器，再对数据进行存储、分析、展示等操作。优点：安装成本低，不需布置通信线，电表可以分散安装，只要有信号就可以实现远程抄表；操作简单，通上电即可直接将数据上传至系统。

（3）LoRa无线抄表方案。

LoRa是一种专用于远距离、低速率的无线通信技术，广泛应用于各种场合的远距离低速率物联网无线通信领域。优点：体积小、功耗低、传输距离远、抗干扰能力强；电表数据直接接入系统，省去了配置采集器和集中器的费用。

（4）电力线载波抄表方案。

该方案通过电力线载波技术实现数据信号的高速传输，多用于供电线路刚建或者旧线路改造后变压器不多的项目，如新建的小区/学校/宿舍/商场等。优点：不需要另外布线，组网快速简单；传输快，现场施工简便，安装人工费便宜。

2. 电表的三种通信方式

第一种最常见的通信方式就是RS-485，表的接线盒内有一组RS-485通信端口，可以连接采集系统或者编程软件。

第二种通信方式就是红外，与电表红外通信也可以读取到电表的异常记录，比如常见的开盖记录、清零记录和编程记录等，也包括费控程序，比如我们交清电费后，因为信号的问题电表无法接收到合闸信号，这时候就需要联系供电局现场用掌机合闸，这个设备比较少见。

第三种就是载波模块通信，电表中间带两个指示灯（RXD、TXD）的模块，就是载波模块，载波模块可以根据现场的方案进行更换。载波通信可控制电表进行抄表费控、与电表的集中器通信。

3. 电表集中器

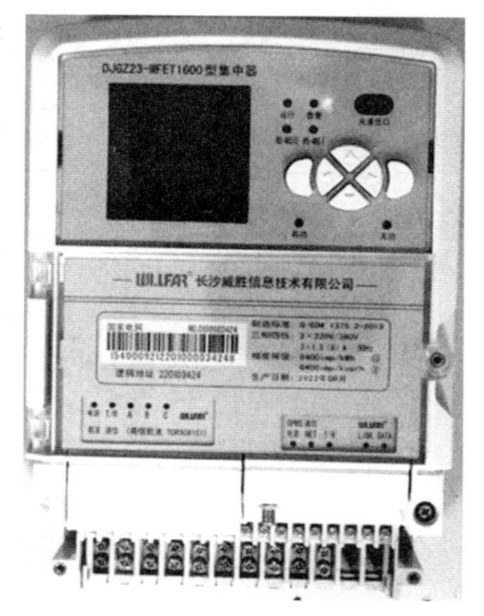

电表集中器是远程抄表系统的核心部件之一，是服务于电能表的设备。

它具有数据采集、存储、处理和转发等功能。集中器的数据存储容量为128MB，且凭借嵌入式数据库技术有更强大数据存取访问管理能力。电表集中器与控制中心计算机连接，也可连接调制解调器通过电话网与远程控制中心计算机联网。电表集中器通过总线方式连接抄表采集器，按照控制中心指令抄收用户的表计数据，并向控制中心发回数据或向抄表控制器传达主控站的指令。

它主要用来实现远程抄表，就是用集中器去抄电表的数据，然后保存在集中器中。集中器再定时把这些电表的数据传给主站软件（或者主站定时去抄集中器保存的数据）。

每个RS-485接口可通信32台智能电表。

（二）DJGZ23-WFET1600型集中器的参数

1. 主要技术指标

准确度等级（交流采样功能选配）

有功0.5/1.0级；无功2级

参比电压：3×220V/380V（三相四线）

额定电流：3×1.5(6.0)A

额定频率：50Hz

外型尺寸：290mm×180mm×95mm

电气参数：

正常工作电压	$0.9U_n$～$1.1U_n$
极限工作电压	$0.7U_n$～$1.3U_n$
电压线路功耗	≤10VA
电流线路功耗	≤0.5VA
停电抄表电池电压	4.8～6.0V（DC）

时钟参数：

时钟准确度（日误差）	≤0.5 s/d（0℃～+40℃时：±2ppm；–40℃～+85℃时：±3.5ppm）
电池寿命	10年
电池连续工作时间	≥5年
停电后数据保存时间	≥10年

技术参数：

主站规约	Q / GDW 376.1·2009《电力用户用电信息采集系统通信协议：主站与采集终端通信协议》
电表规约	DL/T 645、威胜、浙江等。终端同时可接入8种规约（考虑不同表计的特性，尤其是国外表，实际接入时建议最好不超过3种）
面板显示	160×160点阵单色LCD，二极管背光
键盘	7个按键：上移、下移、左移、右移、取消、确认、编程
数据传输	标配GPRS，可选配CDMA或PSTN（话音MODEM）等方式。数据传输方式只能配一种，低压载波抄表可根据用户需求选配不同厂家的载波方案（如晓程、东软，鼎信等）。可根据用户需要，配置以太网接口

（续表）

本地传输接口	1路维护RS-232维护串口、3路RS-485、1路USB、1路调制式红外
远程升级	具备
存储容量	128MB FLASH，32MSDRAM
可靠性	MTBF≥7.6×104h

2. 主要功能

（1）无线远程通信功能。

终端内嵌GPRS/CDMA无线数据通信模块，它利用GPRS/CDMA无线数据业务进行终端数据抄读。GPRS/CDMA无线数据通信遵循国际、国家、无线通信产品入网检测机构的有关标准，借鉴国外类似产品设计思想的长处，融入了多年来历代采集终端产品研发经验。它具有高可靠、大容量、低延时、开放性好、性价比高等特点。终端的GPRS/CDMA无线数据通信采用TCP/IP或者SMS方式通信，当采用TCP/IP方式通信时终端可以配置成TCP方式或者UDP方式。

（2）状态检测与告警功能。

用电异常检测。终端具有多种用电异常智能检测、分析并自动报警功能，并可将异常信息（包括报警时刻前后电量或其他数据）主动上报给主站，同时保存一定数量的异常记录供主站检测。

数据采集与统计分析。终端提供RS-485抄表接口及低压载波通道抄表，每路RS-485可抄读至少8块电能表，低压载波通道最大可抄收1000块表计。抄表规约可支持DL/T645、威胜等多种电表规约，支持远程升级规约库，可灵活添加新增表计规约。

终端在数据采集和处理上采用分类、分层处理。

终端数据分析与统计功能如下：

a. 电压合格率。

b. 过负荷统计。

c. 日电量统计。

d. 极值统计。

（3）安全管理与用户权限。

对于终端所有参数必须根据密码权限来设置。

对于终端计量部分的参数，不支持远程设置，对于这部分的参数设置都要按下铅封按键（开启端盖可见）后，使终端处于编程允许状态后才可操作。编程允许状态5分钟内有效。

终端的界面能够设置基本的通信参数、测量点参数，对于这部分参数，需要验证密码（初始密码为000000），当使用错误密码对终端连续设置操作次数≥5次，终端会自锁并启动界面参数设置自锁计时器，24小时后自动解锁，闭锁开关失效。当终端掉电后重新上电，界面自锁失效。

可设置自动抄表周期、抄收间隔、抄读间隔等，并有防止非授权人员操作的措施。

可对在规定时间内未抄读数据的电能表会进行补抄，直到抄到电能数据。

五、实训的内容和要点

具体的实训内容和实训要点见下表。

任务名称： 智能电表与集中器　　　　　　　　　　编号：

<table>
<tr><th>项目名称</th><th>实训内容</th><th colspan="2">实训要点、示意图</th></tr>
<tr><td rowspan="12">1. 准备工作</td><td>（1）人员要求</td><td colspan="2">① 工作人员应身体健康、精神状态良好。
② 工作人员应培训考试合格，具备专业技术技能水平。
③ 工作人员的个人工具和劳动保护用品应准备并佩戴齐全。
④ 严禁违章指挥、无票作业、野蛮施工。
⑤ 工作人员应服从指挥、遵守规程规定，文明施工</td></tr>
<tr><td>（2）危险点分析</td><td colspan="2">触电、高空坠落、交通事故、其他</td></tr>
<tr><td>（3）准备工作</td><td colspan="2">同任务二十四</td></tr>
<tr><td>（4）安全措施</td><td colspan="2">同任务二十四</td></tr>
<tr><td rowspan="3">（5）作业分工</td><td>专责监护人</td><td></td></tr>
<tr><td>装换表人员</td><td></td></tr>
<tr><td>辅助工作人员</td><td></td></tr>
<tr><td rowspan="4">（6）开工作业内容</td><td colspan="2">履行工作许可手续</td></tr>
<tr><td colspan="2">工作负责人按带电工作票内容向工作人员交代工作任务、现场安全措施、危险点</td></tr>
<tr><td colspan="2">工作人员在清楚工作任务、现场安全措施、危险点等内容后，应签字确认，得到工作负责人的允许，方可开始工作</td></tr>
<tr><td colspan="2">按照工作票所列内容，布置安全措施</td></tr>
<tr><td></td><td></td></tr>
<tr><td></td><td>（1）接线基础</td><td colspan="2">与智能电表的接线方法一致（即集中器也可做电表）</td></tr>
</table>

（续表）

项目名称	实训内容	实训要点、示意图
2. 智能电表、集中器主电路的接线		① 主接线端子。  ② 辅助接线端子。  ③ 遥信接法。 遥信端子共2路，均为无源接点，终端19、20脚提供12V电源可作为遥信电源。将终端12V电源“－”与遥信的“－”短接，终端12V电源“＋”通过外部开关量接入到遥信端子的“＋”，见图遥信端子接线图

（续表）

项目名称	实训内容	实训要点、示意图
		 遥信线接到被跳闸开关的常开辅助接点上，即在合闸状态时，该触点是接通的，此时，终端上显示相应的状态。 每路遥信线采用独立的电缆进行连接，一端接到被控跳闸开关的辅助触点上，另一端的两根线接至终端遥信相对应的端子上。每路遥信的两根线无正负之分，只要接到对应的端子上即可。也可用来检测门开关信号。 ④ RS-485口接法。 终端通过RS-485 Ⅰ串口采集电表的数据。RS-485通信线建议采用2芯屏蔽通信线，线径不小于 ϕ0.5mm，最大接入线径为 ϕ2.0mm（尽量使用较粗的屏蔽通信线）。终端RS-485接口的A端（即RS-485的“+”极）与电表RS-485接口的A端（或A+端）相连，RS-485接口的B端（即RS-485的“−”极）与电表RS-485接口的B端（或A−端）相连，屏蔽层必须一端接地。 ⑤ 集中器与电表485连接线图。 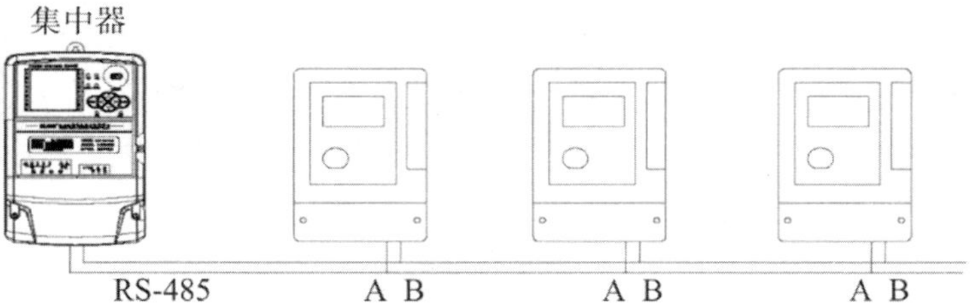 集中器 RS-485　A B　A B　A B
	（2）接电源线	三只智能电表均按直接接入法接线 

（续表）

项目名称	实训内容	实训要点、示意图		
		集中器按智能电表的接法接电源		
		注意	集中器只接一相火线和零线屏幕也能点亮	
	（3）3号表485A、B到2号表485A、B	3号表485A到2号表485A（使用冷压端子）		
		3号表485B到2号表485A、B		
		接好屏蔽线		
	（4）2号表485A、B到1号表485A、B	2号表485A到1号表485A		
		2号表485B到1号表485A、B		
	（5）1号表485A、B到集中器485A、B	1号表485A、B到集中器485A、B		
		2号表485A、B到集中器485A、B		

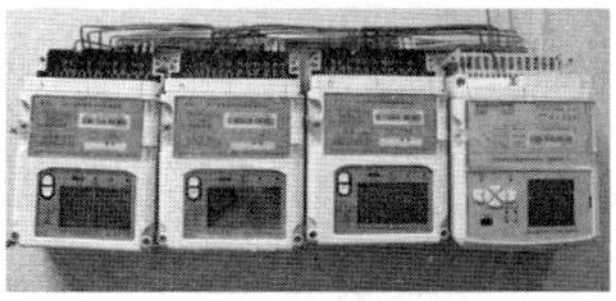

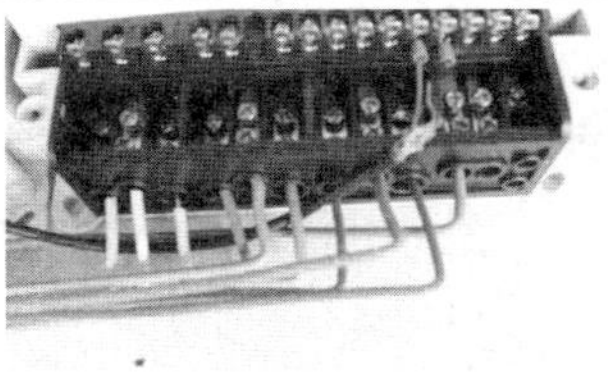

（续表）

项目名称	实训内容	实训要点、示意图
		接好屏蔽线 
		注意：每个表的屏蔽线连接在一起，最后一端接地
	（6）集中器操作	请仔细阅读说明书进行操作
	（7）智能电表控制断路器（接触器）的连接	产品带有信号线，一端与断路器本体相连，连于断路器内部线路板；另一端可插在预付费电表专用信号输出插口上。当电表内预充值电费使用完，电表预付费控制模块产生不低于220V的脱扣控制信号，通过信号线传递给费控断路器，断路器检测信号来源，分析信号正常与否，而后内部分励脱扣器动作，断路器延时脱扣，而后断电。 工作原理：当预付费电表余额不足时，电表上的辅助端子13和14会闭合（深圳米加米费控智能电表为例，其他智能电表请看说明书），然后电压信号被传输给分励脱扣，分励脱扣接到信号后断开塑壳断路器电源。这种方式如果要重新通电的话需要人工闭合塑壳断路器，不如配合交流接触器使用方便 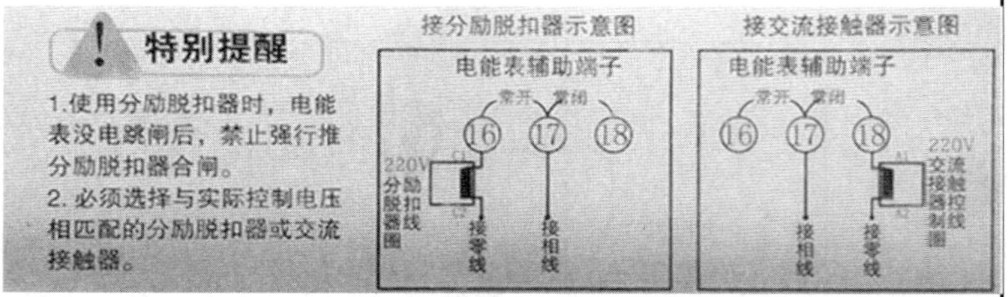 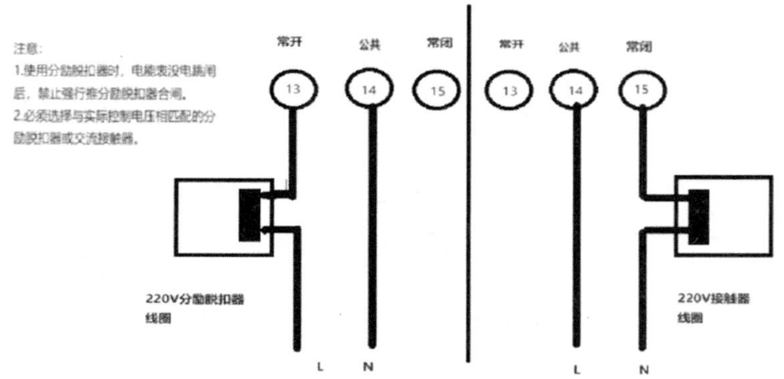 上图为DTZY988-2型三相四线费控智能电表辅助接线端子局部，图中13、14、15为智能电表辅助端子，14为公共端，13-14为常开，14-15为常闭。左边图为控制断路器，右边图为控制接触器

（续表）

<table>
<tr><th>项目名称</th><th>实训内容</th><th colspan="3">实训要点、示意图</th></tr>
<tr><td rowspan="4"></td><td rowspan="4"></td><td colspan="2">L到脱扣器红</td><td>图 </td></tr>
<tr><td colspan="2">N到辅助端子14</td><td>图 </td></tr>
<tr><td colspan="2">脱扣器黑线到辅助端子13</td><td>图 </td></tr>
<tr><td>注意</td><td colspan="2">（1）使用分励脱扣器时，电能表没电跳闸后，禁止强行推分励脱扣器合闸。
（2）必须选择与实际控制电压相匹配的分励脱扣器或交流接触器。
（3）13和14号端子的说明。CJX2系列交流接触器的正视图：A1、A2端子接通线圈额定电压（注意接触器上下各有一个A2端子），接触器吸合，主触点1/L1、3/L2、5/L3分别与2/T1、4/T2、6/T3J接通，三相主电路接通。此时请注意接线端子13、14（为一对常开辅助触点）也接通 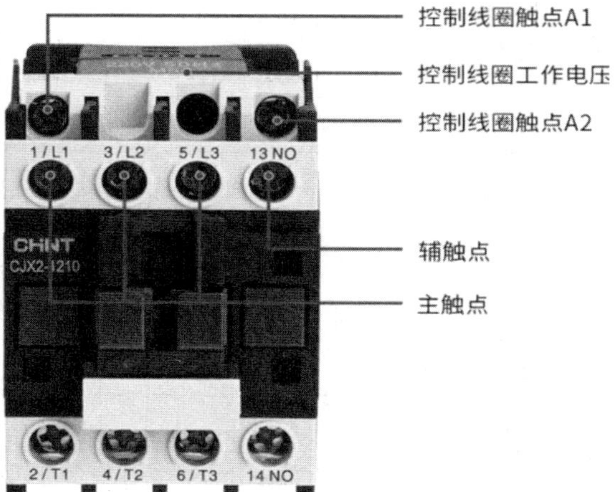
</td></tr>
</table>

（续表）

<table>
<tr><th>项目名称</th><th>实训内容</th><th colspan="4">实训要点、示意图</th></tr>
<tr><td colspan="2">3. 错误接线的防范对策</td><td colspan="4">当终端与现场表计接线完毕，在调试之前，要检查一下整个回路是否接线正确，可借鉴以下几种方法。
接线颜色区分：该方法最简单易行。
对线法：在电缆已经预先埋设，并且没有标记的情况下，可以先采用对线法来区分电缆中的每根电线。对线法的具体操作：将电缆一端的某一根电线接地，然后在电缆的另一端测量每根电线对地的电阻，如果某根电线的对地电阻很小或者为0，则可判定是接地的那一根电线。
测量电压法：用万用表测量该回路RS-485的A与B之间的电压，正常范围应在2.0～5.0V之间。如果测得的电压为0或接近于0，甚至为负值，则说明在该回路中有的表计RS-485的A、B端接线有接反或短路的可能，需要逐个表计进行检查。
注意：
当表计的数目较多时，建议在每接完一块表计后都进行一次A、B端的电压测量，以确保一次接线成功。
RS-485电平：由于两者均采用差分传输（平衡传输）的方式，所以发送端AB间的电压差为
+2～+6V 1（高电平）
−2～−6V 0（低电平）
接收端AB间的电压差为
大于+200mV 1（高电平）
RS-485通信方式距离为1000m内</td></tr>
<tr><td rowspan="7">4. 收尾</td><td>（1）停电</td><td colspan="4">供电电源断路器拉闸</td></tr>
<tr><td rowspan="2">（2）电表端子</td><td colspan="4">电表表尾盖板压好，螺丝上紧到位</td></tr>
<tr><td colspan="4">电表表尾盖板打铅封</td></tr>
<tr><td>（3）整理线路，绑扎导线</td><td colspan="4">绑扎过程中严禁出现交叉，扎带的方式是第一条扎带绑紧，从第二条往后的扎带要预留可以活动的空间，便于快速绑扎，平均每7～10cm绑扎一个</td></tr>
<tr><td rowspan="2">（4）电表箱</td><td colspan="4">清理电表箱内异物</td></tr>
<tr><td colspan="4">电表箱上锁</td></tr>
<tr><td>（5）现场</td><td colspan="4">清理工作现场</td></tr>
<tr><td rowspan="2">5. 竣工</td><td>（1）验收</td><td colspan="2">计量装置安装更换完毕后，应符合安装标准</td><td>负责人签字：</td><td></td></tr>
<tr><td>（2）记录</td><td colspan="2">填写装换表工作凭证、电能计量装置台账，无误后移交电费核算部门</td><td>负责人签字：</td><td></td></tr>
<tr><td rowspan="3">6. 7S管理</td><td>（1）现场归位</td><td>责任人</td><td></td><td>考核</td><td></td></tr>
<tr><td>（2）工具归位</td><td>责任人</td><td></td><td>考核</td><td></td></tr>
<tr><td>（3）仪表放置</td><td>责任人</td><td></td><td>考核</td><td></td></tr>
</table>

六、总结与反思

本节内容总结	本节重点	
	本节难点	
	疑问	
	思考	
作业		
预习		

实例：高校宿舍智能用电管理系统介绍。

通过本实例，可以了解互联网时代的用电管理系统的架构，希望能引导读者更加深入钻研相关技术。

（1）智能用电管理系统包括用电计量终端、数据采集器和PC系统软件。用电计量装置即具有RS-485接口的标准智能电表或模块式电能表。数据采集装置负责采集电表数据，每个采集装置可带128只电表，数据采集装置具有RS-485、TCP/IP标准网络接口。PC系统软件用来收集数据和数据的统计分析。

（2）用电计量终端有多种模式：具有RS-485接口的标准电能表，带有液晶显示、双回路智能电表，四回路智能电表。标准电能表带液晶显示模块，可显示总用电量、已用电量和剩余电量，主要用于分布式安装；模块式表主要用于大规模集中安装的模式，摒弃了原集中式计量柜内部结构复杂、故障点多、维护难度大的缺点。

电表自带CPU，独立实现所有用电管理功能，安装简单，容易维护，是替代原集中式控电柜的新一代学生公寓用电管理设备。

数据服务器端安装有远程预付费智能管理系统来实现管理。

（3）本智能控电系统除有基本管理控制功能外，还能与校园一卡通系统通过接口实现无缝连接，实现学生自助缴费，一卡通中心实时监控，达到电控系统无人值守又能安全稳定运行。本方案主要是面向学校、企业楼宇用电计量集中采集应用，楼宇内部采用RS-485通信模式，楼宇间远程通信信道采用TCP/IP。

高校宿舍智能用电管理系统图如下。

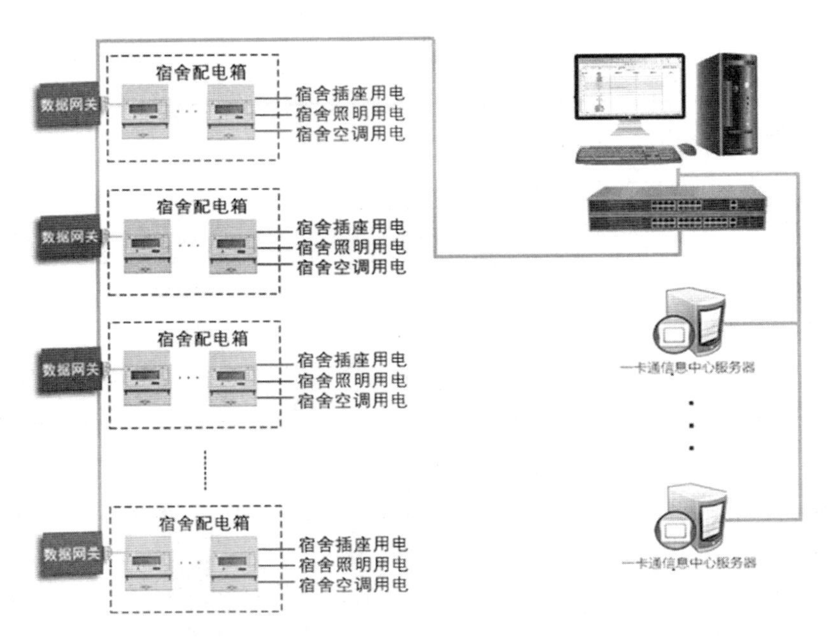

（4）系统功能如下。

用户设置及设备管理	房间设置（房间编号及所属楼层、楼栋等位置信息，所住人数及对应身份信息、额定费率及特殊信息）
	电表终端设置（当前表号和房间号设置对应关系，及所属用户信息)
	数据网关设置（设置网关编号及所辖房间及电表信息，网关所住位置及命名等）
电能计量及收费管理	采用进口计量芯片（计量精度为1.0级），同时监测输出各种用电参数）
	预购电量、无费关断（欠费断电提示、透支额度可以通过软件设置）
	催费提前自动通知（手机短信、LED显示屏催费，校园Web查询）
	收费记录、票据打印（存款时打印存款凭条）
	结算监督报表（账户存款及余额报表、出纳员存款明细）
	自助缴费（与一卡通系统实现无缝对接，进行自助缴费购电）
参数配置及负载管理	参数下发脱机运行（软件可进行通断电控制、负载限制等各种参数设置并下发并保存至电表终端，在脱网运行情况下，电表可自动执行软件设置的各种管理功能）
	分时段控制电路通断功能（进行任意时段的通电、断电时间设置）
	负载功率限制（负载限制功率可任意设置，超过限额自动断电）
	恶意负载限制（恶意负载功率可任意设置，有效设备阻性负载，防止火灾发生）
	反限电插座识别（通过技术手段有效识别反限电插座的违规使用，杜绝安全隐患）
	断电自动恢复功能（恢复时间随意设置0～255分钟，0表示不恢复）

（续表）

状态监测与数据管理	设备状态监测（实时监测电表在线情况、故障情况，网关在线情况、故障情况等）
	房间状态监测（实时监测房间电流、电压、安全用电情况等）
	状态查询与记录（实时监测开关状态、瞬时功率等，实现有效监管）
	剩余电量与用电量查询（可通过显示屏轮询显示和网络Web查询）
	免费基础电量设置（超过则按单价收费）
	退费管理（学生转学、毕业时刻进行退费结算，并自动形成报表）
	房间调换进行数据转换（如进行房间调换时，通过软件设置进行数据转换）
	历史记录统计分析（用电情况、违规情况等月底、季度、年度统计分析）
	多种费率任意设置（根据房间用户的不同身份进行不同的收费单价设置）
系统管理及数据安全	关断控制失效报警（控制计算机监视器显示特定图标）
	通信错误诊断提示（控制计算机监视器显示特定图标）
	具有防窃电功能（逆相序、断零线能正常工作和计量）
	实时监测（控制计算机监视器直观显示各功能状态和告警信息，及时排查，严格管理）
	基于B/S架构（可通过互联网进行操作、管理、查询等）
	与一卡通系统无缝对接（实现原存缴费，自助购电)
	系统掉电死机数据保护（如遇停电或计算机故障，电表和采集器自动保存数据保证X年不丢失）
	数据异地备份（兼容不同的备份方式和途径，确保数据安全）
	操作员、管理员口令、权限分级（不同身份具有不同的权限、不同的密码，安全保密，管理有序）

（5）智能电表特性。

① 正反向有功电能高精度计量。

② 主要元件采用高质量的、专为电子式电能表设计的专用元件。

③ 显示采用具有宽视角、高对比度的LCD显示屏。具有可显示剩余电量、总用电量、已购电量的功能，方便学生查看并掌握用电情况。

④ 具有电压、电流、功率、功率因数等测量功能。

⑤ 电表自身具备数据存储功能，当与管理计算机通信后立即上传电能采集数据，且支持RS-485通信协议。

⑥ 具有日历、时钟，在24小时内可以任意编程8个时段控制拉合闸。

⑦ 电表能独立工作并同时具有恶意负载的识别功能，能对30W以上甚至更小的阻性负载进行有效识别，而不影响其他电气的正常使用，为杜绝安全隐患提供了可靠保证。

⑧ 采用导轨式安装，安装便捷，体积轻巧。

（6）技术参数。

电压输入	额定电压	220V
	参比频率	50Hz
	电压线路功耗	≤1.5W 和 10VA（静态）
电流输入	输入电流	5(20)A、10(40)A
	启动电流	直接接入式≤0.0041A
	电流线路功耗	<2VA
计量精度	准确度	1 级
通信	通信	RS-485：2400bps
	通信规约	DL/T645-2007
脉冲	脉冲常数	3200（imp/kWh)
其他参数	正常工作温度	–25℃～+60℃
	贮存和工作湿度	≤85%

智能电表选型。

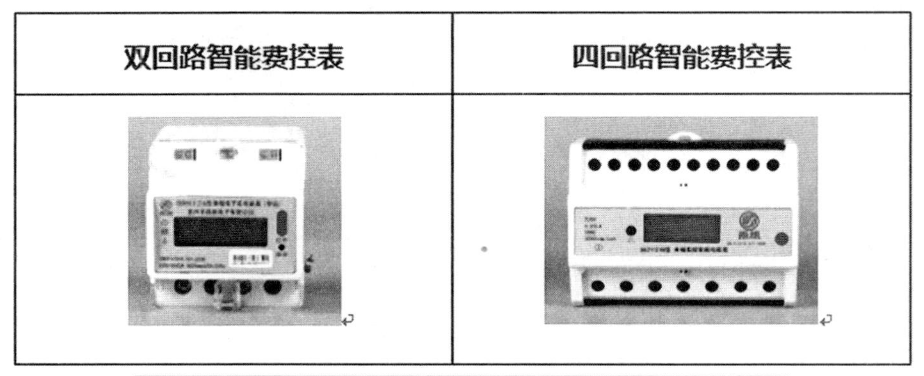

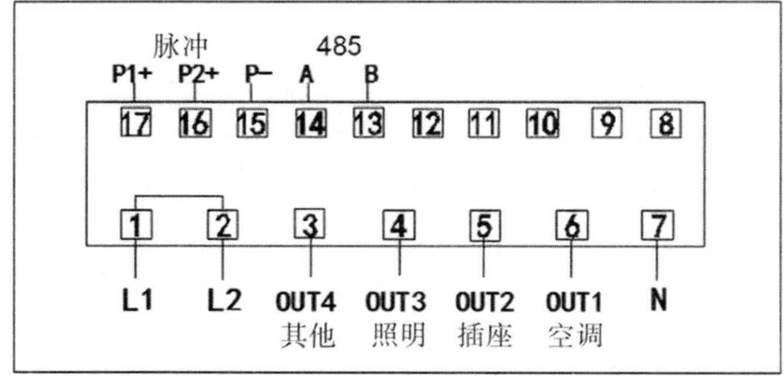

数据服务器端：安装有远程预付费智能管理系统来实现管理。

参 考 文 献

[1] 王成.装表接电【M】.北京：中国电力出版社，2006.

[2] 梁安邦，王刚.新形势下如何装表接电【J】.农村电气化，2002.

[3] 鲁文浩.现场装表接电控制技术要点探讨【J】.中国高新技术企业，2012，Z1：117-119.

[4] 李湘君.浅析现场装表接电控制技术要点【J】.科技资讯，2013，11：121.

[5] 李俊飏，徐栋.装表接电中隐患问题处理方法【J】.上海电力，2011，06：503-505.

[6] 李伟.基于智能电网的装表接电技术研究【J】.电工技术，2019，(24)：92-93，95.

[7] 赵佳，沙思旭，徐晨.基于智能电网的装表接电技术研究【J】.电子测试，2018，(11)：102，103.

[8] 王昌文，郝世俊，李玉强.基于智能电网的装表接电技术研究【J】.通讯世界，2017，(3)：204.